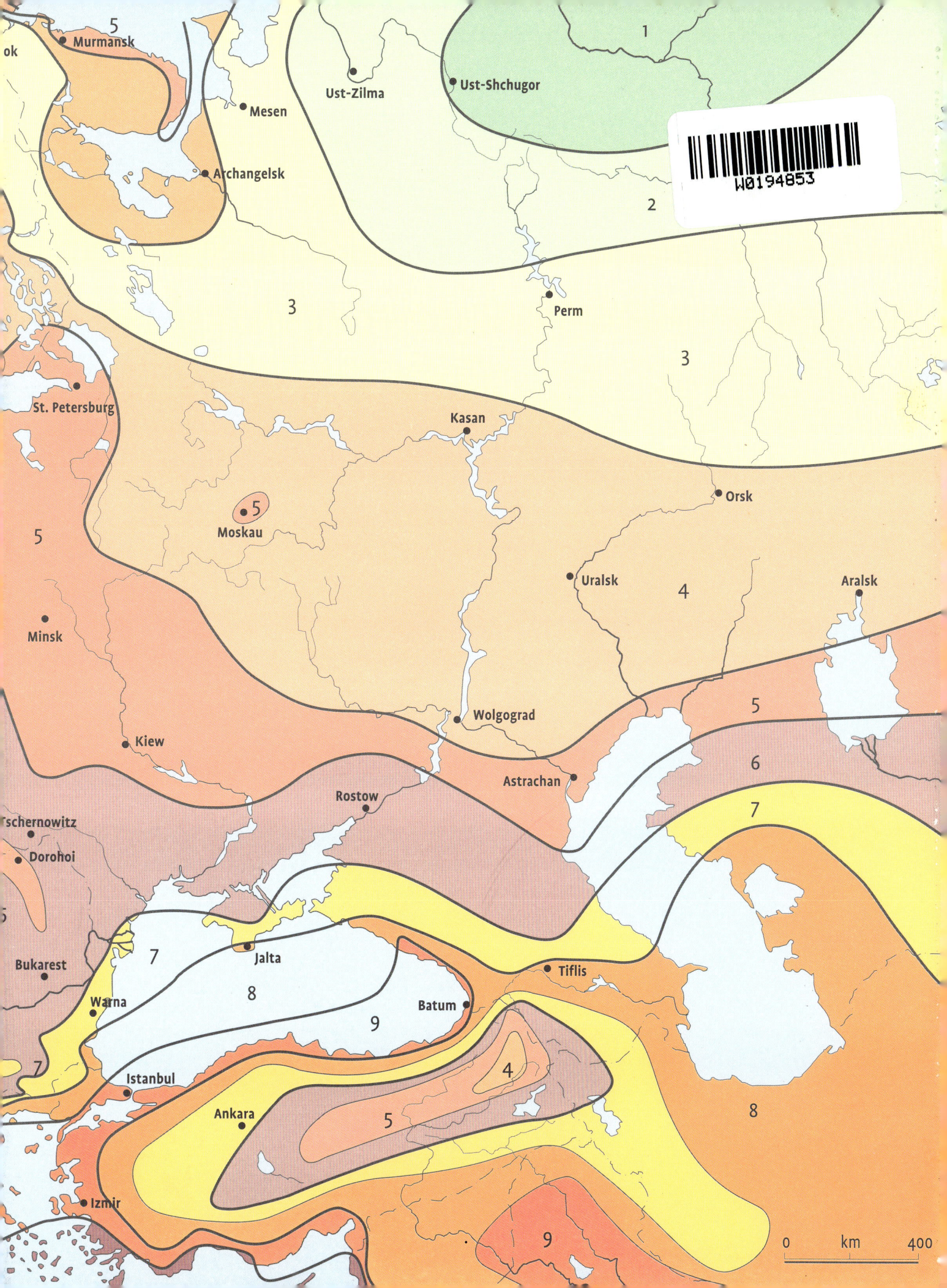

Rosarium

aus dem Englischen von
Andrea Akkermann, Susanne Bonn und Wiebke Krabbe

Roger Phillips und Martyn Rix

Rosarium

Ulmers großes Rosenbuch

Die besten Sorten für Garten und Wintergarten

Bibliografische Information der Deutschen Bibliothek
Die Deutsche Bibliothek verzeichnet diese Publikation in der Deut-
schen Nationalbibliografie; detaillierte bibliografische Daten sind im
Internet über http://dnb.ddb.de abrufbar.

Englische Originalausgabe erschienen unter dem Titel
„Best Rose Guide. A comprehensive selection"
© 2004 Roger Phillips & Martyn Rix
Published by Firefly Books Ltd. 2004

Deutsche Ausgabe
© 2005 Eugen Ulmer KG
Wollgrasweg 41, 70599 Stuttgart (Hohenheim)
Internet: www.ulmer.de
Lektorat: Sabine Drobik, Hermine Tasche
Herstellung: Gabriele Wieczorek
Satz: Typomedia GmbH, Ostfildern
Printed in Singapore

ISBN 3-8001-4776-9

Inhalt

Übersicht

Rosen werden entsprechend ihrer Geschichte und ihrer Abstammung in Gruppen eingeteilt. Jede Gruppe hat unterschiedliche Merkmale. Auf den folgenden Seiten wird ein typisches Beispiel jeder Gruppe vorgestellt.

Rosa fedtschenkoana
Wildrose

Wildrosen

Wildrosen gibt es in großer Zahl. Alle tragen ungefüllte Blüten mit fünf Petalen und zahlreichen Staubgefäßen, aus denen sich fleischige Hagebutten entwickeln. Das Spektrum der Größen, Farben und Düfte in dieser Gruppe ist umfangreich. *Siehe Seite 12.*

'Bizarre Triomphant'
Gallica-Rose

Gallica-Rosen

Zu dieser Gruppe zählen die ältesten kultivierten Rosen. Die Pflanzen mit dem dunkelgrünen Laub bilden Ausläufer und entwickeln, auf eigener Wurzel, mit der Zeit ein Dickicht aus niedrigen, dünnen, reich bestachelten Trieben. Die Blüten in Rot oder Violett erscheinen im Frühsommer. Der Duft ist schwer und süß. Gallica-Rosen werden traditionell als Aroma- und Heilpflanzen verwendet. *Siehe Seite 32.*

'Gloire de Guilan'
Damaszenerrose

Damaszenerrosen

Seit Jahrtausenden werden Damaszenerrosen für die Destillation von Rosenöl kultiviert, daran hat sich bis heute nichts geändert. Die Rosen dieser alten Gruppe tragen zahlreiche, intensiv duftende Blüten. Sommersorten blühen ausschließlich im Hochsommer, Herbstsorten blühen im Sommer und nochmals im Herbst. *Siehe Seite 42.*

Rosa × alba 'Semiplena'
Alba-Rose

Alba-Rosen

Die ersten Alba-Rosen, darunter 'Alba Semiplena' zählen zu den ältesten Kultursorten, vermutlich gab es sie bereits in der römischen Antike. Alba-Rosen bilden stattliche Sträucher mit langen, überhängenden Trieben und graugrünen Blättern. Die weißen oder rosa Blüten mit dem kräftigen Duft erscheinen in großer Zahl während eines kurzen Zeitraums. Diese Rosen sind sehr robust, manche haben viele Jahre in vernachlässigten, verwilderten Gärten überlebt. *Siehe Seite 50.*

Zentifolien

Die großen, runden, gefüllten Blüten in sanftem Rosa kennen wir von den Gemälden holländischer Meister aus dem 17. Jahrhundert. Man vermutet, dass die Ur-Zentifolie *Rosa × centifolia* ihren Ursprung in holländischen Gärten des 16. Jahrhunderts hat und eine große Zahl von „Sports" oder Mutationen hervorgebracht hat. *Siehe Seite 58.*

'Fantin Latour'
Zentifolie

Moosrosen

Diese Gruppe ist leicht an dem dichten, moosartigen, grünen oder braunen Bewuchs an den Blütenstielen und den Rückseiten der Sepalen zu erkennen. Um die Mitte des 19. Jahrhunderts waren diese Rosen groß in Mode, Moosrosenmotive sieht man häufig auf Keramik und Porzellan aus dieser Zeit. *Siehe Seite 66.*

Rosa × centifolia
'Muscosa'
Moosrose

'Comte de Chambord'
Portlandrose

Teerosen

Zu den Sorten, die im frühen 19. Jahrhundert aus China nach Europa kamen, gehört 'Hume's Blush Tea-scented China', eine kleinwüchsige, öfter blühende Teerose. Durch Kreuzung mit der einmal blühenden Kletterrose 'Park's Yellow Tea-scented China' entstand diese wichtige Gruppe. Teerosen haben glatte Blätter und wenige Stacheln, die Blüten sind rosa, cremegelb oder apricot. Es gibt zwergwüchsige und kletternde Formen. Teerosen gedeihen in warmen Klimazonen recht gut, insgesamt sind sie jedoch weitgehend von den robusteren, dekorativeren Tee-Hybriden verdrängt worden. *Siehe Seite 90.*

'Général Schablikine'
Teerose

Hagebutten der
Teerose 'Cupid'

'Rêve d'Or'
Noisetterose

Portlandrosen

Die Portlandrosen bilden eine kleine Gruppe, die im späten 18. Jahrhundert eine Rolle spielte. Sie ähneln den Gallica-Rosen, blühen jedoch im Herbst ein zweites Mal. Durch Kreuzung mit Chinarosen entstand die bedeutende Gruppe der Remontant-Hybriden. Portlandrosen haben kräftig belaubte Triebe und leuchtend rote oder rosa Blüten mit kurzen Petalen. Es sind sehr robuste, unempfindliche Pflanzen. *Siehe Seite 76.*

'Mutabilis'
Chinarose

Chinarosen

Im späten 18. Jahrhundert fanden durch Sorten aus China dauerblühende Rosen ihren Eingang in die europäischen Gärten. Chinarosen haben glatte Blätter und wenige Stacheln. Die Blüten mit den fleischigen Petalen duften nur schwach. *Siehe Seite 80.*

Noisetterosen

Diese Gruppe vereint den guten Duft und die späte Blüte der kultivierten Moschusrose *R. moschata* mit den größeren Blüten der Tee- und Chinarosen. 'Blush Noisette' trägt Massen kleiner, gefüllter Blüten in hellem Rosa, später gezüchtete Sorten haben weniger, aber größere Blüten. Trotz des französischen Namens stammt die Ahnherrin der Gruppe, 'Champneys Pink Cluster', aus Nordamerika. *Siehe Seite 102.*

Bourbonrosen

Bourbonrosen entstanden im frühen 19. Jahrhundert. Sie sind benannt nach der Insel Bourbon (heute Réunion) bei Mauritius im Indischen Ozean. Die rundlichen Blüten mit gutem Duft stehen in kleinen Gruppen und erscheinen im Herbst und im Frühling. Die Gruppe vereint die Merkmale ihrer vermeintlichen Eltern: den Duft der *R. damascena* var. *semperflorens* und die wiederholte Blüte der Chinarose 'Parsons's Pink China'. *Siehe Seite 110.*

'Mme Isaac Péreire'
Bourbonrose

Remontant-Hybriden

Diese Gruppe öfter blühender Rosen war im späten 19. Jahrhundert populär. Sie zeigt große Blüten mit ausgezeichnetem Duft in intensiven Farben, darunter viele Rot- und kräftige Rosatöne, die bei den damals beliebten Teerosen selten zu finden waren. Die Remontant-Hybriden sind winterhärter als Teerosen, aber auch gröber im Wuchs und stärker belaubt. In Regionen mit heißen Sommern sind sie durch Mehltau gefährdet. *Siehe Seite 120.*

'Ferdinand Pichard'
Remontant-Hybride

Kletterrosen

Die meisten kultivierten Rosen stammen von Kletterrosen ab. Tee-Hybriden, die als niedrige Sträucher geschätzt werden, haben gelegentlich kletternde Mutationen hervorgebracht. Andere Kletterrosen sind durch Kreuzungen großblumiger Kletterrosen entstanden, die im Habitus ihren kletternden Teerosen-Vorfahren ähneln. Einige stammen sogar aus Kreuzungen von Strauchrosen. *Siehe Seite 130.*

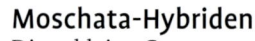

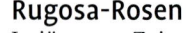

'Phyllis Bide'
Rambler

Rambler

Die meisten Rambler unterscheiden sich von den großblumigen Kletterrosen durch die spektakulär große Zahl von Gruppen kleiner Blüten, die an langen, geschmeidigen Trieben stehen. Die meisten Rambler blühen nur einmal. Es sind überwiegend Kreuzungen aus weiß blühenden, wilden Kletterrosen und anderen Kulturrosen. *Siehe Seite 144.*

'Warwickshire'
Bodendeckerrose

Moschata-Hybriden

Diese kleine Gruppe enthält einige der schönsten Gartenrosen. Die kleinen bis mittelgroßen Blüten stehen in lockeren Gruppen. Typische Farbtöne sind Weiß, Creme, Rosa oder Beigerosa. Die meisten Sorten blühen mehrmals und duften intensiv. *Siehe Seite 168.*

'Will Scarlet'
Moschata-Hybride

Rugosa-Rosen

In jüngerer Zeit verwenden Rosenzüchter zur Zucht gesunder, kältetoleranter Sorten immer häufiger die ungewöhnlich robuste *R. rugosa*, die selbst auf mageren, sandigen Böden gut gedeiht. Ihre derben Blätter mit den eingesunkenen Adern vertragen salzige Luft, sind sehr krankheitsresistent und kaum anfällig für Sternrußtau und Mehltau. Die Blüten sind meist weiß oder rosa, vereinzelt gibt es gelbe oder rote Sorten. Die meisten der ungefüllt blühenden Kultivare tragen große, dekorative Hagebutten, die typisch für die Art sind. *Siehe Seite 180.*

Bodendeckerrosen

Diese Gruppe von Rosen ist noch relativ jung. Es sind niedrige Sträucher mit langen, ausladenden, überhängenden Trieben. Die meisten blühen öfter und tragen dichtes Laub, das – wenn sie sich einmal etabliert haben – zuverlässig Unkraut unterdrückt. Sie brauchen nur wenig Pflege und können alle paar Jahre mit der Heckenschere gestutzt werden. *Siehe Seite 162.*

'Altissimo'
Kletterrose

'Frau Dagmar Hastrup'
Rugosa-Rose

Strauchrosen

Die Strauchrosen sind durch Kreuzungen von Wildrosen mit modernen Kultivaren entstanden und passen in keine der anderen Gruppen. Die meisten bilden große, kräftige Sträucher, deren Charakteristik durch die Wildrose bestimmt wird, von der die jeweilige Sorte abstammt. *Siehe Seite 188.*

'Nevada'
Strauchrose

Polyantha-Rosen

Polyantha-Rosen erlebten in der ersten Hälfte des 20. Jahrhunderts eine kurze Mode, dann wurden sie von ihren Abkömmlingen, den Floribunda-Rosen, abgelöst. Polyantha-Rosen sind öfter blühende, kleinwüchsige Rosen mit zahlreichen Blüten. Manche Sorten ähneln kleinen Tee-Hybriden. *Siehe Seite 222.*

'The Fairy'
Polyantha-Rose

'Kirsten Poulsen'
Floribunda-Rose

Englische Rosen

Der englische Züchter David Austin hat Sorten gezüchtet, die Blütenform, Duft und Farben der Alten Rosen mit der wiederholten Blüte und der Krankheitsresistenz Moderner Rosen in Einklang bringen. Dadurch hat er einen neuen Trend ausgelöst, dem andere Züchter folgen und ihrerseits ähnliche Sorten entwickeln. *Siehe Seite 248.*

Floribunda-Rosen

Floribunda-Rosen zeichnen sich durch zahlreiche, kleine Blüten in vielen verschiedenen Farben aus, die während der ganzen Saison erscheinen. Sie gehören zu den wichtigsten Rosengruppen des 20. Jahrhunderts. *Siehe Seite 226.*

'Scepter'd Isle'
Englische Rose

Tee-Hybriden

Dies ist die beliebteste aller Rosengruppen. Sie zeichnet sich durch kräftigen Wuchs und große, duftende Blüten in allen Farben außer reinem Blau aus. Die schlanken, den Teerosen ähnlichen Knospen öffnen sich zu eleganten Blüten, die die Zartheit der Teerosen und den flacheren, gröberen Aufbau der Remontantrosen auf sich vereinen. *Siehe Seite 198.*

'Red Devil'
Tee-Hybride

'Golden Angel'
Zwergrose

Miniaturrosen

Die Miniaturrosen bilden eine alte Gruppe, die sich durch die geringe Größe aller Pflanzenteile auszeichnet. Populär wurde sie aber erst in der Mitte des 20. Jahrhunderts durch die Erfolge des Züchters Ralph Moore. Inzwischen haben auch andere Züchter das Potenzial dieser Rosen als Kübelpflanzen erkannt. *Siehe Seite 262.*

Einleitung

Schon in den frühen Zivilisationen haben Rosen in der Wertschätzung der Menschen für Blumen einen besonderen Platz eingenommen. Verweise auf Rosen findet man in assyrischen Malereien und Homer schrieb, dass Hektors Körper mit Öl gesalbt wurde, das nach Rosen duftete. Im 6. Jahrhundert v. Chr. pries der ionische Dichter Anacreon die Rose als Duft der Götter, Freude der Menschen und Blüte der Venus. In römischer Zeit wurden Rosen im großen Stil am Rand der Stadt angepflanzt und im Winter aus Ägypten importiert. Man schnitt sie zu Familienfeiern und verwendete sie in riesigen Mengen zu den extravaganten und dekadenten Festen der *nouveau riches*.

Später zeigte sich Josephine, die Gattin des französischen Kaisers Napoleon, als wichtige Botschafterin der Rosen. In ihrem Garten in Malmaison bei Paris sammelte sie alle Sorten, derer sie habhaft werden konnte, und löste so im Frankreich des 19. Jahrhunderts eine große Rosenbegeisterung aus. Während dieser Zeit entstanden die meisten Alten Rosen, die wir heute kennen, aber auch die Vorfahren moderner Sorten. Die Alten Rosen werden in Amerika Heritage Roses genannt, in England Old Garden Roses und in Frankreich Roses Anciennes. Als echte Antiquitäten sind sie noch heute beliebt. Einige gelangten zur Zeit des Goldrausches nach Nordamerika, wo sie beispielsweise auf den Bermudas und in Kalifornien in Gärten und auf Friedhöfen gepflanzt wurden und 100 und mehr Jahre der Vernachlässigung überlebt haben. Einige Rosenenthusiasten sammeln solche „wiedergefundenen" Rosen, kultivieren sie und versuchen, ihren ursprünglichen Namen herauszufinden.

Die Phase der Modernen Rosen beginnt offiziell mit 'La France', die 1867 von Jean-Baptiste Guillot aus einer Teerose und einer Remontantrose gezüchtet wurde. Es war die erste Rose einer neuen Gruppe, den noch immer beliebten Tee-Hybriden. Zu den Modernen Rosen gehören außerdem die Floribundas und die von Wildrosen abstammenden Strauchrosen, ferner jüngere Züchtungen wie die Bodendecker- und Miniaturrosen sowie die „modernen Alten" Rosen, zu denen auch die Englischen Rosen zählen.

Fast alle alten und modernen Gartenrosen stammen von nur sieben Wildformen ab. Es gibt etwa 150 verschiedene Wildrosen-Arten, von denen jedoch nur rund 50 regelmäßig kultiviert werden. In diesem Buch betrachten wir den Ursprung der verschiedenen Gruppen von Kulturrosen sowie der Wildformen, von denen sie abstammen. Die Einordnung in Gruppen erfolgt entsprechend der vermuteten Verwandtschaft – „vermutet" deshalb, weil es sich bei vielen um uralte Gartenpflanzen aus China, Persien oder der Türkei handelt und Aussagen über deren Abstammung nur aus ihrer Struktur, ihren Chromosomen und den Wildformen ihrer jeweiligen Heimat abgeleitet werden können. Die moderne DNS-Analyse kann zwar einige offene Fragen zur Abstammung von Rosen beantworten, ist jedoch teuer und aufwändig.

Statt eine weitere dicke Rosenenzyklopädie zu verfassen, in der alle bekannten Rosen unabhängig von ihrem Wert aufgeführt sind, haben wir eine Auswahl von Sorten getroffen, die uns erwähnenswert schien. Duft und Gesundheit waren dabei natürlich wichtige Kriterien, doch letztlich sind es Sorten, die wir lieben oder die aus verschiedenen Gründen auffallend oder bemerkenswert sind – darunter einige ganz neue Sorten. Gleichzeitig möchten wir dem Leser helfen, sich in dem „Morast" aus über 12 500 Namen zu orientieren, die von den Zuchtbetrieben in aller Welt verwendet werden. Wir wollten ein persönliches Buch schreiben, in das unsere ureigenen Ideen einfließen, gesammelt in mehr als 50 Jahren intensiver Beschäftigung mit Rosen – zuerst als ganz normale Gärtner in England, dann als Autoren von Rosenbüchern und schließlich auf Reisen, um Rosen in aller Welt zu sehen.

Dieses Buch enthält mehr als 850 Rosenporträts. Die Beschreibungen sind zwar so präzise wie möglich, allerdings reagieren Pflanzen natürlich auf ihre Umgebung, und die Blütenfarben variieren je nach Klima. Auf unserer Website www.rogersroses.com werden mehr als 4000 Rosen aller Typen in Text und Bild vorgestellt, und es kommen ständig neue hinzu – in dieser Hinsicht ist eine Website jedem Buch überlegen. Rosenliebhaber sind eingeladen, sich unserem Rosenklub im Internet anzuschließen, um alle Optionen der Seite nutzen zu können und sich mit Rosenenthusiasten aus aller Welt auszutauschen. Einige der besten und interessantesten Zuchtbetriebe bieten unseren Mitgliedern spezielle Konditionen an, ferner gibt es unter den Klubmitgliedern eine Tauschbörse für Samen, Stecklinge und Reiser.

Rosa sherardii, die Samt-Rose, eine Wildrose der Serie Caninae, Hunds-Rosen (oben).
Rosa gallica 'Officinalis', die alte Apotheker-Rose (rechts).

Wildrosen

Rosa chinensis
var. *spontanea*
aus Pingwu,
nordöstliches Sichuan,
China.

WILDROSEN sind attraktive Gartenpflanzen. Alle haben ungefüllte Blüten mit fünf Petalen und zahlreichen Staubgefäßen in der Mitte, aus denen sich fleischige Hagebutten entwickeln. Innerhalb dieses Grundmusters ist das Spektrum der Größen, Farben und Düfte jedoch groß. Es gibt riesige Kletterrosen, straff aufrechte Sträucher stattlicher Größe und niedrigere Sträucher, die durch Ausläufer Dickichte bilden. Bezüglich der Zahl der weltweit verbreiteten Wildrosen-Arten sind sich die Botaniker nicht einig. Konservativ geschätzt mögen es 150 sein, viel mehr jedoch sind benannt, weil einige Gruppen, vor allem die Hunds-Rosen, komplexe Fortpflanzungsweisen haben, durch die eine große Zahl ähnlicher, aber noch unterscheidbarer Arten entsteht. Selbst Arten mit normaler Fortpflanzung zeigen abhängig vom Wuchsgebiet deutliche Variationen, ähnlich wie die Art *Homo sapiens* in verschiedene Rassen gegliedert ist.

Rosen wurden schon in den alten Zivilisationen kultiviert, im Mittelmeerraum vor allem von den Römern, in Zentral-Asien von den Persern, aber auch in China. Aber erst als durch den Handel chinesische und europäische Rosen im späten 18. Jahrhundert in West-Europa zusammengebracht wurden, begann dort die Rosenzucht in größerem Stil. Nur wenige Wildrosen-Arten haben ihre Erbmasse zu den Tausenden von Sorten beigesteuert, die in den letzten zwei Jahrhunderten gezüchtet wurden. Die folgenden sieben Arten findet man in der Ahnenreihe fast aller bekannten Kulturformen: *R. chinensis* und *R. gigantea* (gegenüber), *R. multiflora* (siehe Seite 17), *R. moschata* (siehe Seite 18), *R. fedtschenkoana* (siehe Seite 22), *R. gallica* (siehe Seite 27) und *R. foetida* (siehe Seite 30). In den letzten Jahren wurden eine oder zwei weitere Sorten häufiger verwendet, vor allem *R. rugosa* (siehe Seite 23), die wegen ihrer Winterhärte und Krankheitsresistenz wertvoll ist.

Die Wildrosen unterteilt man nach Blatttyp, Hagebutten und Anordnung der Staubgefäße in verschiedene Sektionen. Dadurch lassen sich die einzelnen Wildformen, die auf den folgenden Seiten geordnet nach Verbreitungsgebiet und Sektion näher vorgestellt werden, leichter identifizieren.

Rosa gigantea in einem Graben an der Burma Road westlich von Kunming, Südwest-China.

Die folgenden Rosen gehören zur kleinen Sektion Indicae. Sie sind recht empfindlich, haben große Blüten und Früchte und sind vom Osten Indiens über Myanmar (ehemals Burma) bis nach West-China verbreitet.

Rosa gigantea (auch Rosa macrocarpa). Ein großer, ausladender Strauch oder hoher Kletterer, dessen Triebe bis 30 m hoch in Bäume klettern. Die Blätter bestehen aus fünf bis sieben langen, schmalen, weichen Fiederblättchen. Die weißen bis gelblichen Blüten sind bis 15 cm groß, die sehr großen Hagebutten reifen gelb aus. Die Art wächst wild von Yunnan in West-China über Myanmar (ehemals Burma) bis Manipur in Indien in kühl-gemäßigten Wäldern, an Geröll-hängen und in Hecken. Sie blüht von März bis Mai. In Yunnan ist sie nicht sehr verbreitet und erscheint oft als kleinere, weiß blühende Variante (hier abgebildet), vermutlich durch Kreuzung mit *R. longicus-pis*, die in der gleichen Gegend heimisch ist. Der Pflanzensammler Frank Kingdon Ward beschrieb die Exemplare in Myanmar, die gelbe Knospen tragen, als ungewöhnlich groß. Roger und ich haben eine weitere Variante mit blass rosafarbenen und ungefüllten Blüten mit 12 cm Durchmesser in einem Dorf an der Straße von Dali nach Lijiang entdeckt. Gefüllte Kulturformen wie 'Lijiang Road Climber' sieht man oft in Hecken und Dorfgärten.
● Dies ist der wichtigste Vorfahr der Teerosen und durch sie der modernen Tee-Hybriden und anderer Gruppen. *R. gigantea* gedeiht am besten in warmen Gebieten, etwa Kalifornien und Süd-Frankreich, kann aber auch in Deutschland an einer warmen, geschützten Mauer gehalten werden. Winterhart in Zone 8 bis etwa −10 °C.

'Cooper's burmese' (auch 'Cooperi', Rosa gigantea 'Cooperi'). Eine wüchsige Hybride von *R. gigantea* und vermutlich *R. laevigata* (siehe Seite 15). Aufgezogen wurde sie im irischen Glasnevin aus Samen, die der Sammler Roland Cooper um 1926 aus Myanmar (damals Burma) mitgebracht hatte. Sie unterscheidet sich von *R. gigantea* durch die glänzenden, kürzeren Blätter und die bestachelten Stiele. Im Gegen-satz zu *R. laevigata* hat sie rote Stiele, lockerere Blätter mit fünf Fie-derblättchen und weichere Petalen. Die 12 cm großen Blüten duften.
● Die Rose wird mehr als 10 m hoch und blüht reicher als *R. gigantea*. Winterhart in Zone 8 oder 9. Bei −10 °C nimmt sie selbst vor einer warmen Mauer Schaden, stirbt aber nicht ab.

Rosa chinensis var. spontanea (auch Rosa chinensis 'Henry's Crimson China'). Dies ist die wilde Chinarose, eine enge Verwandte der *R. gigantea* und durch die kultivierten Chinarosen (siehe Seite 81) ein Vorfahr der meisten Modernen Rosen. Meist wächst sie als großer, überhängender, immergrüner Strauch bis 3 m Höhe, kann aber auch bis 5,5 m hoch in Bäume klettern. Sie hat scharfe, gebogene Stacheln. Die Blätter mit fünf bis sieben Fiederblättchen haben eine glänzend dunkelgrüne Oberseite und eine glatte Unterseite. Die 5 cm großen Blüten mit zartem Duft stehen einzeln an kurzen Stielen am vorjähri-gen Holz. Die Petalen sind meist rot, einige Populationen blühen aber auch cremeweiß mit rosafarbenem Rand, dunkel karminrot oder rosa mit dunklerem Auge. Die mittelgroßen Früchte sind glatt und reifen orangerot aus. Die Art ist in West-China vom südwestlichen Sichuan bis zum südlichen Gansu sowie im westlichen Hubei heimisch. Sie wächst in warm- bis kühl-gemäßigten Lagen in offenen Grasgebieten, an Berghängen und an Flussufern. Wie *R. banksiae* (siehe Seite 14) blüht sie im April und Mai.
● Die Rose ist pflegeleicht, braucht aber zur Blüte viel Wärme. Im südlichen Nordamerika und in Australien kann sie im Freien gehalten werden, in Deutschland gedeiht sie nur im Gewächshaus oder vor einer warmen, gut geschützten Mauer. Winterhart bis −15 °C in Zone 7.

'Cooper's Burmese'

Die Rosen auf dieser Doppelseite sind in den wärmeren Gebieten Chinas heimisch. *R. banksiae* und *R. cymosa* tragen ungewöhnlich kleine Blüten und fallen in die Sektion der Banksianae. Die übrigen haben große Blüten und sind in ihren sonstigen Merkmalen recht individuell. Sie bilden jeweils das einzige Mitglied ihrer Sektion.

***Rosa banksiae* var. *normalis*.** Dies ist die ungefüllte Wildform der *R. banksiae*, die man in Gärten seltener sieht als die weiß oder gelb blühende, gefüllte Form. Die nur 2 cm großen Blüten stehen in rundlichen Gruppen unterschiedlicher Zahl. Der zarte Duft erinnert an Veilchen. Die Rose hat pro Blatt normalerweise fünf lanzettliche, zarte Fiederblättchen mit dunkelgrüner Oberseite und glänzender Unterseite und ist in milden Wintern immergrün. Sie ist heimisch in Zentral- und West-China, wo sie häufig in Hecken steht, in Bäume klettert oder über steile Felsvorsprünge der kühl- bis warm-gemäßigten Regionen hängt. Je nach Höhenlage blüht sie zwischen März und Juni, also vor den weißen Rosen der Sektion der Synstylae (siehe Seiten 16 bis 19).
● Die wilde *R. banksiae* wird zwar selten kultiviert, doch es gibt eine ungefüllte weiße Kulturform mit größeren, weicheren Blättern und sehr wenigen Stacheln, die der gefüllten gelben Form ähnelt und eventuell ein Sport der gefüllten weißen Form ist. Winterhart in Zone 7, erträgt kurzzeitig bis −15 °C.

Rosa bracteata (Sektion Bracteatae). Eine dichte, stark bestachelte Kletterrose, die 1793 durch Lord Macartney, den Botschafter am chinesischen Kaiserhof, nach Europa gelangte. Die bis 6 m hohe Rose ist in Südost-China und Taiwan heimisch. Die immergrünen Blätter gliedern sich in fünf bis elf rundliche, glänzende Fiederblättchen von bis zu 5 cm Länge. Die 10 cm großen, weißen Blüten erscheinen einzeln über einen langen Zeitraum vom Hochsommer bis zum Herbst. Ihre Stiele sind von weichen, haarigen Brakteen verdeckt. Graham Thomas beschreibt ihren Duft als „voll und zitronig".
● Eine schöne Rose für warme Regionen, die in kühlem Klima nicht sehr gut gedeiht − wenngleich ein Exemplar in den Royal Botanic Gardens in Kew bei London an einer warmen Mauer blüht. Sie ist nur selten zur Zucht verwendet worden, ist aber Elternsorte der hübschen, gelb blühenden Kletterrose ‚Mermaid' (siehe Seite 133). Winterhart in Zone 8, erträgt kurzzeitig bis −12 °C.

Rosa cymosa (auch Rosa microcarpa, Rosa sorbiflora). Diese Rose trägt typische, flache Gruppen aus sehr kleinen Blüten, aus denen sich winzige Früchte bilden. Meist wächst sie als Kletterrose mit glatten oder behaarten, bis 5 m langen Trieben und recht wenigen, gekrümmten Stacheln. Die jungen Triebe und Blätter sind leuchtend rot, die Blätter bestehen meist aus sieben schlank lanzettlichen oder ellipti-

Rosa banksiae var. *normalis* über einer Hecke am Straßenrand zwischen Dali und Lijiang, China.

Rosa banksiae var. *normalis*

Rosa bracteata

Rosa laevigata

Rosa laevigata im exotischen botanischen Garten der Villa Val Rahmeh in Menton-Garavan, Frankreich.

schen Fiederblättchen mit runder Basis und schmaler, gebogener Spitze. Sie stehen an einem kurzen Stiel mit kleinen, dünnen, gebogenen Stacheln und haben eine glänzend grüne Unterseite. Die zahlreichen Blüten stehen in runden oder abgeflachten Blütenbüscheln. Sie sind cremeweiß, 1–1,5 cm groß und tragen an den Sepalen gelegentlich stachelige Lappen. Die Staubgefäße sind fast so lang wie die Petalen, die weich behaarten Stempel ragen leicht hervor. Die runden Hagebutten sind matt- oder scharlachrot, haben einen Durchmesser von 5 mm und enthalten zahlreiche Samen.

R. cymosa ist in ihrer Heimat China weit verbreitet: Von der Küste Fujians bis ins westliche Sichuan wächst sie in geringen Höhen in warmen Strauchheiden, Schluchten und Bambusplantagen.

● Die großen Gruppen winziger Blüten sind das Erkennungsmerkmal dieser Rose. Wir haben sie im westlichen Sichuan recht häufig gesehen, etwa in Hecken oder über Felsen am Straßenrand hängend. Sie blüht Ende Mai bis Anfang Juni, lange nach *R. banksiae*, die in der gleichen Gegend heimisch ist. Die jungen, roten Triebe sehen im Garten dekorativ aus. 1995 haben wir Samen (C.D. & R. 2511) aus Min shan bei Ya-an mitgebracht, wo wir sie während der Dreharbeiten zu „Quest for the Rose" blühend in Hecken zwischen den Teegärten gesehen hatten. Der Klon 'Rebecca Rushford' aus Samen vom Mount Omei wurde nach der Frau des Sammlers Keith Rushford benannt. Winterhart bis −15 °C, Zone 7.

Rosa laevigata (Cherokee-Rose). Eine Kletterrose mit immergrünen Blättern und großen, weißen Blüten, die wild an felsigen Standorten wächst. Ich habe auch abgeweidete Exemplare gesehen, die gedrungen buschig wuchsen. Die Triebe mit den gebogenen Stacheln und Borsten können bis zu 10 m lang werden. Die drei immergrünen Fiederblättchen pro Blatt sind lanzettlich an den langen Trieben, aber oval bis rund an den Blütentrieben. Sie haben kurze Stiele mit feinen, gebogenen Zähnchen und sind auf Ober- und Unterseite glatt und glänzend. Die weißen Blüten mit 10 cm Durchmesser und gutem Duft stehen einzeln auf borstigen Stielen. Die langen, borstigen Hagebutten sind orangerot und tragen haltbare, borstige Sepalen.

Die Rose ist in Zentral-China und westlich bis nach Sichuan sowie in niedrigen Lagen Taiwans anzutreffen. Sie blüht im Frühling. Im frühen 17. Jahrhundert gelangte sie nach Nordamerika, wo sie verwildert ist. Der französische Botaniker Michaux, der sie in seiner *Flora Boreali Americana* (1803) beschrieb, hielt sie für eine einheimische Pflanze Amerikas.

● Diese schöne, weiß blühende Rose verträgt Kälte schlecht. In nordeuropäischen Wintern friert sie bis zum Boden ab, und sie blüht nur nach heißen Sommern. In Nordamerika gedeiht sie südlich von Georgia gut, ebenso in den Mittelmeer-Anrainerstaaten. Winterhart in Zone 8, erträgt kurzzeitig bis −12 °C.

Rosa cymosa

'Kiftsgate', eine bekannte Kulturform der *Rosa filipes*.

Rosa longicuspis
von einem Pass südwestlich
von Lijiang, China.

Die Rosen auf den folgenden vier Seiten tragen ihre kleinen, weißen Blüten in pyramidenförmiger Anordnung. Sie gehören zur Sektion der Synstylae, die an den zu einem kleinen, säulenartigen Gebilde verwachsenen Griffeln zu erkennen sind. Wegen ihres moschusartigen Duftes werden sie auch als Moschusrosen bezeichnet. Die meisten Rosen dieser Gruppe sind Kletterer. Sie tragen an den Triebspitzen und den Blattstielen rückwärts gekrümmte Stacheln, mit denen sie sich in die Höhe ziehen.

Rosa brunonii (auch Rosa moschata nepalensis; Himalaya-Moschus-Rose). Eine Kletterrose von mehr als 15 m Höhe, die vor allem an den Triebspitzen gebogene Stacheln trägt. Die bedingt immergrünen Blätter bestehen meist aus sieben Fiederblättchen von 2–6 cm Länge. Sie sind hellgrün, oval bis elliptisch, kurz gestielt und grob gezähnt. Die Oberseite ist vor allem im Bereich der Blattadern fein behaart, auf der Rückseite sind Drüsen erkennbar. Die cremeweißen, duftenden Blüten von 3–6 cm Größe stehen in großen, lockeren, abgeflachten Gruppen. Die kurzen Sepalen sind gelegentlich zwei- oder dreifach gelappt, die Stiele tragen Drüsen. Die rötlichen, verkehrt eiförmigen Früchte sind etwa 1 cm lang und in unreifem Zustand weich behaart. Die Sepalen fallen früh ab. Die Griffel ragen vor und sind zu einer Säule von 8–10 mm Länge verwachsen.

Die Rose ist von Afghanistan und Kaschmir bis nach Bhutan, Myanmar (ehemals Burma) anzutreffen, ferner im südwestlichen China nordwärts bis nach Sichuan. Sie klettert in Bäume und Sträucher, überzieht Böschungen und blüht je nach Höhenlage von April bis Juli.

● R. brunonii wurde 1820 nach dem Botaniker Robert Brown benannt und 1822 zur Kultur in Europa eingeführt. Während der zweiwöchigen Blüte im Hochsommer bietet sie einen spektakulären Anblick, doch auch der Schmuck der roten Hagebutten ist attraktiv. Winterhart bis −23 °C, Zone 6.

Rosa filipes. Eine besonders wüchsige Kletterrose mit bis zu 6 m langen Trieben, gekrümmten Stacheln und rötlich violetten jungen Trieben. Die sommergrünen Blätter bestehen aus fünf bis sieben eiförmigen bis lanzettlichen Fiederblättchen mit langer Spitze. Die Oberseite ist glatt, die Unterseite meist hellgrau bereift. Sie sind kurz gestielt und haben eine kleine, scharfe Zahnung. Die 2,5 cm großen Blüten haben eine flache Schalenform und stehen an 2–3 cm langen, schlanken Stielen in sehr großen, abgeflachten Gruppen von 45 cm Durchmesser und mehr. Die Brakteen fallen frühzeitig ab. Die runden Früchte mit 8–12 mm Durchmesser haben einen behaarten, vorstehenden Stylus und vereinzelte, gestielte Drüsen.

Die Art ist in China im nordwestlichen Sichuan und in Gansu heimisch, wo sie in kühl-gemäßigtem Klima in Hecken und Dickichten wächst und im Juni und Juli blüht.

● 'Kiftsgate' ist der vorwiegend kultivierte Klon der R. filipes. Über seinen Ursprung ist nur bekannt, dass er aus der Rosenschule E. A. Bunyards stammt. Die Urpflanze in Kiftsgate Court (Gloucestershire, England) klettert durch eine große Buche. Diese besonders wüchsige Kletterrose trägt Wolken kleiner Blüten mit herrlichem Duft. Um sich optimal zu entwickeln, braucht sie einen hohen Baum, sie kann aber auch ein unansehnliches Gebäude verstecken. Winterhart bis −29 °C, Zone 5.

Rosa longicuspis (auch Rosa yunnanensis). Ein robuster, immergrüner Kletterer von mehr als 6 m Höhe mit dunkelgrünen, glänzenden Blättern, die in drei bis sieben eiförmige bis elliptische Fiederblättchen von 5–10 cm Länge geteilt sind. Die Triebe sind leuchtend rot, die zierlichen, weißen Blüten verfärben sich zum Ende der Blütezeit. Bis zu 15 Blüten mit je 5 cm Durchmesser stehen manchmal in kuppelförmigen Blütenbüscheln. Die Petalen haben eine seidige Unterseite. Die Blütenstiele und die dunkelroten Früchte zeigen oft Drüsen oder eine Behaarung.

Die Rose wächst von Assam in Indien bis nach Yunnan und Sichuan in China, wo sie in subtropischen und warm-gemäßigten Regionen im Mai und Juni in Hecken, Sträuchern und zwischen Felsen blüht.

● Die Rose für warmes bis subtropisches Klima duftet ausgezeichnet. Sie blüht früh und. In Zone 7 vor einer geschützten Mauer winterhart bis −15 °C.

Rosa brunonii

Rosa multiflora (Vielblütige Rose). Diese kleinblütige Rose ist an den relativ langen, zugespitzten Gruppen kleiner Blüten und den tief eingeschnittenen, schmalen Flügeln ähnelnden Nebenblättern an der Basis der Blattstiele leicht zu erkennen. Die Triebe werden bis zu 6 m lang. Sie klettern häufig in Bäume und Hecken und tragen sommergrüne Blätter mit meist sieben Fiederblättchen. Die weißen oder rosa Blüten sind 2–2,5 cm groß. Der Griffel ist zusammengewachsen und ragt wie eine kleine Säule über dem Fruchtknoten auf. Die Hagebutten sind klein und rot.

Die Rose aus China und Japan ist im Osten Nordamerikas verwildert und wird dort als Unkraut betrachtet. In China wurden auch gefüllte Formen kultiviert, ebenso kleinwüchsige Formen, die während der ganzen Saison Blüten an kurzen Trieben trugen, aber nicht den langen, überhängenden Wuchs zeigten (siehe *R. multiflora* 'Nana', Seite 223). Dies ist eine Elternpflanze der Floribunda-Rosen und durch 'Parson's Pink China' (siehe Seite 82) vermutlich auch der Tee-Hybriden.

● Diese Art ist robuster und niedriger als andere der großblumigen Arten. Sie sieht in Hecken schön aus, eignet sich wegen der kleinen Blüten und des wilden Wuchses aber nicht für Gärten. Winterhart bis −29 °C, Zone 5.

Rosa multiflora

Rosa soulieana. Ein aufrechter Strauch oder Kletterer von bis zu 4 m Höhe mit blaugrauen, sommergrünen Blättern und kleinen, cremeweißen Blüten auf ganzer Länge der Triebe, die mit zahlreichen gekrümmten Stacheln bewehrt sind. Die Blätter bestehen meist aus sieben gerundeten, unbehaarten Fiederblättchen von weniger als 2,5 cm Länge. Die 4 cm großen Blüten stehen in Gruppen von 15 cm Durchmesser an drüsigen Stielen. Die orangefarbenen Hagebutten sind etwa 1 cm lang.

Die Rose stammt aus China, vornehmlich dem Gebiet des Flusses Min im westlichen Sichuan, wo sie an Sandsteinhängen im Juli blüht.
● Eine attraktive Rose für einen sonnigen, trockenen Standort. Sie kann an einem hohen Obelisken gezogen werden oder durch einen niedrigen Baum oder eine Hecke klettern. Eine der schönsten und besonders reich blühenden Arten dieser Gruppe, die selbst Großstadtluft verträgt. *R. soulieana* ist eine der Elternsorten der bezaubernden Strauchrose 'Wickwar'. Winterhart bis −23 °C, Zone 6.

Rosa soulieana aus dem Min-Tal, Sichuan, China.

Rosa abyssinica, hier im Parc de la Tête d'Or, Lyon, Frankreich.

Rosa sempervirens

Rosa wichuraiana

Rosa moschata

Rosa setigera

Die meisten dieser Moschusrosen (siehe Einleitung Seite 16) blühen weiß, sind immergrün und stammen aus warmen Klimaten, meist aus Asien und von der Arabischen Halbinsel. Eine Ausnahme bildet *R. setigera*, die rosa blüht und in Nordamerika heimisch ist.

Rosa abyssinica (auch Rosa moschata var. abyssinica). Die einzige Rose, die im Wüstenrandklima Afrikas heimisch ist. Sie wächst in Äthiopien, Somalia und jenseits des Roten Meers im Jemen und in Saudi-Arabien. Bemerkenswert sind auch die lange Blühperiode und der intensive Duft, der den typischen Rosenduft mit einer Gewürznelkennote vereint. Die bis 4 m langen, mit rückwärts gekrümmten Stacheln bewehrten Triebe bilden ein strauchiges Dickicht und klettern gelegentlich. Die immergrünen Blätter von 1–2,5 cm Länge bestehen meist aus sieben eiförmigen bis länglichen Fiederblättchen mit flach, aber scharf gezähntem Rand. Die 3–4 cm großen, weißen Blüten stehen einzeln oder zu zweien oder dreien an kurzen Trieben. Ihre länglich-zugespitzten Sepalen sind leicht gelappt. Der Stylus ragt etwa 6 mm vor. Die eiförmigen Hagebutten sind 1,5 cm lang, meist glatt und rot oder rötlich schwarz.
● Diese Rose hat ihre Toleranz gegen Hitze und Trockenheit in Prätoria (Südafrika) unter Beweis gestellt. Sie ist kaum anfällig für Blattläuse oder Sternrußtau. Die lange Blühperiode ist ein weiteres Plus dieser Art, die sich zur Züchtung trockenheitsverträglicher Rosen anbieten würde. Eventuell ist sie eine Elternsorte der uralten Heiligen Rose *R. × richardii*, manchmal auch *R. sancta* oder St. John's Rose genannt, die in Klostergärten in Äthiopien wächst und von Archäologen in ägyptischen Grabgirlanden aus der Zeit um 170 n. Chr. identifiziert wrude. Vermutlich winterhart bis –11 °C, Zone 8.

Rosa moschata (Moschus-Rose). Eine alte, historische Rose mit wunderbarem Duft. Trotz intensiver Forschung ist ihre ursprüngliche Herkunft noch ungeklärt. Die bis 5 m hohe Kletterrose hat sehr wenige, relativ gerade Stacheln. Die hellgrünen Blätter sind in fünf bis sieben eiförmige, 5 cm lange Fiederblättchen geteilt. Ihre Adern sind auf der Unterseite manchmal behaart, der zentrale Stiel ist unbestachelt. Die cremeweißen Blüten von 5 cm Durchmesser stehen in lockeren Gruppen an schlanken Stielen von 3 cm Länge oder mehr mit feinen Drüsen und Härchen. Die 2 cm langen Sepalen laufen in schmalen, langen Spitzen aus und sind seitlich leicht gelappt. Die Früchte sind klein und oval mit vorstehendem Stylus.
● Eine elegante und interessante Kletterrose für eine warme Mauer oder einen Zaun in heißem Klima, die ihre Blüten am Ende der langen, überhängenden Triebe trägt. Die Blüten erscheinen im Spätsommer und Herbst, oft steht die Rose noch im September in voller Blüte.
Diese Art ist eine der Elternpflanzen der Damaszenerrosen, ist aber auch selbst eine alte Kulturpflanze, die vielleicht schon von den

Mogulen gehalten und in ihrem Reich verbreitet wurde, wo sie in alten Gärten bis heute überlebt hat. Um die Mitte des 6. Jahrhunderts gelangte sie über Italien nach England, wo sie bis heute kultiviert wird – zuerst als Heilpflanze und Blutreinigungsmittel, später als Zierpflanze, deren starker Duft die Luft erfüllt. In jüngerer Vergangenheit kam die Kultur von Moschusrosen in England fast zum Erliegen, bis der Rosenkenner Graham Thomas ein Exemplar in E. A. Bowles' Garten in Myddelton House nördlich von London entdeckte. Thomas zufolge hat Bowles sie von Canon Ellacombe in Britton bei Bath erhalten, dem Gründer des Botanischen Gartens von Bath. Winterhart bis etwa −23 °C, Zone 6.

Rosa phoenicia. Eine Kletterrose mit dichten Gruppen großer Blüten und grob gezähntem Laub. Die sommergrünen Blätter bestehen gewöhnlich aus fünf bläulich grünen, verkehrt eiförmigen oder ovalen Fiederblättchen von 2–4,5 cm Länge mit breiter, stumpfer Zähnung, fein behaarter Ober- und dicht behaarter Unterseite. Die weißen, 5 cm großen Blüten mit gutem Duft stehen in dichten Gruppen oder einzeln an kurzen Stielen. Die äußeren Sepalen sind fiederspaltig und 1–2 cm lang. Der Stylus ragt etwa 6 mm vor. Die Hagebutten sind 1 cm lang, meist glatt und rot.

Diese Rose stammt aus dem nordöstlichen Griechenland, Zypern und der europäischen Türkei bis hin zum Libanon und wächst in Hecken an feuchten Standorten an Flüssen und Gräben niedriger Lagen. Auch in Feuchtgebieten der Küstenebene und der flachen Hügelregionen der südlichen und westlichen Türkei ist sie anzutreffen. Sie blüht von Ende Mai bis Anfang Juni.

● Eine der wenigen Rosen, die feuchten Boden verträgt, und darum ideal für feucht-warme Gebiete wie Florida und die Golfküste ist. Früher galt sie als eine Vorfahrin der Damaszenerrosen, neuere DNS-Analysen haben diese Vermutung aber widerlegt. Winterhart bis −23 °C, Zone 6.

Rosa sempervirens (Immergrüne Rose). Eine Kletterrose mit glänzend grünen Blättern und weißen Blüten für warme Regionen. Die Triebe von 6 m und mehr Höhe bilden einen dichten, ausladenden Strauch. Sie tragen wenige, zurückgebogene Stacheln und immergrüne Blätter mit zumeist fünf dunkelgrünen, eiförmig bis eiförmig-lanzettlichen, scharf und fein gezähnten Fiederblättchen von 3–8 cm Länge. Die duftenden, weißen Blüten mit 3–5 cm Durchmesser stehen in Gruppen von drei bis zwölf oder einzeln an kurzen Trieben mit glattrandigen, drüsigen Sepalen von 9–15 mm Länge. Der behaarte Stylus ragt etwa 6 mm vor. Die runden, glatten Früchte sind 1–1,5 cm lang und meist rot.

Die Rose ist in Portugal und im Mittelmeerraum von Nord-Afrika bis Spanien sowie in der westlichen Türkei anzutreffen. Sie wächst in niedrigen Lagen und blüht im April und Mai.

● Eine geeignete Sorte für das Mittelmeerklima, gedeiht aber auch in Kalifornien; sie klettert gern durch trockene Sträucher. Aus einer kriechenden Küstenform aus Nizza in Süd-Frankreich sind Bodendeckerrosen für trockene Klimazonen gezüchtet worden, darunter die Meidiland-Bodendecker. Winterhart bis −18 °C, Zone 7.

Rosa setigera (Prärie-Rose). Kletterrose oder hoher Strauch mit überhängenden Trieben, wenigen, sehr groben Blättern und rosafarbenen oder weißen Blüten, die wild in Nordamerika vom südlichen Ontario bis Nebraska und südwärts bis Florida und Texas auf Präriegebiet und in Dickichten wächst. Die Triebe von z. T. mehr als 5 m Länge sind unbestachelt oder tragen wenige zurückgebogene Stacheln. Die sommergrünen Blätter mit meist drei eiförmigen bis eiförmig-lanzettlichen Fiederblättchen von 3–9 cm Länge sind entlang der Mittelader manchmal behaart, fein und scharf gezähnt und haben eingesunkene Blattnerven. Die duftlosen, 6 cm großen Blüten in Weiß oder Rosa stehen in Gruppen von drei bis zwölf an weich behaarten Stielen. Die drüsigen Sepalen sind 9–15 mm lang, der Stylus ragt etwa 6 mm vor. Die roten, rundlichen Früchte sind etwa 8 cm lang und zeigen meist Drüsen.

● Der Wert dieser Rose liegt in ihrer Winterhärte und den leuchtend rosafarbenen Blüten, die von Juni bis August erscheinen. Sie ist eine Elternsorte von Hybriden wie 'American Pillar' (siehe Seite 157) und wahrscheinlich der attraktiven, spät blühenden 'Baltimore Belle' (siehe Seite 154). Winterhart bis −34 °C, Zone 4.

Rosa wichuraiana (auch R. wichurana; Memorial Rose, Wichuras Rose). Diese Rose wächst wild in Honshu, Shikoku und Kyoushu (Japan), ferner in Korea, Taiwan und im östlichen China. Man findet sie zwischen Felsen, in strauchiger Vegetation im Flachland oder in den Dünen am Meer, wo ihre jungen Triebe oft über den Boden kriechen. Sie blüht meist im Juli und August.

Die grünen Triebe von z. T. über 6 m Länge tragen zahlreiche, leicht gebogene Stacheln und glänzende, dunkelgrüne, recht steife Blätter, mit hellerer Unterseite. Sie sind immergrün und in fünf bis neun, meist jedoch sieben Fiederblättchen geteilt, die recht einheitlich 1–3 cm lang und eiförmig-lanzettlich bis verkehrt eiförmig sind. Die 3 cm großen Blüten stehen in verzweigten, schmal-pyramidenförmigen Gruppen. Sie sind weiß, bei *Rosa wichuraiana* fo. *rosiflora* rosa überhaucht, und besitzen einen guten Duft. Die 1 cm langen Sepalen fallen frühzeitig ab. Die kleinen Hagebutten stehen an drüsigen Stielen, der Stylus ragt als dicke, behaarte Säule vor.

● In Nordamerika bezeichnet man diese Art oft als „Memorial Rose", weil sie gern auf Friedhöfen als Bodendecker oder zur Begrünung von Böschungen eingesetzt wird. Sie ist nach dem deutschen Botaniker Max Ernst Wichura benannt und ist eine wichtige Elternsorte bekannter Rambler wie 'Dorothy Perkins' (siehe Seite 158), deren kleine Blätter, lange Triebe und späte Blüte sie von den Ramblern aus der Nachkommenschaft der *R. multiflora* (siehe Seite 17) unterscheiden. Winterhart bis −29 °C, Zone 5.

Rosa phoenicia in einem Granatapfelbaum bei Antalya, Türkei.

Wildrosen

Die folgenden Rosen gehören zur Sektion der Cinnamomeae. Die auf den Seiten 20 und 21 gezeigten Arten sind im westlichen China heimisch, wo sie im Grenzgebiet zu Tibet in Wäldern aus *Deutzia*, *Rhododendron*, *Sorbus* und anderen bekannten Gartensträuchern wachsen. Sie haben hohe, überhängende Triebe und die größten und auffälligsten Hagebutten aller Rosenarten, aber nahezu keinen Duft.

Rosa davidii (auch 'Père David's Rose'). Ein ausladender Strauch mit Gruppen von hell rosafarbenen Blüten und großen Hagebutten. Die Triebe werden bis 3 m lang und tragen gerade oder leicht gebogene Stacheln, aber keine Borsten. Die Blätter mit sieben bis elf Fiederblättchen sind auf der Unterseite weich behaart. Die hellrosa Blüten stehen in lockeren, oben abgeflachten Vierer- bis Zwölfergruppen an drüsigen Stielen. Die Sepalen sind lang und schmal, bis 2,5 cm lang und an der Spitze abgeflacht. Der Stylus steht nur leicht vor. Die flaschenförmigen Hagebutten sind etwa 2 cm lang und rot. *R. davidii* var. *elongata* hat größere Blätter und weniger, dafür intensiver rosafarbene Blüten und länglichere Früchte. Sie stammt aus dem westlichen Sichuan in West-China.
● *R. davidii* und die sehr ähnliche *R. setipoda* sehen besonders reizvoll aus, wenn sie ihren herbstlichen Früchteschmuck tragen. Sie sollten als frei stehende Sträucher gehalten werden, damit sie sich zu voller Größe entwickeln können. Winterhart bis −29 °C, Zone 5.

Rosa davidii

Rosa giraldii. Ein buschiger Strauch von 2,5 m Höhe mit wenigen, oft paarweise angeordneten Dornen. Ein Blatt ist in sieben bis neun Fiederblättchen geteilt, die oval oder elliptisch und manchmal beidseitig behaart sind. Die kräftig rosafarbenen Blüten stehen einzeln oder in Gruppen zu maximal fünf, die Stiele sind oft von großen Brakteen verdeckt. Die Früchte sind rund und rot. Die Art stammt aus dem nordwestlichen China und blüht im Sommer.
● In Blüte und Fruchtschmuck gleichermaßen attraktiv. Winterhart bis −34 °C, Zone 4.

Rosa moyesii (Mandarin-Rose). Ein stattlicher Strauch mit überhängenden, etwa 6 m langen, schwach bestachelten Trieben. Die sieben bis dreizehn rundlichen Fiederblättchen pro Blatt sind bis 4 cm lang und stehen in weiten Abständen. Die Blüten erscheinen einzeln, paarweise oder in Vierergruppen. Sie sind meist rosa, seltener rot. Stiele und Früchte können glatt oder borstig sein. Die großen, roten Hagebutten haben meist grüne Sepalen. Die Art ist im westlichen Sichuan und Yunnan in China heimisch, wo sie im Juni und Juli blüht.
● Ein Strauch mit besonders reizvollem Fruchtschmuck. Die Sorte 'Geranium' ist mit 2,5 m niedriger als andere Vertreter, hat schöne, rote Blüten und große Früchte an aufrechten Trieben. Die Sorte 'Sealing Wax' hat blass rosafarbene Blüten und attraktive Hagebutten. 'Hillieri', eventuell eine Hybride, trägt wunderbar karminrote Blüten, aber wenig Früchte. Winterhart bis −29 °C, Zone 5.

Rosa davidii im Hillier Arboretum, Süd-England.

Rosa moyesii

Rosa giraldii

Rosa setipoda

Rosa moyesii hips

Rosa setipoda (Borsten-Rose). Großer Strauch von 3 m Höhe und Breite, dessen überhängende Zweige mit Borsten bedeckt sind. Die Blätter bestehen aus sieben bis neun eiförmigen Fiederblättchen mit weiten Abständen. Die rosafarbenen Blüten, manchmal mit weißer Mitte, stehen in Gruppen von 20 oder mehr. Die Blütenstiele und die jungen Hagebutten sind bläulich getönt und tragen zahlreiche Borsten mit drüsigen Spitzen. In der Reife färben sich die Früchte rot. Die Rose stammt aus West-China, wo sie im nordwestlichen Hubei und östlichen Sichuan an Geröllhängen im Juni blüht.

● Die besten Formen dieser Art haben sehr helle Blüten und bilden stattliche Sträucher. Sie brauchen tiefgründigen und nahrhaften Boden. Winterhart bis −29 °C, Zone 5.

Rosa multibracteata (Kragen-Rose). Ein buschiger Strauch von 3 m Höhe mit dünnen, sehr borstigen Trieben und paarweise angeordneten Stacheln. Die je Blatt fünf bis neun Fiederblättchen sind verkehrt eiförmig bis rund, unter 1,5 cm lang und entlang der Hauptblattader auf der Unterseite manchmal behaart. Die 3,5 cm großen Blüten mit vorstehendem Griffel sind rot. Sie stehen auf kurzen, drüsigen Stielen mit gerundeten Brakteen. Die kleinen, roten, flaschenförmigen Hagebutten haben lange, haltbare Sepalen. Die Rose ist in Nordwest-China heimisch, wo sie an steinigen Hängen und in trockenen Flusstälern wächst und von Juni bis August blüht.

● Ein attraktiver Strauch mit leuchtenden Blüten und Früchten, gut geeignet für trockene Böschungen und magere alkalische Böden. Elternsorte der auffallenden Strauchrose 'Cérise Bouquet' (siehe Seite 196). Winterhart bis −29 °C, Zone 5.

Rosa multibracteata

Rosa glauca, Hagebutten der Kulturform.

Rosa glauca, Blüten der Wildform.

Nun folgen die winterharten, nördlichen Arten in der Sektion der Cinnamomeae. Die Blüten sind meist intensiv pink, seltener zartrosa, duften nur schwach und entwickeln sich zu großen, borstigen Hagebutten. Man findet sie in Wäldern und felsigen Bergregionen am ganzen Nordpolarkreis – als Überbleibsel aus der Zeit, als Europa, Asien und Nordamerika miteinander verbunden waren. Viele andere Pflanzen sind ebenfalls am Nordpolarkreis zu finden, teilweise reicht ihre Ausbreitung nach Süden bis zu den Rocky Mountains, den Alpen und den Gebirgszügen Japans.

Rosa acicularis (Needle Rose; Nadel-Rose). Ein Strauch von 1 m Höhe, dessen Haupttriebe dicht mit dünnen, abgeflachten, paarweise angeordneten Borsten besetzt sind. Die Seitentriebe sind manchmal glatt. Die Blätter bestehen aus drei bis sieben recht breiten Fiederblättchen, meist mit weich behaarter Unterseite und breiten Nebenblättern. Die 5 cm großen Blüten sind kräftig pink und stehen einzeln, die Hagebutten sind flaschenförmig. Dies ist die nördlichste aller Rosen, beheimatet im Norden Amerikas von New York bis Alaska, von den Rocky Mountains bis nach Wyoming, ferner in Nordost-Asien. Sie wächst an felsigen Berghängen.
Rosa acicularis var. *nipponensis*, zu finden in den Bergen Japans, hat meist sieben bis neun, außerdem schmalere Fiederblättchen von 1–2 cm Länge und borstige, drüsige Fruchtstiele. Die Wildpflanzen sind oft kleinwüchsig und haben große Blüten. Kulturpflanzen des gleichen Namens sind höher, haben überhängende Triebe und tragen Gruppen von Blüten an rötlichen Zweigen. Beide sind attraktiv, sie unterscheiden sich aber geringfügig.
● Kultiviert wird vornehmlich *R. acicularis* var. *nipponensis*, eine attraktive Rose für Böschungen und lockere Gehölzbeete. Blüte und Fruchtschmuck sind attraktiv, sie ist aber auch natürlich genug für einen Naturgarten. Winterhart bis –40 °C, Zone 3.

Rosa fedtschenkoana. Ein Ausläufer bildender Strauch von maximal 2 m Höhe. Die Triebe sind mit Stacheln und Borsten besetzt, die Blätter graugrün und in sieben Fiederblättchen geteilt. Aus weißen Blüten entwickeln sich borstige, orangefarbene Hagebutten. Die Pflanze ist in Zentral-Asien heimisch, in den felsigen Bergausläufern des Ala-tau, Tien Shan und Pamir-Alai bis hin nach Nordwest-China. Sie blüht von Juni bis September.
Die Rose ist benannt nach der russischen Botanikerin Olga Fedtschenko, Mitglied einer bemerkenswerten Botanikerfamilie.
● Diese Rose trägt attraktives, graugrünes Laub, hat eine lange Blütezeit und bildet schöne Früchte. Vermutlich ein Vorfahr der Damaszenerrosen. Winterhart bis –34 °C, Zone 4.

Rosa glauca (auch Rosa rubrifolia, Rosa ferruginea; Bereifte Rose, Rotblättrige Rose). Eine bekannte Rose mit graugrünen oder rötlichen Blättern aus fünf bis sieben Fiederblättchen. Die bis 2,2 m langen borstigen Triebe tragen wenige Stacheln. Auf eigener Wurzel treibt die Rose Ausläufer. Die Blüten sind mit 3,5 cm recht klein. Die Petalen sind schmal und meist leuchtend rosa. Intensiv rote Hagebutten mit wenigen Drüsen. Heimisch ist sie in den Bergen Süd-Europas auf grasreichen Hängen und an Waldrändern. Sie blüht im Juni und Juli.
● Der Strauch bildet einen grauen Akzent im Beet. Das Laub kann auch für Sträuße geschnitten werden. Die Rose ist robust und anspruchslos. Alte, verholzte Pflanzen können bis zum Boden zurückgeschnitten werden. Winterhart bis –25 °C, Zone 5.

Rosa acicularis var. *nipponensis*, Kulturform

Rosa majalis

Rosa majalis (auch Rosa cinnamomea; Mai-Rose, Zimt-Rose). Ein hoher, Ausläufer bildender Strauch mit rötlich brauner Rinde und bis zu 1,5 m langen Trieben mit paarweise angeordneten Stacheln an den Knoten. Die fünf bis sieben Fiederblättchen je Blatt sind schmal elliptisch bis verkehrt eiförmig, 1,5–4,5 cm lang, auf der Oberseite bläulich grün, glatt und unbehaart, auf der Unterseite hell blaugrün, mit breiten, dünnen, glatten Nebenblättern. Die Blüten stehen einzeln an kurzen, glatten Trieben. Sie sind intensiv rosaviolett, bis 5 cm groß mit ungelappten, schlanken Sepalen. Die glatten, roten Hagebutten mit haltbaren Sepalen sind rundlich gedrungen. Heimisch im Strauchwerk an Hängen und zwischen Felsen in Nord- und Mittel-Europa von den Bergregionen Frankreichs, der Schweiz und Deutschlands bis nach Sibirien im Osten. Blüte von Mai bis Juli.
● Diese Rose breitet sich im halbschattigen Unterholz lichter Wälder aus. Die zuerst beschriebene Form mit gefüllten Blüten findet man in Schottland manchmal wild wachsend. *R. pendulina*, eine zwergwüchsige, alpine Art, hat ähnliche Blüten, längere Früchte und meist borstige Stiele. Winterhart bis −34 °C, Zone 4.

Rosa rugosa (Kartoffel-Rose). Ein mittelgroßer Strauch mit aufrechten, 1,5 m (seltener 2 m) langen, dicht mit Borsten und geraden Stacheln bewehrten Trieben. Die Blätter sind in fünf bis neun breit elliptische, überlappende, kurz gestielte Fiederblättchen geteilt, sie sind recht derb, haben eingesunkene Adern und eine glänzende Oberfläche. Die Unterseite ist graugrün und behaart. Die Nebenblätter sind groß, grün und mehr als 5 mm breit, sie sind mit Drüsen und feinen Haaren besetzt. Die 7 cm großen Blüten in bläulichem Pink oder Weiß stehen einzeln an kurzen Trieben mit dicken, behaarten und borstigen Stielen. Sie duften intensiv und erscheinen über lange Zeit. Die Früchte sind geformt wie abgeflachte Kugeln. Sie tragen einige gestielte Drüsen und aufrechte, haltbare Sepalen.

Die Rose ist heimisch in Ost-Sibirien, Nord-China, Korea und Japan, wo sie in sandigen Böden in Meeresnähe wächst. In großen Teilen Nordamerikas und Nord-Europas ist die Art eingebürgert. Vor allem in Dünengebieten in Küstennähe halten die unterirdischen Ausläufer den Sand fest. Hier blühen die Pflanzen oft bei nur 45 cm Höhe.
● *R. rugosa* wird angeblich schon seit 1100 n. Chr. in China kultiviert. Es gibt verschiedene Gartenformen. Alle sind gesund und blühen anhaltend. Moderne Züchter wie David Austin verwenden *R. rugosa*, um die Winterhärte und Krankheitsresistenz von Strauchrosen zu verbessern. Winterhart bis −25 °C, Zone 5.

Rosa rugosa,
Hagebutten

Rosa fedtschenkoana

Rosa rugosa in den Dünen am Ochotskischen Meer, Nord-Japan.

23

Rosa nitida, Hagebutten und Herbstfärbung.

Rosa nitida

Amerikanische Wildrosen sind weniger artenreich als die asiatischen, unter ihnen finden sich aber einige ausgezeichnete Gartenrosen, die extreme Kälte tolerieren. Neben geringen Unterschieden in Blatt, Stachelart und Früchten helfen die verschiedenen Standortansprüche dieser amerikanischen Arten bei der Identifikation. Einige gedeihen an feuchten Plätzen, andere an felsigen Hügeln oder an Wasserläufen in heißen Regionen. *R. californica* und *R. woodsii* zählen zur Sektion der Cinnamomeae (siehe auch die Seiten 20 und 21), die übrigen zu den Carolinae. Die beiden Sektionen ähneln einander und werden manchmal zusammengefasst.

Rosa californica (Kalifornische Rose). Ein aufrechter Strauch bis 3 m Höhe mit kräftigen, abgeflachten und gebogenen Stacheln, der Dickichte bildet. Aus Gruppen von hell rosafarbenen Blüten mit schwachem Duft entwickeln sich rote, flaschenförmige Hagebutten. Blütenstiele und junge Früchte sind fein behaart. Die Rose ist heimisch vom südlichen Oregon bis Süd-Kalifornien, sie wächst vorwiegend in Canyons und an Flussläufen und blüht von Mai bis August.
● Die häufig als *R. californica* 'Plena' gehaltene Pflanze wird jetzt als Form der *R. nutkana* betrachtet, die weiter nördlich bis nach Alaska verbreitet ist. *R. californica* eignet sich für naturnahe Gärten. Winterhart bis –25 °C, Zone 5.

Rosa nitida (Glanzblättrige Rose). Eine niedrige Art, die wild von Neufundland bis nach Connecticut vorkommt. Die dicht mit schlanken Borsten besetzten Triebe sind meist kürzer als 60 cm, können in Gärten aber 1 m hoch werden. Die sieben bis neun schmalen Fiederblättchen pro Blatt haben glänzende Oberseiten. Die 5 cm großen Blüten in leuchtendem Rosaviolett stehen einzeln und duften süß. Die Früchte sind leuchtend rot, mit Borsten und Drüsen bedeckt und haben haltbare, ungelappte Sepalen. *R. nitida* wächst in Sümpfen und auf feuchten, sauren Böden.
● Eine schöne Rose für feuchten Boden, etwa am Teichufer oder im Sumpfbeet. Sie kann mit früh blühenden Stauden wie *Caltha* unterpflanzt werden, die ausgeblüht haben, ehe das Rosenlaub austreibt. Besonders schöne Herbstfärbung, selbst in Klimaten, wo die Farben nicht so intensiv wie im Heimatgebiet der Art ausfallen. Winterhart bis –40 °C, Zone 3.

Rosa palustris (Sumpf-Rose). Der hohe Strauch hat etwa 2 m lange Triebe und normalerweise siebenzählig gefiederte Blätter. Die Fiederblättchen sind schmal, mit paarweise angeordneten, gekrümmten Stacheln an der Basis, ihre Adern sind auf der Unterseite behaart. Die 5 cm großen, rosafarbenen Blüten, die manchmal ein dunkleres Auge aufweisen, stehen meist in kleinen Gruppen und duften abends wie Maiglöckchen. Die runden Hagebutten zeigen vereinzelte Drüsen. Die

Rosa californica

Rosa palustris

Rosa woodsii var. *ultramontana*

Rosa woodsii var. *fendleri*

Pflanze ist in Nordamerika von Neuschottland und Quebec bis Wisconsin, Minnesota und Florida im Süden heimisch. Sie wächst in Sümpfen und an Seeufern und blüht von Juni bis August.

● Die Rose wächst in der Natur in feuchtem Boden, gedeiht aber auch in normaler, guter Gartenerde, so etwa im Royal Botanic Garden in Kew bei London. Sie ist wertvoll wegen der späten Blüte. Die schönsten Formen haben einen rot leuchtenden Punkt in der Blütenmitte. Winterhart bis −34 °C, Zone 4.

Rosa virginiana (Virginische Rose). Diese Rose kann stark belaubte Sträucher bis 2 m Höhe bilden, bleibt aber meist kleiner. Die gekrümmten Stacheln stehen paarweise an den Blattbasen und vereinzelt dazwischen. Sie hat sieben bis neun Fiederblättchen pro Blatt und große Nebenblätter auf der Oberseite. Die hell rosafarbenen Blüten mit schwachem Duft haben lange, schlanke Sepalen. Sie erscheinen einzeln oder in Gruppen. Die Früchte und ihre Stiele tragen Borsten mit Drüsen an den Spitzen. Die Art ist heimisch in Nordamerika von Neufundland und Ontario und südlich bis Virginia und Alabama. Sie wächst an felsigen, trockenen Standorten und blüht von Mai bis Juli.

● Meist wird die gefüllte *R. virginia* var. *plena*, 'D'Orsay Rose' oder 'Rose d'Amour' kultiviert. Dies ist die verbreitetste Wildrose im östlichen Nordamerika, geeignet für naturnahe Pflanzungen auf eher trockenem Boden. Winterhart bis −40 °C, Zone 3.

Rosa woodsii. Ein bis 1 m hoher Strauch mit relativ wenigen, schlanken, geraden Stacheln, vorwiegend an der Basis der Blätter, die aus fünf bis sieben schmalen, eiförmigen Fiederblättchen zusammengesetzt sind. Die 5 cm großen Blüten mit runden Brakteen und schwachem Duft sind rosa, seltener weiß. Sie stehen einzeln oder in kleinen Gruppen. Die Früchte mit ungelappten Sepalen sind rund. Die Art ist heimisch in Nordamerika von Saskatchewan und British Columbia bis Kansas und Utah im Süden. *R. woodsii* var. *fendleri* mit Drüsen an den Nebenblättern und Blattstielen ist bis in die Prärie Arizonas und Nord-Mexikos verbreitet, während man *R. woodsii* var. *ultramontana* an der Westküste von British Columbia bis Kalifornien findet. Sie bildet durch Ausläufer Dickichte und trägt die Blüten in Gruppen.

● Die Früchte dieser Wildrosen sind dekorativer als die Blüten. *R. woodsii* eignet sich für naturnahe Pflanzungen in Gärten oder Parks. Winterhart bis −40 °C, Zone 3.

Rosa virginiana

Rosa canina

Rosa rubiginosa

Rosa gallica var. *pumila*

Wir wenden uns nun der Sektion Caninae, den Hunds-Rosen und ihren engen Verwandten zu, die in Europa verbreitet sind. Wegen ihrer komplexen Fortpflanzung ist diese Untergruppe sehr variantenreich. Viele sehr ähnliche Arten tragen verschiedene Namen, und selbst diese neigen zu spontanen Kreuzungen, was die Übersicht noch erschwert.

Rosa canina (Hunds-Rose). Die Wildrose ist in großen Teilen Europas und im gemäßigten Asien weit verbreitet, aber auch in Nordamerika von Neuschottland südwärts naturalisiert. Sie unterscheidet sich von den meisten amerikanischen Wildarten durch die hell rosafarbenen Blüten mit weißem Auge und die kräftigen, gekrümmten Stacheln. Die meisten Hunds-Rosen bilden kräftige Sträucher bis 3 m Höhe oder klettern in Bäume. Die sieben Fiederblättchen pro Blatt haben gewöhnlich eine glatte Unterseite. Die weißen oder hell rosafarbenen Blüten stehen einzeln oder in Gruppen von bis zu sechs. Sie haben meist gelappte Sepalen, die abfallen, wenn die glatten, leuchtend roten Hagebutten reifen.
● Die großen Sträucher sehen im Hochsommer einige Wochen lang beeindruckend aus. Sie eignen sich für derbe Hecken, für Gärten werden jedoch andere Arten bevorzugt. Winterhart bis −34 °C, Zone 4.

Rosa rubiginosa (auch R. eglanteria; Wein-Rose). Diese Rose ist seit langem wegen ihrer Blätter berühmt, die nach einem Regen intensiv wie frische Äpfel duften. Man erkennt sie an den zahlreichen Drüsen auf den Blättern, Fruchtstielen und Früchten sowie den zahlreichen gekrümmten Stacheln verschiedener Größe. Sie ist vor allem auf alkalischen und Sandsteinböden verbreitet. In ganz Europa und östlich bis Zentral-Asien gibt es viele eng verwandte Arten. *R. rubiginosa* selbst ist auch im östlichen Nordamerika eingebürgert. Zwergarten wie *R. pulverulenta* (auch *R. glutinosa*) und *R. serafina* sind besonders stark bestachelt und haben klebrige, duftende Blätter und Früchte. Beide wachsen an trockenen Hängen in Süd-Europa, überleben aber auch in kalten Bergregionen.
● *R. rubiginosa* wird gern zur Gestaltung von Gärten im mittelalterlichen Stil verwendet. Trotz der stacheligen Triebe sollte man sie an Wegränder pflanzen, damit man im Vorbeigehen den Duft genießen kann. Winterhart bis −34 °C, Zone 4.

Rosa sherardii (Samt-Rose). Die bereiften Hunds-Rosen, zu denen *R. sherardii*, *R. mollis* und *R. villosa* zählen, bilden eine separate Gruppe innerhalb der Caninae, die R.-tomentosa-Gruppe. Die meisten haben Blüten in kräftigem Rosa oder Weiß und graugrüne, unterwärts samtig behaarte Blätter. Die Früchte sind fast kugelrund, mit Drüsen besetzt und reifen karminrot bis fast violett aus. *R. canina* klettert gern, die bereiften Hunds-Rosen dagegen bilden gewöhnlich aufrechte Sträucher von etwa 2,5 m Höhe. Die meisten Arten sind in ganz Europa verbreitet, vor allem im Norden und ostwärts bis Zentral-Asien.
● Dies sind attraktive Sträucher für naturnahe Gartenbereiche oder gemischte Hecken. Blüten und Früchte haben einen dezenten Reiz. 'Wolley-Dod', auch *R. villosa* 'Duplex', ist eine halb gefüllte Form, eventuell auch eine Hybride von *R. villosa*, benannt nach Colonel A. H. Wolley-Dod, der die britischen Hunds-Rosen erforschte. Winterhart bis −34 °C, Zone 4.

Rosa roxburghii

Rosa roxburghii fo. normalis oberhalb des Flusses Min bei Omei Shan in Sichuan, China.

Die beiden Wildrosen-Arten *R. gallica* (Section Gallicanae) aus Europa und *R. roxburghii* (Sektion Microphyllae – nach Crépin) aus China sind geografisch isoliert und von anderen Rosenarten auch räumlich getrennt. Trotzdem bilden sie mit diesen Hybriden.

Rosa gallica (Essig-Rose). Dies ist die Wildform der *R. gallica*, als Gartenpflanze wird sie unter den Gallica-Rosen beschrieben (siehe Seite 33). Die abgebildete Zwergform *R. gallica* var. *pumila* bildet Ausläufer und Triebe von 20–30 cm Länge mit ovalen bis rundlichen Fiederblättchen und einzelnen Blüten mit wenigen Drüsen an Stielen und Kelchblättern. Sie wächst wild in Spanien und Italien, auch die Form aus Sigale in den Seealpen gehört zu dieser Art. Sie hat 6 cm große Blüten, die manchmal dunkelrot mit violetter Aderung, manchmal hellrosa gefärbt sind. Redouté beschreibt sie als *R. pumila* oder „Rose d'Amour", Rose der Liebe. Sie ist auch in Deutschland recht verbreitet.

Die Sektion der Gallicanae ist in Europa und östlich bis zum Kaukasus, in der Türkei und dem nördlichen Irak zu finden. Eine geografisch isolierte Gruppe, die jedoch Vorfahr der meisten Gruppen alter und moderner europäischer Gartenrosen ist.

● Die Wildformen der *R. gallica* sind attraktive, Ausläufer bildende Sträucher mit gutem Duft. Winterhart bis −34 °C, Zone 4.

Rosa roxburghii fo. **normalis** (Igel-Rose). Diese ungewöhnliche chinesische Rose ist leicht an den zahlreichen, kleinen Fiederblättchen zu erkennen, die von grünen Stacheln bedeckt und von großen Sepalen gekrönt sind. Die Wildform trägt große Blüten in verschiedenen Rosatönen, eine alte chinesische Kulturform hat stark gefüllte Blüten. Die Art ist hauptsächlich in Sichuan und Yunnan (China) heimisch. Sie bildet mit den Jahren knorrige Bäume mit attraktiver, rötlich brauner, abschilfernder Rinde. Die Triebe haben wenige Stacheln. Die Blätter sind in 9–19 Fiederblättchen geteilt. Sie gehört zur Sektion Microphyllae, zu der auch die sehr ähnliche japanische Art *R. hirtula* zählt.

● Im westlichen China ist diese Rose auf Landstreifen zwischen Reisfeldern verbreitet, wo sie im Sommer reichlich Wasser erhält. Sie verlangt einen warmen Standort und braucht bei Anzucht aus Samen einige Jahre bis zur Blüte. Winterhart in Zone 8, nimmt aber bei anhaltenden Temperaturen unter −10 °C Schaden.

Rosa sherardii aus einer Hecke im Südwesten Englands.

Rosa × hibernica

Rosa stellata var. *mirifica* in Kasteel Hex, Belgien.

Rosa spinosissima (früher *R. pimpinellifolia*), wild in den französischen Seealpen.

Die Rosen der Sektion Pimpinellifoliae haben kleine Fiederblättchen und gedeihen auf mageren, sandigen Böden. Sie blühen meist weiß, rosa oder gelb. Die gelben Arten werden auf den Seiten 30 und 31 vorgestellt.

Rosa × hibernica (auch 'Hibernica'). Eine Hybride von *R. spinosissima* (früher *R. pimpinellifolia*) mit Pollen der *R. canina*. Sie bildet reichlich Ausläufer und hat normalerweise bogige Triebe mit gekrümmten Stacheln und Borsten. Die fünf bis neun Fiederblättchen sind scharf gezähnt und zeigen manchmal Drüsen an den Spitzen und den Nebenblättern. Die Blüten sind gewöhnlich rosa. Diese und ähnliche Kreuzungen mit Hunds-Rosen sind mehrfach verzeichnet, vor allem in Nord-Irland.
● Eine seltene, ungewöhnliche, kleine Strauchrose für einen sonnigen, naturnahen Bereich. Winterhart bis −34 °C, Zone 4.

Rosa sericea* subsp. *sericea (Seiden-Rose). Ein breitwüchsiger Strauch mit verschiedenartigen Blättern und nickenden, weißen oder cremefarbenen Blüten im späten Frühling. Die überhängenden Triebe von 3 m Höhe sind dicht mit Haaren, Borsten und Stacheln besetzt. Kräftige, junge Triebe entspringen aus der Basis. Die sommergrünen Blätter sind aus sieben bis elf meist schmalen, behaarten Fiederblättchen zusammengesetzt. Die 2,5–6 cm großen, einfachen Blüten bestehen meist aus fünf, manchmal aus vier Sepalen und Petalen. Aus ihnen entwickeln sich runde bis birnenförmige Früchte in rötlichem Violett, Scharlachrot oder Orange auf schlanken Stielen. *R. sericea* subsp. *sericea* ist heimisch im Himalaya von Nordwest-Indien und Nord-Bhutan bis West-China. Sie wächst in Hecken, an Waldrändern, Flussufern und in Strauchgürteln und blüht im Mai.
Rosa sericea subsp. *omeiensis* unterscheidet sich durch weniger behaarte Blätter mit 11–19 Fiederblättchen, Stiel und Nebenblätter sind oft rot. Sie trägt gewöhnlich reinweiße Blüten mit nur vier Sepalen und Petalen. Die Frucht verjüngt sich zu einem fleischigen Stiel. Sie kann variable Farben zeigen und auch zweifarbig sein. Sie reift manchmal schon im Juli. Die Rose wächst vornehmlich in Yunnan, Sichuan und Hubei in China, aber auch westlich bis Nepal. Die verbreiteste Form ist *R. sericea* subsp. *omeiensis* fo. *pteracantha* (Stacheldraht-Rose) mit großen, flachen, rötlichen Stacheln, die an der Basis fast 4 cm breit sein können.
Die Subspezies scheint in China nicht klar differenziert zu sein, verschiedene Rosen aus diesem Raum tragen Früchte mit schlanken Stielen. In extremen Lagen fallen sie jedoch anders aus, Pflanzen aus dem West-Himalaya sind generell stärker behaart und haben längere, schmalere Fiederblättchen.

Rosa minutifolia

Rosa sericea subsp. *omiensis* f. *pteracantha*

Rosa sericea subsp. *omeiensis*

● Als Gartenpflanzen sind die Grundformen wegen ihres zarten Laubs wertvoll. Der Strauch sieht aus wie ein riesiger Farn mit großen, weißen Glockenblüten an den Zweigen. Die schönsten Formen der Stacheldraht-Rose haben auffällige Stiele, vor allem während der Hauptwachstumszeit, wenn die Pflanzen in gutem Boden stehen und reichlich Wasser erhalten. Die transparenten Stacheln sehen im Gegenlicht reizvoll aus. Breite, rote Stacheln zeigen auch andere Arten, vor allem die gelb blühende *R. xanthina* fo. *hugonis* (siehe Seite 31) aus West-China. Winterhart bis –18 °C, Zone 7.

Rosa spinosissima (auch Rosa pimpinellifolia; Bibernell-Rose). Eine niedrige Art mit kleinen Blüten, die in sandigen Böden Ausläufer bildet. Sie ist leicht zu erkennen an den cremeweißen Blüten, den kleinen, runden Blättchen und den schwärzlich glänzenden Früchten. Die selten über 1 m langen Triebe sind mit dünnen, geraden Stacheln und Borsten bedeckt. Sieben bis elf Fiederblättchen von 5–15 mm Länge bilden ein Blatt. Es erscheinen 5 cm große Blüten in Hellgelb, Weiß oder Hellrosa. Die Wildform ist in Dünengebieten ganz West-Europas von Island bis Russland verbreitet, seltener an trockenen Hügeln im Binnenland. 'Grandiflora' stammt wahrscheinlich aus Sibirien und hat größere Blüten und bis 2 m hohe Triebe.
● Unter alten Gartenformen dieser Art findet man weiße, rosafarbene und gelbe Blüten, die einfach oder gefüllt sein können. Alle wachsen und blühen in mageren, flachen Böden und überdauern an Straßenrändern und in verwilderten Gärten. Die frühe Blüte dauert etwa einen Monat, in feuchten Sommern folgt eine Nachblüte. Winterhart bis –34 °C, Zone 4.

R. stellata und **R. minutifolia** werden gewöhnlich der Untergattung Hesperhodos oder der Sektion Minutifoliae zugeordnet. Beide sind echte Wüstensträucher, stammen aus dem Südwesten Nordamerikas und vertragen Sommerhitze und Trockenheit gut.

Rosa minutifolia. Dies ist eine Wüstenrose mit sehr kleinen Blättern und rosafarbenen oder weißen Blüten, die in ihrer Heimat Kalifornien an trockenen Hängen wächst. Sie bildet niedrige, buschige Sträucher von 50 cm Höhe mit schlanken, braunen Stacheln an den Trieben. Die Blätter haben fünf bis sieben fein behaarte Fiederblättchen von 3–10 mm Länge, die Blüten sind 2,5 cm groß.
● Dies ist vermutlich die trockenheits- und hitzeresistenteste Rose, wirkt aber weniger attraktiv als *R. stellata*. In trockenen Gegenden winterhart bis etwa –18 °C, Zone 7.

Rosa stellata var. mirifica. *R. stellata* ist ein niedriger, ausladender Strauch mit kleinen Blättern und bemerkenswert großen, leuchtend rosafarbenen Blüten. Die etwa 1 m hohen Triebe tragen gerade Sta-

cheln und bei *R. stellata* var. *mirifica* Drüsen. *R. stellata* var. *stellata* zeigt zudem sternförmig angeordnete Haare. Die Fiederblättchen sind meist kürzer als 1 cm. Die 6 cm großen Blüten in kräftigem Pink stehen einzeln. Diese Rose ist heimisch im westlichen Texas, südlichen New Mexico und nördlichen Arizona, vor allem im Bereich des Grand Canyon. Sie wächst an trockenen, felsigen Standorten um 2000 m Höhe und blüht von Juni bis September.
● Eine der besten Arten für trockene, kühle Regionen. Sie wächst und blüht auch in Nord-Europa gut, schätzt aber volle Sonne und einen warmen Standort. Winterhart bis –29 °C, Zone 5.

Rosa sericea subsp. *sericea*

Rosa foetida 'Persiana'

Rosa foetida 'Bicolor'

Die folgenden Rosen blühen leuchtend gelb und duften nur schwach. Alle außer *R. persica* gehören zur Sektion der Pimpinellifoliae. Wenngleich sich *R. persica* durch die einfachen Blätter stark von anderen unterscheidet, kommen spontane Kreuzungen mit anderen gelben Rosen, die in der Nähe stehen, häufig vor. Alle diese Arten wachsen wild in trockenen Regionen des Mittleren Ostens, Zentral-Asiens und Nordwest-Chinas.

Rosa ecae. Ein stacheliger Strauch mit sehr kleinen Blättern und Massen kleiner, leuchtend gelber Blüten mit relativ schmalen Petalen im Spätfrühling. Er wird im Garten bis 2,5 m hoch, in der Natur ist er aber meist niedriger. Die Stacheln sind gerade und abgeflacht. Die Blätter haben sieben bis neun meist verkehrt eiförmige, drüsige Fiederblättchen von 5 mm Länge. Die Art besitzt 2–3 cm große Blüten, deren Petalen einander normalerweise nicht überlappen, und bildet längliche, rotbraune Früchte von 5–7 mm Länge aus.

Die Rose ist heimisch in Zentral-Asien von Afghanistan bis zum Pamir-Alai und den Tien-Shan-Zügen, östlich bis Shaanxi in Nord-China. Sie wächst auf felsigen Berghängen bis 3000 m, ist auch an den südlichen Bergausläufern im Ferghana-Tal in Usbekistan verbreitet und blüht je nach Höhenlage von April bis Juni.

● Eine interessante Art für einen trockenen, kalten Garten. Der Name leitet sich von E.C.A. ab, den Initialen der Ehefrau des Sanitätsmajors Dr. Aitchison, der diese Art während eines Einsatzes in Afghanistan im Jahre 1880 entdeckte. Winterhart bis −29 °C, Zone 5.

Rosa hemisphaerica aus der Zentral-Türkei.

Rosa foetida (Gelbe Rose). Dies ist eine leuchtend gelbe Rose mit dunkelgrünem Laub, die in verschiedenen Formen kultiviert wird. Die Blüten von '**Bicolor**' oder 'Austrian Copper' sind außen gelb und innen leuchtend orange. Diese alte türkische Sorte ist schon im 12. Jahrhundert dokumentiert und kam aus Konstantinopel zuerst nach Wien, daher die Namensverbindung zu Österreich. '**Persiana**' oder 'Persian Yellow' ist eine weitere alte Gartenrose aus dem Mittleren Osten, die 1837 aus Persien nach England gelangte. Ihr verdanken die Modernen Rosen die kräftigen Gelbtöne, aber auch die zahlreichen Stacheln und die Anfälligkeit für Sternrußtau, die bei älteren gelben Rosen verbreitet ist. *R. foetida* wächst wild von der Türkei bis östlich nach Pakistan

Rosa persica

Rosa ecae

'Canary Bird'

● Diese Art steht im Ruf, nur spärlich zu blühen. Pflanzen aus heißen Regionen des Iran wuchsen nur schlecht und blühten in meinem Garten im englischen Wisley selbst unter Glas nicht. Pflanzen aus den kühleren, feuchteren Hügeln bei Taschkent in Usbekistan dagegen gediehen in Wisley recht gut. *R. persica* eignet sich am besten für heiße Regionen, etwa die Rocky Mountains und höhere Lagen in Texas und Kalifornien. Verschiedene Hybriden von *R. persica* und anderen Arten zeigen die rote Blütenmitte der Elternpflanze.

***Rosa xanthina* fo. *spontanea*.** *R. xanthina* ist eine chinesische Gartenpflanze mit gefüllten Blüten, die im frühen 19. Jahrhundert eingeführt wurde. Im Gebiet um Peking wird sie noch immer gern gepflanzt, beispielsweise entlang der Straße vom Flughafen zur Stadt. Die Wildform wurde in Shanxi von dem Sammler Frank Meyer gefunden, soll aber auch in Korea und in Gärten in Peking vorkommen. Die Blüten sind leuchtend gelb, die Blätter mit neun rundlichen Fiederblättchen grasgrün. 'Canary Bird' schein ein sehr guter Klon von *R. xanthina* zu sein, eventuell auch eine Hybride von *R. xanthina* fo. *spontanea* und *R. xanthina* fo. *hugonis*, einer in Nordwest-China heimischen Rose, die auch als *R. hugonis* bezeichnet wird. Sie ist in Trockentälern Sichuans und nördlich bis Gansu anzutreffen. Im Min-Tal in Sichuan habe ich Exemplare gesehen, deren breite, rote Stacheln denen der *R. sericea* subsp. *omeiensis* fo. *pteracantha* (siehe Seite 29) ähnelten.
● *R. xanthina* und vor allem der Klon 'Canary Bird' zählt zu den schönsten früh blühenden, gelben Gartenrosen, die auch in Deutschland gedeihen. 'Golden Chersonese' und 'Helen Knight' ähneln ihr, beide sind jedoch Hybriden mit *R. ecae* und haben Blüten, deren Gelbton dunkler ist. Die Rose ist sehr robust und winterhart bis −34 °C. Zone 4.

und Zentral-Asien. Eventuell handelt es sich aber nicht um eine echte Wildform, sondern um einen Sämling oder eine Hybride der *R. kokanica*, einer Wildart aus Zentral-Asien.
● Alle Formen der *R. foetida* gedeihen am besten in trockenen, warmen Regionen, etwa im kalifornischen Binnenland, im trockenen Westen der USA, in Australien und Süd-Europa. In feuchten Gegenden leiden die Pflanzen an Sternrußtau, der sie bis zum Hochsommer komplett entlauben kann. Sie erholen sich zwar, gedeihen jedoch schlechter als in Klimaten mit trockenen Sommern. Winterhart bis −34 °C, Zone 4.

Rosa hemisphaerica (auch Rosa sulphurea; Schwefelgelbe Rose). Der Name *hemisphaerica* bezeichnete ursprünglich die gefüllte Form dieser Rose mit halbkugelförmigen Blüten. Sie wurde als eine der ersten Rosen im 16. Jahrhundert aus der Türkei nach Europa gebracht und ist häufig auf holländischen Blumengemälden aus dem 17. Jahrhundert zu sehen. Die ungefüllte Form wird auch als *R. rapinii* bezeichnet. Es ist ein buschiger Strauch mit zahlreichen kräftigen, gekrümmten Stacheln. Die Blätter haben fünf bis sieben graugrüne Fiederblättchen mit hellerer, fein behaarter Unterseite und gezähnten Nebenblättern. Die 4−5 cm großen Blüten sind hellgelb, die Hagebutten orangerot.

Sie wächst in der Türkei, im Iran, Armenien und Turkmenistan wild auf trockenen Hügeln bis 1800 m Höhe und blüht im Mai. Ich habe diese Rose in voller Blüte zwischen den Felskirchen und Höhlenwohnungen in Kappadokien in Zentral-Anatolien (Türkei) gesehen.
● Dies ist eine schöne, gelbe Rose für warme, sonnige Regionen. Ihre Farbe ist sanfter und sie ist weniger anfällig für Sternrußtau als *R. foetida*. Zudem verträgt sie Temperaturen bis etwa −20 °C. Zone 5.

Rosa persica (auch Rosa berberidifolia, Hulthemia persica). Ein kleinwüchsiger, kriechender, stacheliger Strauch, der in Wüstenböden Ausläufer bildet. Die Art ist einzigartig unter den Rosen durch die einfachen Blätter und die Blüten mit rotem Auge, deretwegen sie gelegentlich in die eigene Untergattung Hulthemia eingeordnet wird. Weißliche Triebe von 50 cm Länge tragen zahlreiche gerade und zurückgebogene Stacheln. Die Blätter sind nicht in Fiederblättchen geteilt. Sie sind grün oder graugrün, manchmal leicht behaart und bis 15 mm lang. Die einzelnen, 2,5 cm großen Blüten haben violette Staubgefäße, die das rote Auge betonen. Aus ihnen entwickeln sich borstige, schwärzliche Früchte.

Diese Rose ist heimisch im Iran, in Afghanistan, Zentral-Asien, Nordwest-China und West-Sibirien. Sie ist in Wüsten, Kornfeldern und auf begrasten Hügeln verbreitet, wo sie von April bis Juni blüht.

Rosa xanthina fo. *spontanea*

Gallica-Rosen

Rosa gallica 'Officinalis'

GALLICA-ROSEN erkennt man an ihren langen, borstigen Zweigen, dem dunkelgrünen Laub und den roten, rosafarbenen oder violetten Blüten, die im Frühsommer erscheinen. Auf eigener Wurzel breiten sie sich durch starke Ausläuferbildung schnell zu großen Dickichten aus. Ihr Duft ist süß und schwer und sie wurden daher seit jeher gern für Konfitüren sowie für Arzneien verwendet.

Die große, halb gefüllte 'Officinalis' ist wohl eine der ältesten Kulturrosen. Sie wurde sehr wahrscheinlich schon von den Römern kultiviert – die auf einem Fresko im süditalienischen Pompeji abgebildete, rote Rose ist daher vermutlich ein Exemplar von *R. officinalis*. Das Gemälde befindet sich im Hause der Vettii und zeigt eine singende Nachtigall auf einem Pfosten, an deren Fuß Margeriten und Rosen blühen. Der Künstler hat sogar die leicht gefälteten Blätter mit der helleren Unterseite genau wiedergegeben.

'Officinalis' soll im 13. Jahrhundert von Thibault IV le Chansonnier auf seiner Rückkehr von den Kreuzzügen aus Damaskus nach Frankreich gebracht worden sein. Dort wurde sie im Mittelalter als Red Damask (rote Damaszenerrose) oder Red Rose of Provins (Rote Rose von Provins) wegen ihres Duftes und ihrer medizinischen Eigenschaften kultiviert. In der Kunst der Frührenaissance gibt es eine Reihe von schönen Darstellungen dieser Rose, besonders im großen Altargemälde von Portinari in der Kathedrale von Gent in Belgien, das um 1430 in Italien entstanden ist.

Viele der älteren Gallica-Rosen haben Blüten in dunklen Purpur- bis Violetttönen, die jedoch erst im Frankreich des 19. Jahrhunderts ihre volle Pracht zu entfalten begannen. Der Enthusiasmus für Rosen wurde von Napoleons Gattin, Kaiserin Joséphine, ausgelöst, die bei ihrem Schloss Malmaison am Rande von Paris einen großen Rosengarten anlegen ließ. Man züchtete gefüllte, gefleckte, gestreifte und gesprenkelte Gallica-Rosen in allen Schattierungen von Rosa, Malvenfarben und Grau. Eine der Hauptcharakteristika der Gallica-Rosen ist der rötliche Farbton, der im Lauf der Blüte in Violett oder auch in Pastelltöne übergeht. Der berühmte Blumenmaler P. J. Redouté veröffentlichte 1830 im Auftrag der Kaiserin Joséphine sein großes Werk „Les Roses", in denen neben einer Reihe von frühen Gallicas auch andere historische Rosen abgebildet sind, die noch heute kultiviert werden.

Die Behandlung veredelter Gallicas unterscheidet sich nicht von der anderer Rosen. Wurzelnackte Rosen pflanzt man am besten im Winter oder Vorfrühling, nachdem die Wurzeln auf 20 oder sogar 15 cm zurückgeschnitten wurden. Da sie an den beschnittenen Enden kräftig austreiben, sollte man sie gerade ins Pflanzloch legen, keinesfalls gekrümmt oder verschlungen. Will man Gallica-Nachwuchs aus Ausläufern ziehen, setzt man fünf Zweige pro Pflanzloch und schneidet diese auf 15 cm zurück, um im ersten Jahr einen dichteren Busch zu erhalten. Besonders dekorativ wirken einmal blühende Rosen, wenn man eine zarte Clematis oder eine einjährige Kletterpflanze wie z. B. Zierwicke (*Lathyrus odorata*) daneben setzt und diese über den Rosenbusch klettern lässt. Zu den Purpur- und Violetttönen der Gallica-Rosen passt *Clematis* × *durandii* besonders gut.

Auf den eigenen Wurzeln gezogen, bilden Gallica-Rosen in schwerem, nährstoffreichem Boden reichlich Ausläufer. Auf leichten, mageren Böden gedeihen sie jedoch weniger gut und die dünnen, biegsamen Triebe müssen gestützt werden. Unter solchen Bedingungen ist es besser, veredelte Pflanzen aus der Gärtnerei zu verwenden, die keine Ausläufer bilden.

Gallicas müssen nicht jedes Jahr beschnitten werden, doch ein wenig in Form gestutzt und ausreichend gestützt bilden sie graziöse Kaskaden. Um den Wuchs niedrig zu halten, kann man die Ausläufer jeden Winter auf 1 m zurückschneiden. Die meisten Sorten sind winterhart (bis −34 °C) – einige wenige Sorten vertragen auch niedrigere Temperaturen. Sie gedeihen am besten in Zone 4 bis 8.

'Complicata'

● Ein sehr attraktiver, ausladender Busch, der an bogigen Zweigen zahlreiche große Blüten bildet. Er ist sehr winterhart und pflegeleicht. Ähnlich wie die gestreifte Variante 'Versicolor' wird er oft als zwanglose Hecke gepflanzt. Die Rose gedeiht auch in heißen Gegenden wie Süd-Kalifornien, zieht jedoch kalte Winter vor. Winterhart in Zone 4 bis −34 °C.

Rosa gallica 'Versicolor' (auch 'Versicolor', Rosa gallica 'Variegata', Rosa Mundi, Rosa praenestina variegata). Ein kräftiger Strauch mit bis zu 1,5 m hohen Zweigen, pflegeleicht und über einen langen Zeitraum im Hochsommer sehr reich blühend. Die roten Blüten haben rosafarbene oder weiße Streifen und Flecken, der Duft ist schwer und süß, jedoch nicht sehr stark. Dies ist eine alte Mutation der R gallica 'Officinalis', die zuweilen zur Ausgangsform zurückkehrt. Eine schöne Darstellung aus dem 15. Jahrhundert findet man in der *Anbetung der Jungfrau* von Botticelli. Im deutschen *Hortus Eystettensis* von 1613 ist sie unter dem Namen *R. praenestina variegata* verzeichnet.
● Ein sehr attraktiver, ausladender Strauch. Er ist seiner Ausgangsform 'Officinalis' ähnlich, hat aber in voller Blüte stehend eine weichere Ausstrahlung. Winterhart in Zone 4 bis −34 °C, in kälteren Zonen durchaus einen Versuch wert.

'Complicata'. Die Herkunft dieser Rose liegt im Dunkeln – es handelt sich jedoch offenbar um eine Hybride von *R. gallica* und der wilden Hunds-Rose *R. complicata* aus dem zentraleuropäischen Jura. Sie wurde zuerst um 1902 in Frankreich in den Gärten der Roseraie de l'Haÿ-les-Roses beschrieben. Sie bildet einen Strauch, der über 2 m hoch werden kann. Mit einer Kletterhilfe an einer Mauer oder an einem Baum erreicht sie bis 3 m Höhe. Die einzeln stehenden, rosafarbenen Blüten mit hellerem Zentrum erreichen einen Durchmesser von 10 cm. Ihren zarten Duft verdankt sie der *R. gallica*.
● Diese Rose kann sehr effektvoll wie eine besonders prächtige Hunds-Rose eingesetzt werden. Sie blüht nur einmal, im Früh- bis Hochsommer, und wirkt am schönsten an einem kleinem Apfelbaum oder als dichte Hecke mit einem Zaun als Stütze. Sie braucht kaum beschnitten zu werden. Winterhart bis −34 °C, Zone 4.

Rosa gallica (French Rose, Rosier de Provins, Essig-Rose). Die wilde Gallica-Rose (siehe auch Seite 27) bildet Sträucher mit dünnen Trieben voller Stacheln und drüsenartiger Borsten, die durch Ausläufer recht große Flächen einnehmen können. Ein Blatt besteht aus 3−7 bis zu 2 cm langen und 2,5 cm breiten Fiederblättchen mit abgerundeten Spitzen, die doppelt gezähnt sind und eine blaugrüne, glatte Oberseite und eine hellere Unterseite besitzen. Die duftenden Blüten stehen einzeln oder in Dreier- bis Vierergruppen, sie sind blass- bis tiefrosa oder rot. Die eiförmigen Hagebutten haben zuweilen drüsige Borsten an der Basis.
Sie wächst wild in Süd- und Mittel-Europa, vom Osten Frankreichs und Belgiens bis in die Türkei und den Kaukasus. Auch in Spanien und Portugal soll sie heimisch geworden sein, ebenso in Nordamerika. Sie gedeiht in schwerem, leicht alkalischem Boden in Gegenden mit starkem Frühlingsregen.
● Die verschiedenen Wildformen bilden sehr dekorative, niedrige Sträucher mit einzeln stehenden Blüten und steifem, ledrigem Laub. Winterhart in Zone 4 bis −34 °C, kurzzeitig auch niedriger.

Rosa gallica 'Officinalis' (Apothecary's Rose, The Provins-Rose, Red Damask, The Red Rose of Lancaster). Ein ausladender Strauch mit dünnen, grünen, bis 1,5 m langen Trieben und großen, halb gefüllten, roten Blüten, die sich später rötlich violett färben. Sie erscheinen im Hochsommer und halten dann mehrere Wochen. Die fein gezähnten Fiederblättchen mit rauer Oberseite sind meist von der Mittelader aus etwas zurückgebogen. Diese Blattform ist typisch für die Gallica-Rosen und daher ein nützliches Erkennungsmerkmal. Die Blüten haben einige in sich gedrehte Innenpetalen, zahlreiche gelbe Staubgefäße und einen charakteristischen, süßen Rosenduft.

Eine Hecke aus *Rosa gallica* 'Versicolor' in Hidcote Manor in Gloucestershire, England.

Rosa gallica, Wildform.

'Surpasse Tout'

'Rose des Maures'

'Bizarre Triomphant'

'Bizarre Triomphant' (auch 'Charles de Mills', 'Charles Wills'). Die Herkunft dieser Rose ist umstritten – sie wurde 1790 unter dem Namen 'Bizarre Triomphant' erwähnt, der Name 'Charles de Mills' taucht später auf, obwohl es sich hier fast mit Sicherheit um dieselbe Rose handelt. Sehr ähnlich ist 'Nestor', die jedoch hellere Blüten hat. Diese Rose ist eine der schönsten ihrer Gattung: Die schalenförmigen, 9 cm großen Blüten sind sehr dicht gefüllt, der grüne Fruchtknoten ist von einem Wirbel von eng zusammenstehenden Petalen umgeben. Leider duftet sie nur schwach. Die Triebe erreichen eine Länge von etwa 1,5 m und neigen sich unter der Last der Blüten; sie haben nur wenige Stacheln.
● Dies ist eine gute Beetrose und gedeiht auch auf dem Rasen – am vorteilhaftesten kommt sie jedoch mit einer Kletterhilfe zur Geltung. Ich lasse sie über einige *Cistus*-Büsche wachsen, deren stabile Zweige ein gutes Klettergerüst bilden. Winterhart bis −34 °C, Zone 4.

'Cardinal de Richelieu'. Diese Hybride einer Gallica- und einer Chinarose wurde vor 1847 von Louis Parmentier in Belgien gezüchtet. Sie hat wenige Stacheln und erreicht unter guten Bedingungen eine Höhe von 1,5 m. Die Blüten sind beim Aufblühen rötlich violett und verblassen im Laufe der Blüte zu einem dunkleren Purpur mit hellerem Zentrum. Die Petalen legen sich kreisförmig um den grünen Fruchtknoten. Das Nachdunkeln während der Blüte ist ein Charakteristikum der Chinarosen, ebenso die breiten, länglichen Fiederblättchen. Sie duftet kaum. Richelieu war im 17. Jahrhundert Staatsminister von Frankreich unter Ludwig XIII.
● Diese dunkel blühende Rose ist eine der besten historischen Rosen. Sie bedarf besonders guter Düngung. Winterhart bis −34 °C, Zone 4.

'La Belle Sultane' (auch 'Cumberland', 'Maheka', 'Rose de Serail', 'Sultane', 'Violacea'). Eine historische Rose von ungeklärter Herkunft, jedoch unter den verschiedensten Namen weit verbreitet. Die Zweige mit den rundlichen Fiederblättchen werden bis 1,5 m lang. Die einzeln stehenden Blüten haben je zwei Kreise von fünf oder sechs Petalen. Sie öffnen sich rot und werden mit der Zeit purpurfarben, der Duft ist überraschend schwach.

Bei der schönen Sultanin handelt es sich der Überlieferung nach um Aimée Dubucq de Rivery, eine Cousine der Kaiserin Joséphine und wie diese auf der Karibikinsel Martinique geboren. Als sie nach ihrer Schulzeit in Frankreich in ihre Heimat zurückreiste, wurde ihr Schiff bei einem Sturm an die Küste Nord-Afrikas abgetrieben und von Piraten gekapert, welche stets auf der Suche nach weißen Sklaven waren. Durch ihre Schönheit wurde sie in den Harem des Bey von Algier aufgenommen, der sie 1783 dem türkischen Sultan nach Konstantinopel als Geschenk übersandte. Unter dem Namen Naksidil gebar sie Mahmut II, der 1808 den Thron bestieg. Sicher ist, zu jener Zeit war der französische Einfluss am türkischen Hof stark.

'Bizarre Triomphant'

Die Rose soll 1811 von du Pont von Holland aus nach Frankreich eingeführt worden sein. Die unten stehende Fotografie wurde im Garten von Kasteel Hex in Belgien aufgenommen, das über eine schöne Rosensammlung verfügt.
● Winterhart bis −29 °C, Zone 5.

'Rose des Maures' (auch 'Sissinghurst Castle'). Ein niedriger Strauch, der dichte Gehölze aus bis zu 1 m hohen Trieben bildet. Die tiefroten, gefüllten Blüten, die im Lauf der Blütezeit dunkelpurpurn werden, tragen gut sichtbare Staubblättern im Zentrum und duften sehr stark. Als die englische Dichterin und Schriftstellerin Vita Sackville-West mit ihrem Ehemann, einem Diplomaten, 1947 das verfallene Tudorschloss Sissinghurst bezog, fand sie diese Rose im Garten vor. Sie hatte Jahrhunderte von Vernachlässigung unbeschadet überstanden. Ein großes Beet mit diesen Rosen existiert dort noch heute. Der französische Rosenhistoriker Francois Joyaux behauptet indes, dass es sich bei dieser Rose nicht um eine historische Art, sondern um die 'Rose des Maures' handelt, die wahrscheinlich aus den Niederlanden des 19. Jahrhunderts stammt − übrigens ein gut gewählter Name, da die Farbe an reife Maulbeeren erinnert, welche sich ebenfalls von Tiefrot bis fast Schwarz verfärben.
● Diese widerstandskräftige Alte Rose ist sehr nützlich für historische Pflanzungen und kalte Regionen. Winterhart bis −30 °C, Zone 4.

'Surpasse Tout' (auch 'Cérisette la Jolie'). Eine kraftvolle Gallica-Rose, die vor 1823 in Holland gezüchtet wurde. Die leicht bogigen Triebe werden gewöhnlich bis zu 1,2 m hoch und haben ein attraktives Laub, ein Blatt besteht aus fünf entlang der Mittelrippe aufwärts gefalteten Fiederblättchen. Die sehr dicht gefüllten Blüten stehen in Zweier- oder Dreiergruppen, die inneren Petalen sind einwärts gebogen. Ihre kirschrote Farbe schlägt allmählich zu Violett um, der Duft ist sehr angenehm.
● Eine typische Gallica-Rose, gesund und wüchsig, sehr hübsch zusammen mit Blau- und Rosatönen. Winterhart bis −29 °C, Zone 5.

'Cardinal de Richelieu'

'Tuscany' (auch 'Old Tuscan', 'Old Velvet Rose'). Eine sehr alte Sorte, noch dunkler als 'Rose des Maures' und mit noch zahlreicheren Petalen, doch sind im voll aufgeblühten Zustand immer noch einige Staubgefäße sichtbar. Die Triebe werden bis 1,2 m hoch. Die in Zweier- bis Fünfergruppen stehenden Blüten haben vereinzelte weiße Streifen auf den inneren Petalen. Der Duft ist sehr schwer und süß. 'Tuscany Superb' ist ein von Thomas Rivers vor 1837 in England gezüchteter Sämling von 'Tuscany' mit größeren Blüten.
● Dies ist eine schöne Rose für Sammler und Liebhaber von dunkelfarbigen Sorten. Winterhart bis −34 °C, Zone 4.

'La Belle Sultane'

'Tuscany'

'Cramoisi Picoté'

'Duc de Guiche'

'Alain Blanchard'. Ein bis 1,5 m hoher, dicht belaubter, stacheliger Strauch. Die mittelgroßen, becherförmigen, halb gefüllten Blüten stehen in Zweier- und Dreiergruppen und haben gut ausgebildete Staubgefäße. Sie erblühen Rot und verfärben sich allmählich purpur- bis karminrot. Sie duften nur schwach. Die Rose wurde 1939 von Vibert in Angers, Frankreich gezüchtet. Alain Blanchard war ein französischer Held, der sich 1418 bei der Belagerung von Rouen durch die Engländer ruhmreich hervortat.

● Eine schön gefärbte Rose mit interessant gefleckten Petalen. Es gibt auch eine gestreifte Mutation. Winterhart bis −34 °C, Zone 4.

'Cramoisi Picoté'. Eine französische Gallica von Vibert aus dem Jahre 1834. Die leuchtend roten, heller geränderten Blüten haben häufig ein grünes Zentrum. Sie sind klein, jedoch dicht gefüllt. Im voll aufgeblühtem Zustand sind die äußeren Petalen zurückgebogen. Der Duft ist zuweilen sehr stark. Sie sollte nicht mit der Chinarose 'Cramoisi Supérieur' (siehe Seite 84) verwechselt werden.

● Ein straff aufrechter Strauch, der bis zu 2 m hoch wird und mit seinen Grüppchen von zweifarbigen Blüten sehr attraktiv ist, besonders als Mittelpunkt einer Beetbepflanzung. Winterhart bis −29 °C, Zone 5.

'Duc de Guiche' (auch 'Sénat Romain'). Eine Rose ungesicherter Herkunft, jedoch vor 1810 entstanden. Prévost aus dem französischen Rouen beschrieb sie 1824 unter dem Namen 'Sénat Romain'. Die bogigen Triebe mit den relativ breiten Fiederblättchen werden bis 1,6 m hoch. Die großen, angenehm duftenden, dicht gefüllten, karminroten Blüten öffnen sich zunächst becherförmig, entfalten sich dann zu einer Schalenform und sind oft geviertelt. In heißem Klima zeigen sie eine purpurfarbene Aderung und verblassen zu dunklem Purpurrosa mit grünem Zentrum.

● Diese Rose hat sich als besonders winterhart bewährt (bis −34 °C), Zone 4.

'James Mason'. Eine moderne Gallica-Hybride, von Peter Beales 1982 in England eingeführt. Sie entstammt der Elterngeneration 'Scharlachglut' und 'Tuscany Superb' (siehe unter 'Tuscany', Seite 35). Die Triebe haben mit 2 m eine ähnliche Länge wie bei 'Scharlachglut', die Stacheln sind gekrümmt. Die großen, angenehm duftenden Blüten bestehen aus zwei Reihen samtiger Petalen von leuchtend blutroter Farbe sowie zahlreichen Staubgefäßen.

● Die Rose wurde nach dem Schauspieler James Mason benannt, der durch Filme wie *North by Northwest* und *A Star is born* berühmt wurde. Eine kräftige und farbenfrohe Rose, die der echten Gallica sehr nahe kommt. Winterhart bis −29 °C, Zone 5.

'Lord Scarman'. Diese sehr moderne Gallica-Rose ist ein Sämling von *R. gallica* 'Officinalis' (siehe Seite 33). Sie wurde 1996 von John Scarman gezüchtet und ist nach dessen Vater, einem angesehenen englischen Richter, benannt. Die aufrechten Triebe werden 1,2 m hoch, die eher schalenförmigen, locker gefüllten Blüten sind tief rosarot mit hellerer Petalenunterseite.

● Diese Rose ist niedriger als die meisten Gallica-Rosen und wirkt wie eine besonders edle 'Officinalis'. Winterhart bis −29 °C, Zone 5.

'Robert le Diable'. Ein bis 1,2 m hoher Strauch mit locker gefüllten Blüten. Die Herkunft dieser Rose ist unbekannt, erstmals erwähnt wurde sie 1837. Die kirschrote Farbe der angenehm duftenden Blüten verblasst allmählich zu Violett- bis Grautönen. Robert der Teufel war Herzog der Normandie und Vater Wilhelms des Eroberers; *Robert le Diable* ist auch der Titel einer Oper von Meyerbeer, die 1831 uraufgeführt wurde.

● Eine charmante und ungewöhnliche Sorte mit schlichteren Blüten als sonst bei Gallica-Rosen üblich, jedoch in einer subtilen Farbkombination. Winterhart bis −29 °C, Zone 5.

'Alain Blanchard'

'James Mason'

'Robert le Diable'

'Lord Scarman'

'Camaïeu'

'Aimable Amie'. Ein lockerer Strauch mit bogigen, stacheligen Trieben von 1,5 m Länge mit ovalen, tiefgrünen Fiederblättchen. Die in Zweier- bis Dreiergruppen stehenden, mittelgroßen Blüten sind mit einem dichten Wirbel von Petalen gefüllt und häufig im Zentrum geviertelt. Sie sind in der Mitte tiefrosa und werden zu den Rändern hin heller. Der Duft ist mittelmäßig. Diese Rose wurde wahrscheinlich bereits Anfang des 19. Jahrhunderts in Holland gezüchtet, jedoch zuerst 1843 in Frankreich erwähnt.

● Dies ist eine klassische, rosafarbene Gallica, gut geeignet für ein gemischtes Staudenbeet, wo man die prächtigen Blüten aus der Nähe betrachten kann. Diese Sorte ist auch sehr frosttolerant und daher gut für kalte Klimazonen wie Schweden oder Kanada geeignet. Winterhart bis −34 °C, Zone 4.

'Camaïeu' (auch 'Camaieux'). Ein bis 1,5 m hoher Strauch mit schalenförmigen, roten bis purpurfarbenen, dicht gefüllten Blüten, die mit Weiß gesprenkelt und durchschossen sind. Der Duft ist schwach. 1826 von dem Amateur Gendron aus Angers (Frankreich) eingeführt.

● Ein schöner Strauch mit gut gezeichneten Blüten. Eine einfarbige Varietät ohne weiße Sprenkelung wird von der kalifornischen Gärtnerei Vintage Gardens angeboten. Winterhart bis −29 °C, Zone 5.

'Georges Vibert'. Die eher kleinen, gefüllten Blüten öffnen sich tiefrosa mit anfangs kaum sichtbarer Streifung, die sich allmählich stärker hervorhebt, weil die Petalen im Laufe der Blütezeit verblassen. Die Petalen biegen sich voll aufgeblüht so weit zurück, dass die Blüte fast wie ein kugeliger Pompon erscheint. Der grüne Stylus hebt sich ungewöhnlich deutlich hervor. Auf der Fotografie ist gut zu erkennen, wie unterschiedlich die Knospen und die voll aufgeblühten Blüten wirken. Der Duft ist ausgezeichnet. Die aufrechten Triebe mit den eher kleinen

Laubblättern werden bis 1,5 m lang. 'Georges Vibert' wurde 1853 von Robert in Frankreich eingeführt.

● Diese attraktive Rose ist besonders wegen des deutlichen Farbwechsels interessant. Winterhart bis −29 °C, Zone 5.

'Président de Sèze' (auch 'Mme Hébert'). Viele der besten Eigenschaften der historischen Rosen sind in dieser Sorte vereint. Die dicht gefüllten Blüten stehen in Zweier- und Dreiergruppen, um das nicht selten grüne Auge kreist ein Wirbel von karminroten Petalen mit hellerem, fast weißem Rand. Die Blütenfarbe variiert je nach Temperatur in Schattierungen von Rosa, Violett, Magenta bis Graurosa. Das Laub und der starke, süße Duft sind ebenfalls typisch für Gallica-Rosen. Sie wurde 1828 von einer Amateurin, Madame Hébert, im französischen Rouen gezüchtet. 'Jenny Duval' wird oft für dieselbe Rose gehalten, doch sind bei dieser die sichtbaren Staubgefäße zahlreicher und die Petalenränder weniger hell.

● Der anmutige Strauch mit den bis 1,2 m langen, geneigten Trieben und den karminroten, hell rosafarben geränderten Blüten ist eine der schönsten Gallica-Rosen überhaupt. Platzieren Sie ihn in den Vordergrund, wo die Details der Blüten gut zur Geltung kommen. Sehr winterhart bis −34 °C, Zone 4.

'Tour de Malakoff'. Eine Gallica-Hybride, bei der wahrscheinlich eine Chinarose oder auch eine Bourbonrose mitgewirkt hat. Sie wird bis 2,2 m hoch. Die sehr großen, dicht gefüllten Blüten haben ein karminrotes Zentrum mit hellerem Rand und verblassen im Lauf der Blütezeit zu Grauviolett. Der Duft ist angenehm. Der amerikanischen Rosenzüchterin Suzanne Verrier zufolge gibt es zwei Rosen dieses Namens: eine von Robert in Frankreich gezüchtete Gallica-Rose sowie eine Centifolia von Soupert et Notting (Luxemburg, 1856).

● Diese Rose muss gestützt werden. Sie eignet sich gut als Kletterer an einem Pfeiler. Winterhart bis −29 °C, Zone 5.

'Tricolore de Flandre'. Eine stark gestreifte Sorte, deren Blüten nicht verblassen, erstmals 1846 im Katalog von Van Houtte im belgischen Gent erwähnt. Die großen, fast kugeligen, sehr hell rosafarbenen Blüten mit roten Streifen werden purpurrot mit grünem Zentrum. Der Duft ist mittelmäßig. Der Strauch ist buschig, aber wenig standfest.

● Eine der farbenfrohesten Sorten unter den historischen gestreiften Rosen. Winterhart bis −29 °C, Zone 5.

'Président de Sèze'

'Aimable Amie'

'Georges Vibert'

'Président de Sèze' in Mottisfont Abbey, Süd-England.

'Tour de Malakoff'

'Tricolore de Flandre'

'Agathe Incarnata'

'Bellard'

'Rose de Schelfhout'

'Agathe Incarnata' (auch 'Agathe Carnée'). Von unbekannter Herkunft, zuerst 1811 erwähnt und von Redouté 1824 abgebildet. Die bogigen, sehr stacheligen Triebe werden bis 1,2 m lang, zuweilen auch länger; sie tragen eiförmige, behaarte, graugüne Fiederblättchen. Die schalenförmigen, hell rosafarbenen Blüten sind dicht gefüllt und geviertelt, mit einer kleinen, knopfförmigen Mitte. Die Sepalen sind ungewöhnlich lang und fiederspaltig. Diese Rose duftet sehr angenehm. Sie ist sehr wahrscheinlich eine Hybride, möglicherweise zwischen einer Gallica-Rose und einer Damaszenerrose. Einige Fachleute, etwa der Kenner historischer Rosen Brent Dickerson, nehmen an, dass es sich bei 'Agathe Incarnata' und 'Blush Belgique' (auch 'Empress Joséphine') um ein- und dieselbe Rose aus der *R.* × *francofourtana*-Gruppe handelt.
● Eine exzellente, reich blühende, kleine Rose mit gleichmäßig rosafarbenen Blüten. Winterhart bis −29 °C, Zone 5.

'Bellard' (auch 'Bellart'). Diese historische Sorte erscheint schon im Van Houtte'schen Katalog von 1842 (Gent, Belgien). Die bis 1,5 m langen, aufrechten Triebe haben zahlreiche Stacheln und Borsten. Die eher kleinen, flachen, in Zweier- bis Sechsergruppen angeordneten Blüten sind dicht gefüllt und geviertelt mit knopfförmiger Mitte, bei voller Öffnung sind zahlreiche Staubgefäße zu sehen. Die Blüten sind von durchscheinend weißer Farbe mit rosafarbenem Zentrum und Petalenrand, der Duft ist angenehm.
● Eine der wenigen weißen Gallica-Rosen, die nicht offensichtlich als Hybride zu identifizieren ist. Winterhart bis −29 °C, Zone 5.

'Belle Isis'. Ein niedriger Strauch (bis 1,2 m), an dessen zumeist sehr dünnen Trieben die Blüten aufrecht in Zweier- und Dreiergruppen stehen. Diese sind klein, schalenförmig, dicht gefüllt und hellrosa mit dunklerem Zentrum. Der starke Duft erinnert an Myrrhe. Die Rose wurde 1845 von Parmentier in Belgien gezüchtet.
● Die gute Beetrose wurde besonders bekannt, seitdem sie von David Austin zur Zucht rosa blühender Rosen verwendet wurde, darunter besonders dessen erste große Rose, 'Constance Spry' (siehe Seite 136), die ebenfalls nach Myrrhe duftet. Winterhart bis −29 °C, Zone 5.

'Duchesse d'Angoulême' (auch 'Reine de Prusse'; Wax Rose). Eine hübsche, für eine Gallica sehr zartfarbige Rose. Die schönen, fein duftenden, nickenden Blüten haben zarte, fast durchscheinende Petalen von hellem Rosa mit etwas dunklerem Zentrum. Der Strauch ist niedrig (bis 1,2 m) mit bogigen Trieben und ungewöhnlich glattem, blassgrünem Laub. Die von Vibert im Jahre 1821 eingeführte Rose wird allgemein für eine Gallica-Hybride gehalten, doch DNS-Studien haben ergeben, dass sie einer Portlandrose oder sogar einer Remontantrose näher kommt und sich in ihrem Erbgut sogar *R. chinensis* (siehe Seite 13) zu befinden scheint.
● Die Blüten hängen schwer an den dünnen Zweigen und müssen regelmäßig gestützt werden, doch diese Mühe lohnt sich unbedingt. Winterhart bis −23 °C, Zone 6.

'Belle Isis'

‘Duchesse d'Angoulême' in Mottisfont Abbey, Süd-England.

‘Theresa Scarman'

‘**Duchesse de Montebello**'. Ein aufrechter, dicht belaubter Strauch mit fast stachellosen Trieben, die bis zu 2 m lang werden, und verkehrt eiförmigen Fiederblättchen. Die kleinen, in Gruppen angeordneten, dicht gefüllten Blüten öffnen sich schalenförmig oder wölben sich auswärts. Sie sind oft geviertelt mit blassgelbem Zentrum. Die Herkunft ist ungewiss – man hat in ihr sowohl eine Kreuzung mit einer China-, Centifolia-, Alba- als auch mit einer Damaszenerrose vermutet. Bei François Joyaux, dem Historiker der Gallica-Rosen, kann man nachlesen, dass diese Rose von Laffay um 1824/25 in Frankreich eingeführt wurde, während dieser für M. Ternaux in Auteuil bei Paris arbeitete. Laffay berichtet weiter, dass die Herzogin von Montebello die Gattin von Marschall Lannes war, welcher nach der Schlacht von Montebello im Jahre 1800 zum General befördert worden war. Später erhob ihn Napoleon zum Herzog.

● Sie ist für eine Gallica-Rose ungewöhnlich hoch, eignet sich darum am besten als Hintergrundbepflanzung, etwa an einer niedrigen Mauer oder einem Pfeiler. Winterhart bis −29 °C, Zone 5.

‘**Rose de Schelfhout**'. Eine niedrige Variante (bis 1,2 m hoch) mit bogigen Trieben und leuchtend grünen, ovalen Fiederblättchen. Die schalenförmigen Blüten sind klein bis mittelgroß, dicht gefüllt und oft akkurat geviertelt, fleischfarben mit dunklerem Zentrum. Der Duft ist mäßig bis kräftig. Die Rose wurde vor 1847 von Louis Parmentier in Belgien gezüchtet.

● Eine schöne, doch leider selten gesehene Rose, die eine stärkere Verbreitung durchaus verdient. Winterhart bis −29 °C, Zone 5.

‘**Theresa Scarman**'. Eine neue und ungewöhnliche Gallica-Rose, von dem Engländer John Scarman als Zufallssämling entdeckt und 1996 eingeführt. Die bis 1,2 m hohen Triebe tragen gesundes, leuchtend grünes Laub. Die Blüten sind blassrosa, gefüllt und geviertelt, mit angenehmem Duft.

● Eine niedrig wachsende Sorte, die in kleinen Gärten als Ersatz für die größeren Alba-Rosen verwendet werden könnte. Winterhart bis −29 °C, Zone 5.

‘Duchesse de Montebello'

Damaszenerrosen

Rosa × *damascena*
'Versicolor'

Die DAMASZENERROSEN bilden eine sehr alte Gruppe, die für ihren Blütenreichtum und den intensiven Duft geschätzt wird. Bereits seit Tausenden von Jahren kultiviert man sie, um daraus Rosenöl herzustellen. Der Genetiker C. C. Hurst, der sich in den 1930er Jahren mit dem Studium historischer Rosen beschäftigte, nahm an, dass *R.* × *damascena* var. *semperflorens* im 10. Jahrhundert v. Chr. im Zusammenhang mit dem Venuskult auf Samos verwendet worden war und dass es sich auch bei der von Vergil in den *Georgica* erwähnten zweimal blühenden Rose von Paestum um eine Damaszenerrose handelt – andere Autoren hingegen sind sich da weniger sicher.

In der römischen Antike wurden Rosen bei Familienzeremonien eingesetzt und waren besonders bei den Neureichen für Gastmähler beliebt. Damals verwendete man vermutlich vor allem Damaszener- und Gallica-Rosen.

Heute wird Rosenöl vor allem um Katanlık bzw. Kazanlâk in Bulgarien und bei Isparta in Zentral-Anatolien hergestellt. Die Rosenfelder von Isparta wurden angelegt, als die türkische Bevölkerung Bulgariens in den 1920er Jahren nach Anatolien auswanderte. Man verwendet dort die Damaszenerrose 'Trigintipetala', die auch 'Professeur Emile Perrot'

genannt wird und praktisch identisch mit einer rosafarbenen *R. damascena* × 'Versicolor' ist. Auf den türkischen Rosenfeldern fanden wir einige weiße Mutationen der rosafarbenen Sorte vor. Weitere Details über die Herstellung von Rosenöl findet man in Ausgabe Nr. 23 von *Cornucopia*, einer englischsprachigen Zeitschrift „für Kenner der Türkei."

Es gibt zwei Gruppen von Damaszenerrosen: Sommerdamaszener, die nur einmal im Hochsommer blühen, sowie Herbstdamaszener, die einmal im Sommer und ein weiteres Mal im Herbst blühen. Bis vor kurzem hatte man angenommen, dass die beiden Typen von verschiedenen Eltern abstammen. DNS-Studien, die 2000 in Japan von Iwata, Ohno und Kato veröffentlicht wurden, weisen jedoch auf gemeinsame Eltern hin. Während die Einzelheiten noch unklar sind, scheint es sich bei dem ursprünglichen Sämling um eine Kreuzung von *R. moschata* (siehe Seite 18) mit der zentralasiatischen Species *R. fedtschenkoana* (siehe Seite 22) mit *R. gallica* (siehe Seite 33) als Pollinator zu handeln.

C. C. Hurst hielt nicht *R. moschata*, sondern *R. phoenicia* (siehe Seite 19) für den wahrscheinlichsten Elternteil der Sommerdamaszener, doch Iwata und Kato schließen diese als Elterngeneration aus.

Rosa × damascena var. *semperflorens* (auch 'Autumn Damask', 'Quatre Saisons', Rosa × damascena 'Bifera'). Eine uralte Varietät, und vermutlich jene, die schon Herodot (5. Jahrhundert v. Chr.) im Garten des König Midas bewunderte. Der ausladende Strauch bildet bis 1,2 m hohe, borstige Triebe mit eiförmigen Fiederblättchen und leicht eingesunkener Nervatur. Die sehr locker gefüllten, rosafarbenen Blüten mit langen, schmalen Sepalen erscheinen zumeist im Sommer, vereinzelt jedoch auch im Herbst. Es gibt eine Mutation, 'Quatre Saisons Blanche Mousseuse' (siehe Seite 67), die jedoch häufig zur Urform revertiert. Sehr ähnlich ist auch die Portlandrose 'Rose de Puteaux'.
● Wie alle Damaszener gedeiht auch diese Rose am besten in trockenem Klima. Winterhart bis −29 °C, Zone 5.

Rosa × damascena 'Versicolor' (auch Rosa × damascena var. versicolor, 'York and Lancaster'). Eine alte Damaszenerrose, die schon in William Turners 1551 erschienenem *A New Herball*, dem ersten englischsprachigen Herbarium (das auch in Shakespeare's *Henry IV* erwähnt wird), verzeichnet ist. Es ist ein bis 2 m hoher, etwas lichter Strauch mit bestachelten Trieben und länglich-ovalen, dunkelgrünen Fiederblättchen. Die lose in Gruppen stehenden Knospen mit den langen, schmalen Sepalen öffnen sich zu Blüten von unstabiler, zwischen sehr blassem und mittlerem Rosa variierender Farbe, die manchmal auch in beiden Farbtönen unregelmäßig gefleckt sind (daher der Name „York and Lancaster": York für die weiße, Lancaster für die rote Rose). Sie wird zuweilen mit *R. gallica* 'Versicolor', der Rosa Mundi (siehe Seite 33) verwechselt – letztere ist jedoch insgesamt stattlicher und trägt größere hell rosafarbene Blüten mit hellroten Streifen.
● Eine interessante antike Rose, jedoch weniger auffallend als *R. gallica* 'Versicolor'. Der Züchter Jack Harkness beschimpft sie als „armseliges, uninteressantes Ding", der Rosenexperte Graham Thomas hingegen hat für gut gewachsene Exemplare durchaus etwas übrig, betont jedoch, dass sie guter, reicher Düngung bedürfen. In trockenem Klima ist sie weniger anfällig als sonst gegen Sternrußtau. Winterhart bis −29 °C, Zone 5, eventuell auch Zone 4.

'Trigintipetala' (auch 'Kazanlik', 'Professeur Emile Perrot', 'Rose à Parfum de Grasse', 'Summer Damask'). Eine uralte Sorte ungeklärter Herkunft. Der aufrechte, bis 2 m hohe Strauch hat biegsame, bestachelte Triebe, auf denen die Blüten mit den langen, schmalen, seitlich gelappten Sepalen in lockeren Gruppen stehen. Die mittelgroßen, locker gefüllten hell rosafarbenen Blüten mit leicht zerzauster Mitte lassen zuweilen etliche Staubblätter sehen. Sie duften wunderbar.

Die genaue Herkunft dieser Rose ist sehr umstritten. Uneins sind sich die Experten auch darüber, ob von ihr nur ein einziger oder mehrere, sehr ähnliche Klone in den Gärten zu finden sind. Die in Kazanlık (Bulgarien) kultivierte Parfumrose ist 'Trigintipetala' oder eine sehr

Rosa × damascena
var. *semperflorens*

'Trigintipetala'-Kulturen zur Gewinnung von Rosenöl bei Isparta, Türkei.

nahe Variante. Diese Sorte wurden von den bulgarischen Türken in den 1920er Jahren nach Anatolien mitgenommen. In dem 1978 erschienenen *Manual of Broad-leaved Trees and Shrubs* behauptet Krüssmann, dass in Bulgarien mehrere eng verwandte Klone eingesetzt werden. Es stellt sich ebenfalls die Frage, ob R. × damascena 'Versicolor' eine gefleckte Mutation von 'Trigintipetala' ist: Ich selbst habe auf den Rosenfeldern der Türkei weiße Mutationen gesehen.

Die moderne Ansicht, die auch der *RHS Plant-Finder* vertritt, führt 'Professeur Emile Perrot' als korrekten Namen für den britischen Klon an, obwohl diese Bezeichnung erst aus den 1930er Jahren stammt. Die praktischste Lösung für Rosenliebhaber ist wohl, alle Rosen dieser Gruppe als 'Trigintipetala' zu bezeichnen, dabei jedoch nicht zu vergessen, dass es sich sehr wohl um mehrere Klone handeln kann.
● Eine sehr robuste Rose, die am besten im trockenen Klima mit Nachtfrösten gedeiht, wo sie zu großen, reich blühenden Sträuchern mit ausgezeichneten Blüten heranwächst. Für Klimazonen mit kühlen, feuchten Sommern ist sie weniger geeignet. Winterhart bis −29 °C, Zone 5, eventuell auch Zone 4.

'Blush Damask'

'Hebe's Lip'

'Leda'

'Armide'. Die 1817 von Vibert in Angers (Frankreich) eingeführte Rose ist vermutlich eine China-Damaszener-Kreuzung, worauf die bläulich grünen Laubblätter hinweisen. Gelegentlich wird sie auch als Alba-Rose klassifiziert. Der aufrechte Strauch wird bis 1,2 m hoch und trägt kleine Gruppen von rosafarbenen Knospen mit kurzen, gefiederten Sepalen. Die Knospen öffnen sich zu weißen, dicht gefüllten Blüten mit einem Ring von fest zusammengerollten Innenpetalen rund um den Fruchtknoten. Die wunderbar duftenden Blüten erscheinen sowohl im Sommer als auch im Herbst. Armide ist eine Hexe in Torquato Tassos Werk *Das befreite Jerusalem* aus dem 16. Jahrhundert und auch die Titelfigur in Glucks großer Oper von 1777.
● Die wegen ihrer Herbstblüte wertvolle Rose ist erstaunlich selten in Gärten zu finden. Winterhart bis –25 °C, Zone 5.

'Blush Damask' (auch 'Blush Gallica'). Die eher kleinblütige Rose ungeklärter Herkunft ist seit 1759 bekannt. Sie ist vermutlich eine Kreuzung einer Damaszenerrose mit einer Schottischen Rose, *R. spinosissima* (früher *R. pimpinellifolia*, siehe Seite 28), denn die verzweigten, stacheligen Triebe, die zur Ausläuferbildung neigen, und die eher kleinen Laubblätter weisen auf diesen Ursprung hin. Die Triebe haben sowohl gerade als auch gebogene Stacheln und werden bis 2 m lang, die nickenden, dicht gefüllten, wohlriechenden Blüten sind rosaviolett mit hellerem Rand und haben ein leicht zerzaust wirkendes, etwas dunkleres Zentrum. Die Blüten erscheinen nur im Frühsommer.

'Armide'

● Diese attraktive „Halbminiatur" trägt ihre Blüten in kleinen Gruppen. Gertude Jekyll empfahl sie für trockene Standorte, sogar im Halbschatten von Bäumen. Winterhart bis –25 °C, Zone 5.

'Hebe's Lip' (auch 'Rubrotincta', 'Margined Hip', 'Reine Blanche'). Eine Rose unbekannter Herkunft, möglicherweise eine Hybride von *R. rubiginosa* (siehe Seite 26). Der niedrige Strauch (bis 1,6 m) trägt sehr stachelige Zweige mit leuchtend grünem Laub. Die in Gruppen stehenden Knospen mit kurzen Sepalen sind rot und öffnen sich zu becherförmigen, einfachen cremeweißen Blüten mit rotem Rand, die vollständig aufgeblüht recht groß sind. Sie bilden gute Hagebutten aus. Die andere Damaszenersorte mit rot geränderten Petalen ist 'Leda', deren sehr flache Blüten jedoch dicht gefüllt sind.

Diese Rose wurde 1846 von Lee gelistet und soll durch William Paul aus Waltham Cross 1912 wieder eingeführt worden sein. Gertrude Jekyll beschreibt sie jedoch bereits 1902 in *Roses for English Gardens* als „neu entdeckte", alte Gartenrose. William Paul selbst erwähnt sie schon im 1900 erschienenen *Century Book of Gardening* von *Country Life*.

Vineyard war im späten 18. und frühen 19. Jahrhundert eine der führenden Londoner Gärtnereien. Sie wurde 1745 in Hammersmith, einem Dorf im Westen Londons, von James Lee und Lewis Kennedy gegründet. Lee führte einen Briefwechsel mit Linné und nahm an vielen botanischen Sammlerexpeditionen teil. Redouté besuchte die Gärtnerei während seines Londonaufenthalts 1786/87. Als James Lee 1795 starb, führte sein Sohn John die Geschäfte weiter. Dieser belieferte den Garten Malmaison der französischen Kaiserin Josephine mit vielen seltenen Pflanzen – selbst während des englisch-französischen Krieges. 1846 benannte sich die Gärtnerei in „J & C Lee" um und bestand noch bis 1877.
● Hübsche, charmante Blüten mit sehr ungewöhnlichem Duft stehen auf einem hohen, etwas lichten Strauch. Winterhart bis –25 °C, Zone 5.

'Leda' (auch 'The Painted Damask'). Eine Rose von unbekannter Herkunft, zuerst 1827 gelistet. Ein niedriger Strauch (bis 1 m hoch) mit sehr vielen, für Damaszenerrosen typischen, zurückgebogenen Stacheln und dunkelgrünem Laub mit recht breiten Fiederblättchen. Die büschelweise angeordneten, tief karminroten Knospen zeigen schmale, mehrfach gespaltene Sepalen mit relativ breiten Spitzen, sie öffnen sich zu weißen, rot geränderten Blüten. Bei voll geöffneten Blüten biegen sich die Außenpetalen auswärts, im Zentrum der gevierteilten Blüte sind die Petalen oft zu einem kleinen „Knopf" eingerollt. Der Duft ist recht gut. Häufig öffnen sich auch im Herbst noch vereinzelte Blüten.

'Mme Zöetmans'

● Ein niedriger, dicht belaubter Strauch mit weißen Blüten aus roten Knospen, der sich gut für den Beetvordergrund eignet. 'Pink Leda' ist eine rosa blühende Mutation (siehe Seite 47). Winterhart bis −25 °C, Zone 5.

'Mme Hardy' (auch 'Félicité Hardy'). Bei dieser Rose handelt es sich vermutlich um eine Kreuzung zwischen Damaszener- und Alba-Rose, von Jules-Alexandre Hardy, dem Chefgärtner des Jardin du Luxembourg, gezüchtet und nach dessen Frau benannt. Mit den langen, gebogenen, stacheligen, bis 2 m langen Trieben, die herabgebunden oder an einem niedrigen Zaun entlang gezogen werden können, ist sie wüchsiger als die meisten Damaszenerrosen. Das Laub ist tiefgrün. Die blass rosafarbenen Knospen mit den kurzen, jedoch stark gefiederten Sepalen stehen in dichten Gruppen. Sie öffnen sich zu perfekten, schneeweißen, dicht gefüllten, geviertelten Blüten mit knopfförmigem Zentrum und wunderbarem Duft. Die Rose wird zuweilen auf Illustrationen als *R. centifolia* 'Alba' bezeichnet; DNS-Untersuchungen haben in der Tat eine Verbindung zur Centifolia-Gruppe festgestellt, der sie als Damaszener-Alba-Kreuzung zuzuordnen wäre. Monsieur Hardy war ein Amateur-Rosenzüchter und veröffentlichte eine Zeitschrift sowie eine Pflanzenliste des Jardin du Luxembourg.
● Eine der verlässlichsten und pflegeleichtesten der Alten Rosen, von englischen Rosenspezialisten wie William Paul, Dean Hole und Graham Thomas gelobt − ich kann mich dem aus meiner eigenen Erfahrung in Südost-England nur anschließen. Als Kletterer gezogen, bilden sich die Blüten entlang des gesamten Triebes. Winterhart bis −25 °C, Zone 5.

'Mme Zöetmans' (auch 'Mme Soetmann'). Eine 1830 von Marest in Frankreich gezüchtete Damaszenerrose. Die bis 1,3 m langen Zweige sind recht dünn, das Laub von frischer, leuchtend grüner Farbe. Blass rosafarbene Knospen mit kurzen, gefiederten Sepalen öffnen sich zu recht kleinen, gut duftenden, weißen Blüten mit rosa angehauchtem, knopfförmigem Zentrum.
● Dies ist eine niedrige Rose, kleiner als 'Duchesse de Montebello' (siehe Seite 41), deren dünne Zweige gestützt werden müssen. Greg Lowery (Vintage Gardens, Kalifornien) ordnet sie daher den Gallicas zu. Winterhart bis −25 °C, Zone 5.

'Mme Hardy'

Damaszenerrosen

'Marie Louise'

'Celsiana'. Die Damaszenerrose oder Alba-Damaszener-Hybride ungeklärter Herkunft wurde zuerst 1750 erwähnt und stammt wahrscheinlich aus den Niederlanden. Es ist ein bis zu 2 m hoher Strauch mit vielen kurzen Stacheln und drüsigen Borsten sowie graugrünem Laub. Die rot gefleckten Knospen mit kurzen, tief gefiederten Sepalen, die schmale Spitzen aufweisen, stehen in aufrechten Gruppen. Die attraktiven Blüten öffnen sich tiefrosa, verblassen jedoch rasch und sind vor dem Verwelken fast weiß. Sie sind recht groß, locker gefüllt, mit zarten, durchscheinenden, kräuseligen Petalen. Der wunderbare Duft ist typisch für Damaszenerrosen.

In einer Illustration von Redouté als „*Rosa Damascena* Celsiana" sieht man deutlich die rosafarbenen, eben geöffneten Blüten sowie eine voll erblühte weiße; Thorys Begleittext nimmt auf diese Verschiedenfarbigkeit der Blüten Bezug. Der Pariser Gärtner Jacques-Martin Cels züchtete außer Rosen zahlreiche andere seltene Pflanzen – Redouté illustrierte zwei 1800 und 1803 erschienene Bände über Pflanzen aus Cels Garten.

● Dies ist eine der größten und schönsten unter den Damaszenerrosen und ein idealer Blickfang in einem Beet historischer Rosen. Winterhart in Zone 4 maximal bis −30 °C.

'Celsiana', fotografiert in Mottisfont Abbey, Süd-England.

'Omar Khayyám'

'Pink Leda'

'Gloire de Guilan'. 1949 entdeckte die englische Society-Gärtnerin Nancy Lindsay im Iran diese Damaszenerrose auf einem Feld von Rosen, die für die Rosenölgewinnung kultiviert wurden. Der Strauch mit recht geschmeidigen Trieben wird bis 1,3 m hoch und trägt breite, mittelgrüne Blätter. Die rot gefleckten Knospen öffnen sich zu relativ großen, ebenmäßig gefüllten Blüten, oft geviertelt und schalenförmig, in leuchtendem Rosa mit dunklerer Schattierung. Guilan, heute Gilan genannt, ist ein Gebiet an der kaspischen Küste Irans.

● Der Strauch muss hochgebunden werden, da die Zweige recht dünn sind, aber die Blüten stehen wunderschön über dem leuchtend grünen Laub. Winterhart bis −25 °C, Zone 5.

'Marie Louise'. Eine Damaszenerrose oder Gallica-Hybride aus Malmaison, Paris um 1813. Der Strauch mit Gallica-artigem Laub und relativ kleinen Fiederblättchen wird bis 1,3 m hoch. Die Knospen sind sehr hell rosa mit kurzen, fast einfachen Sepalen, die riesigen, stark duftenden Blüten öffnen sich rosaviolett, verblassen dann fast zu Weiß und zeigen ein knopfförmiges, grünes Zentrum. Voll aufgeblüht sind sie schalenförmig, die Petalen wirken duftig-zerzaust. Wie sich Jack Harkness ausdrückt, wurde sie „böswillig nach Napoleons neuer Ehefrau benannt," die dieser 1810 nach der 1809 erfolgten Scheidung von Josephine heiratete. Zwar behielt Josephine Malmaison, wurde aber aus Paris fortgeschickt und verbrachte die letzten Lebensjahre bis zu ihrem Tod 1814 im Château de Navarre in der Normandie.

Die Rose hat Ähnlichkeit mit der 'Agathe'-Gruppe der Gallicas. Joyaux gibt 'Agathe Marie Louise' als Synonym von 'Agathe Incarnata' (siehe Seite 40) an.

● Die Zweige biegen sich unter dem Gewicht der Blüten und müssen gestützt werden. Winterhart bis −25 °C, Zone 5.

'Omar Khayyám'. Diese Rose wurde aus Samen gezogen, die im Iran gesammelt wurden. Der recht steife, aufrechte Strauch wird bis 2 m hoch, hat stachelige Zweige, schmale Fiederblättchen und Gruppen von tief rosafarbenen Blüten mit langen, schmalen Sepalen. Die wunderbar duftenden, mittelgroßen Blüten sind locker gefüllt und wirken recht zerzaust.

Edward Fitzgeralds Übersetzung von *The Rubayyat of Omar Khayyam*, einer Lyriksammlung in Vierzeilern aus dem 12. Jahrhundert, ist wahrscheinlich die berühmteste persische Dichtung außerhalb Persiens (dem heutigen Iran). Sie handelt vorwiegend von Liebe, Wein, Rosen und der Wehmut über den Lauf der Zeit:

   „Ach, dass der Frühling mit der Rose schwindet
   dass sich der Jugend süß duftendes Manuskript einst schließen wird!
   Die Nachtigall, die in den Zweigen sang
   ach, wann sie und wohin sie flog, wer weiß!"

William Simpson besuchte 1884 als Mitarbeiter der *Illustrated London News* Naishapur (heute Neyshabur) im Norwest-Iran und sammelte dort einige Samen der Rose auf dem Grabe Omar Khayyams, der nicht nur Dichter, sondern auch königlicher Hofastronom gewesen war. Die Samen wurden in den Royal Botanic Gardens in Kew bei London kultiviert und es gelang 1894, einen der Sämlinge zur Blüte zu bringen. Eine dieser Pflanzen wurde später auf Edward Fitzgeralds Grab auf dem Friedhof von Boulge in Suffolk gepflanzt. Dort wurde sie 1947 von Frank Night (Northcutt's Nursery) gerettet und erneut vermehrt.

● Die Geschichte ist leider etwas hübscher als die Rose selbst, denn deren Blüten sind recht klein und nicht sonderlich schön geformt. Winterhart bis −25 °C, Zone 5.

'Pink Leda'. Bei dieser Rose handelt es sich um eine rosafarbene Mutation von 'Leda' (siehe Seite 44), mit dem gleichen Laub und allgemeinen Habitus, jedoch mit rosafarbenen, karminrot geränderten Blüten. Dem Rosenexperten Graham Thomas zufolge ist diese Form auf dem europäischen Kontinent stärker verbreitet als in Großbritannien: Tatsächlich ist sie dort seit einigen Jahren praktisch nicht mehr zu haben, wohl aber in den USA, Kanada und Australien.

● Eine gute rosafarbene Rose, jedoch ohne die einzigartige Farbgebung der 'Leda'. Winterhart bis −25 °C, Zone 5.

'Gloire de Guilan'

Damaszenerrosen

'Rose de Rescht'

'Ispahan' (auch 'Isfahan', 'Parfum d'Ispahan', 'Pompon des Princes'). Die Damaszenerrose unbekannter Herkunft wurde zuerst 1832 erwähnt. Es ist ein bis 2 m hoher Strauch, der früh zu blühen beginnt und bis weit in den Sommer hinein fortblüht. Das Laub hat einen ungewöhnlich starken Glanz. Die in Gruppen stehenden Knospen mit kurzen Sepalen öffnen sich zu dicht gefüllten rosafarbenen Blüten, diese sind geviertelt und haben ein grünes Zentrum. Voll aufgeblüht sind die äußeren Petalen zurückgebogen, der Duft ist ausgezeichnet. Nach Ansicht einiger Autoren ist sie nur locker gefüllt – möglicherweise gibt es mehrere Varietäten dieses Namens. Es ist nicht erwiesen, dass sie wirklich aus der iranischen Stadt Isfahan stammt.
● Der reich blühende Strauch hat eine längere Blühperiode als die meisten anderen Damaszener. Die Rose soll sehr resistent gegen Mehltau, Sternrußtau und Rost sein. Winterhart bis −25 °C, Zone 5.

'La Ville de Bruxelles'. Eine 1849 von Vibert in Frankreich eingeführte Damaszenerrose. Der rundliche, dicht belaubte Strauch mit einem Durchmesser von bis zu 1,6 m hat stachelige Triebe. Das Laub ist leuchtend grün und gefiedert, das endständige Fiederblättchen vorn spitz zulaufend. Die in kleinen Gruppen stehenden Knospen mit den ziemlich kurzen, deutlich gefiederten Sepalen, die in eine lange, schmale Spitze auslaufen, öffnen sich zu dicht gefüllten, geviertelten, schalenförmigen Blüten, die ein leuchtendes Rosa und einen wunderbaren Duft aufweisen.

'Oeillet Parfait'

'Ispahan'

'St Nicholas'

'West Green'

● Dies ist eine der besten Alten Rosen. Die Ränder der flachen, kreisrunden, Gallica-ähnlichen Blüten verblassen während der Blütezeit allmählich. Winterhart bis −25 °C, Zone 5.

'Oeillet Parfait'. Über diese Rose war man sich lange Zeit im Unklaren. Dem Gallica-Historiker François Joyaux zufolge war die erste 'Oeillet Parfait', vor 1830, eine gestreifte Gallica. Die spätere Version, 1841 von Foulard in Frankreich gezüchtet, war eine Damaszenerrose und hatte mittelgroße, rosafarbene, lila und purpurviolett gestreifte Blüten. Eine gestreifte Gallica-Rose dieses Namens, die zu beiden Beschreibungen passt, ist im Rosarium von Sangerhausen in Deutschland zu sehen. Die Blüten sind eher klein und blass.
Graham Thomas beschreibt ihre Farbe jedoch in seinem *The Old Garden Roses* als Tiefrosa, das mit der Zeit etwas blasser wird. Die hier abgebildete Rose stammt aus der Abtei von Mottisfont, Süd-England und stimmt mit Thomas' Beschreibung überein: Die Blüten sind nicht gestreift, sondern dicht gefüllt, schalenförmig und leuchtend rosafarben. Die Fiederblättchen sind ungewöhnlich breit für eine Damaszenerrose. 'Tout d'Auvergne' ist möglicherweise ein Synonym für diese ungestreifte Varietät.
● Eine gute, niedrige Damaszenerrose. Winterhart bis −25 °C, Zone 5.

'Rose de Rescht'. Eine Portland-Damaszener-Rose, von der englischen Society-Gärtnerin Nancy Lindsay 1940 im Iran entdeckt und um 1950 in den Handel gebracht. Der aufrechte, dicht belaubte Strauch wird bis 2 m hoch, das Laub ist leicht bläulich grün. Die Innenpetalen der sehr dicht gefüllten, tief rosafarbenen Blüten sind oft zu einer Rosette zusammengedreht. Ich kann es mir nicht versagen hier Miss Lindsays Beschreibung dieser Rose in ihrem Katalog zu zitieren: „N.L. 849. Stieß auf sie in einem alten Rosengarten im uralten Rescht, einem Tribut der Teekarawanen, die von China aus über die zentralasiatischen Steppen in Richtung Persien zogen. Es ist ein robuster, yardhoher Strauch in glänzendem Eidechsengrün, ständig geschmückt

mit vollen, kameliengleichen, rosafarbenen Blüten mit einer Iris von Königspurpur, von einem Heiligenschein aus Drachensepalen umgeben wie die Blütenmalereien auf orientalischem Porzellan."
● Die Blüten stehen dicht über dem Laub und erscheinen in Schüben während des ganzen Sommers, worin eine Verbindung dieser Rose zu den Portlandrosen zu sehen ist. Eine gute und gesunde Rose, doch fehlt ihr die Subtilität mancher alten Sorte. Winterhart bis −25 °C, Zone 5.

'St Nicholas'. Eine Damaszenerrose, möglicherweise auch eine Damaszener-Gallica-Kreuzung, die 1950 in dem vom Robert James angelegten, für seine Rosensammlung berühmten Garten von St. Nicholas in Richmond (Yorkshire) erschien. Es ist ein aufrechter, bis 1,3 m hoher Strauch, dessen Triebe mit kleinen, roten Stacheln bedeckt sind. Die in Gruppen stehenden roten Knospen haben recht lange, seitlich gefiederte Sepalen. Sie öffnen sich zu locker gefüllten, tief rosafarbene Blüten mit hellerem Zentrum, die während der Blütezeit silbrig verblassen und einige gut ausgebildete Staubgefäße zeigen. Die schön geformten Hagebutten sind ein Blickfang im Herbst.
● Wegen der dichten Gruppen halb gefüllter Blüten ist dies eine ausgezeichnete Beetrose. Winterhart bis −25 °C, Zone 5.

'West Green'. Eine Damaszenerrose unbekannter Herkunft aus der Sammlung von Mottisfont Abbey in Süd-England. Die Triebe werden bis zu 2 m lang, die Stacheln an den Zweigen sind nur sehr klein. Die roten und hell rosafarbenen Knospen mit recht langen, seitlich gefiederten Sepalen öffnen sich zu locker gefüllten, bläulich rosafarbenen Blüten, die nickend an den relativ dünnen Zweigen hängen. Möglicherweise stammt diese Rose aus dem Garten von West Green House bei Hartley Wintney in Hampshire, der heute Eigentum des National Trust ist.
● Ein gesunder Strauch mit nickenden Blüten und dichtem, leuchtend grünem Laub. Winterhart bis −25 °C, Zone 5.

'La Ville de Bruxelles'

Alba-Rosen

'Semiplena'

ALBA-ROSEN erkennt man an ihren großen, ausladenden Trieben, an den graugrünen Blättern und den weißen oder hell rosafarbenen Blüten, die für kurze Zeit in großer Zahl erscheinen. Sie verströmen einen ausgezeichneten Duft. Vermutlich wurden diese Rosen nicht nur wegen ihres optischen Wertes sondern auch wegen ihres Parfüms kultiviert. Noch heute sind sie als Gartenrosen sehr beliebt, weil sie große und außerordentlich robuste Sträucher bilden, die sich gefällig in eine naturnahe Gartengestaltung einfügen.

Die ersten Alba-Rosen, darunter R. × alba 'Semiplena', gehören vermutlich zu den ältesten Überlebenden aller je kultivierten Pflanzen und es heißt, R. × alba 'Semiplena' wurde schon in der römischen Antike als Duft- und Zierpflanze kultiviert. Noch heute gibt es in Bulgarien Pflanzungen zur Herstellung von Rosenöl. Bereits im 13. Jahrhundert beschrieb der Wissenschaftler und Philosoph Albertus Magnus eine gefüllte, weiße Rose von stattlicher Strauchgestalt.

In der gesamten europäischen Malerei des Mittelalters findet sich eine spezielle Bedeutung von Rosen, vornehmlich weißen Rosen, im Zusammenhang mit Darstellungen von der Jungfrau Maria. Die Auseinandersetzungen der englischen Königshäuser von 1455 gingen als Rosenkriege in die Geschichte ein, denn das Haus York führte eine weiße Rose im Wappen, das gegnerische Haus Lancaster eine rote. Nach seinem Sieg 1485 in der Schlacht von Bosworth wählte Henry VII die Tudor-Rose zu seinem Symbol, die aus einer größeren weißen und einer darüber liegenden kleinen Rosette in Rot besteht. Damit begann die Herrschaft der Tudors, die bis zum Tode von Königin Elizabeth I andauerte.

Über die Abstammung der R. × alba gibt es noch einige Unklarheiten. C. C. Hurst, der von 1920 bis 1940 Chromosomenforschungen an Rosen betrieb, vermutete, dass Alba-Rosen eine Kreuzung aus der Hunds-Rose R. canina (siehe Seite 26) und einer Damaszenerrose sind.

Graham und Primavesis BSBI-Handbuch *Roses of Great Britain and Ireland* (1993) schreibt die Albas einer Kreuzung aus *R. arvensis* und *R. gallica* (siehe Seite 33) zu. Bei beiden Abstammungshypothesen könnten die Ergebnisse eine identische Chromosomenanzahl aufweisen, doch nur bei der zweiten Variante wäre die Pflanze eine fruchtbare Hybride, welche aus Samen kultiviert werden könnte. Eine grundlegende DNS-Untersuchung kultivierter Rosen zeigt jedoch deutliche Unterschiede zwischen den Alba-Rosen und anderen Gruppen, weshalb die Hypothese der Abstammung von der Hunds-Rose (*R. canina*) wahrscheinlicher ist. Eine generelle Wachstumsneigung zu größeren Typen unterstreicht ebenfalls eher diese Theorie.

Alba-Rosen wachsen als kräftige Sträucher, die häufig in verlassenen Gärten auch dann noch überdauern, wenn die zugehörigen Häuser oder Gehöfte längst verfallen sind. Sie gedeihen gut auf Gras und blühen auch im Schatten besser als andere Rosenarten. Die langen, ausladenden Triebe, die im Sommer ausgebildet werden, sollten unterstützt werden, denn an ihnen bilden sich im Folgejahr die Blüten. Wenn die neuen Triebe im Spätsommer kräftig sind, können die abgeblühten alten Triebe abgeschnitten oder ausgedünnt werden. Allerdings bilden einige Sorten, darunter R. × alba 'Semiplena', eine große Zahl von Hagebutten aus, die man ausreifen und bis zum Winter am Strauch lassen kann. Wie alle Rosen gedeihen auch die Alba-Rosen unter einer reichlichen Deckschicht aus Mulch oder Kompost besonders gut, andererseits genügen ihnen auch weitaus magerere Bodenqualitäten als den meisten Rosen.

Alba-Rosen blühen nur im Hochsommer, aber sie bilden einen perfekten Halt für spät blühende Kletterpflanzen wie *Clematis viticella* und ihre Hybriden. Stärker wachsende Clematis-Sorten wie *C. orientalis* müssen nach der Blüte auf Bodenhöhe zurückgeschnitten werden, damit sie die Rose nicht vollständig erdrücken. Schwachwüchsige Kletterpflanzen mit einjährigen Trieben wie *Aconitum*, *Codonopsis* oder *Dicentra* können selbst den empfindlichsten Alba-Rosen nichts anhaben.

'**Alba Maxima**' (auch 'Great Double White', 'Maxima'; Cheshire Rose, Jacobite Rose, White Rose of York). Ein großer Strauch mit bogigen Trieben von bis zu 2 m Länge, unter optimalen Bedingungen noch höher. Die graugrünen Blätter bestehen gewöhnlich aus sieben breiten Fiederblättchen. Die 7–10 cm großen, gefüllten Blüten sind beim ersten Erblühen weiß mit einem Hauch von gelblichem Rosa an der Basis. Sie haben einen guten Duft. Die Innenpetalen sind klein und unregelmäßig, bei voller Öffnung zeigen sich auch einige Staubgefäße. Die Blätter und das allgemeine Wachstumsverhalten entsprechen in etwa der 'Alba Semi-plena' und sie wird auch grundsätzlich auf diese zurückgeführt. Die Rose blüht ergiebig, aber die Blütezeit dauert nur wenige Wochen und wird durch einen heißen Sommer noch verkürzt.

● Diese Rose ist, wie die meisten Albas, bestens geeignet für einen kühlen Standort. Alba-Rosen gedeihen auch gut in der Hitze Süd-Kaliforniens, obwohl die Blüten nur sehr kurze Zeit bei hohen Temperaturen überdauern, wodurch die gesamte Blütezeit in ein bis zwei Wochen vorüber sein kann. Winterhart bis –40 °C, Zone 3.

'**Semiplena**'. Ein Strauch mit ausladenden Ästen von bis zu 2,75 m Länge und mehr, der von der Basis aus neue, starke Triebe bildet. Die Blätter sind graugrün und aus breiten Fiederblättchen zusammengesetzt. Die reinweißen, halb gefüllten Blüten haben kräftig ausgebildete Staubgefäße und sind etwa 7 cm groß. Sie blühen nur im Hochsommer und haben einen ausgezeichneten Duft. Die Hagebutten haben die übliche Form.

'Semiplena' ist eine sehr alte Rose, die bereits bei den Römern, möglicherweise sogar in noch früheren Kulturen, gezüchtet wurde. Eine ungefüllte weiße Rose wird als Sport von 'Alba Semi-plena' angesehen und wurde im *Hortus Eystettensis*, erschienen 1613 in Deutschland, mit gefüllten und ungefüllten Blüten am selben Strauch dargestellt.

● 'Semiplena' und ihre gefüllte Sorte 'Alba Maxima' eignen sich für die hintere Reihe einer gemischten Strauchpflanzung, als hohe Heckenpflanze oder für den Gehölzrand. Auch für Gartenecken, in denen ein ungezwungener Strauch benötigt wird, sowie als kleine, frei stehende Anordnung in einen Naturrasen oder in einem alten Obstgarten bietet sie sich an.

Diese Rose ist äußerst robust und überlebt auch dort, wo keine andere Rose gedeihen würde. Beide Pflanzen, sowohl 'Alba Semi-plena' als auch 'Alba Maxima', kommen gut mit kühlem Klima zurecht, beispielsweise in Schottland. Sie gedeihen aber auch in Gebieten mit heißen Sommern wie Bulgarien, wo sie zusammen mit Damaszenerrosen zur Herstellung von Rosenöl kultiviert werden. Winterhart bis –40 °C, Zone 3.

'**Alba Suaveolens**'. Diese süß duftende Rose wird normalerweise mit 'Semiplena' gleichgesetzt und wird in Bulgarien zur Rosenölgewinnung gezüchtet. Als Roger und ich die Rosenfelder jedoch in der Nähe von Isparta in der Türkei besuchten, fanden wir dort keine Alba-Rosen. Unsere Abbildung der 'Alba Suaveolens' stammt aus Jensens Rosarium in Glücksburg und zeigt Blüten mit mehr Petalen als die von 'Semiplena', aber mit weniger als bei 'Alba Maxima'. Der amerikanische Rosenzüchter Gerry Krueger weist darauf hin, dass 'Semiplena' Staubbeutel an den inneren Petalen trägt, was bei 'Alba Suaveolens' nicht der Fall ist.

● Ähnelt im Garten der 'Semiplena'. Winterhart bis –34 °C, Zone 4.

'Semiplena'

'Alba Maxima'

'Alba Suaveolens'

'Jeanne d'Arc'

'Königin von Dänemark'

'Alba Foliacea' Eine alte, 1824 von Redouté illustrierte Sorte mit rosafarbenen Knospen, die sich zu weißen, halb gefüllten Blüten öffnen. Die stattliche, ausladende Pflanze ähnelt der 'Alba Semi-plena' (siehe Seite 51). Eine Besonderheit dieser Pflanze sind die großen, blattähnlichen Sepalen. Die derzeit kultivierte Sorte scheint jedoch kleinere Sepalen zu besitzen als die von Redouté illustrierte und könnte eine ähnliche, aber unabhängige Mutation von 'Alba Semi-plena' sein. Es gibt eine ähnliche Zentifolie mit solchen blattähnlichen Sepalen, die von Redouté als *R. × centifolia foliacea* bezeichnet wurde.
● Eine Kuriosität, die wegen ihrer ungewöhnlichen Knospen kultiviert wird, im Wesentlichen aber der 'Alba Semi-plena' ähnelt. Winterhart bis −34 °C, Zone 4.

'Celeste' (auch 'Celestial', Rosa damascena 'Aurora'). Diese schon seit dem 18. Jahrhundert aus Holland bekannte Rose wurde von Redouté unter dem Namen *R. damascena* 'Aurora' illustriert. Es ist ein aufrechter Strauch, der bis zu 2 m hoch werden kann, meist aber niedriger bleibt. Die Blätter sind hell blaugrün und tragen sieben breite, fein gezackte Fiederblättchen und helle Nebenblätter. Die hell bläulich rosafarbenen Blüten von etwa 8 cm Durchmesser, die in kleinen Gruppen erscheinen, öffnen sich aus schlanken Knospen zu feinen, halb gefüllten Schönheiten, deren äußere Petalen sich mit vollständiger Öffnung zurückbiegen. Der Duft ist sehr gut.
● Diese Rose ist äußerst pflegeleicht und blüht auch gut unter schlechten Bedingungen. Sie ist es allerdings auch wert, gut behandelt zu werden, denn mit ihren auffälligen, blaugrünen Blättern und den perfekten, halb geöffneten Blüten in kräftigem, zugleich weichem Rosa ist sie eine der schönsten Alten Rosen. Zudem ist sie sehr widerstandsfähig. Ich habe eine 'Celeste' in einem Garten in England fotografiert, wo sie an den Zaun eines Gehöftes gepflanzt worden war und so den Garten von einem Weizenfeld trennte. Ihr ungezwungenes Wachstum eignete sich perfekt für diesen Zweck. Winterhart bis −34 °C, Zone 4.

'Great Maiden's Blush' (auch 'Cuisse de Nymphe', 'Incarnata', 'La Séduisante' 'Maiden's Blush', 'Virginale'). Ein ausladender Strauch bis 2 m Höhe, der auf eigener Wurzel zur Bildung von Ausläufern neigt. Die Blätter sind wunderschön bläulich graugrün, häufig gekräuselt, mit einer am Blattansatz roten Oberseite. Die Blüten werden durchschnittlich 7 cm groß und stehen hängend an schlanken Verzweigungen. Die Knospe ist gelblich rosa, die offene Blüte blassrosa, im Verblühen zu Weiß verblassend. Im leicht zerzausten Zentrum sind einige Staubgefäße sichtbar, der Duft ist sehr süß. Die Sepalen sind gefiedert.

'Great Maiden's Blush' ist eine Alte Rose, die bereits seit dem 15. Jahrhundert bekannt ist. Varianten in einer geringfügig dunkleren rosaroten Blütenfarbe werden als 'Cuisse d'émue Nymphe' bezeichnet (*émue* im Sinne von beeinflusst, gekünstelt); es ist unklar, ob es sich hierbei um einen eindeutigen Klon handelt oder ob die dunklere Farbe boden- oder temperaturabhängig ist. Aus der Rosenliste am Deutschen Rosarium Sangerhausen geht hervor, dass 'Cuisse d'émue Nymphe' vom Pflanzensammler Dumont de Courset 1802 eingeführt wurde.
● Diese klassische, große Alba-Rose ist eine hervorragende Solitärpflanze, kann aber auch in den Beethintergrund gesetzt werden. Sie eignet sich sogar für eine lange, informelle Hecke, wenn sie im Spätsommer ein wenig beschnitten wird. Winterhart bis −40 °C, Zone 3.

'Jeanne d'Arc' (auch Rosa anglica minor; Small Double White). Eine Alba-Rose, die in Frankreich 1818 von Vibert gezüchtet wurde. Sie entspricht einer Variante der 'Alba Maxima' (siehe Seite 51) mit kleineren Blüten, breiten, dunkel blaugrünen Fiederblättchen und ausladenden Trieben bis 1,5 m Höhe und bildet auf eigener Wurzel Ausläufer. Die halb geöffneten Knospen sind von einem sehr blassen, fleischfarbenen Rosa. Voll geöffnet sind sie etwa 6 cm groß und duf-

'Alba Foliacea'

ten gut. Meine Mutter fand diese Rose in einem alten Garten in Kent, im Südosten Englands, und wir pflegten sie bereits einige Jahre, bevor wir ihren Namen herausfanden.

Es gibt zwei weitere Rosen mit dem Namen 'Jeanne d'Arc': eine Noisette, die 1848 von Verdier in Paris vorgestellt wurde (siehe Seite 52) und eine weiße Polyantha, ein Sport der 'Mme Norbert Levavasseur', die 1909 von Levavasseur im französischen Orléans vorgestellt wurde.
● Diese Rose ist pflegeleicht und langlebig und obwohl die Blätter im Spätsommer häufig von Rost befallen werden, wird die Pflanze im folgenden Frühjahr zuverlässig wieder blühen. Winterhart bis −34 °C, Zone 4.

'Königin von Dänemark' (auch 'Queen of Denmark', 'Naissance de Vénus'). Eine 1816 von Booth gezogene Alba-Rose oder eine Alba-Hybride mit einer Damaszenerrose. Die ausladenden Triebe mit bis zu 2 m Höhe, normalerweise aber eher 1,5 m hoch, sind recht weich und mit zahlreichen feinen Stacheln bedeckt. Die Blätter sind bläulich grün, aber dunkler als die der meisten Alba-Rosen. Die Blüten sind blassrosa, im Grund dunkler, dicht gefüllt, manchmal mit gevierteltem Grund und knopfförmigem Zentrum. Sie haben einen süßen, für die Damaszenerrose typischen Duft.

Die 'Königin von Dänemark' ist eine kleinere Alba-Rose mit großem farblichem Spektrum. Das rosa überhauchte Zentrum ist außerordentlich schön und wird vom Rosenzüchter Graham Thomas als „lebendi-

ges Karminrot" beschrieben. Über die Herkunft dieser von Graham Thomas in der 1983er Ausgabe von *The Old Shrub Roses* beschriebenen Rose scheiden sich die Geister. John Booth von der norddeutschen Baumschule James Booth & Söhne aus Flottbeck ist der Ansicht, dass die Rose dort erstmals 1816 als Sämling der 'Great Maiden's Blush' geblüht habe. Booth erhielt vom dänischen König die Erlaubnis, die Rose nach der Königin zu benennen (das dänische Hoheitsgebiet erstreckte sich damals nach Süden bis in das heutige Deutschland). 1828 versicherte Professor Lehmann, Direktor der Botanischen Gärten in Hamburg, dass diese Rose identisch sei mit der 'Belle Courtisanne', einer Kreuzung zwischen *R. × centifolia* (siehe Seite 59) und 'Great Maiden's Blush', und dass sie bereits 1806 in einem französischen Katalog zum Verkauf angeboten worden sei, in Frankreich allgemein bekannt und schon von Redouté illustriert worden sei. Booth schrieb sofort an alle namhaften Rosenzüchter sowie an Redouté und alle antworteten ihm, dass sie die 'Belle Courtisanne' nicht kennen würden. Booth erklärte weiterhin, dass er Ableger der Pflanze für drei Britische Guineas (was zu der Zeit ungefähr dem Acht-Monats-Gehalt eines Hausmädchens entsprach) an Lee & Kennedy von Hammersmith weitergab, welche die Rose 1830 in ihren Katalog als 'Queen of Denmark' aufnahmen.
● Eine der besten Gartenrosen mit dichten, gefüllten Blüten. Die Zweige neigen sich allerdings oft stark zu Boden, wenn sie nicht gestützt werden. Winterhart bis −34 °C, Zone 4.

'Great Maiden's Blush'

'Celeste'

'Amélia'

'Blanche de Belgique'

'Chloris'

'Amélia' (auch 'Amelié'). Eine Alba-Rose oder eine Alba-Damaszener-Hybride, die 1823 von Vibert in Paris gezüchtet wurde. Die eher niedrige Rose erreicht maximal 1,5 m Höhe. Die bläulich grünen Blätter haben sehr breite Fiederblättchen, die Zweige tragen zahlreiche kleine, rote Stacheln. Die Blüten in kräftigem Rosa sind halb gefüllt und etwa 7 cm groß. Sie öffnen sich flach, in ihrer Mitte mischen sich kleine Petalen und Staubgefäße. Die Sepalen sind auffällig zweifach gefiedert. Diese Rose ist bekannt für ihren Duft, den David Austin mit dem einer Teerose vergleicht. Die 'Amélia' weist viele Merkmale einer Damaszenerrose auf und wird häufig mit der 'Celsiana' (siehe Seite 46) gleichgesetzt, die weniger stark gefiederte Sepalen und kelchförmigere Blüten mit gleichmäßigeren Petalen trägt.
● Dies ist eine kleinere Alba-Rose, geeignet für eine gemischte Anpflanzung aus Alten Rosen und Stauden. Überlebt in Zone 4 noch bei −34 °C.

'Belle Armour'. Eine Alba-Rose oder eine Alba-Damaszener-Hybride unbekannter Herkunft, die 1940 in Elboeuf (Normandie) in einem Kloster von der englischen Gartengestalterin Nancy Lindsay entdeckt wurde. Die bis 1,5 m langen Triebe sind ausladend, stark verzweigt und mit wenigen, langen Stacheln besetzt. Die dunkelgrünen Blätter sind sehr spitz mit feiner Textur. Die feinen, halb gefüllten Blüten in kräftigem Rosa mit lachsfarbenem Hauch stehen in locker verzweigten Gruppen, die Sepalen sind nur schwach gelappt. Die Pflanze bildet reichlich Hagebutten. Der Duft erinnert an Myrrhe oder einen Hauch von Anis, was den Rosenzüchter Graham Thomas mutmaßen ließ, dass die 'Belle Amour' eine Hybride der Strauch- oder Kletterrose 'Ayrshire Splendens' sein könnte, die ihr in Farbe und Duft ähnelt.
● Diese Rose ist leicht zu pflegen und gedeiht auch in mageren Böden sehr gut. Winterhart bis −34 °C, Zone 4.

'Blanche de Belgique' (auch 'Blanche Superbe'). Die 1817 von Vibert gezüchtete Rose ist ein mittelgroßer, buschigen Strauch von bis zu 1,5 m Höhe mit graugrünen Blättern. Die 8 cm großen, weißen, nickenden Blüten erscheinen in kleinen Gruppen. Sie sind dicht gefüllt und tragen im Zentrum eine Rosette aus kleinen Petalen, die ihnen besondere Fülle geben. Der Duft erinnert an Hyazinthen.

● Diese Sorte eignet sich gut für den Halbschatten. Winterhart bis −34 °C, Zone 4.

'Chloris' (auch 'Rosée du Matin'). Die seit 1820 bekannte Alba-Hybride wurde vermutlich 1800 von Descemet in St. Denis (Frankreich) gezüchtet. Die aufrechten Triebe werden bis 2 m hoch. Die Pflanze hat dunkelgrüne, ledrige Blätter und sehr wenige bis gar keine Stacheln. Die duftenden Blüten sind blassrosa. Bei halb geöffneten Blüten ist das Zentrum dunkler gefärbt, bei voller Öffnung biegen sich die Außenpetalen zurück. Die Blütenmitte ist manchmal geviertelt und zeigt ein knopfförmiges Zentrum.
   In seiner Veröffentlichung *Les roses de l'impératrice Joséphine* ordnete Gravereaux, einer der bekanntesten Rosenexperten des 19. Jahrhunderts, die 'Chloris' den Gallica-Rosen zu.

'Belle Amour'

'Félicité Parmentier' im Rosengarten von St. Albans, Süd-England.

In ihrer Untersuchung *Rosa gallica* von 1995 erwähnte die amerikanische Züchterin Suzanne Verrier, dass es tatsächlich zwei Rosen mit dem Namen 'Chloris' gäbe: eine Gallica und eine Alba. Der französische Historiker und Hobbyzüchter François Joyaux schrieb hingegen 1998 in *La Rose de France*, dass es nur eine einzige 'Chloris' gäbe, nämlich eine Alba-Hybride. Gemäß einer von Maurice Jay durchgeführten DNS-Untersuchung an Rosen gehört 'Chloris' zu den Gallicas. Das Synonym 'Rosée du Matin', Morgentau, lädt zu poetischen Assoziationen ein. In der griechischen Mythologie ist Chloris die Frau von Zephyrus, dem Westwind, und wird im lateinischen zu Flora.

● Durch den für eine Alba-Rose ungewöhnlichen, straff aufrechten Wuchs eignet sich diese Rose für einen beengten Standort oder eine geschützte Ecke. Richard Rix zufolge ist 'Chloris' ausgesprochen robust: „absolut unempfindlich in jeder Hinsicht". Winterhart bis −34 °C, Zone 4.

'Félicité Parmentier'. Die Alba-Damaszener-Hybride mit ungeklärter Herkunft ist seit 1834 bekannt. Der buschige, sehr aufrechte Strauch bis 1,5 m Höhe trägt raue, graugrüne Blätter mit erhabener Nervatur sowie dunkle Stacheln. Die Blüten haben einen Durchmesser von etwa 7 cm und stehen für gewöhnlich aufrecht in dichten Verzweigungen. Die Knospe ist gelblich, die geöffnete Blüte kelchförmig und fleischfarben, bei vollständiger Öffnung weiß; zu diesem Zeitpunkt biegen sich die Außenpetalen zurück, die inneren rollen sich im Zentrum knopfförmig ein. Obwohl die Blüten dicht zusammenstehen, nehmen sie durch Regen kaum Schaden.

● 'Félicité Parmentier' ist eine der niedrigeren Alba-Rosen, reich blühend mit ausgezeichnetem Duft; bei hohen Temperaturen sind die Blüten blasser, die Pflanze soll auch ein gewisses Maß an Schatten vertragen. Winterhart bis −34 °C, Zone 4.

'Mme Legras de St Germain'. Eine seit 1848 bekannte alte Alba-Rose französischer Herkunft, eventuell auch eine Alba-Hybride mit einer Noisetterose. Damals wurde sie in der ersten Auflage von *The Rose Garden* des Rosenzüchters William Paul beschrieben. Ein stattlicher Strauch mit Trieben bis zu 2 m Höhe, die mit einem geeigneten Halt sogar bis zu 5 m hoch werden können. Sie hat bläulich grüne Blätter und Zweige mit wenigen Stacheln. Die weißen Blüten mit gelblich überhauchter Mitte sind dicht gefüllt. Der Duft ist ausgezeichnet.

● Die Knospen neigen bei nassem Wetter zur Mumienbildung, davon abgesehen ist dies eine sehr gute Rose. Winterhart bis −34 °C, Zone 4.

'Crimson Blush'

'Summer Blush'

'Royal Blush'

'Tender Blush'

'Lemon Blush'

'Princesse Lamballe'

'Mme Plantier' auf dem Stumpf eines Apfelbaums, fotografiert in Sissinghurst Castle, Süd-England.

'Crimson Blush'. Eine neue Alba-Hybride mit einer roten Kordesii-Rose, gezüchtet bei Sievers in Deutschland, eingeführt 1988. Die Triebe werden bis zu 1,5 m lang. Große, rote Blüten werden in großer Anzahl ausgebildet, allerdings nur im Frühsommer.
● Winterhart bis −34 °C, Zone 4.

'Lemon Blush'. Eine neue Alba-Hybride mit einer roten Kordesii-Rose, eingeführt 1988 von Sievers, Deutschland. Die Triebe werden bis zu 1,5 m lang. Die süß duftenden Blüten sind hellgelb, gehen ins Cremefarbene über, sind dicht gefüllt und erinnern im Aufbau an Alte Rosen. Die Sorte blüht reich, jedoch nur im Frühsommer.
● Winterhart bis −34 °C, Zone 4.

'Mme Plantier'. Eine alte Alba-Hybride, möglicherweise mit einer Noisetterose oder mit *R. moschata* (siehe Seite 18), gezüchtet 1835 von Plantier in Lyon (Frankreich). Mit einer geeigneten Stütze erreichen die Triebe bis 4 m Länge, frei stehend wird der ausladende Strauch etwa 1,5 m hoch.

Die Fiederblättchen sind bläulich grün und relativ rund. Die Knospen mit gefiederten Sepalen sind rötlich. Sie öffnen sich zu cremeweißen Blüten mit gelblicher Mitte, die zu Weiß verblassen und oft ein grünliches Zentrum zeigen. Der schwere, süße Duft wird, ähnlich wie der von Moschusrosen, weit durch die Luft getragen.
● 'Mme Plantier' ist ideal geeignet, um an einem kleinen Baum oder einem Spalier zu klettern. Im Gegensatz zu wüchsigeren Kletterrosen schadet sie ihrem Wirtsbaum nicht. Ein besonders schönes Exemplar, das an einem Apfelbaum wächst, ist in Vita Sackville-Wests Garten Sissinghurst in Kent zu sehen; der Kontrast von leuchtend rosafarbenen Knospen und weißen Blüten ist ausgesprochen charmant. Der Alba-Sammler Richard Rix berichtet, dass 'Madame Plantier' in England sogar an Nordwänden gedeiht, und der Rosenzüchter Clair Martin meint, sie wachse ausgezeichnet in Kalifornien, wo sie häufig auf alten Friedhöfen oder verlassenen Gehöften überdauert. Winterhart bis −26 °C, Zone 5.

'Princesse Lamballe'. Eine Alba-Rose oder Alba-Hybride, die seit etwa 1850 bekannt ist. Die Triebe werden bis 1,5 m lang, die Blüten sind gefüllt und reinweiß. Sie wird manchmal 'Princesse de Lamballe' genannt.
● Eine gesunde, reich blühende Rose. Die seltene Sorte ist in den USA bei Mary's Plant Farm (Ohio) oder in Europa bei Jensens Rosarium in Glücksburg erhältlich. Winterhart bis −34 °C, Zone 4.

'Royal Blush'. Eine neue Alba-Hybride mit einer roten Kordesii-Rose, eingeführt 1988 von Sievers, Deutschland. Robuste Triebe bis 1,5 m Länge tragen gräuliches Laub. Die bläulich rosafarbenen Blüten sind dicht gefüllt, häufig geviertelt und erscheinen im Frühsommer über mehrere Wochen. Der Duft ist angenehm.
● Winterhart bis −34 °C, Zone 4.

'Summer Blush'. Eine neue Alba-Hybride mit einer roten Kordesii-Rose, eingeführt 1988 von Sievers, Deutschland. Die wüchsigen, bogigen Triebe werden bis zu 1,5 m lang. Die Blüten sind leuchtend rot, dicht gefüllt und ähneln denen der Gallica. Sie erscheinen nur im Frühsommer und haben einen starken, süßen Duft.
● Winterhart bis −34 °C, Zone 4.

'Tender Blush'. Eine neue Alba-Hybride mit einer Kordesii-Rose, eingeführt 1988 von Sievers, Deutschland. Die Triebe werden bis 1,5 m lang. Die locker gefüllten Blüten sind hellrosa mit einem Hauch von cremigem Orange und erscheinen nur im Frühsommer.
● Winterhart bis −34 °C, Zone 4.

Zentifolien

'Cristata'

Die ursprüngliche CENTIFOLIA-ROSE *R. × centifolia* (Hundertblättrige Rose) wird im Englischen oft auch „The Old Cabbage Rose" oder „Provence-Rose" genannt, sollte aber nicht mit der „Rosier de Provins", *R. gallica* (siehe Seite 33), verwechselt werden. *R. × centifolia* ist vermutlich als Hybride aus einer Damaszener- und einer Alba-Rose zwischen dem späten 16. und frühen 18. Jahrhundert in holländischen Gärten entstanden. Vorläufige DNS-Untersuchungen lassen eine enge Verwandtschaft zu den Damaszenerrosen vermuten, nicht aber zu den Alba-Rosen.

Beschrieben wurde die Rose schon 1581 von dem Botaniker Matthias de l'Obel, auch Lobelius genannt, als Entstehungsjahr wird jedoch oft 1596 angegeben. In diesem Jahr erschien *Gerard's Herball*, in dem sie als „R. damascena flore multiplici, die Große Holländerrose, gemeinhin Province-Rose" bezeichnet wurde. In der Ausgabe von 1597 erscheint sie als „R. Hollandica sive Batava, die Große Holländerrose oder Große Province". Die Verbindung zu Holland wird auch dadurch bestätigt, dass sie häufig den Vordergrund der großen holländischen Blumengemälde aus dem 17. Jahrhundert

einnimmt. Manche Zentifolien sind Hybriden. Weil die ursprüngliche *R. × centifolia* steril ist, wurde für diese ein einfach blühender Sport verwendet, der 1796 erstmals beschrieben wurde, heute aber so selten ist, dass ich ihn nie gesehen habe. Die Bereitschaft zum Mutieren ist jedoch ein typisches Merkmal der Zentifolien. Häufig bilden Sträucher einzelne Triebe mit deutlich abweichenden Charakteristika. Viele bekannte Sorten sind auf diese Weise gezüchtet worden, andererseits neigen diese dazu, in die Urform *R. × centifolia* zurückzuschlagen. Die echten Centifolia-Rosen sind Mutationen, auch Sports genannt.

Viele Moosrosen, die in einem separaten Kapitel dieses Buches behandelt werden, sind ebenfalls Sports der *R. × centifolia*. Die erste bemooste Mutation, aus der die alte Moosrose *R. × centifolia* 'Muscosa' (siehe Seite 67) hervorging, wurde erstmals 1696 beschrieben. Andere alte Moosrosen sind Mutationen der Damaszenerrosen.

Eine dritte Gruppe der Centifolia-Sports sind die Zwergrosen, die den großen Zentifolien ähneln, aber in allen Teilen kleiner sind. Aus ihnen wiederum hat sich eine Miniatur-Moosrose entwickelt, die 'Moss de Meaux'.

Rosa × *centifolia* (auch 'The Old Cabbage Rose', 'Centifolia', 'Provence Rose', 'Rose des Peintres'; Hundertblättrige Rose, Kohlrose). Diese Alte Rose, die 1596 in *Gerard's Herball* beschrieben und 1613 im *Hortus Eystettensis* illustriert wurde, trägt unterschiedlich bestachelte Triebe bis 1,6 m Höhe mit dunkelgrünem, scharf und grob gezähntem Laub. Lockere Gruppen von rosafarbenen Knospen mit rötlichem Hauch und Sepalen mit seitlicher Lappung und langer Spitze öffnen sich zu hell rosafarbenen Blüten. Halb geöffnet sind die Blüten nickend und schalenförmig mit dunklerer Mitte. Später biegen sich die Außenpetalen zurück, die Innenpetalen bleiben aufrecht. Die ausgezeichnet duftende Rose blüht nur im Sommer.

● Dies ist ein bezaubernder, aufrechter Strauch mit recht üppigem, dunklem Laub und schönen, hellen Blüten, gut geeignet für die Mitte eines Rosenbeetes oder frei stehend, vor allem als Dreiergruppe. Winterhart bis −25 °C, Zone 5.

'Bullata' (auch 'À Feuilles de Laitue', 'Lettuce Rose', Rosa × centifolia 'Bullata'). Diese Mutation der *Rosa* × *centifolia* wurde 1801 erstmals vom Genetiker C. C. Hurst beschrieben und 1817 von Redouté illustriert. Auffällig sind die Blätter, die zwischen den Blattnerven aufgebläht scheinen. Die Blüten gleichen denen der *R.* × *centifolia*.

● Die Rose ähnelt der *R.* × *centifolia*, hat jedoch große, wellige Blätter. Winterhart bis −25 °C, Zone 5.

'Cristata' (auch 'Chapeau de Napoléon', 'Crested Moss', Rosa × centifolia 'Cristata'). Dieser Sport der *R.* × *centifolia* wurde angeblich 1820 an einer Klostermauer im schweizerischen Fribourg entdeckt. Blüten und Blätter sind typisch für *R.* × *centifolia*, die Sepalen haben jedoch steife, mehrfach verzweigte Ränder, die zu einer Dreispitzform miteinander verzahnt sind. Trotz der Bezeichnung 'Crested Moss' handelt es sich nicht um eine echte Moosrose.

● Abgesehen von den Knospen ähnelt diese Rose der *R.* × *centifolia*. Winterhart bis −25 °C, Zone 5.

'Unique Blanche' (auch Rosa × centifolia 'Mutabilis', Rosa provincialis alba, 'Rose Unique', 'Unica Alba', 'Viêrge de Cléry', 'White Province'). Dies ist eine Mutation der *Rosa* × *centifolia* mit 1–1,2 m langen Trieben und dunkelgrünem, grob und stumpf gezähntem Laub. Die Knospen sind grünlich mit karminroter Spitze, die Blütenstiele auffällig rot. Die Blüten selbst sind reinweiß mit einer eingerollten Rosette im Zentrum und einem karminroten Hauch auf den Rändern und manchmal in der Mitte. Die Rose wurde 1775 von dem Botaniker und Künstler Henry Andrews als *R. provincialis alba* beschrieben. Er hatte sie in einer Hecke am Anwesen eines holländischen Händlers im englischen Needham (Suffolk) entdeckt. Eine „weiße Province-Rose" wird auch in Tradescants Pflanzenliste von 1656 genannt. Der Genetiker C. C.

Rosa × *centifolia*

Hurst erwähnt in Graham Thomas' *The Old Shrub Roses* mehrere unterschiedliche Geschichten darüber, wie die Rose zu ihrer besonderen Beliebtheit in England kam. Alle sind sich aber darüber einig, dass sie aus Suffolk eingeführt wurde, und zwar von Daniel Grimwood Junior, der mit seinem Vater in Little Chelsea bei London eine Gärtnerei betrieb. Thomas erwähnt auch, dass weiße, Centifolia-ähnliche Rosen auf den Gemälden von Jan van Huysum und anderen holländischen Künstlern aus dem 17. Jahrhundert zu sehen sind.

● Der Strauch ist niedriger als für Zentifolien typisch. Die weißen Blüten erscheinen über einen langen Zeitraum, Graham Thomas zufolge etwa sechs Wochen länger als bei den meisten Zentifolien. Winterhart bis −25 °C, Zone 5.

'Bullata'

'Unique Blanche'

'Village Maid'

'Le Rire Niais'

'Juno'. Der Franzose Laffay zog diese Centifolia-ähnliche Rose auf und führte sie 1832 unter diesem Namen ein. 1847 folgte eine zweite Rose gleichen Namens, eine hell rosafarbene China-Gallica-Hybride. Die Blüten ähneln *R. × centifolia* (siehe Seite 59), die Blätter sind aber glatter und zeigen den Einfluss einer China- oder Teerose. Die hier abgebildete Rose könnte die China-Gallica-Hybride sein. Der bis 1,3 m hohe Strauch trägt leuchtend grünes Laub mit feiner Zähnung. Die Blüten stehen einzeln oder paarweise. Sie sind bezaubernd hellrosa, anfangs schalenförmig mit zurückgebogenen Außenpetalen und öffnen sich später relativ flach. Um welche 'Juno' es sich auch handelt – es ist eine hübsche Rose mit zarter Farbe und gutem Duft.
● Eine bezaubernde, eher niedrige Rose. Die blühenden Triebe brauchen Halt, möglichst durch diskrete Stützen, die während der Blütezeit von den überhängenden Zweigen verdeckt werden. Winterhart bis −25 °C, Zone 5.

'Le Rire Niaias' (auch 'À l'Odeur de Punaise'). Eine von Dupont vor 1810 gezüchtete Zentifolie mit 1 m hohen Trieben und mittelgroßen, gefüllten Blüten in Rosa. Der Name 'À l'Odeur de Punais' kann als „Käfergeruch" oder schmeichelhafter „Hartriegelduft" übersetzt werden.

'Reine des Centfeuilles'

● Eine eher unscheinbare Rose mit ungewöhnlichem Duft. Winterhart bis −25 °C, Zone 5.

'Prolifera de Redouté'. Der Sport der *R. × centifolia* (siehe Seite 59) wurde 1801 erstmals beschrieben und von Redouté 1824 gemalt. Es ist eine normale *R. × centifolia*, allerdings neigen die Blüten zur Überfüllung der Mitte, sodass der Eindruck einer zweiten Blüte auf der ersten entsteht. Bei voll geöffneter Blüte biegen sich die Außenpetalen zurück. Redouté illustrierte auch *R. × centifolia foliacea* mit ungewöhnlich großen, blattähnlichen Sepalen, die noch in einigen Rosenschulen in Nordamerika, Europa und Australien unter dem Namen 'Centifolia Foliacea' gelistet ist.
● Abgesehen von den „überfüllten" Blüten ähnelt diese Rose der *R. × centifolia*. Winterhart bis −25 °C, Zone 5.

'Reine des Centfeuilles'. Die erstmals in Belgien 1824 beschriebene Zentifolie bildet bis 1,5 m hohe Triebe mit großen, dicht gefüllten Blüten in warmem Rosa mit zartem Duft.
● Der Wuchs ist manchmal etwas unordentlich, dieser Mangel wird durch die reiche Blüte aber ausgeglichen. Winterhart bis −25 °C, Zone 5.

'Village Maid' (auch 'Belle des Jardins', 'Cottage Maid', Rosa × centifolia 'Variegata'). Dieser gestreift blühende Sport der *R. × centifolia* (siehe Seite 59) wurde 1845 von dem französischen Züchter Vibert eingeführt. Der Strauch mit den typischen, welligen Blättern der *R. × centifolia* wird bis 2 m hoch. Die zarten, weißen Blüten mit hell rosafarbenen Streifen nehmen durch Regen leicht Schaden. Sie schlagen gelegentlich zum normalen Rosa der *R. × centifolia* zurück. Das Synonym 'Village Maid' teilt diese Rose mit der Gallica-Rose 'La Rubanée', die rosafarbene Blüten mit weißen und violetten Streifen trägt und erstmals 1832 im Katalog des Pariser Gärtners Cell erwähnt wird. Der französische Rosenexperte François Joyaux hält diese Rose für ausgestorben. 'Cottage Maid' ist das Synonym einer gestreiften Gallica, 'Perle de Panachées'.
● Dies ist eine ungewöhnlich helle, gestreift blühende Rose. Im Habitus entspricht sie der *R. × centifolia*, sie hat jedoch zartere Blüten. Winterhart bis −25 °C, Zone 5.

'Juno' in Hidcote Manor, Südwest-England.

'Prolifera de Redouté'

'Petite de Hollande'

'Petite de Hollande' (auch 'Pompon des Dames'). Diese kleine Zenti-folie ist seit dem späten 18. Jahrhundert bekannt. Es ist ein ausladen-der Strauch von etwa 1,3 m Höhe mit typisch geformten, aber recht kleinen Zentifolienblättern und 6 cm großen, rosafarbenen Blüten in perfekter Form.
● Eine hübsche Zwergform. Die Blüten ziehen die Zweige zum Boden, sodass eine diskrete Stützte nötig ist. Winterhart bis −25 °C, Zone 5.

'Petite Lisette' (auch 'Petite Liselette'). Dies ist eine Damaszener-Cen-tifolia-Kreuzung, eventuell auch eine Damaszenerrose, die 1817 von Vibert in Angers gezüchtet wurde. Sie bildet Triebe bis 1,3 m Höhe mit zahllosen, kleinen, rückwärts gekrümmten Stacheln und dunkel-grünem Laub, das auf der Unterseite grau ist. Große Gruppen roter Knospen mit vielfach geteilten Sepa-len von gleicher Länge wie die Petalen öffnen sich zu recht kleinen, stark gefüllten Blüten in mittle-rem bis hellem Rosa mit gutem Duft.
● Dies ist keine Zwergform wie 'Rose de Meaux', doch ein recht kompakter Strauch mit schönem Laub und hübschen Blüten. Winter-hart bis −25 °C, Zone 5.

'Petite Orléanaise' (auch 'Petite de Orléanaise'). Diese Zentifolie oder Gallica-Rose wurde erst-mals 1843 im Katalog der Pariser Gärtnerei Ver-dier erwähnt. An Trieben bis 1,5 m Länge trägt sie hellgrünes, fein gezähntes Laub, das etwas glatter ist, als bei Gallica-Rosen üblich. Relativ kleine, gefüllte Blüten mit seitlich gelappten Sepalen und gutem Duft erscheinen in Zweier- bis Sechsergruppen und öffnen sich flach mit einer Rosette kleinerer Petalen, die sich um ein knopfförmiges Zen-trum rollen. Das kräftige Rosa der Blüten wird zu den Rändern hin blasser.

● Ein attraktiver, kräftiger Strauch mit kleinen Blüten. Der Französi-sche Rosenexperte Joyaux beschreibt sie als „hübsche, bescheidene, kleine Rose". Winterhart bis −25 °C, Zone 5.

'Rose de Meaux' (auch 'De Meaux', Rosa pomponia). Der zwergwüch-sige Sport der *R. × centifolia* (siehe Seite 59) wurde Ellen Willmotts *Genus Rosa* zufolge 1637 erstmals beschrieben. Die Rose bildet viele

'Rose de Meaux'

'Petite Lisette'

'Rose de Meaux'

aufrechte, bis 90 cm lange Triebe und kleine, rosafarbene Blüten von nur 3 cm Durchmesser. Die Blüten erscheinen früh in der Saison, öffnen sich schalenförmig und breiten sich später flach aus. Die bemooste Mutation dieser Rose namens 'Mossy de Meaux' oder 'Moss de Meaux' wurde 1801 beschrieben. 'Parvifolia', auch 'Burgundian Rose' genannt, ist eine ähnliche Zwergform, die oft irrtümlich als *R. × centifolia* 'Parvifolia' bezeichnet wird. Bei letzterer handelt es sich jedoch um eine Mutation der *R. × gallica* (nicht der *R. × centifolia*).

● Dieser echte Zwergstrauch bildet ein Dickicht aufrechter Triebe. Er sollte im Beetvordergrund oder an anderen Standorten stehen, wo man ihn aus der Nähe betrachten kann. Winterhart bis −25 °C, Zone 5.

'Spong'. Die 1805 erstmals in Henry Andrews *Roses* beschriebene Sorte ist ein Sport der 'Rose de Meaux' und schlägt häufig in die Urform zurück. Es ist ein 1,3 m hoher Strauch mit relativ steifen Trieben, rundlichen, stumpf gezähnten Blättern und runden, locker gefüllten Blüten. 'Spong' ist angeblich der Name eines Gärtners, der diese Rose in großem Stil kultivierte.

● Die Rose ist hauptsächlich aus historischen Gründen von Interesse, wenngleich die schalenförmigen Blüten sehr hübsch sind. Weil diese nach dem Welken nicht abfallen, sondern braun und unansehnlich werden, braucht die Pflanze etwas mehr Pflege. Winterhart bis −25 °C, Zone 5.

'Spong'

'Petite Orléanaise'

'Blanchfleur' in einer gemischten Pflanzung aus Stauden und Rosen, Mottisfont Abbey, Süd-England.

'Blanchfleur'. Eine 1835 von Vibert in Frankreich gezüchtete Centifolia-Hybride, die manchmal auch als Damaszenerrose klassifiziert wird. Es ist ein ausladender Strauch bis 2 m Höhe mit stacheligen Trieben und relativ hellgrünem Laub. Die hell rosafarbenen Blüten sind rot überhaucht und stehen in Gruppen. Die Sepalen sind seitlich gelappt und haben eine lange Spitze. Die Blüten öffnen sich hellrosa und werden später weiß mit hell rosafarbener Mitte. Sie sind dicht gefüllt, geviertelt und zeigen im Zentrum oft eine kleine Wölbung. Der Duft ist süß und intensiv.

● Ein hoher, stacheliger Strauch mit äußerst attraktiven Blüten. Die langen Triebe können eingekürzt oder an einen niedrigen Zaun gebunden werden, wo sie auf voller Länge Blüten tragen. Winterhart bis −25 °C, Zone 5.

'Blue Boy'. Der 1958 von Kordes in Deutschland eingeführte Sämling entstand aus der alten Moosrose 'Louis Gimard', gekreuzt mit 'Independence', einer scharlachroten Floribunda-Rose. An dem Strauch mit aufrechten, 1,5 m langen Trieben erscheinen nur im Sommer Blüten in intensivem Rotviolett. Die hohen Knospen öffnen sich zu stark gefüllten Blüten mit zerzauster Mitte und ausgezeichnetem Duft.

● Eine sehr interessante Kreuzung, wertvoll vor allem wegen der dunkelvioletten Blüten. Sie wird selten kultiviert, ist aber in einigen Rosenschulen erhältlich. Winterhart bis −25 °C, Zone 5.

'Fantin-Latour'. Die schöne Rose datiert von etwa 1900. Angesichts ihrer großen Beliebtheit ist es erstaunlich, dass ihr Ursprung noch unbekannt ist. Eventuell handelt es sich um eine Kreuzung aus einer Gallica-Rose und einer Tee-Hybride, eventuell auch um eine Bourbonrose, das Gesamtbild ähnelt jedoch der *R. × centifolia* (siehe Seite 59).

'Fantin Latour'

Die Rose bildet Triebe bis 2 m Höhe und trägt große, dunkelgrüne Blätter, die aus glatten, überlappenden Fiederblättchen zusammengesetzt sind. Die Knospen sind rosa mit einem Hauch Rot, die Sepalen schmal und meist ungeteilt. Die 8 cm großen Blüten öffnen sich flach. Sie sind dicht gefüllt mit hell rosafarbenen Petalen mit dunklerer Basis, die Innenpetalen sind häufig zur Mitte hin knopfförmig eingerollt. In voller Blüte sind die Außenpetalen zurückgebogen. Der Duft ist ausgezeichnet.

Henri Fantin-Latour war ein französischer Maler des 19. Jahrhunderts, der sich mit Stillleben von Blumen, vor allem Rosen, einen Namen machte.

● Der ausladende, breitwüchsige Strauch kann frei stehen oder an einer Säule gezogen werden. Wenngleich diese Rose nur im Hochsommer blüht, ist es eine der schönsten alten Strauchrosen. Winterhart bis −25 °C, Zone 5.

'Paul Ricault'. Vermutlich eine Hybride aus einer Centifolia- und einer Chinarose, 1845 von Portemer in Gentilly (Frankreich) gezüchtet und gelegentlich auch als Remontantrose klassifiziert. Der aufrechte Strauch von 2 m Höhe trägt glatte, fein gezähnte Blätter. Die Sepalen sind seitlich nur schwach gelappt. Die stark gefüllten Blüten öffnen sich flach geviertelt mit einem kleinen knopfförmigen Zentrum. Der Farbton ist kräftiger als bei *R. × centifolia* (siehe Seite 59) – frisch erblüht fast ein Kirschrot, das an den Rändern bläulich verblasst. Die Blüten mit gutem Duft erscheinen hauptsächlich im Frühsommer.

● Der lockere Strauch mit den großen, nickenden Blüten empfiehlt sich für das Zentrum eines Beetes mit Alten Rosen. Winterhart bis −25 °C, Zone 5.

'The Bishop' (auch 'Évêque', 'La Rose Évêque', 'L' Évêque', 'Le Rosier Évêque', 'Manteau d' Évêque', 'Pourpre Belle Violette', 'Rosier Évêque'). Diese Rose wird oft den Zentifolien zugeordnet, hat aber mehr mit den Gallicas gemeinsam, vor allem die grauviolette Färbung. Erstmals wurde sie 1790 im Katalog der Pariser Gärtnerei François beschrieben. Sie hat bogige Triebe mit bis 1,8 m Länge und leuchtend grünem Laub, an denen dicht gefüllte Blüten in Magenta-, Grau- und Violetttönen mit leichtem Duft erscheinen.

● Graham Thomas zufolge kommt diese Rose „am Abend und nach einem heißen Tag dem Blau näher als jede andere Sorte". Ein Muss für Freunde gedämpfter Farben. Winterhart bis −25 °C, Zone 5.

'Paul Ricault' in Mottisfont Abbey, Süd-England.

'Blue Boy'

'The Bishop'

Moosrosen

'Quatre Saisons
Blanche Mousseuse'

MOOSROSEN waren im 19. Jahrhundert beliebt, auch als Schmuckmotiv auf Keramik und Porzellan. In Habitus und Blütenfarbe ähneln sie anderen Rosen, sie sind aber leicht am dichten, faserigen Bewuchs an den Blütenstielen und auf der Rückseite der Sepalen zu erkennen. Dieses „Moos" wird durch eine große Zahl von Borsten und steifen Haaren an den Blütenstielen gebildet, die an den Spitzen klebrige, duftende Tropfen einer harzigen Flüssigkeit tragen. Das Moos kann leuchtend grün oder bräunlich sein, was vermuten lässt, dass diese Mutation mindestens zweimal erfolgt. Grün und weich ist das Moos der Mutationen von Zentifolien, härter und bräunlich bei den Mutationen der Damaszenerrosen.

Die meisten unterschiedlichen Sorten wurden in Frankreich eingeführt, wo man sie ursprünglich „mousseux" nannte. Neuerdings wird häufiger die Bezeichnung „mousseuse" verwendet. Einer der wichtigsten Züchter war Phillipe-Victor Verdier mit seiner Gärtnerei in Ivry bei Paris, der sich jedoch hauptsächlich mit Remontantrosen beschäftigte. Moosrosen blühten gewöhnlich nur einmal, darum strebte Verdier an, Sorten zu züchten, die im Herbst und im Frühling blühten. Durch Verwendung von Herbstdamaszenern

und Portlandrosen sowie eventuell auch Chinarosen gelang es der Gärtnerei, einige verlässlich remontierende Moosrosen zu produzieren. 'Baron de Wassenaer' (siehe Seite 72), 1854 eingeführt, war eine von Verdiers erfolgreichsten Moosrosen.

Ab der Mitte des 19. Jahrhunderts legte sich die Begeisterung für Moosrosen allmählich, aber von Zeit zu Zeit werden noch neue Sorten eingeführt, darunter 1911 'Goethe' (siehe Seite 72) sowie 1932 'Golden Moss' (siehe Seite 69). Noch heute tauchen gelegentlich Moosrosen auf, bezaubernde Miniaturformen wurden beispielsweise von Ralph S. Moore in Kalifornien eingeführt. Eine von ihnen ist 'Red Moss Rambler' mit kriechendem Wuchs.

Moosrosen verlangen eine ähnliche Pflege wie ihre Eltern, die Damaszener- und Centifolia-Rosen. Ein Rückschnitt ist kaum nötig. Lediglich müssen abgestorbene Blütentriebe ausgeknipst werden, um den Sommeraustrieb anzuregen. Die Triebe höherer Sorten kann man im Herbst zum Boden absenken, an einem Zaun oder einer Säule ziehen. Man kann die Rosen auch um ein Drittel zurückschneiden, um sie kompakt zu halten. Wie alle Alten Rosen reichlich düngen und nach der Blüte schneiden.

Rosa × centifolia 'Muscosa' (auch 'Centifolia Muscosa', 'Common Moss', 'Old Moss Rose'; Moos-Rose). Dies ist die ursprüngliche, bemooste Mutation der *R. × centifolia* (siehe Seite 59). Sie wurde erstmals im späten 17. Jahrhundert an einem Standort in Carcassone (Frankreich) beschrieben. Nach Nord-Europa gelangte sie erst im frühen 18. Jahrhundert. Philip Miller vom Chelsea Physic Garden in London berichtet, dass er sie 1727 in einem Garten bei Leyden in Holland entdeckte und von dort nach England brachte.

Blüten und Laub ähneln der gewöhnlichen *R. × centifolia*, doch die Blütenstiele und Sepalen sind mit dichtem, weichem, duftendem Moos bedeckt. Die Triebe erreichen bis 1,8 m Höhe. Die Rose blüht im Hochsommer, in kühlem Klima über mehrere Wochen. Sie hat einen schweren, süßen Duft.

● Die Triebe können an einem Zaun oder einer niedrigen Stütze gezogen werden, aber auch im Herbst um ein Drittel oder mehr gekürzt werden. Diese Rose ist so gut wie die gewöhnliche *R. × centifolia*, hat jedoch zusätzlich reizend bemooste Knospen. Winterhart bis −25 °C, Zone 5.

'Centifolia Muscosa Alba' (auch 'Shailer's White Moss', 'White Bath'). Die weiße Mutation der *R. × centifolia* 'Muscosa' wurde erstmals 1788 beschrieben. Es ist ein lockerer Strauch von 1,5 m Höhe. Die ausgezeichnet duftenden Blüten ähneln in der Form der Elternsorte, sind meist weiß und im Knospenstadium rosa überhaucht. Einzelne Blüten können ganz oder teilweise zu Rosa zurückschlagen. Häufig ist das grünliche Blütenzentrum sichtbar.

● Diese Rose kann gut mit der rosa blühenden Form kombiniert werden. Winterhart bis −25 °C, Zone 5.

'Quatre Saisons Blanche Mousseuse' (auch 'Perpetual White Moss', 'Quatre Saisons Blanc Mousseux', Rosa 'Bifera Alba Muscosa'). Eine 1835 erstmals beschriebene weiße, bemooste Mutation der *R. × damascena* var. *semperflorens* (siehe Seite 43), manchmal auch 'Quatre Saisons' genannt. Die Abstammung wird durch das regelmäßige Revertieren bestätigt. Es ist ein aufrechter Strauch von 1,6 m Höhe mit mittelgroßen, weißen Blüten an stark bemoosten Stielen und Knospen mit langen, schmalen Sepalen. Das hellgrüne Laub ist fein gezähnt. Die Blüten mit gutem Duft erscheinen vorwiegend im Sommer, vereinzelt nochmals im Herbst.

● Im Vergleich zu anderen Moosrosen haben die Blüten keine perfekte Form, was jedoch durch die reiche Sommerblüte und die Nachblüte im Herbst ausgeglichen wird. Winterhart bis −29 °C, Zone 5.

'Oeillet Panaché' (auch 'Striped Moss'). Eine 1880 von Du Pont in Marseilles gezüchtete Damaszener-Moosrose, die Sträucher von knapp 1 m Höhe mit recht schmalen Fiederblättchen bildet. Die mittelgroßen, hell rosafarbenen Blüten tragen kräftig rosafarbene Streifen. Der Duft ist durchschnittlich.

● Wegen des gedrungenen Wuchses ist diese Rose gut geeignet für einen großen Kübel. Winterhart bis −29 °C, Zone 5.

'Oeillet Panaché'

Rosa × centifolia 'Muscosa' in Kasteel Hex, Belgien.

'Centifolia Muscosa Alba'

'Golden Moss'

'Contesse de Murinais'

'Duchesse d'Abrantes'

'Blanche Moreau'. Eine Damaszener-Moosrose mit dunkelgrünem Laub. Die süß duftenden, weißen Blüten sind zartrosa überhaucht. Die bis 2 m hohen, kräftigen Triebe tragen ein recht spärliches, rotviolettes Moos. Eingeführt wurde sie 1880 von Moreau-Robert aus Angers (Frankreich). Die Hauptblüte erfolgt im Sommer, eine schwächere Nachblüte folgt gewöhnlich später im Jahr. Diese Nachblüte ist ein Erbe der Elternpflanze 'Quatre Saisons Blanche Mousseuse' (siehe Seite 67), die mit 'Comtesse de Murinais' gekreuzt wurde.
● Die Triebe müssen eingekürzt werden, damit der Strauch ein ordentliches Aussehen behält. Winterhart bis −29 °C, Zone 5.

'Comtese de Murinais'. Der hohe Strauch mit aufrechten, bis 3,5 m hohen Trieben und dunkelgrünem Laub ist recht anfällig für Mehltau. Die mittelgroßen Blüten öffnen sich hellrosa und verblassen zu Weiß. Hauptblüte im Sommer, eine schwächere Nachblüte im Herbst. Blüten und Moos duften angenehm. Die Sorte wurde 1843 von Vibert gezüchtet.
● Diese hohe Rose kann als Kletter- oder Säulenrose gehalten werden. Winterhart bis −29 °C, Zone 5.

'Duchesse d'Abrantes'. Die strauchige Rose mit recht weichen, 1,5 m hohen Trieben und leuchtend rosafarbenen, stark gefüllten Blüten im Sommer wurde 1851 von Robert in Angers gezüchtet.
● Dies ist eine sehr seltene, aber attraktive Rose. Sie ähnelt R. × centifolia 'Muscosa' (siehe Seite 67), hat jedoch eine kräftigere Blütenfärbung. Winterhart bis −29 °C, Zone 5.

'Blanche Moreau'

'**Golden Moss**' (Auch 'Yellow Moss'). Diese Rose wächst als hoher Strauch mit kräftigen, aufrechten Trieben bis 3 m Länge. Die orangerosafarbenen Knospen öffnen sich zu goldgelben Blüten mit seidigen Petalen und ausgezeichnetem Duft. Sie wurde 1932 von Pedro Dot in Spanien gezüchtet und eingeführt. Die Eltern sind 'Frau Karl Druschki' (siehe Seite 122), gekreuzt mit einem Sämling der Tee-Hybride 'Souvenir de Claudius Pernet' und 'Blanche Moreau'.

● Dem Rosenexperten Graham Thomas zufolge blüht die Rose in England eher zögerlich, sie gedeiht besser in wärmeren Gebieten Nordamerikas, im Mittelmeerraum und auf der südlichen Halbkugel. Sie blüht nur einmal, ist aber wegen ihrer ungewöhnlichen Farbe wertvoll. Winterhart bis −29 °C, Zone 5.

'**Mme Louis Lévêque**'. Diese 1898 von Lévêque in Ivry (Frankreich) gezüchtete Moosrose ist ein straff aufrecht wachsender Strauch bis 1,2 m Höhe mit üppigem, leuchtend grünem Laub. Die schalenförmigen Blüten mit gutem Duft sind hellrosa mit zurückgebogenen Außenpetalen, ihre Form erinnert eher an Bourbon- oder Remontantrosen als an Damaszener. Nach der Hauptblüte im Sommer folgt eine schwächere Nachblüte im Herbst.

● Ein schöner Gartenstrauch mit Gruppen großer Blüten. Die Stiele sind schwach bemoost, die Blüten ähneln denen von 'Mrs John Laing' (siehe Seite 125). Den Namen 'Mme Louis Lévêque' trugen auch eine Teerose und eine Remontantrose, die um die gleiche Zeit eingeführt wurden, aber heute verloren sind. Die hier abgebildete Pflanze wird gelegentlich auch als 'Gloire des Mousseuses' geführt. Winterhart bis −29 °C, Zone 5.

'**Marie de Blois**'. Eine 1832 von Robert in Frankreich gezüchtete Moosrose. Die bogigen, 1,5 m langen Triebe tragen rote Stacheln und dichtes, rötliches Moos. Die mittelgroßen, locker gefüllten Blüten in leuchtendem Rosa mit hellerer Zeichnung erscheinen in Gruppen.

● Ein bezaubernder, dichter Strauch mit ausgezeichnetem Duft von Blüten und Moos. Sie gilt als einmal blühende Rose, soll aber häufig vom Sommer bis in den Herbst hinein Blüten bilden. Winterhart bis −29 °C, Zone 5.

'Marie de Blois'

'Mme Louis Lévêque'

'Mme Louis Lévêque' in Mottisfont Abbey, Süd-England.

69

'Soupert et Notting' in Mottisfont Abbey, Süd-England.

'Mousseaux du Japon'

'Comtesse Doria'. Diese Damaszener-Moosrose, 1854 von Portemer (jun.) in Frankreich gezüchtet, trägt nur im Sommer gefüllte, intensiv duftende Blüten in kräftigem, bläulichem Rosa mit hellerer Zeichnung.

● Die hohe Sorte findet man selten in Gärten, sie ist jedoch im Rosarium Sangerhausen in Deutschland zu sehen. Winterhart bis −29 °C, Zone 5.

'Eugenie Guinoisseau'. Eine 1864 von Bertrand Guinoisseau in Angers in Frankreich gezüchtete, öfter blühende Moosrose. Die Blüten erscheinen in Gruppen. Sie öffnen sich kräftig rosa und verfärben sich dann bräunlich violett mit einem Hauch Lavendel. Gregg Lowery von den Vintage Gardens in Kalifornien nimmt an, dass dies der eigentliche Name der öfter blühenden Rose mit der Bezeichnung 'Mme de la Roche-Lambert' ist.

● Diese verlässliche, öfter blühende Rose erreicht etwa 1,5 m Höhe. 1858 hat Guinoisseau auch die berühmte, dunkel karminrote Remontantrose 'Empéreur du Maroc' (siehe Seite 121) eingeführt. Winterhart bis −29 °C, Zone 5.

'Little Gem'. Eine 1880 von William Paul in England gezüchtete, zwergwüchsige Damaszener-Moosrose mit schön geformten, kräftig rosafarbenen Blüten an einem kleinen Strauch bis 1 m Höhe. Sie verströmt einen guten Duft.

● Die Blüten erscheinen in aufrechten Gruppen. Das Moos ist lang und etwas faserig, ansonsten ist die einmal blühende Rose bezaubernd. Winterhart bis −29 °C, Zone 5.

'Mousseux du Japon' (auch 'Japonica', Moussu du Japon', 'Muscosa Japonica'). Eine hübsche Rose unbekannten Ursprungs. Eventuell wurde sie in Japan gezüchtet und im 20. Jahrhundert in Europa eingeführt. Sie bildet Triebe bis etwa 1 m Länge mit kräftig bläulich rosafarbenen Blüten und grünem Moos.

● Die wenig bekannte Rose sollte einen gut sichtbaren Standort erhalten. Fast die ganze Pflanze ist mit grünem Moos bedeckt. Winterhart bis −29 °C, Zone 5.

'Soupert et Notting'. Die fast durchgehend blühende Damaszener-Moosrose mit Bourbon-ähnlichen Blüten wächst als gedrungener Strauch von 1,2 m Höhe. Knospen und Blütenstiele sind dicht mit grünem Moos bedeckt. Die kräftig rosafarbenen Blüten mit dunklerem Zentrum haben einen guten Duft. Die Rose wurde 1874 von Pernet (sen.) in Lyon (Frankreich) gezüchtet und nach der Luxemburger Gärtnerei Soupert et Notting benannt.

● Eine der schönsten Moosrosen mit kleinen Gruppen zierlicher Blüten. Winterhart bis −29 °C, Zone 5.

'René d'Anjou'. Eine 1853 von Robert in Angers gezüchtete Moosrose mit hell bläulich rosafarbenen Blüten. Die Fiederblättchen sind recht schmal, die Blütenstiele dünn und bräunlich bemoost. Auf die Hauptblüte im Sommer folgt eine schwächere Nachblüte im Herbst. Gregg Lowery von den Vintage Gardens in Kalifornien berichtet, dass die ältere, einmal blühende 'Gracilis', vor 1829 von Prévost gezüchtet, häufig unter dem Namen 'René d'Anjou' kultiviert wird. Sie ähnelt auch 'A Longues Pédoncules', hat jedoch breitere Fiederblättchen und Blüten in hellerem, klarerem Rosa.

● Die blühenden Triebe des etwa 1,5 m hohen, lockeren Strauches neigen vor allem bei nassem Wetter zum Überhängen. Winterhart bis −29 °C, Zone 5.

'Little Gem'

'Comtesse Doria' im Rosarium Sangerhausen, Deutschland.

'Eugénie Guinoiseau'

'René d'Anjou'

'Louis Gimard'

'Baron de Wassenaer'. Dies ist eine bezaubernde Rose mit schalen-förmigen, kräftig rosafarbenen Blüten, die einen guten Duft verströ-men und die über lange Zeit in großen Gruppen erscheinen. Die Blü-tenform lässt vermuten, dass eine Elternform eine Bourbonrose ist. Sie wurde 1854 von Victor Verdier (Frankreich) gezüchtet – zu einer Zeit, als Bourbonrosen besonders beliebt waren. Das Moos ist bräunlich, die Fiederblättchen sind recht breit.
● Aufrechter Strauch bis 1,2 m Höhe. Die Triebe neigen unter dem Gewicht der Blüten zum Überhängen. Die Blüten haben eine unge-wöhnliche Farbe mit altmodischem Charme. Winterhart bis −29 °C, Zone 5.

'Gloire d'Orient'. Die 1826 von Jean Béluze (Lyon) eingeführte Moosrose mit dunkel violettroten, mittelgroßen Blüten hat einen guten Duft. Die Triebe erreichen bis 1,5 m Höhe.
● Das Foto dieser seltenen Sorte wurde im Rosarium Sangerhausen aufgenommen. Winterhart bis −29 °C, Zone 5.

'Goethe'. Die relativ moderne Moosrose wurde 1911 von Peter Lam-bert in Trier gezüchtet. Die Triebe von etwa 2 m Länge tragen nur im Sommer Blüten, diese stehen in aufrechten Gruppen. Die relativ klei-nen, fast ungefüllten Blüten sind karminrot mit weißem Zentrum und gelegentlich weißen Streifen. Diese Moosrose erinnert an eine Wild-rose.
● Auffallend sind die roten Triebe mit zahlreichen roten Stacheln. Bei der Benennung dieser Sorte muss Peter Lambert an Goethes „Heiden-röslein" gedacht haben, das den wilden Knaben sticht, der es brechen will. Winterhart bis −29 °C, Zone 5.

'Laneii' (auch 'Lane's Moss'). Dies ist eine der älteren Moosrosen, die schon 1845 von Laffay in Bellevue-Meudon in Frankreich eingeführt wurden. Die öfter blühende Moosrose trägt gefüllte, altrosafarbene Blüten, die aufrecht an steifen Stielen stehen.
● Der hohe Strauch mit bräunlichem, klebrigem Moos eignet sich wegen seiner gedämpften Blütenfarbe gut für ruhige Farbkonzepte im Garten. Winterhart bis −29 °C, Zone 5.

'Louis Gimard'. Bei dieser 1877 von Pernet (sen.) in Lyon gezüchte-ten Damaszener-Moosrose handelt es sich vermutlich um eine China-rosen-Hybride. Es ist ein niedriger Strauch von 1,5 m Höhe mit dun-kelgrünem Laub und duftendem Moos. Die duftenden Blüten in bläulichem Rosa enthüllen beim Aufblühen ein karminrotes Zentrum.
● Die Triebe biegen sich unter dem Gewicht der großen Blüten. Win-terhart bis −29 °C, Zone 5.

'Laneii'

'Gloire d'Orient'

'Goethe'

'Baron de Wassenaer' in Mottisfont Abbey, Süd-England.

'William Lobb' in Hidcote Manor, Gloucestershire, England.

'Black Boy'. Diese moderne Moosrose wurde 1958 von Kordes im norddeutschen Sparrieshoop gezüchtet. Es ist eine Kreuzung aus der dunkelroten Floribunda-Rose 'World's Fair' mit 'Nuit de Young'. Die Knospen sind nur schwach bemoost. Die Rose trägt große, gefüllte Blüten in dunklem Karminrot mit ausgezeichnetem Duft.
● Der Wüchsige, aufrechte Strauch mit hellgrünem, ledrigem Laub blüht nur im Hochsommer. Winterhart bis −29 °C, Zone 5.

'Capitaine John Ingram' (auch 'Captain John Ingram'). Eine 1854 von Laffay in Bellevue-Meudon (Frankreich) gezüchtete Damaszener-Moosrose von dunkler Farbe. Die kräftig duftenden Blüten ähneln 'Nuit de Young', wirken aber geordneter und haben zurückgebogene Petalen in etwas kräftigerer Farbe, die karminrot aufblühen und sich später purpurrot verfärben. Der Strauch erreicht etwa 1,2 m Höhe und trägt breite Fiederblättchen mit eingesunkener Nervatur. Das Moos an Stielen und Blütenknospen ist recht dünn.
● Diese schwärzlich rote Moosrose hat relativ kleine Blüten, sieht aber im Kontrast mit rosa und rot blühenden Sorten beeindruckend aus. Winterhart bis −29 °C, Zone 5.

'Crimson Globe'. Eine 1890 von William Paul aus Waltham Cross (England) eingeführte moderne Moosrose unbekannter Abstammung. Die kräftigen Triebe werden 1,5 m hoch. Die dunkel karminroten Blüten mit ausgezeichnetem Duft verlieren auch bei voller Öffnung nicht ihre kugelige Form. Die Rose blüht nur einmal im Sommer.
● Diese Rose gedeiht nicht in feuchten, kühlen Sommern, die für England typisch sind. Besser geeignet ist sie für warme, trockenere Regionen wie Nordamerika. Dieses Foto wurde von Bill Grant in den USA bei Lowe's Roses of Nashua (New Hampshire) aufgenommen. Winterhart bis −29 °C, Zone 5.

'Henri Martin' (auch 'Red Moss'). Eine 1863 von Laffay in Bellevue-Meudon (Frankreich) gezüchtete Damaszener-Moosrose mit Trieben bis 2,2 m Höhe. Die halb gefüllten Blüten mit dem typischen Duft Alter Rosen öffnen sich karminrot, färben sich später rötlich violett und entblößen die Staubgefäße. Die Blütenstiele sind ungewöhnlich lang und mit reichlich feinfaserigem Moos bedeckt.
● Die hohen Triebe dieser Rose brauchen eine Stütze. In heißen Regionen soll sie gut an einer Nordmauer gedeihen und eine besonders intensive Blütenfarbe entwickeln. Winterhart bis −29 °C, Zone 5.

'Capitaine John Ingram'

'Nuits de Young' (auch 'Black Moss', 'Old Black'). Eine 1845 von Laffay in Bellevue-Meudon gezüchtete Damaszener-Moosrose mit sehr dunkel purpurroten

Blüten. Sie wächst zu einem aufrechten Strauch bis 1,5 m mit kleinen, dunklen Blättern heran. Die mittelgroßen Blüten sind für Alte Rosen außergewöhnlich dunkel, fast so dunkel wie bei alten Gallica-Rosen. Voll geöffnete Blüten lassen einige Staubgefäße sehen.

● Wegen der relativ kleinen Blüten ähnelt sie einer bemoosten Gallica-Rose und neigt wie diese auch stark zur Ausläuferbildung, wenn sie auf eigener Wurzel wächst. Winterhart bis −29 °C, Zone 5.

'William Lobb' (auch 'Duchesse d'Istrie', 'Old Velvet Moss'). Diese Rose bildet einen hohen Strauch mit Trieben von mehr als 2,5 m Länge. Die mittelgroßen Blüten mit gutem Duft erscheinen in Gruppen. Sie öffnen sich bläulich karminrot und verblassen dann zu Violett bis nahezu Grau. Die Sorte wurde 1855 von Laffay in Bellevue-Meudon (Frankreich) gezüchtet. Obwohl dies eine Bourbon-Hybride ist, blüht sie nur einmal.

● Die Rose ist sehr robust und langlebig, sie überlebt oft in alten Gärten. Wie 'Comtesse de Murinais' (siehe Seite 68) eignet sie sich für den Beethintergrund, kann aber auch als Kletter- oder Säulenrose gezogen werden. Die langen, steifen Sommertriebe brauchen eine Stütze, damit sie nicht unansehnlich überhängen. Winterhart bis −29 °C, Zone 5.

'Black Boy'

'Nuits de Young'

'Henri Martin'

'William Lobb'

'Crimson Globe'

75

Portlandrosen

'Rose du Roi'

1805 schrieb der Botaniker und Maler Andrews in seinem Werk *Roses*, dass diese Gruppe von Rosen ihren Namen zu Ehren der verstorbenen Margeret Cavendish Bentinck benannt, der zweiten Herzogin von Portland, trügen und von dieser in ihrem botanischen Garten in Bulstrode im englischen Gloucestershire kultiviert worden seien. Der Name wurde schon von 1775 an gebraucht, wenngleich die ursprüngliche Portlandrose 'Portlandica' mit den halb gefüllten roten Blüten, die angeblich aus Italien stammte, erstmals 1782 beschrieben wurde.

Eine Theorie über die Abstammung der 'Portlandica' lautet, dass sie eine Kreuzung mit der im Herbst blühenden Damaszenerrose *R. × damascena* var. *semperflorens* (siehe Seite 43) und der *R. gallica* 'Officinalis' (siehe Seite 33) ist. Dies wurde kürzlich durch DNS-Untersuchungen bestätigt. Spätere Theorien vermuteten auch *R. chinensis* var. *semoperflorens* oder 'Slater's Crimson China' (siehe Seite 83) unter den Eltern, beides gilt heute aber als weniger wahrscheinlich.

Nach 1835 wurden die Portlandrosen durch ihre Nachkommen, die Remontantrosen, zunehmend verdrängt. Diese sind durch Kreuzungen von Portlandrosen mit China-Hybriden oder Bourbonrosen entstanden. Einige der hier vorgestellten Rosen werden andernorts als Remontantrosen bezeichnet, wir haben jedoch die Sorten mit Gallica-ähnlichen Blüten den Portlands zugeordnet. Diese späteren Portlandrosen haben dicht gefüllte Blüten in Rosa oder Pink und bilden höhere Sträucher. Dennoch steht die relativ kleine Gruppe mit den Herbst-Damaszenern sehr nahe und wird gelegentlich als Remontant-Damaszener bezeichnet.

Dass nur so wenige echte Portlandrosen eingeführt wurden, dürfte nicht an einem Mangel an Beliebtheit gelegen haben, sondern daran, dass die Zucht öfter blühender Damaszenerrosen so schwierig ist. Der berühmte Amateurzüchter M. Desprez soll angeblich Tausende Samen der 'Rose du Roi' gesät haben, die sämtlich zu einmal blühenden Rosen heranwuchsen.

Portlandrosen sind an ihren kurzen Blütenstielen und den großen oberen Blättern zu erkennen. Die Blüten scheinen buchstäblich zwischen den Blättern zu sitzen. Alle sind sehr robust, vertragen Temperaturen bis −29 °C und gedeihen selbst in rauen Klimaten wie in Texas, wo der Wechsel zwischen Kälte und intensiver Hitze empfindlichere Rosen schwächen würde.

'Mogador'

'Portlandica' in Mottisfont Abbey, Süd-England.

'Indigo'. Charakteristisches Merkmal dieser Rose sind Blüten in blaustichigem Violett, das sich einen oder zwei Tage nach dem Aufblühen noch stärker ausprägt. Sie wurde vor 1854 von Laffay in Frankreich gezüchtet. Die Blüten mit ausgezeichnetem Duft erscheinen im Herbst und im Sommer an aufrechten Trieben bis 1,2 m Länge.

● Die ungewöhnliche Rose ist selten, jedoch in zwei berühmten europäischen Rosensammlungen zu sehen: Sangerhausen in Deutschland und Mottisfont in England. Einige spezielle Rosenschulen in Nordamerika, Europa und Australien bieten sie an. Winterhart bis −29 °C, Zone 5.

'Mogador' (auch 'Roi des Pourpres', 'Rose du Roi à Fleur Pourpre'). Ein Sport der 'Rose du Roi', 1844 von Victor Varangot in Melun (Frankreich) eingeführt. Die großen Schalenblüten sind intensiv karminrot und violett überhaucht. Aufrechte, 1,2 m hohe Triebe tragen zahlreiche kleine, rote Stacheln und Borsten sowie hellgrünes Laub. Die Elternpflanze 'Rose du Roi' wurde im frühen 19. Jahrhundert als eine der besten öfter blühenden roten Rosen geschätzt.

● Insgesamt ähnelt diese Pflanze der 'Rose du Roi', die Blüten sind jedoch stärker gefüllt und dunkler rot. Winterhart bis −29 °C, Zone 5.

'Portlandica' (auch 'Duchess of Portland', 'Portland Rose', Rosa paestana, Rosa × portlandica). Relativ kurze, bis 1 m hohe Triebe mit wenig Stacheln und Damaszener-ähnlichem Laub bilden reichlich Ausläufer. Die zahlreichen, leuchtend roten, halb gefüllten Blüten erscheinen im Sommer und nochmals im Herbst. Dass diese Rose der *Rosa gallica* 'Officinalis' (siehe Seite 33) stark ähnelt, ist nicht verblüffend, denn die 'Portlandica' ist zu drei Vierteln Gallica, von der sie jedoch die Remontanz und der kräftigere Rotton unterscheiden.

● Auf eigener Wurzel bildet diese Rose reichlich Ausläufer und braucht darum viel Platz. Sie eignet sich weniger für einen ausgewählten Standort, ist aber ein schöner Farbtupfer an Böschungen oder Hanglagen. Winterhart bis −29 °C, Zone 5.

'Rose du Roi' (auch 'Lee's Crimson Perpetual', 'Rose Lelieur'). Diese klassische Rose, Elternpflanze vieler späterer Hybriden und der meisten modernen Rosengruppen, wurde 1819 gezüchtet, vermutlich von einem M. Écoffay, der Gärtner im Betrieb Souchet in Sèvres (Frankreich) war. Die Triebe von etwa 1 m Höhe tragen zahlreiche kleine Stacheln und rote Borsten. Die leuchtend roten, violett überhauchten Blüten sind stark gefüllt, etwa 6 cm groß und besitzen einen guten Duft.

● Dies ist ein niedriger Strauch, ähnlich der 'Portlandica', jedoch mit schöneren Blüten und guter Remontanz. Dem grellen Rot der Blüten werden heute wärmere Karminrot-Töne oder leuchtendere Töne vorgezogen. Winterhart bis −29 °C, Zone 5.

'Indigo'

Portlandrosen

'Comte de Chambord'

'Yolande d'Aragon'

'Comte de Chambord' (auch 'Mme Boll', 'Mme Knorr'). Eine der besten rosa blühenden Alten Rosen, um 1860 von Robert und Moreau in Angers gezüchtet. Sie bildet aufrechte Triebe bis 1,3 m Länge, ihre Blätter sind gewöhnlich in drei bis fünf glatte, kräftig grüne Fiederblättchen geteilt. Die Blüten in kräftigem Rosa mit einem Hauch Flieder sind groß und öffnen sich flach. Sie stehen auf einem kräftigen Stiel mit kurzen Borsten, der sich zum Fruchtknoten hin verjüngt. Die ausgezeichnet duftenden Blüten erscheinen bis in den Herbst.

● Der große Rosenzüchter Graham Thomas bezeichnet sie als erstklassige Rose, umso erstaunlicher ist, dass sie bei ihrer Einführung wenig Anklang fand. Der Rosenhistoriker Brent Dickerson meint, dass die echte 'Comte de Chambord' nicht spektakulär war und dass heute unter diesem Namen eine andere Rose geführt wird, die ursprünglich 'Mme Boll' hieß, ebenfalls in Angers gezüchtet und nach einer New Yorker Rosenexpertin benannt wurde. 'Mme Boll' wurde damals hoch gelobt und hatte ungewöhnlicherweise nur drei oder fünf Fiederblättchen. Insofern ist es wahrscheinlich, dass eine Namensverwirrung vorliegt und es sich bei der hier abgebildeten Rose eigentlich um 'Mme Boll' handelt, die oft den Remontantrosen zugeordnet wird. 'Mme Knorr' wird ebenfalls gelegentlich als korrekter Name für 'Comte de Chambord' angegeben, gemäß mehrerer früher Beschreibungen hatte erstere jedoch zweifarbige Blüten. Winterhart bis −29 °C, Zone 5.

'Jacques Cartier' (auch 'Marchesa Boccella'). Diese als 'Jacques Cartier' bekannte Rose sollte wahrscheinlich richtiger 'Marquise de Boccella' genannt werden. Sie wurde 1840 von M. Desprez in Yébles (Frankreich) eingeführt. Sie bildet aufrechte Triebe bis 1,5 m und trägt leuchtend grünes Laub mit fünf bis sieben Fiederblättchen, die eine lange Spitze besitzen. Die dicht gefüllten, geviertelten Blüten in Rosa zeigen ein knopfförmiges Zentrum und oft blattähnliche Sepalen. Der Duft ist ausgezeichnet.

● In England erfolgt die zweite Blüte oft erst im Oktober. Wegen ihres geordneten Wuchses eignet sich die Rose sehr gut für kleine Gärten. Wie 'Comte de Chambord' wird sie oft auch den Remontantrosen zugeordnet. Winterhart bis −29 °C, Zone 5.

'Rembrandt', fotografiert im Rosarium Sangerhausen, Deutschland.

'Marbrée'

'Comte de Chambord' im ummauerten Garten von Mottisfont Abbey, Süd-England.

'Marbrée'. Eine 1858 von Robert und Moreau in Angers (Frankreich) gezüchtete Portlandrose mit einer Höhe bis 1,2 m. Sie hat leuchtend rosafarbene Blüten mit weißer Marmorierung und schwachem Duft.
● Dies ist im Grunde eine gestreifte 'Portlandica' (siehe Seite 77). Winterhart bis −29 °C, Zone 5.

'Rembrandt'. Die Portlandrose oder Portland-China-Hybride, 1883 von Moreau-Robert in Angers gezüchtet, trägt große, altrosafarbene Blüten mit einem karminroten Hauch, manchmal auch mit vereinzelten weißen Streifen. Diese Streifen sind ein typisches Merkmal dieser roten Chinarose.
● Dies ist Ein wüchsiger Strauch, der während einer langen Periode vom Sommer bis in den Herbst Blüten trägt. Die Rose wird oft auch als Remontantrose klassifiziert. Winterhart bis −29 °C, Zone 5.

'Yolande d'Aragon' (auch 'Iolande', 'Jolanda d'Aragon'). Die 1843 von Vibert in Angers (Frankreich) gezüchtete Portlandrose bildet aufrechte Triebe von 1,5 m Höhe mit hellgrünem Laub. Die stark gefüllten Blüten mit sehr gutem Duft stehen in Gruppen. Ihr kräftiger Rosaton verblasst zu den Rändern der Petalen.
● Wertvoll ist diese Rose wegen des späten Blühzeitpunktes und der großen Blüten mit oben abgeflachter Kugelform. Sie wird häufig den Remontantrosen zugeordnet, auch der Name ist nicht unumstritten. Winterhart bis −29 °C, Zone 5.

'Jacques Cartier'

79

Chinarosen

'Sanguinea'

Im späten 18. Jahrhundert bescherte die Chinarose den europäischen Gartenrosen das Gen für die mehr oder minder fortwährende Blütenbildung. Öfter blühende Gartenrosen waren in China schon seit vielen Jahren kultiviert worden, ehe sie nach Europa gelangten. Wo oder wann diese Mutation entstand, ist jedoch nicht genau bekannt. Eines der frühen Beispiele, das als Beleg gelten mag, ist ein Gemälde auf Seide, das etwa aus dem Jahr 965 n. Chr. stammt. Die chinesische Gartenbauliteratur vor dem 18. Jahrhundert nimmt leider wenig Bezug auf Rosen.

Auch der Zeitpunkt der ersten Einführung in Europa ist unklar. Blüten auf italienischen Gemälden aus dem 16. Jahrhundert sind als Chinarosen identifiziert worden. 1665 listete John Tradescant unter den 32 Rosen in seinem Garten in Lambeth (London) *R. mensalis*, die Monatsrose. John Evely erwähnt sie in seinem *Elysium Britannicum*, verfasst zwischen 1650 und 1706, als Rose mit italienischer Herkunft. Ein 1733 benanntes Exemplar ist auch im *Herbarium* des Gronovius zu finden. Die Daten in den Einträgen bezeichnen die Zeitpunkte, zu denen Pflanzen per Schiff aus Kanton (China) kamen. Sie werden in der Rosenliteratur generell akzeptiert, denn dies waren die ersten Chinarosen, die für ernsthafte Zuchtbemühungen verwendet wurden. Die frühen Chinarosen wurden von französischen Züchtern bald verbessert. Die älteren, hier vorgestellten Sorten haben vor allem wegen ihrer Widerstandskraft und ihrer verlässlichen Dauerblüte überlebt. Im Lauf der Zeit entstanden aus diesen Chinarosen durch intensive Zuchtbemühungen die Teerosen und Tee-Hybriden des 20. Jahrhunderts. Die wilde Chinarose ist eine einmal blühende Kletterrose mit einzeln stehenden Blüten. Die Rosen auf dieser Doppelseite ähneln ihr im Aussehen, kultivierte Chinarosen nach heutiger Definition blühen jedoch mehrmals. Es sind kleinwüchsige Rosen, die ihre Blüten in kleinen Gruppen tragen. Vermutlich handelt es sich um Hybriden mit einer kleinblütigen, öfter blühenden Mutation der *R. multiflora* var. *cathayensis*. Genetische Untersuchungen haben gezeigt, dass kultivierte Chinarosen und Noisetterosen in die gleiche Gruppe fallen, die sich nur schwer abgrenzen lässt und fließend in die Gruppen der Teerosen, Bourbonrosen, Remontantrosen und Polyantha-Rosen übergeht. Dadurch wird auch der große Variantenreichtum der Chinarosen verständlicher. In der komplexen Welt der alten Rosensorten lassen sich traditionelle Kategorien nicht exakt definieren.

Frühe Chromosomenzählungen haben gezeigt, dass 'Parson's Pink China' (siehe Seite 82) und die meisten anderen rosafarbenen Sorten fruchtbare Diploide waren, während andere, vorwiegend rote Sorten steril und triploid waren. Spätere Zählungen haben zu anderen Ergebnissen geführt. Demzufolge sind alle frühen Sorten diploid, die Bourbon-ähnliche 'Hermosa' (siehe Seite 82) jedoch triploid. Einige der ursprünglichen Sorten waren in Europa ausgestorben, in den 1950er Jahren entdeckte man aber einige Exemplare im warmen Klima der isolierten Bermuda-Inseln und führte sie erneut zur breiteren Kultur nach Europa ein.

Chinarosen müssen kaum geschnitten werden. Lediglich abgestorbene Triebe und alte Blütenstiele werden entfernt. Sie brauchen reichlich Dünger, Wärme und im Sommer viel Wasser. Kletternde Sorten wachsen nur bei besonders guter Versorgung zu stattlichen Sträuchern heran.

'Matteo's Silk Butterflies'

'Mutabilis'

'Matteo's Silk Butterflies' (auch LETsilk). Eine 1992 von Kleine Lettunich in Kalifornien gezüchtete China-Hybride von 1,5 m Höhe und Breite. Die zarten, ungefüllten Blüten mit süßem Duft stehen in großen, verzweigten Gruppen. Sie öffnen sich cremefarben und verfärben sich allmählich rosa. In milden Lagen blüht die Rose bis in den Winter hinein. Sie ähnelt der Spezies stark, denn sie ist ein Sämling der 'Mutabilis', wahrscheinlich mit 'Francis E. Lester' (einem Sämling von 'Kathleen') als anderem Elternteil – folglich eine Moschus-Hybride. Der Duft ist recht schwach.

● Dies ist eine besonders reich blühende Rose. Wegen der großen Zahl von Blüten im Vergleich zur Blattfläche braucht sie ungewöhnlich viel Dünger und Wasser, um sich gut zu entwickeln. Sie gedeiht prächtig in Kalifornien, im kühleren Klima Nord-Europas blüht sie schwächer. Winterhart bis –15 °C, Zone 7.

'Mutabilis' (auch Rosa chinensis var. mutabilis, 'Tipo Ideale'). Eine der bezauberndsten alten Chinarosen, die bis zum Frost Massen ungefüllter Blüten in locker verzweigten Gruppen an roten Stielen trägt. Die schwach duftenden Blüten öffnen sich hellapricot und färben sich später rosa. Ihr Ursprung ist unbekannt, wahrscheinlich handelt es sich um eine alte chinesische Gartenrose. Sie wurde in China noch kürzlich vom japanischen Botaniker Mikinori Ogisu gesehen.

Der Name 'Mutabilis' stammt zwar von 1934, Graham Thomas zufolge wurde die Sorte aber schon 1894 in Italien beschrieben, als Prinz Giberto Borromeo ein Exemplar zu einer Ausstellung in Genf mitnahm, um es Henry Correvon zu zeigen. Die Rose wuchs in Borromeos Garten auf der Isola Madre im Lago Maggiore als 2 m hohe Hecke. Angeblich soll sie von der Insel Réunion nach Italien gekommen sein.

● Ein kräftiger Strauch, der vor einer warmen, geschützten Mauer starke, holzige Triebe von 2 m Höhe und mehr bildet. Eine der schönsten ungefüllten Rosen für warme Klimazonen wie Kalifornien. Winterhart bis –15 °C, Zone 7.

Rosa chinensis var. spontanea (auch Rosa chinensis, 'Henry's Crimson China'). Diese Kletterrose blüht in freier Natur nur einmal. Es ist eine sehr variable Rose, deren Blüten rosa, rot oder cremeweiß ausfallen können. Eine weitere Form wird im Kapitel über Wildrosen (siehe Seite 13) in ihrem heimischen Lebensraum beschrieben.

● Ein schöner Gartenstrauch für warme Regionen wie Kalifornien. Sie gedeiht vermutlich auch in Gebieten mit warmem Frühlingswetter, etwa ab Virginia südwärts. Nässe und Kälte im Frühjahr schädigt die Blütenknospen. Winterhart bis –15 °C, Zone 7.

'Sanguinea' (auch 'Bengal Crimson', 'Miss Lowe', 'Rose de Bengale'). Diese einfach blühende Chinarose unbekannter Abstammung trägt 9 cm große, tiefrote Blüten mit festen Petalen, die bei kaltem Wetter rosa ausfallen. Das glatte Laub ist bläulich grün. Formen mit kleineren Blüten werden oft als 'Miss Lowe's Variety' bezeichnet.

● Die Pflanze kann einen Zwergstrauch von 60 cm Höhe bilden, wird mit einem Halt an einer warmen Mauer jedoch bis 3 m hoch und breit. In warmem Klima blüht sie fast ununterbrochen. Winterhart bis –15 °C, Zone 7.

'Single Pink China'. Dies könnte eine ungefüllte Mutation von 'Parson's Pink China' (siehe Seite 82) sein, ist aber auch eine alte chinesische Rose, die man dort noch heute in Gärten sieht. Sie wurde früh eingeführt und erscheint schon 1820 in Viberts Katalog. Der Duft ist recht schwach.

● Im chinesischen Chengdu habe ich sie als 1,8 m hohen Strauch gesehen. Im kühlen Europa wird sie oft nur 60 cm groß. Um sich gut zu entwickeln, braucht sie viel Wasser, Dünger und Wärme. Winterhart bis –15 °C, Zone 7.

Rosa chinensis var. spontanea in Leibo, südliches Sichuan, China.

'Single Pink China'

81

'Bengale d'Automne'

'Camélia Rose'

'Multipetala'

'Bengale d'Automne' (auch 'Rosier des Indes'). Dies ist eine öfter blühende Rose mit Gruppen nickender, dicht gefüllter, mittelgroßer Blüten in mittlerem bis kräftigem Rosa, ihr Duft ist schwach. Sie ähnelt 'Hermosa', die Blütenfarbe ist aber kräftiger. Sie wurde 1825 von Laffay in Frankreich eingeführt, ist möglicherweise aber ein Import aus China über Indien. Laffay war ein engagierter Züchter von Chinarosen. 1829 listete Desportes beachtliche 253 Namenssorten so genannter Bengal-Rosen, d. h. China- und Teerosen und deren Hybriden.
● Der Strauch bildet geschmeidige, 1,2 m lange Triebe, die sich vor allem bei feuchtem Wetter unter dem Gewicht der gefüllten Blüten zum Boden biegen. Winterhart bis −15 °C, Zone 7.

'Camélia Rose' (auch 'Camellia Rose'). Diese Chinarose, vermutlich mit Noisette-Einfluss, wurde um 1830 vom Prévost in Rouen gezüchtet. Es ist ein wüchsiger Strauch von 1,5 m Höhe. Die gefüllten, rosafarbenen Blüten mit rötlich violetter Zeichnung erscheinen während des ganzen Sommers. Der gute Duft weist auf die Noisette-Abstammung hin.
● Die attraktive Rose wird selten kultiviert, ist aber über verschiedene Rosenschulen in Nordamerika, Europa und Australien erhältlich. Winterhart bis −15 °C, Zone 7.

'Hermosa' (auch 'Mélanie Lemaire', 'Armosa'). Diese China-Bourbon-Hybride ähnelt einer verbesserten Version von 'Parson's Pink China'. Die schalenförmigen Blüten in bläulichem Rosa sind mit festen Petalen gefüllt und duften zart. Die Triebe tragen wenige Stacheln, die glatten Fiederblättchen haben eine bläuliche Unterseite. Die Rose wurde 1843 von Marcheseau in Frankreich gezüchtet, vermutlich als Kreuzung von 'Parson's Pink China' und 'Mme Desprez', einer rosafarbenen Bourbon-Rose.
● Die schöne Rose blüht vor allem im Herbst gut, selbst in feuchten Jahren, wenn andere Sorten ausfallen. Die Strauchform wird etwa 1,5 m hoch. 1879 wurde der kletternde Sport 'Setina' eingeführt. Winterhart bis −15 °C, Zone 7.

'Multipetala'. Eine alte Chinarose, die seit dem 18. Jahrhundert bei Kasteel Hex in Süd-Belgien kultiviert wird. Sie war ein Geschenk der Ostindischen Kompanie an Charles de Velbrück, den Prinzbischof von Lüttich, und gehört heute zu der großen Sammlung Alter Rosen des Schlosses. Sie trägt gefüllte, nickende Blüten in hellem Rosa, ähnlich 'Parson's Pink China'. Der Duft ist recht schwach.
● Der Strauch von bis zu 1,5 m Höhe blüht fortwährend vom Sommer bis zum Frühwinter. Winterhart bis −15 °C, Zone 7.

'Parson's Pink China' (auch Rosa × odorata 'Pallida', 'Old Blush', 'Common China', 'Monthly Rose'). Dies ist eine der ursprünglichen Chinarosen. Der Entdecker Peter Osbeck brachte sie definitiv 1751 aus Kanton (China) nach Europa. Eventuell wurde sie aber schon vorher in Süd-Europa kultiviert. Manche Autoren schreiben sie auch Kapitän Ekeberg (um 1763) oder James Kerr, dem Chefarzt der Ostindischen Kompanie (1774) zu. Kommerziell eingeführt wurde die Rose 1793 aus dem Garten eines Mr. Parsons aus Rickmansworth bei London, von dem sich der Name ableitet. Sie trägt in verzweigten Gruppen fünf bis zehn Blüten in mittlerem Rosa, die langsam nachdunkeln. Sie sind locker gefüllt und etwa 6 cm groß. Die Strauchform wird 1,2 m hoch, die kletternde Form bis

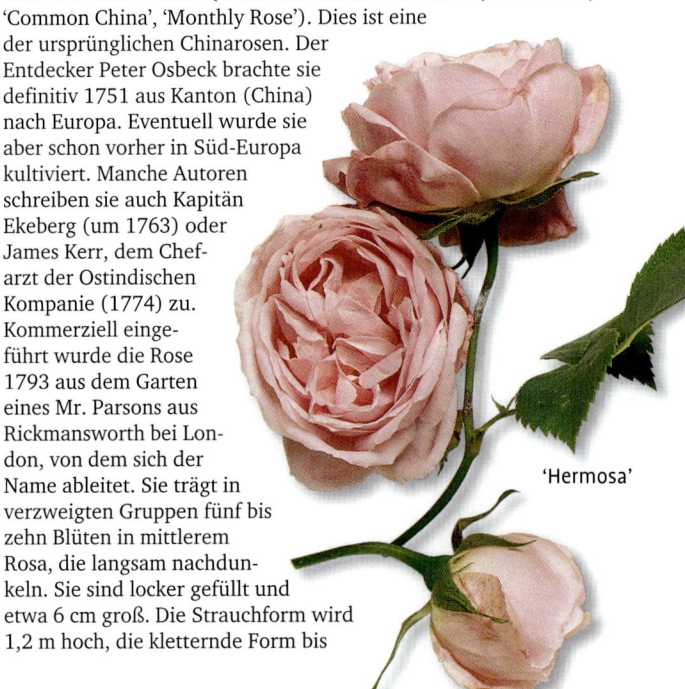

'Hermosa'

'Parson's Pink China' in einem Dorfgarten in Sichuan, China.

'Slater's Crimson China'

2,5 m. Es ist eine alte chinesische Gartenrose mit schwachem Duft, zu deren Vorfahren eventuell *R. multiflora* var. *cathayensis* zählt.

● Der robuste, reich blühende Strauch ist leicht aus Stecklingen zu ziehen. Wir haben die Rose in Dorfgärten in West-China gesehen, aber auch auf alten Bauernhöfen im englischen Devon. 'Parson's Pink China' ist in milden Lagen eine gute Gartenrose: langlebig, anhaltend vom Sommer bis zum Herbst blühend und auch in feuchten Sommern verlässlich. Winterhart bis −15 °C, Zone 7.

'Slater's Crimson China' (auch 'Belfield', 'Bengale de Chine Semperflorens', 'Monthly Rose', 'Old Crimson China', Rosa chinensis 'Semperflorens', Rosa × odorata 'Semperflorens'). Diese Rose bildet gewöhnlich einen Zwergstrauch von 30 cm Höhe mit tiefroten, weiß gesprenkelten Blüten an schlanken, nickenden Stielen. Sie wurde früh aus China importiert und schon 1790 beschrieben. Die Rose galt in Europa als ausgestorben, bis sie 1956 aus Belfield (Bermuda) wieder eingeführt wurde. Sie ist eine Elternsorte vieler früh blühender, dunkelroter Rosen, denen sie die relativ schwachen Blütenstiele und oft auch eine diskrete, weiße Zeichnung auf den Innenpetalen vererbt hat. Der Duft ist recht schwach.

● Diese Rose wird in West-China noch heute kultiviert. Sie ist in Gärten langlebig, aber empfindlich, und

braucht gute Pflege, viel Wärme und einen nahrhaften Boden, um sich gut zu entwickeln. Winterhart bis −15 °C, Zone 7.

'Parson's Pink China'

'Carnation Rose'

'Carnation Rose' (auch 'Carnation'). Auch dies ist eine „wiedergefundene" Chinarose von den Bermuda-Inseln. Sie trägt aufrechte, schwach duftende Blüten in mittlerem Rosa mit hellerer Rückseite und hellen, leicht gekräuselten Rändern.

● Dies ist eine der alten Rosensorten, die in Europa ausstarben, aber im wärmeren Bermuda überlebten. Der Strauch wird bis 1,5 m hoch. Winterhart bis −15 °C, Zone 7.

'Cramoisi Supérieur' (auch 'Agrippina', 'Lady Brisbane', 'Queen of Scarlet'). Eine 1832 von M. Coquereau in La Maître-École bei Angers gezüchtete Chinarose, die von Vibert in den Handel gebracht wurde. Angeblich handelt es sich um einen Sämling von 'Slater's Crimson China' (siehe Seite 83). Die Blüten sind dunkel karminrot und gefüllt, mit zurückgebogenen Außenpetalen. Voll geöffnet entblößen sie einige Staubgefäße. Die Rose blüht über einen langen Zeitraum, duftet aber nur schwach. Die Fiederblättchen sind grob und ungleichmäßig gezähnt. Ein kletternder Sport ist in Amerika als 'James Sprunt' bekannt.

● Ein niedriger Strauch mit Trieben bis 1 m Höhe und einer langen Blühperiode. Die schalenförmigen, intensiv gefärbten Blüten gelten als wesentliche Verbesserung gegenüber der Elternsorte. Winterhart bis −15 °C, Zone 7.

'Fabvier' (auch 'Colonel Fabvier', 'Général Fabvier'). Eine 1832 von Laffay gezüchtete Chinarose mit lockeren Gruppen 6 cm großer, karmin- bis scharlachroter Blüten, die vereinzelt weiße Streifen aufweisen. Die Blüten sind halb gefüllt und lassen voll geöffnet gelbe Staubgefäße sehen. Das Laub ist dunkelgrün, der Duft schwach.

● Die Rose bildet schlanke, aufrechte Triebe bis etwa 1 m Höhe. Die Blüten sollen nasses Wetter besser vertragen als die anderer roter Chinarosen. Winterhart bis −15 °C, Zone 7.

'Fellemberg' (auch 'Fellenberg'). Eine 1835 von Fellemberg gezüchtete Chinarose, die manchmal als Noisetterose klassifiziert wird. Die 3 m hohe Pflanze trägt vom Sommer bis zum Spätherbst zahlreiche, relativ kleine Blüten in Gruppen bis zu 50. Sie sind locker gefüllt und schalenförmig, karminrot bis kräftig rosa mit weißer Streifenzeichnung. Vermutlich handelt es sich um eine Kreuzung von 'Slater's Crimson China' (siehe Seite 83) und der öfter blühenden *R. multiflora* (siehe Seite 17). Eventuell wurde sie aus China eingeführt.

'Fellemberg'

● Rosen dieser Art sieht man häufiger in alten, chinesischen Gärten, etwa am Berg Omei, zwischen anderen Sträuchern in Hecken. Diese Sorte gedeiht besonders gut in warmem Klima. Die Herbstblüten sind oft zarter als die Sommerblüten. Winterhart bis −15 °C, Zone 7.

'Cramoisi Supérieur' auf dem Friedhof von Georgetown, Kalifornien, USA.

'Fabvier'

'Fellemberg' in Mottisfont Abbey, Süd-England.

'Gloire des Rosomanes' (auch 'Ragged Robin', 'Red Robin'). Diese China-Bourbon-Hybride mit stacheligen Stielen wird in warmem Klima bis 5 m hoch. Die süß duftenden, halb gefüllten Blüten mit zahlreichen Staubgefäßen sind dunkel karminrot, die Petalen zeigen eine weiße Basis und gelegentlich weiße Streifen. Sie erscheinen bis in den Herbst hinein. Die Blättchen haben lange, gebogene Zähne. Die Rose wurde von M. Plantier von La Guillotière in Lyon gezüchtet und von Vibert 1825 eingeführt.

● Diese Rose wurde früher als Veredelungsunterlage verwendet. Heute findet man häufig verwilderte Exemplare, z.B. in Kalifornien in verlassenen Gärten oder auf Friedhöfen. Die Pflanze ist robust und gedeiht gut auf mageren Böden. Winterhart bis −15 °C, Zone 7.

'Cramoisi Supérieur'

'Gloire des Rosomanes'

'Le Vésuve', ein großes Exemplar in Mottisfont Abbey, Süd-England.

'Comtesse du Caÿla'. Eine 1902 von Guillot in Lyon gezüchtete China-Hybride. Die duftenden, halb gefüllten Blüten sind kupferorange, der Rotanteil variiert abhängig von der Temperatur. Sie erscheinen während der ganzen Saison. Die Eltern sind ein Sämling der Teerosen 'Rival de Paestum' und 'Mme Falcot', gekreuzt mit 'Mme Falcot'.

● Der Strauch bleibt meist kleiner als 1 m und eignet sich für einen Standort im Beetvordergrund. Es ist eine der modernsten China-Hybriden, die vor allem in Bezug auf das Farbspektrum viel mit kleinen Teerosen gemeinsam haben. Winterhart bis −15 °C, Zone 7.

'Sophie's Perpetual'

'Duke of York'. Diese Rose wurde 1894 von William Paul aus Waltham Cross (England) gezüchtet und wird gewöhnlich als China-Hybride klassifiziert. Die duftenden Blüten sind apricotrosa und verfärben sich allmählich rötlicher. Die Rose remontiert zuverlässig. Bezüglich des Namens gibt es gewisse Zweifel, weil eine Teerose unter der gleichen Bezeichnung angeboten wird. In einer frühen Beschreibung nennt William Paul die Rose „bemerkenswert wegen ihrer ungewöhnlichen Zweifarbigkeit. Die Zentren sind oft karminrot geflammt, die Blütenränder immer weiß. Insgesamt ist die Färbung karminrot mit einem Hauch Weiß." Das Laub ist dunkelgrün und glänzend.

● Eine gedrungene, aufrechte Pflanze. Paul beschreibt sie als „wuchsfreudig, geeignet für Kübel." Winterhart bis −15 °C, Zone 7.

'Irene Watts'. Eine moderne Hybride mit schön geformten, dicht gefüllten Blüten, die während des ganzen Sommers bis in den Herbst hinein erscheinen. Sie wurde 1895 von Guillot in Lyon gezüchtet. Die Farbe variiert von Lachsrosé über Hellrosa bis zu rosa überhauchtem Weiß. Auch das Laub ist oft rötlich getönt. Es ist ein Sämling von 'Mme Laurette Messimy', die ihrerseits ein Teerosensämling ist und meist als Chinarose klassifiziert wird.

● Der Strauch wird selten höher als 60 cm und eignet sich darum, wie 'Comtesse du Caÿla', gut für den Beetvordergrund oder einen anderen gut sichtbaren Standort. Die rosa blühende 'Gruß an Aachen' wird in den USA gelegentlich ebenfalls unter diesem Namen angeboten. Winterhart bis −15 °C, Zone 7.

'Irene Watts'

'Comtesse du Caÿla'

'Duke of York'

'Le Vésuve' (auch 'Lemesle'). Eine zauberhafte Rose, die der 'Mutabilis' (siehe Seite 81) und den Teerosen ähnelt. Sie wurde 1825 von Laffay aus Bellevue-Meudon in Frankreich gezüchtet und wird gelegentlich den Teerosen zugeordnet. Schön geformte, rote Knospen öffnen sich zu kräftig rosafarbenen Blüten, die manchmal fliederfarben überhaucht sind. Die Außenpetalen bleiben rot, gelegentlich fällt die ganze, elegant nickende Blüte, deren Form einer lockeren Tee-Hybride ähnelt, kräftig karminrot aus. 1904 führte Guillot eine kletternde Form ein, die leider verloren ist.

● Ich kenne diese Sorte als ausgezeichnete Rose, die in milden Klimaten fortwährend bis zum Winter blüht. Sie ist robust und krankheitsresistent. Der straff aufrechte, verzweigte Strauch mit rötlichen Trieben kann bis 1,5 m hoch werden, bleibt aber oft kleiner. Ältere Triebe tragen kräftige, spitze Stacheln. Die Rose braucht gute Pflege und wirkt als Dreiergruppe besonders stattlich. Winterhart bis −15 °C, Zone 7.

'Sophie's Perpetual'. Diese Chinarose, die manchmal den Bourbonrosen zugeordnet wird, bildet Blüten mit hellem Zentrum und dunkelroten Außenpetalen. Die gefüllten, schalenförmigen Blüten mit gutem Duft erscheinen in kleinen Gruppen an schwach bestachelten Trieben. Die Rose muss schon vor 1928 kultiviert worden sein, wurde aber erst 1960 von Humphrey Brooke, einem Experten für alte Rosensorten, nach der Großmutter seiner Ehefrau benannt: Sophie, Herzogin Beckendorf und Gattin des letzten Botschafters des zaristischen Russland in London, gründete den Garten von Lime Kiln in Essex.

● Die attraktive, zweifarbige Rose wird an einem warmen Standort bis 2,4 m hoch. Ihr Ursprung ist unbekannt, vergleichbare Rosen sind jedoch in West-China zu finden. Ein Exemplar an einem Tempel bei Lijiang zeigt ein ähnliches Farbenspiel. Gelegentlich wird angegeben, diese Rose sei identisch mit 'Bengale Centfeuilles', gezüchtet von Noisette, oder mit 'Dresden China', gezüchtet von Paul. Winterhart bis −15 °C, Zone 7.

'Pompon de Paris' vor einer Mauer mit *Ceanothus* 'Puget Blue'.

'Bébé Fleuri'. Eine 1906 von Dubreuil in Lyon (Frankreich) gezüchtete China-Hybride. Die kleinen Blüten in Rosa oder Rot, manchmal mit weißen Streifen, duften zart. Sie erscheinen in Dreier- bis Fünfergruppen.

● Ein niedriger Strauch bis 60 cm. Winterhart bis −15 °C, Zone 7. Diese seltene Rose blieb in Sangerhausen im Bundesland Sachsen-Anhalt erhalten. Wegen der Restriktionen der beiden Weltkriege und der anschließenden DDR-Jahre wurden vorhandene Rosen sorgfältig gehegt, weil neue aus dem Westen kaum zu erhalten waren.

'Darius'. Eine China-Gallica-Hybride, 1827 von Laffay aus Bellevue-Meudon in Frankreich gezüchtet. Sie bildet Triebe bis 2 m Höhe. Die fliederfarbenen, oft gestreiften Blüten sind mittelgroß, dicht gefüllt und flach wie Gallica-Blüten. Sie duften gut, remontieren aber nicht. Angeblich ist die Kelchröhre an der Basis oft einseitig angeschwollen.

● Diese Rose ist eine Seltenheit, vielleicht aber auch falsch benannt. Wie 'Bébé Fleuri' ist sie in der Sammlung von Sangerhausen zu sehen, ferner in den Rosenschulen von Walter Branchi in Orvieto (Italien) und Pépinières Loubert (Frankreich). Winterhart bis −15 °C, Zone 7.

'Perle d'Or' (auch 'Yellow Cécile Brunner'). Eine zwergwüchsige Chinarose, 1875 von der Witwe Rambaux in Lyon gezüchtet und 1883 von ihrem Schwiegersohn Dubreuil eingeführt. Der niedrige Strauch trägt kräftige, verzweigte Gruppen zahlreicher, kleiner Blüten in hellem, gelblichem Apricot, die mit ihrem dicht gefüllten Zentrum wie perfekte Miniatur-Teerosenblüten geformt sind. Die Rose sieht aus wie eine gelbe Version der bekannten, rosa blühenden 'Cécile Brunner' (siehe Seite 223). Die Eltern sind 'Polyantha Alba Plena' und die Teerose 'Mme Falcot'. Es existiert auch eine kletternde Form der 'Perle d'Or', Ort und Zeitpunkt ihrer Entstehung sind jedoch nicht bekannt. Der kletternde Typ ist sehr selten, in Frankreich aber erhältlich.

● Die bezaubernde Rose wird gewöhnlich als Chinarose klassifiziert, steht aber den Noisetterosen näher. Sie wird auch mit ihrem Halbschwester-Sämling 'Cécile Brunner' gemeinsam den Polyantha-Rosen zugeordnet. Winterhart bis −15 °C, Zone 7.

'Pompon de Paris'. Eine zwergwüchsige Chinarose, heute häufiger in der kletternden Form zu sehen. Mit der frühen Blüte, den kleinen, immergrünen Blättern und den einzeln stehenden, rosafarbenen Blüten ähnelt sie *R. chinensis* (siehe Seite 81). Sie ist seit 1839 bekannt und wurde früher in Paris als Topfpflanze verkauft. Die kletternde Form wird bis 2 m hoch.

● Sehr hübsch in Kombination mit *Deutzia* und *Ceanothus*, die zur gleichen Zeit blühen, oder mit dem später blühenden *Solanum jasminoides*. Die kletternde Form blüht nur im Frühling und sollte möglichst von einem anderen Strauch gestützt werden. Winterhart bis −15 °C, Zone 7.

'Bébé Fleuri'

'Darius'

'Roulettii'

‘Perle d'Or’, fotografiert im kalifornischen Garten von Miriam Wilkins, Gründerin der Heritage Rose Group.

‘**Rouletii**’. Die Miniatur-Chinarose wurde 1922 von Henry Correvon eingeführt. Angeblich wurde sie in einem Topf an einem Fenster in der Schweiz entdeckt und zu M. Correvon nach Genf gebracht. Dies war nicht der erste zwergwüchsige China-Sämling, der in Europa entdeckt wurde. Eine einfach blühende Sorte wurde von Redouté und noch davor im Jahre 1796 von Mary Lawrance illustriert. Letztere war wahrscheinlich aus China eingeführt worden.

‘Rouletii’ ist der Vorfahr der meisten modernen Zwergrosen. ‘Baby Gold Star’, in Spanien von Pedro Dot gezüchtet, war eine frühe Kreuzung, die das Potenzial dieser kleinen Pflanzen bewies. Die Zwergrosenzucht in großem Stil begann aber erst in den späten 1930er Jahren mit der von Ralph Moore entwickelten ‘Rouletii’-Hybride ‘Peon’ (siehe Seite 263) sowie mit ‘Oakington Ruby’, die angeblich von einer alten Dame im Garten der Kathedrale von Ely in England entdeckt wurde.

‘Rouletii’ ist ein niedriger Strauch von 30 cm Höhe mit zahlreichen, gefüllten Blüten in kräftigem Rosa und kleinen, spitzen Blättern. Sie blüht reich und remontiert zuverlässig bis in den Herbst hinein.

● Winterhart bis −15 °C, Zone 7.

‘Perle d'Or’

89

Teerosen

'Parks's Yellow
Tea-scented China'

Unter den im frühen 19. Jahrhundert aus China importierten Rosen gab es eine mit großen Blüten in zartem Hellrosa, die als 'Hume's Blush Tea-scented China' bekannt wurde. Diese war die erste aller kleinwüchsigen, öfter blühenden Teerosen in Europa. Sie wurde gekreuzt mit einer zweiten chinesischen Rose, der blassgelben, einmal blühenden Kletterrose 'Parks'Yellow Tea-scented China'. So entstand die wichtige Gruppe der Teerosen mit Blüten in Rosa, Cremegelb und Apricottönen, manche kleinwüchsig, andere kletternd.

Mit Beginn des 20. Jahrhunderts wurden die Teerosen von ihrer Nachkommenschaft, den Tee-Hybriden, verdrängt. Diese waren Kreuzungen mit Remontantrosen und daher sowohl frostverträglicher als auch kräftiger im Wachstum. Trotz dieser Entwicklung gibt es Gegenden, in denen sich die

ursprünglichen Teerosen großer Beliebtheit erfreuen und sehr erfolgreich gedeihen. In Kalifornien, im Südosten der Vereinigten Staaten, in Italien und Australien schätzt man sie wegen ihrer aparten Farben und Düfte und ihrer Zartheit, die die späteren Hybriden verloren haben.

Teerosen gedeihen am besten in warmen Klimazonen, wo auch im Winter die Temperatur nicht unter −12 °C fällt. In kälteren Gebieten eignen sich die kletternden Formen besser, weil man sie an warmen, geschützten Mauern wachsen lassen kann. Sie brauchen sehr viel Dünger und Wärme, um sich voll zu entfalten. Wenn diese Bedingungen erfüllt sind, können auch die Zwergformen zu reich blühenden, stattlichen Büschen heranwachsen. Blütezeiten sind meist das späte Frühjahr und der Herbst. Ein Rückschnitt nach der ersten Blüte fördert den Blütenreichtum im Herbst.

'**Bon Silène**'. Eine anmutige alte Teerose, gezüchtet 1835 von Hardy in Frankreich. Die wüchsige Rose trägt zahlreiche, sehr kleine Blüten, ähnlich denen einer Chinarose. Die Farben variieren von leuchtendem Rosa mit tiefgelber Mitte bis Karminrot. Der Duft ist gut, süß und fruchtig.

● Eine äußerst attraktive Rose, die in Europa selten vorkommt, aber bei Peter Beales erhältlich ist. Sie wird überwiegend in Kalifornien gezogen. Der Busch wächst weit verzweigt mit eleganten, ausladenden Trieben. Winterhart bis −12 °C, Zone 8.

'**Devoniensis**' (auch 'Magnolia Rose', 'Victoria'). Eine Teerose, die als Strauchform 1838 und als Kletterrose 1858 eingeführt wurde. Sie wurde von George Foster aus Oatlands in der Nähe von Devonport (heute Teil von Plymouth, England) gezüchtet und ist eine Kreuzung zwischen 'Parks's Yellow Tea-scented China' und 'Smith's Yellow', einer Noiseterose. Die Belaubung entspricht der der 'Park's Yellow', allerdings sind die Stiele grün. Die Blüten sind größer und flacher, etwa 10 cm im Durchmesser und blasser mit einem Hauch Rosa. Die Triebe können bis zu 12 m lang werden.

● Die Herbstblüten dieser Rose sind weitaus schöner als die Frühjahrsblüten. In Devon (England) steht sie sogar oft erst Ende Oktober in ihrer schönsten Blüte. Winterhart bis −12 °C, Zone 8.

'**Hume's Blush Tea-scented China**' (auch 'Odorata', Rosa × odorata 'Odorata', 'Spice'). Von dieser Rose stammen sehr viele Teerosen ab. Sie wird offiziell häufig unter dem Namen *R. × odorata* 'Odorata' geführt, aber wir möchten lieber bei dem weitaus bekannteren englischen Namen bleiben. Es ist eine alte chinesische Gartenrose, eine uralte Hybride aus *R. gigantea* und *R. chinensis* (siehe Seite 13), die 1809 nach Europa gebracht wurde. Sie kam dort in den Garten von Sir Abraham Hume in Wormleybury, Hertfortshire, und erhielt ihren Namen zu Ehren von dessen Frau. Der Pflanzenzüchter John Kennedy brachte 1810 Stecklinge der Originalpflanze nach Malmaison, wo Redouté sie 1817 unter dem Namen „Rosa Indica fragrans" illustrierte. Die Darstellung von Redouté zeigt die kugelförmige blass rosafarbene Blüte mit wenigen, langen Petalen, die an einem bogigen Zweig mit einzelnen karminroten Stacheln hängen.

Zu Beginn des 20. Jahrhunderts schien die Pflanze in Europa ausgestorben zu sein, ist aber anscheinend auf den Bermuda-Inseln wiederentdeckt worden, wo man sie 'Spice' nennt. Als wir in China nach der wilden *R. chinensis* suchten, fanden Roger und ich eine sehr ähnliche Pflanze zwischen anderen Alten Rosen in einem Garten bei Pingwu, Sichuan (China).

● Eine anmutige Rose, die es sowohl um ihrer selbst willen, als auch wegen ihrer historischen Bedeutung wert ist, gepflanzt zu werden. Sie wächst niedrig, mit höchstens 2 m langen Trieben, wenigen Stacheln und reichem, mehrmaligem Blütenflor. Winterhart bis −12 °C, Zone 8.

'**Park's Yellow Tea-scented China**' (auch 'Flavescens', 'Lutescens Flavescens', Rosa × odorata 'Ochroleuca'). Eine alte chinesische Gartenrose, von dort 1824 von John Parks nach England eingeführt, der von der englischen Gartenbaugesellschaft mit der Beschaffung von Gartenpflanzen aus China beauftragt worden war. Die Rose kann über 3 m hoch werden, die jungen Triebe und Blätter sind oft rötlich. Sie trägt nur im Frühjahr anmutige, blassgelbe Blüten mit rosa überhauchter Mitte und schwachem Duft. Diese Sorte spielte eine bedeutende Rolle als Elternteil bei der Züchtung von kletternden Teerosen.

Die links abgebildete, von Peter Beales wieder eingeführte Rose blüht einmal und entspricht in Belaubung und Stacheln der *R. gigantea* (siehe Seite 13). Sie ist möglicherweise ein alter Kultivar dieser Art. Dies stimmt mit der Beschreibung überein, die Henry Bright 1879 von 'Park's Yellow Tea-scented China' gab und auf die Brent Dickerson, Fachmann für Alte Rosen, sich bezieht. Allerdings wurde die Originalrose auch als öfter blühend und von dunklerem Gelb beschrieben, sodass keine endgültige Klarheit herrscht.

● Dies ist eine gute Kletterrose, die eine Wand mit eleganten Blättern und im späten Frühling mit zahlreichen blassgelben, manchmal rosa angehauchten Blüten ziert. Sie gedeiht bei warmem Wetter wunderbar, nimmt aber durch rauen Frühlingswind und Regen in kälteren Gegenden Schaden . Winterhart bis −10 °C, Zone 8.

'Bon Silène'

'Devoniensis'

'Hume's Blush Tea-scented China'

'Alexander Hill Gray'

'Mme Scipion Cochet'

'Alexander Hill Gray' (auch 'Yellow Maman Cochet'). Eine Teerose, die 1911 von Alexander Dickson in Nord-Irland mit unbekannten Eltern gezüchtet wurde. Die großen, dicht gefüllten Blüten sind im Ansatz dunkelgelb, verblassen zu Cremeweiß und haben einen starken Teerosenduft. Ihre Petalen sind lang, wodurch eine große, schlanke Knospe entsteht. Die Blätter sind blassgrün. Die Rose 'Soncy' von den Bermuda-Inseln könnte dieser Pflanze entsprechen.

● Eine verhältnismäßig moderne Rose, die als aufrechter Strauch bis 2 m Höhe wächst. Das Foto stammt aus der Sammlung Alter Rosen im Parc de la Tête d'Or in Lyon, Frankreich. Winterhart bis –12 °C, Zone 8.

'Bella Blanca' (auch 'White Belle Portugaise'). Diese hohe, kletternde Teerose ist ein reinweißer Sport der 'Belle Portugaise' (siehe Seite 98) unklarer Herkunft. Sie blüht nur einmal im Frühling und hat lange, spitze Knospen, die sich zu halb gefüllten Blüten öffnen.

● Diese Rose und ihre rosa blühende Elternsorte gehören zu den größten und wüchsigsten Rosen, sie eignen sich nur für großzügige Gartenanlagen und zum Klettern an Felsen oder Bäumen. In Kalifornien gedeihen sie prächtig. Winterhart bis –12 °C, Zone 8.

'Georgetown Tea'. Eine Alte Rose unbekannter Abstammung, entdeckt auf dem Friedhof von Georgetown. Der breitwüchsige Strauch von etwa 1,5 m Höhe und Breite trägt große Blüten in Fleisch- oder Pfirsichrosa an bogigen Trieben. Sie wird oftmals mit 'Molly Sharman-Crawford' verwechselt, die jedoch große, aufrecht stehende, weiße Blüten mit einem Hauch von Grün haben. Auch Gregg Lowery von Vintage Gardens in Kalifornien liegt bei seinem Vergleich mit der 'Comtesse de Labarthe' (siehe Seite 98) nicht völlig richtig, denn deren Blüten haben ein intensiveres Rosa.

● 'Georgetown Tea' ist eine exzellente, blasse Teerose für warme Gegenden. Die Friedhöfe Kaliforniens sind ein überaus ergiebiger Fundort für europäische Rosen aus dem 19. Jahrhundert. Die Namensrecherche ist faszinierend, verlangt aber sorgfältige Detektivarbeit. Winterhart bis –12 °C, Zone 8.

'Mme Bravy' (auch 'Adèle Pradel', 'Alba Rosea', 'Danzille', 'Isidore Malton', 'Mme de Sertot', 'Mme Denis', 'Mme Maurin'). Eine 1845 von Guillot (père), Lyon (Frankreich) gezüchtete Teerose. Die hängenden, gut duftenden Blüten erscheinen in kleinen Gruppen. Sie sind rund, dicht gefüllt mit hoher Mitte und von äußerst blassem Rosa mit rötlichen Spuren.

● Diese Rose bildet normalerweise nur kleine, bis 1 m hohe Sträucher. Sie wird noch in vielen Gegenden gepflanzt und ist bekannt geworden als ein Elternteil der 'La France' (siehe Seite 199), die als die erste Tee-Hybride gilt. Winterhart bis –12 °C, Zone 8.

'Belle Blanca'

'Georgetown Tea'

'Georgetown Tea', fotografiert auf dem Friedhof von Georgetown, Kalifornien, USA.

'Mme Bravy'

'Mme Scipion Cochet'. Eine 1886 von Alexandre Bernaix in Villeur-banne gezüchtete Teerose aus einer Kreuzung von 'Anna Olivier' und 'Comtesse de Labarthe' (siehe Seite 98). Die großen, dicht gefüllten Blüten sind cremeweiß mit kräftig rosafarbenem Rand und gelber Mitte. Die in weiten Abständen stehenden Blätter sind dunkelgrün mit glänzender Oberseite. Eine Remontantrose mit dunkelrosa oder roten Blüten und weißem Rand trägt den gleichen Namen.
● Der niedrige Strauch von etwa 1 m Höhe trägt sehr stachelige Triebe. Winterhart bis −12 °C, Zone 8.

'Maitland White' (auch 'Puerto Rico'). Eine Rose unklarer Herkunft, gefunden in den Gärten der Bermuda-Inseln. Die rötlich rosafarbenen und cremefarbenen Blüten erscheinen im Frühjahr und ein zweites Mal im Herbst.
● Ein stattlicher Strauch bis 1,5 m Höhe. Winterhart bis −12 °C, Zone 8.

'Sombreuil' (auch 'Mme de Sombreuil', 'Mlle de Sombreuil'). Eine nicht-kletternde Teerose dieses Namens wurde 1850 von Robert in Angers durch Kreuzung einer Remontantrose mit 'Gigantesque' gezüchtet. Diese trug flache, weiße, gut gefüllte Blüten mit gevierteltem Zentrum und ausgezeichnetem Duft, die bis in den Herbst hinein erschienen. Die Rose, die jetzt unter dem Namen 'Sombreuil' in Nordamerika kultiviert wird, ist eine kletternde Form von bis zu 4 m Höhe mit dunkelgrünen, glänzenden Blättern. Flache, geviertelte, weiße Blüten mit einem Duft nach Zitronen, Teerose und Äpfeln öffnen sich aus leuchtend rosafarbenen Knospen. Der Züchter Gregg Lowery vermutet, sie könnte möglicherweise eine moderne Hybride der *R. wichuraiana* (siehe Seite 19) sein. Während der französischen Revolution rettete Mlle. de Sombreuil ihrem Vater das Leben, indem sie einen Becher adligen Blutes trank, um den aufgebrachten Mob zu besänftigen.
● Ungeachtet ihrer Herkunft ist diese Rose eine verlässliche Herbstblüherin. Winterhart bis −12 °C, Zone 8.

'Maitland White'

'Sombreuil'

'Adam'

'Adam' (auch 'President'). Gezüchtet 1838 von M. Adam, einem Gärtner in Reims, Frankreich. Die hervorragend duftenden, halb gefüllten Blüten mit 8 cm Durchmesser sind lachsfarben bis rötlich rosa, gelegentlich mit roten Streifen. Sie ist eine der ersten Teerosen und möglicherweise eine Hybride der 'Hume's Blush Tea-scented China' (siehe Seite 91) und 'Rose Edouard', einer frühen Bourbonrose.
● Ein stattlicher Strauch bis 2,5 m Höhe, dessen junge Triebe und Stacheln rötlich sind. Winterhart bis −12 °C, Zone 8.

'Lady Hillingdon' und 'Climbing Lady Hillingdon'. Die Strauchform dieser Teerose wurde 1910 von Lowe and Shawyer (Uxbridge, England) gezüchtet, die kletternde Form 1917 von E. J. Hicks im englischen Berkshire. Die Pflanze ist eine Kreuzung der beiden Teerosen 'Papa Gontier' und 'Mme Hoste'. Die kletternde Form wird 5 m hoch, die Strauchform 2 m. Bei beiden sind die jungen Triebe rötlich, das Laub ist robust und gesund. Hohe Knospen öffnen sich zu lose gefüllten Blüten in gelblichem Apricot ohne dunklere Schattierung, zur vollen Blüte werden die Ränder blasser. Die Rose duftet kaum. Lady Hillingdon war die Frau des Vizekönigs von Indien, die vermutlich dadurch bekannt wurde, dass sie in ihrem Tagebuch über ihren Mann schrieb: „Wenn ich seine Schritte vor meiner Tür höre, lege ich mich auf mein Bett, mache die Augen zu, die Beine breit und denke an England", ein Kommentar, der in Charles Quest-Ritsons ausgezeichnetem Buch *Climbing Roses of the World* zitiert wird.
● Eine der robustesten kletternden Teerosen mit guter Herbstblüte, die bei der Strauchform sogar noch schöner ausfällt. Eine der besten Kletterrosen für magere steinige Böden, die noch besser wächst in tiefgründigem, nahrhaftem Substrat. Sie gedeiht wunderbar im kühlen Norden von Devon (England) und soll auch ganz ausgezeichnet in Houston (Texas) wachsen. Winterhart bis etwa −15 °C, also in Zone 7 durchaus einen Versuch wert.

'Lady Hillingdon'

'Marie van Houtte'

'Lady Hillingdon'

'Safrano' im Botanischen Garten von Berkeley, Kalifornien, USA.

'Marie van Houtte' (auch 'The Gem'). Eine 1871 bei Ducher in Frankreich gezüchtete Teerose, deren Eltern 'Mme de Tartas' und 'Mme Falcot' ebenfalls Teerosen sind. Die nickenden Blüten duften süß. Sie sind groß und rund, gelblich beige mit rosa getönten Rändern. Je nach Temperatur verfärben sie sich weiß oder rosa. Die Rose hat rote, stachelige Triebe und remontiert zuverlässig.

● Eine sehr beliebte und bemerkenswerte Sorte. Nach einigen Jahren an einem warmen Standort ist sie zu einem großen Strauch von 2 m Höhe und Breite herangewachsen. Vor einer warmen Wand wird sie sogar noch größer, in kalten Gegenden bleibt sie im Wuchs kleiner. Winterhart bis −12 °C, Zone 8.

'Perle des Jardins'. Die 1874 von Antoine Levet aus Lyon gezüchtete Sorte ist ein Sämling der Teerose 'Mme Falcot', der dichte Sträucher bis 1 m Höhe mit dunkelvioletten Trieben ausbildet. Die nickenden, runden Blüten in warmem Gelb sind gefüllt und manchmal bei voller Öffnung geviertelt. Duft und zweiter Blütenflor sind gut.

● In feuchten Regionen ist dies eine Rose für das Gewächshaus, weil die Knospen zu Mumienbildung und Fäule neigen, wenn sie nass werden. In warmem Klima blüht sie kontinuierlich. Winterhart bis −12 °C, Zone 8.

'Safrano' (auch 'Aimée Plantier'). Die wüchsige Teerose wurde 1839 von dem Amateurzüchter M. de Beauregard aus Angers, gezüchtet. Die rosa angehauchten Knospen öffnen sich zu locker gefüllten Blüten in Apricot bis warmem Gelb. An heißen Tagen verblassen sie zu Weiß, die Petalen biegen sich zurück. Der zweite Blütenflor ist gut, der Duft ebenfalls. Die Eltern sind vermutlich eine Kreuzung der 'Parks's Yellow Tea-Scented China' (siehe Seite 91) und der Teerose 'Mme Falcot'. 'Safrano' war eine wichtige Elternsorte vieler späterer Teerosen.

● Wegen der ausgesprochen schönen Knospen wurde diese Rose im 19. Jahrhundert als typische „Knopflochrose" kultiviert. Die wüchsige Pflanze wird bis 1,5 m hoch und blüht unermüdlich. Winterhart bis −12 °C, Zone 8.

'Perle des Jardins'

'Fortune's Double Yellow' an einer mittelalterlichen Mauer in Ninfa, Italien.

'Baronne Henriette de Snoy'. Diese 1897 von Alexandre Bernaix in Lyon gezüchtete Teerose trägt große, runde, dicht gefüllte Blüten, deren äußere Petalen gekräuselte Ränder haben. Die Blüten sind blassrosa bis lachsfarben mit gelblicher Mitte und häufig roter Zeichnung. Sie haben einen ausgezeichneten Teerosenduft. Die rötlich violetten Triebe werden bis 1,2 m lang, die Blätter werden dunkelgrün. Ihre Eltern sind 'Gloire de Dijon' (siehe Seite 107) und die Teerose 'Mme Lombard'.
● Die wüchsige, robuste Teerose gedeiht sogar bei Kasteel Hex im Osten Belgiens. Winterhart in Zone 7 vermutlich bis −15 °C.

'Fortune's Double Yellow' (auch 'Beauty of Glazenwood', 'Gold of Ophir', Rosa × odorata 'Pseudindica', 'San Rafael Rose'). Eine alte, kletternde Teerose aus China, entdeckt 1845 von Robert Fortune im Garten eines reichen Mandarins in Ningpo (heute Ningbo) südlich von Shanghai. Die mittelgroßen Blüten in gelblichen Bronzetönen sind manchmal rosa und violett geädert oder gestreift. Sie erscheinen überwiegend im Frühjahr und ziehen durch ihr Gewicht die Triebe zum Boden.
● Eine Kletterpflanze, die im Alter bis zu 20 m hoch wird und als junge Pflanze sehr stachelig ist. Sie gedeiht am besten im mediterranen Klima, auch sieht man sie häufig in Nord-Kalifornien als Heckenpflanze. Unsere Abbildung zeigt sie bei Ninfa in der Nähe von Rom, wo ein Garten in den Ruinen einer mittelalterlichen Stadt angelegt wurde. Winterhart bis −10 °C in Zone 8, gedeiht aber am besten in warmem Klima.

'Isabelle Nabonnand'. Eine Teerose unbekannter Abstammung, die 1873 von Gilbert Nabonnand aus Golfe-Juan (Frankreich) gezüchtet wurde. Ihre weißen bis beigerosafarbenen Blüten mit rosafarbenem Zentrum sind locker gefüllt und von gutem Duft.
● Eine wüchsige Rose mit zumeist gesundem Laub, die bis zum ersten Frost blüht. Winterhart bis −12 °C, Zone 8.

'Maréchal Niel'. Eine kletternde Tee-Noisette-Hybride, 1864 von Henri Pradel aus Montauban (Frankreich) gezüchtet. Die hellgelben, nickenden Blüten sind sehr groß, rundlich und duften gut. Sie stehen an fast allen Blattansätzen. Die blassen, gelblich grünen Blätter sind relativ schlaff. Manche dieser Rosen blühen überwiegend im Frühjahr mit nur wenigen Blüten im Spätsommer, während andere Pflanzen fast fortlaufend Blüten bilden. Es wird daher vermutet, dass manche Bestände durch ein Virus geschwächt sind. Diese Rose ist leicht aus Stecklingen zu ziehen und gedeiht gut auf eigener Wurzel. Als Sämling der Noisetterose 'Isabella Gray' ist sie den Tee-Noisette-Hybriden zuzuordnen, aber kaum von einer kletternden Teerose zu unterscheiden. Unter Glas ist sie gesund und pflegeleicht. Maréchal Niel war Kriegsminister unter Napoléon III.

'Fortune's Double Yellow'

'Baronne Henriette de Snoy'

'Monsieur Paul Lédè'

'Isabelle Nabonnand'

'Souvenir de Gilbert Nabonnand'

● Im späten 19. Jahrhundert war dies die bekannteste Gewächshaus-rose. Noch heute ist sie beliebt und auch für den Wintergarten nicht zu wüchsig. Unter Glas blüht sie zu Frühjahrsbeginn, im Freien später, doch mit kräftiger goldgelben Blüten. Sie ist etwas kälteempfindlich. Winterhart in Zone 8 bis etwa −10 °C.

'Monsieur Paul Lédè' (auch 'Monsieur Lédè', 'Paul Lédè', 'Climbing Monsieur Paul Lédè'). Eine 1902 von Pernet-Ducher aus Lyon gezüch-tete Teerose oder Teerosen-Hybride. Der kletternde Sport der Strauchform wurde 1913 von Lowe in England eingeführt. Beide habe duftende, große, gefüllte Blüten in Krebsrosa oder Apricot mit blasse-ren Rändern, die zuverlässig remontieren.
● Angeblich ist dies eine der frühen, öfter blühenden gelben Perneti-ana-Rosen mit *R. foetida* (siehe Seite 30) in der Ahnenreihe. In diesem Fall dürfte sie in nassem Klima sehr anfällig für Sternrußtau sein. Die Strauchform ist groß mit bis zu 2 m langen Trieben. Winterhart bis −12 °C, Zone 8.

'Souvenir de Gilbert Nabonnand'. Die Teerose unbekannter Abstam-mung wurde 1920 von Paul Nabonnand gezüchtet. Sie blüht orange-gelb bis leuchtend rot, kupferfarben oder rosa. Gilbert Nabonnand war ein unermüdlicher Teerosenzüchter. Seine Rosenschule in Golfe-Juan (Frankreich) wurde von einem Zeitgenossen als eine „Garten-baubetrieb ersten Ranges" bezeichnet.
● Dieser Rose wird nachgesagt, eine ideale Sorte für warmes Küsten-klima zu sein. Winterhart bis −12 °C, Zone 8.

'Maréchal Niel'

'Maréchal Niel'

Teerosen

'Belle Portugaise' (auch 'Bela Portugesa', 'Belle of Portugal'). Eine kletternde Teerose, 1903 von Cayeux in Frankreich gezüchtet. Als Eltern werden meist *R. gigantea* (siehe Seite 13) und die kletternde Teerosen-Hybride 'Reine Marie Henriette' angegeben, aber Cayeux nennt als Vorfahren die kletternde Teerose 'Souvenir de Mme Léonie Viennot' und *R. gigantea*. Die sehr wüchsige Rose erreicht 10 m Höhe und mehr. Sie bildet nur im Frühjahr ihre hohen Knospen, die sich zu locker gefüllten, durchscheinenden Blüten mit bis zu 15 cm Durchmesser in blassem Rosa öffnen.

● Dies ist eine äußerst schöne Rose, aber von so gigantischem Ausmaß, dass sie sich nur für einen Standort vor einer hohen Mauer oder an einem riesigen Baum in warmem Klima eignet. Die blassen Blüten sehen wunderschön aus, wenn die Rose durch immergrüne Koniferen wie die Monterey-Kiefer (*Pinus radiata*) oder die Monterey-Zypresse (*Cupressus macrocarpa*) klettert. Die weiß blühende Variante dieser Rose trägt den Namen 'Belle Blanca' (siehe Seite 92). Winterhart bis −10 °C, Zone 8. Stärkerer Frost dürfte die Blütenknospen schädigen.

'Belle Portugaise'

'Comtesse de Labarthe' vor einer grauen Korallenwand auf den Bermuda-Inseln.

'Comtesse de Labarthe' (auch 'Comtesse Ouwaroff', 'Countess Bertha', 'Duchesse de Brabant'). Eine 1857 von H. B. Bernède aus Bordeaux gezüchtete Teerose. Die nickenden Blüten sind lachs- oder garnelenrosa und duften gut. Die hohen Knospen öffnen zu Kelchen aus großen Petalen mit zerzauster Mitte. Neben dem weißen Sport namens 'Mme Joseph Schwartz' existiert eine kletternde Form.

● Sie gedeiht prächtig auf den Bermuda-Inseln, wo sie im Allgemeinen 'Duchesse de Brabant' genannt wird. Der kräftige Strauch wird bis 2 m groß. Winterhart bis −12 °C, Zone 8.

'Général Schablikine'. Eine 1878 von Gilbert Nabonnand aus Golfe-Juan (Frankreich) gezüchtete Teerose. Die Blüten an violetten Stielen sind relativ klein, aber von besonderer Farbenpracht: Karminrote Knospen entfalten sich zu locker gefüllten Blüten aus rosafarbenen Petalen mit intensiver gefärbter Rückseite. Sie haben einen zarten Duft.

● Diese exzellente Rose bildet in Gegenden mit milden Wintern, wie z. B. Kalifornien oder dem Mittelmeerraum, stattliche Sträucher und blüht nahezu ununterbrochen. Am Eccleston Square in London hat Roger sie als Kletterpflanze in eine große *Ceanothus* gepflanzt. Sie gedeiht dort ausgesprochen gut und ist quasi niemals blütenlos. Winterhart bis −12 °C, Zone 8.

'Jean Ducher' (auch 'Comte de Sembui', 'Ruby Gold'). Eine 1874 von Veuve Ducher aus Lyon gezüchtete Teerose. Die Blüten sind groß, orangegelb mit roten, lachs- und rosafarbenen Schattierungen in der Mitte. In kühleren Gegenden sind die Blüten blasser rosa bis cremeweiß. Die Petalen sind lang und überlappen einander. Ihre Eltern sind nicht dokumentiert.

● Es heißt, sie gedeiht besser in trockenem Klima, weil die Blüten durch Regen Schaden nehmen. Winterhart bis −12 °C, Zone 8.

'Maman Cochet'. Die hübsche Teerose wurde 1892 von Scipion Cocher aus Grisy-Suisnes (Frankreich) gezüchtet. Die Blüten sind groß und gefüllt, schalenförmig und manchmal im Zentrum geviertelt. Sie ist überwiegend rosa, in der Mitte gelegentlich gelblich überhaucht. Die Außenpetalen zeigen einen karminroten Schimmer, der

'Jean Ducher'

'Maman Cochet' auf einem Friedhof in Kalifornien, USA.

'Général Schablikine' und ein *Ceanothus dentatus* im Eccleston Square, London, England.

sich bei heißem Wetter intensiviert. Sie duften gut und remontieren zuverlässig. Rote Triebe tragen die dunkelgrünen, glänzenden Blätter. Ihre Eltern sind 'Marie van Houtte' (siehe Seite 95) und die Teerose 'Mme Lombard'. Der hübsche Sport, 'White Maman Cochet' wurde schon 1902 von der englischen Gartengestalterin Gertrude Jekyll empfohlen. Er hat cremefarbene Blüten mit rötlichen Außenpetalen und ist in Kalifornien häufiger zu sehen.

● Ein wüchsiger, aber niedriger Strauch bis 1,2 m, als Kletterpflanze höher. Die Grundform und der weiße Sport eignen sich vor allem für wärmere Gegenden Nordamerikas, von Georgia und Kansas bis nach Kalifornien. Winterhart bis –12 °C, Zone 8.

'Rosette Delizy'. Die 1922 von Paul Nabonnand aus Golfe-Juan (Frankreich) gezüchtete Teerose trägt kräftig gelbe Blüten mit einer Zeichnung in Apricot oder Lachsrosa und dunkelroter bis violetter Außenseite. Die öfter blühende, fruchtig duftende Rose ist eine Kreuzung aus den Teerosen 'Général Galliéni' und 'Comtesse Bardi'.

● Dies ist eine der größeren Teerosen, die an einer Wand in warmem Klima bis 2 m hoch werden kann, aber normalerweise nur etwa 1 m erreicht. Das dicke, dunkelgrüne Laub ist unempfindlich gegen Mehltau. Winterhart bis –12 °C, Zone 8.

'Rosette Delizy' im Garten von Laura Mercer, Bermuda-Inseln.

'Archiduc Joseph'

'Mrs BR Cant'

'Archiduc Joseph'. Dieser Sämling der Teerose 'Mme Lombard' wurde 1892 von Gilbert Nabonnand aus Golfe-Juan (Frankreich) aufgezogen. Die Blüten duften gut, ihre Knospen sind dunkelrosa und öffnen sich kupferrot mit violetten Schattierungen an den äußeren Petalen. Bei heißem, trockenem Wetter fällt die Färbung blasser, meist rosa aus. Die Blätter sind dunkel graugrün.
● Eine besonders schöne herbstblühende Rose. Die Blüten sind rundlich, nur die Spitzen der Petalen biegen sich zurück. Diese Rose wird gelegentlich mit 'Monsieur Tillier' verwechselt, die eine ähnliche Farbgebung hat. Winterhart bis −12°C, Zone 8.

'Francis Dubreuil' (auch 'François Dubreuil'). Eine 1894 von Francis Dubreuil aus Lyon gezüchtete Teerose. Die Eltern sind nicht registriert, aber der ausgezeichnete Duft ähnelt dem einer Damaszenerrose, was vermuten lässt, dass es sich möglicherweise um eine Tee-Hybride, genauer eine Kreuzung einer Teerose mit einer Remontantrose handelt. Rote Teerosen sind ausgesprochen selten und diese gilt als eine der schönsten. Die hohen Knospen öffnen sich zu nickenden, locker gefüllten und recht zerzausten Blüten in samtig dunklem Rotviolett. Bevor er Rosenzüchter wurde, war Dubreuil Schneider in Lyon. Er war der Schwiegervater von Antoine Meilland, nach dem die Tee-Hybride 'Papa Meilland' (siehe Seite 217) benannt wurde.
● Diese Rose wächst im Lauf der Zeit zu einem ausladenden, bis 2 m hohen Strauch mit nickenden Blüten heran. Winterhart bis −12 °C, Zone 8.

'Mrs BR Cant' (auch 'Mrs Benjamin R Cant'). Eine Teerose mit nicht-registrierten Eltern, die 1901 von Cant (Colchester, England) gezüchtet wurde. Die Blüten sind außen dunkelrot, innen rosa und im Zentrum beige überhaucht. Sie haben einen ausgezeichneten Duft, der an eine Damaszenerrose erinnert. 1960 wurde ein rankender Sport eingeführt, der aber inzwischen wieder verschwunden zu sein scheint.
● Anfang des 20. Jahrhunderts war dies eine berühmte Rose, äußerst beliebt wegen ihrer großen, kugelförmigen Blüten, die in großer Zahl bis in den Herbst hinein erscheinen. Sie ist in Europa selten geworden, wird aber in Kalifornien und Australien noch gepflanzt. Der kräftige, ausladende Strauch wird in Kalifornien bis zu 2 m hoch. Es ist eine der frostverträglichsten Teerosen, die bis etwa −15 °C winterhart und somit in Zone 7 einen Versuch wert ist.

'Mrs Reynolds Hole'. Eine im Jahr 1900 von Gilbert Nabonnand aus Golfe-Juan (Frankreich) gezüchtete Teerose. Ihre Eltern sind 'Archiduc Joseph' und die Teerose 'André Schwartz'. Die großen, dunkel rötlich violetten Blüten öffnen sich aus langstieligen Knospen. Ihr Duft ist hervorragend. Samuel Reynolds Hole war Dekan an der Universität Rochester und der erste Präsident der „Royal National Rose Society".

'Monsieur Tillier'

'Mrs Reynolds Hole'

'Francis Dubreuil'

'Souvenir de Thérèse Levet'

'Noëlla Nabonnand'

● Diese Rarität wird noch von einigen Rosenschulen in Australien und Europa angeboten. Winterhart bis −12 °C, Zone 8.

'Monsieur Tillier'. Eine Teerose mit nicht-registrierten Eltern, 1891 von Alexandre Bernaix aus Villeurbanne gezüchtet. Rundliche Knospen öffnen sich zu großen, flachen Blüten mit geviertelter Mitte. Die Petalen liegen schuppenartig übereinander und können weit zurückgebogen sein, die Blütenform erinnert an eine Kamelie. Die Blüten sind rosaorange bis rot mit violetten Schattierungen an den Rändern.
● Diese sehr reich blühende Rose hat sich als recht frosttolerant erwiesen. Winterhart in Zone 7 bis etwa −15 °C.

'Noëlla Nabonnand'. Diese Kletterrose wurde 1900 von Gilbert Nabonnand in Golfe-Juan (Frankreich) gezüchtet. Ihre Eltern sind die kletternde Tee-Hybride 'Reine Marie-Henriette' und 'Bardou Job', letztere eine Kreuzung aus einer Bourbonrose und einer Remontantrose. Schöne, hohe Knospen öffnen sich zu wunderbar großen, halb gefüllten Blüten von dunkelstem Karminrot bis samtigem Violett mit schwerem, süßem Duft. Ich war hellauf begeistert, als ich ein Exemplar dieser alten Sorte in einem Garten bei La Mortola in Nord-Italien fand.
● Eine sehr wüchsige Rose mit jungen Trieben bis 3 m Höhe, die in warmem Klima im Winter blüht. Angesichts ihrer Abstammung müsste diese Rose zu einer der robustesten so genannten Teerosen gehören. Sie ist vermutlich winterhart bis −15 °C und ist somit in Zone 7 einen Versuch wert.

'Papillon'. Eine kletternde Teerose unbekannter Herkunft, gezüchtet 1878 von Nabonnand. Die Blüten stehen in verzweigten Gruppen. Sie sind locker gefüllt mit festen, kleinen, ungeordneten Petalen in der Mitte. Je nach Temperatur fällt die Färbung kupferorange, rosa oder nahezu weiß aus. Unter dem gleichen Namen ist eine zwergwüchsige Chinarose mit dunkel rotvioletten Blüten bekannt.
● Die bis 5 m langen Triebe können an einer Säule oder niedrigen Mauer gezogen werden. Die Rose remontiert zuverlässig und gedeiht am besten in Klimaten mit trockenen Sommern, weil die Blüten bei nassem Wetter leiden. Winterhart bis −15 °C, Zone 7.

'Souvenir de Thérèse Levet' (auch 'Souvenir de Thérèse Lovet'). Die 1882 von Antoine Levet in Lyon gezüchtete Teerose ist eine Kreuzung aus 'Adam' (siehe Seite 94) und vermutlich der Teerose 'Safrano à Fleurs Rouges'. Die locker gefüllten Blüten sind karminrot bis kastanienbraun oder rosa, vermutlich in Abhängigkeit von der Temperatur. Sie haben einen guten Duft.
● Die bis etwa 1,2 m hohe Rose remontiert zuverlässig. Sie eignet sich für heißes Klima und ist in Australien weit verbreitet ist. Winterhart bis −12 °C, Zone 8.

'Papillon' im Rosarium Sangerhausen, Deutschland.

Noisetterosen

'Mme Alfred Carrière'

NOISETTEROSEN vereinen den Duft und die späte Blüte der kultivierten Moschusrose *R. moschata* (siehe Seite 18) mit der Großblütigkeit der Tee- bzw. Chinarosen. Die ursprüngliche 'Blush Noisette' trägt sehr viele kleine, ungefüllte, zart rosaviolette Blüten. Spätere Varietäten wurden mit größeren Blüten herangezogen.

Das Herkunftsgebiet der Noisetterosen ist Nordamerika, um die Stadt Charleston in South Carolina. Ihre Urpflanze, 'Champneys' Pink Cluster', wurde um das Jahr 1802 vom Reisbauern John Champneys aufgezogen und stammte angeblich von einer Form der *R. moschata* ab, die mit Pollen von 'Parson's Pink China' (siehe Seite 82) bestäubt wurde. 'Champneys' Pink Cluster' soll noch immer existieren. Sie ist eine Kletterrose mit großen Gruppen locker gefüllter Blüten.

Später säte ein Gärtner aus Charleston namens Philippe Noisette 'Champneys' Pink Cluster' aus und erhielt auf diese Weise eine remontierende Rose mit kleinen, gefüllten Blüten, die er 1814 mit nach Paris zu seinem Bruder Louis nahm. Es war diese remontierende Rose, die zur 'Blush Noisette' und somit zur ersten Rose einer großen und beliebten Art wurde. Die französischen Hybridisierungsexperten erkannten alsbald den Wert dieser neuen Rose, die um das Jahr 1820 von Redouté als 'Rosier de Philippe Noisette' abgebildet wurde. Die späteren Noisetterosen, welche Kreuzungen aus 'Blush Noisette' und 'Parks' Yellow Tea-scented

China' (siehe Seite 91) sowie weiterer Teerosen darstellten, trugen viel größere Blüten, oftmals in gelblichen Farbtönen. Im späten 19. Jahrhundert waren sie von den kletternden Teerosen beinahe nicht mehr zu unterscheiden. Diese späteren, großblütigen Varietäten werden häufig als Tee-Noisetterosen bezeichnet. Diese Unterscheidung möchten wir hier beibehalten.

Die Noisetterosen benötigen in kälteren Klimazonen eine warme Mauer und sorgfältige Pflege. In wärmeren Gegenden, über −11 °C in Zone 8 und aufwärts, gedeihen sie jedoch ausgezeichnet. Unterhalb dieser Temperatur machen sich Noisetterosen gut im Gewächshaus, wo sie bei nicht zu hohen Temperaturen im April und Mai sowie erneut im Herbst blühen. Am besten zur Geltung kommen sie am Boden und gemeinsam mit *Camellia reticulata*, nach deren Abblühen sie sich selbst öffnen. Kletterer können am Dach entlang gezogen werden, kleinere Varietäten hingegen als Hochstämme oder Sträucher. Sehr detaillierte Anleitungen zur Anpflanzung empfindlicher Rosen in Gewächshäusern und Töpfen lassen sich eventuell in Rosenbüchern finden, die um das Jahr 1900 veröffentlicht wurden, zu einer Zeit also, in der diese Art der Rosenzucht sehr in Mode war. In diesen Büchern wird die Wichtigkeit des guten Düngens und Begießens der Pflanzen nach einer kurzen Sommerpause betont, um im Herbst einen schönen Flor zu erhalten.

'Blush Noisette' am Longleat House im englischen Wiltshire.

'Blush Noisette' (auch Rosa × noisettiana). Diese Rose ist die ursprüngliche Noisetterose, sie war ein Sämling von 'Champneys' Pink Cluster'. Es ist eine gut remontierende Rose mit lockeren und manchmal hängenden Gruppen von 20 oder mehr kleinen, abgerundeten, halb gefüllten Blüten, die sich aus karmesinroten Knospen im hellsten Rosaviolett öffnen. Ihre Blütezeit erstreckt sich über Sommer und Herbst bis zum ersten Winterfrost. Später im Jahr weisen ihre Blüten jedoch ein dunkleres Rosaviolett auf. Der wunderbare Duft ähnelt dem von Gewürznelken.

● Ein kleiner Strauch oder Kletterer mit Trieben von üblicherweise bis zu 2 m Länge, manchmal aber auch bis zu 5 m. Eine der am meisten Freude machenden kleinblütigen Kletterer, wenn nur wenig Platz vorhanden ist. Winterhart bis −18 °C, Zone 7.

'Champneys' Pink Cluster' (auch 'Champneyana'). Diese Elternsorte von 'Blush Noisette' ist eine Kreuzung von 'Parson's Pink China' (siehe

Seite 82) mit der Moschusrose *R. moschata* (siehe Seite 18), die um das Jahr 1802 von John Champney in Charleston, South Carolina, aufgezogen wurde. Die kleinen Blüten sind locker gefüllt und wachsen in mehr oder weniger großflächigen Gruppen mit herrlichem Duft heran.

● Die Pflanze klettert bis zu 3 m hoch und blüht bei gutem Rückschnitt und Düngen nach der ersten Blüte wiederholt bis in den Herbst hinein. Winterhart bis −12 °C, Zone 8.

'Desprez à Fleurs Jaunes' (auch 'Desprez', 'Jaune Desprez', 'Noisette Desprez'). Diese Kreuzung aus 'Blush Noisette' und der Teerose 'Parks' Yellow Tea-scented China' (siehe Seite 91) wurde 1830 von Desprez in Frankreich gezüchtet. Sie repräsentiert das erste Stadium in der Züchtung großblütiger Noisetterosen. Sie ist gut remontierend, mit Gruppen dicht gefüllter Blüten im hellsten Gelb oder Gelbbraun. Die Färbung der Rosatöne ist vom Sonnenlicht und von der Temperatur abhängig. Die Rose verströmt einen schönen, schweren Rosenduft.

● In warmem, trockenem Klima ist sie ein guter Kletterer, üblicherweise mit Trieben bis zu 5 m Länge. Sie gedeiht auch gut im Norden, bis nach Philadelphia. Winterhart bis −12 °C, Zone 8.

'Mme Alfred Carrière'. Sie ist wahrscheinlich die am häufigsten gezogene Noisetterose und trägt weiße Blüten mit einem wärmeren Farbton in der Mitte. Die gut duftenden Blüten wachsen in Gruppen von rosaviolett gesprenkelten Knospen heran und remontieren. Aufgezogen wurde die Rose 1879 von J. Schwartz aus Lyon.

● Diese sehr reich blühende Rose gedeiht in warmen Gegenden gut an dunklen Mauern oder Pergolen. Sie wächst kräftig bis zu 8 m heran und ist eine der winterhärtesten Noisetterosen: bis zu −18 °C, Zone 7.

'Champneys' Pink Cluster' aufgenommen im Botanischen Garten von Huntington, Kalifornien, USA.

'Desprez à Fleurs Jaune'

103

'Aimée Vibert'

'Blanc Pur'

'Aimée Vibert' (auch 'Bouquet de la Mariée', 'Nivea', 'Repens'). Dieser Noisette-Rambler wurde 1828 von Vibert in Frankreich aufgezogen und stellt wohl eine Kreuzung aus 'Champneys' Pink Cluster' (siehe Seite 103) und *R. sempervirens* 'Plena' dar. Die kletternde und heute üblicherweise gezogene Form führte Curtis 1841 ein. Aus rosavioletten Knospen öffnen sich Büschel kleiner, flacher, gefüllter Blüten.

● Die langen, biegsamen, rohrähnlichen Triebe können in einer Saison bis zu 5 m erreichen und sind reichlich mit sattgrünem, saftigem Laub besetzt. Der Duft ist sehr gut. Die Pflanze blüht gut im Herbst, sogar in Nord-England. Laut Aussagen des Züchters Gregg Lowery werden unter diesem Namen ähnliche, jedoch auch weniger zuverlässige Rosen verkauft. Winterhart bis −12 °C, Zone 8.

'Alister Stella Gray' (auch 'Golden Rambler'). Eine Tee-Noisetterose, die von Alexander Hill Gray aus dem englischen Bath gezüchtet und 1894 von George Paul eingeführt wurde. Die mittelgroßen Blüten, die in lockeren Gruppen stehen, sind hellgelb mit dunkleren, eidotterfarbenen Schattierungen, verblühen weiß und duften gut. Die Rose ist eine Kreuzung aus 'William Allen Richardson' (siehe Seite 109) und 'Mme Pierre Guillot', einer kupferorangefarbenen Teerose.

● In einigen Gegenden erreicht sie eine Länge von 5 m, in anderen sogar 15 m. Sie blüht hervorragend wiederholt im Herbst, wo sich die Blüten eventuell in großen Büscheln anordnen – dies ist ein Merkmal der Noisetterosen. Winterhart bis −18 °C, Zone 7.

'Alister Stella Gray'

'Blanc Pur'. Diese Noisetterose wurde 1827 von Mauget aus Orléans aufgezogen. Die Abstammung ist unbekannt. Die großen, gefüllten Blüten, die in relativ aufrecht stehenden Gruppen heranwachsen, sind weiß mit grünlicher Außenseite und zeichnen sich durch einen schönen Duft aus. Die Triebe erreichen eine Länge von 4 m.

● Diese seltene Varietät ist in South Carolina sowie in Süd-Europa erhältlich. Oft kommentiert werden ihre großen Stacheln. Winterhart bis −12 °C, Zone 8.

'Lamarque' (auch 'Général Lamarque', 'The Marshall'). Diese Rose wurde 1830 von Maréchal im französischen Angers gezüchtet, und zwar aus 'Blush Noisette' (siehe Seite 103) gekreuzt mit 'Parks' Yellow Tea-scented China' (siehe Seite 91), wodurch sie dieselbe Abstammung hat wie 'Desprez à Fleurs Jaunes' (siehe Seite 103). Die Blüten von 'Lamarque' sind größer und heller und ähneln der 'Devoniensis' (siehe Seite 91), haben jedoch weniger Petalen. Sie remontieren und verströmen einen sehr süßlichen Duft. Die Triebe sind nur mit wenigen Stacheln besetzt.

● Diese Rose macht sich gut in warmen Klimazonen wie Kalifornien und Australien, wo sie eine Länge von 5,5 m und mehr erreichen kann. In feuchterem oder kälterem Klima, wie in England oder den feuchten Gegenden West-Kanadas, gedeiht sie wahrscheinlich besser in einem Gewächshaus. Winterhart bis −12 °C, Zone 8.

'Mme la Duchesse d'Auerstädt' (auch 'Duchesse d'Auerstädt'). Als Sämling von 'Rêve d'Or' (siehe Seite 108) wurde diese Noisetterose 1887 von Jean-Alexandre Bernaix aus Villeurbanne aufgezogen.

Triebe und junge Blätter weisen einen rötlich violetten Farbton auf, die großen Blüten zeigen einen goldenen Gelbton.

● Als guter Kletterer ist diese Pflanze hervorragend für Mauern geeignet, ihre Triebe werden bis zu 3 m hoch. Die meist einzeln wachsenden Blüten hängen oftmals nach unten. Dies ist ein Vorteil für einen Kletterer, da die Blüten so vom Boden aus besser zu sehen und gegen Regen geschützt sind, auch wenn diese Rose wie alle Noisetterosen am besten in trockenem Klima gedeiht. Winterhart bis −12 °C, Zone 8.

'Mme la Duchesse d'Auerstädt'

'Lamarque' auf dem kalifornischen Cypress Hill Cemetery.

'Céline Forestier'

'Bouquet d'Or'

'Chromatella'

'Bouquet d'Or'. Diese Tee-Noisetterose ist ein Sämling der 'Gloire de Dijon' und wurde 1872 von Jean-Claude Ducher aus Lyon gezüchtet. Die voll gefüllten, leicht geviertelten Blüten zeigen in geöffnetem Zustand ihre Staubgefäße. Die Ränder der Petalen sind zurückgerollt. Die Blüten sind von einem satten Kupfergelb, manchmal mit Rosa-violett oder Orange versetzt, und verströmen Duft. Die jungen Blätter sind rötlich, werden später aber dunkelgrün, glänzend und dick.
● Dieser Kletterer erreicht 3–4 m Höhe. Seine kräftig wachsenden, rohrähnlichen Triebe verfärben sich im Sonnenlicht bräunlich. Winterhart bis −12 °C, Zone 8.

'Céline Forestier' (auch 'Liésis', 'Lusiadas'). Diese Tee-Noisetterose wurde 1860 von Victor Trouillard im französischen Angers aufgezogen. Die Abstammung ähnelt der von 'Lamarque' (siehe Seite 105). Die Blüten sind sehr dicht gefüllt, duften gut und öffnen sich flach, geviertelt mit einem Knopfauge. Die Knospen haben manchmal eine rote Spitze, öffnen sich dann hellgelb und verfärben sich danach weiß. Das Laub ist dunkelgrün, glänzend und dick.
● In warmen Gegenden ist diese Rose ein hoher Kletterer. Ihre Triebe erreichen bis zu 5 m Länge. Die Blühdauer erstreckt sich über Sommer und Herbst. Angeblich ist sie im Süden Frankreichs gegen Mehltau beständig. Winterhart bis −12 °C, Zone 8.

'Chromatella' (auch 'Cloth of Gold'). Diese Tee-Noisetterose, ein Sämling von 'Lamarque' (siehe Seite 105), wurde von Coquereau in Le Maître-École gezüchtet und 1843 von Vibert eingeführt. Die auf roten Stielen stehenden, nickenden Blüten sind groß, voll gefüllt, kugelför-mig, geviertelt, von einem dunklen Goldgelb und gut duftend.
● Am besten gedeiht diese Rose im warmen Klima von Australien oder Kalifornien, wo sie riesengroß wird und reich blüht. Die Blüten wachsen manchmal einzeln und manchmal, vor allem im Herbst, in Gruppen. Winterhart bis −12 °C in Zone 8 überlebt sie möglicherweise auch in den warmen Gegenden von Zone 7.

'Claire Jacquier' (auch 'Mlle Claire Jacquier'). Eine sehr reich blü-hende Noisetterose, die 1888 von Alexandre Bernaix aus Villeurbanne aufgezogen wurde. Die Blüten treten in lockeren Gruppen auf, sind

'Claire Jacquier'

locker gefüllt und von einem blassen Orangegelb bzw. Cremeton. Die meisten Blüten erscheinen im Hochsommer, einige jedoch auch noch später. Das Laub ist saftig, glänzend und unten rötlich violett.
● Ein kräftig wachsender Kletterer, der bis zu 10 m erreicht. Angeblich trägt er nur wenige Stacheln. Winterhart bis −12 °C, Zone 8.

'Crépuscule'. Diese Tee-Noisetterose unbekannter Abstammung wurde 1904 von Francis Dubreuil aus Lyon gezüchtet. Die Blüten sind locker, halb gefüllt, ungeordnet, dunkel goldgelb oder aprikosenfarben und ihre Petalen wölben sich auf ihrer gesamten Länge. Normalerweise wachsen die Blüten bis in den Herbst hinein, sie stehen in kleinen Gruppen und ihr Duft ist süßlich und moschusartig.
● Diese Rose gedeiht am besten in warmem Klima, wie in Australien oder Kalifornien, die satteste Farbe wird jedoch unter kühleren Bedingungen erzielt. Sie erreicht eine Höhe von 2,5 m. Charles Quest-Ritson zitiert das großzügige Lob des anglo-amerikanischen Rosenkundlers Francis E. Lester für diese Rose in seinem Werk *Climbing Roses of the World*. Winterhart bis −12 °C, Zone 8.

'Gloire de Dijon' (auch 'The Old Glory Rose'). Diese Noisetterose, deren Aussehen eher dem einer Teerose ähnelt, wurde 1850 von M. Jacotot in Dijon aufgezogen und 1853 eingeführt. Die Triebe älterer Exemplare erreichen in warmem Klima bis zu 22 m, meist jedoch etwa 5 m. Die Blüten sind von einem satten, cremefarbigen Gelbbraun mit einem Stich ins Rosa- oder Lachsfarbene. Der starke Duft ist der einer Teerose. Die Blätter sind im Austrieb rötlich gefärbt, danach werden sie grün und dick. Die Rose ist eine Kreuzung aus 'Souvenir de la Malmaison' (siehe Seite 111) und 'Desprez à Fleurs Jaunes' (siehe Seite 103) oder einer ähnlichen kletternden Teerose.
● Die Rose ist sehr häufig an den Cottages im schottischen Aberdeenshire zu sehen, wo sie auch kalte Winter und kühle Sommer übersteht. Sie wächst auch in wärmeren Gebieten – dort am besten an Mauern in nördlicher Richtung. Diese Noisetterose ist eine der winterhärtesten und überlebt auch Temperaturen bis −18 °C, Zone 7.

'Crépuscule'

'Gloire de Dijon'

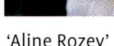

‘Manettii' aufgenommen auf der Insel Alcatraz.

‘Aline Rozey'

‘Aline Rozey' (auch ‘Aline Rosey'). Diese Noisette-Hybride wird manchmal auch als Remontant-Hybride eingestuft, ist unbekannter Abstammung und wurde 1884 von Schwartz aufgezogen. Die mittelgroßen Blüten haben überlappende Petalen und weisen einen zart rosavioletten bis hautfarbenen Ton auf.
● Sie wächst kräftig und blüht reich, wird jedoch nur selten kultiviert, z. B. im Parc de la Tête d'Or in Lyon. Winterhart bis −12 °C, Zone 8.

‘Bougainville'. Diese Noisetterose wurde von Pierre Cochet (sen.) aufgezogen und von Vibert im Jahre 1822 eingeführt. Ihre Abstammung ähnelt der von ‘Blush Noisette' (siehe Seite 103), jedoch gehört zu ihren Elternsorten wahrscheinlich eine rote Chinarose – wie bei der ‘Manettii'. Die mittelgroßen Blüten, die in Dolden wachsen, sind becherförmig und voll gefüllt. Nach dem Öffnen der roten Knospen sind sie rosaviolett mit helleren und mehr ins Zartlila gehenden Spitzen, wes-

halb sie auch schon als „pfirsich-flieder-rot" bezeichnet wurden. Der im 18. Jahrhundert lebende Navigator Admiral Louis de Bougainville war der Besitzer des Château de Suisnes sowie der Mäzen von Christophe Cochet. Der ähnliche, tropische Kletterstrauch Bougainvillea sowie die Insel Bougainville wurden auch nach ihm benannt.
● Gregg Lowery beschreibt die Blüten als winzig, 2,5 cm im Durchmesser, und mit geschwungenen Petalen. Sie remontiert gut. Die rohrähnlichen Triebe sind sehr stachelig, die Blätter dunkelgrün und wellig mit Fiederblättern in großen Abständen. Winterhart bis −12 °C, Zone 8.

‘Manettii' (auch Rosa × noisettiana manettii). Diese außergewöhnliche Rose wurde von Signor Manetti, dem Direktor der Gärten in Monza in der Lombardei, gezüchtet und um das Jahr 1840 von Rivers zur Kultivierung eingeführt. Die Abstammung ist nicht genau bekannt, wahrscheinlich ist die Rose jedoch eine Kreuzung aus ‘Slater's Crimson China' (siehe Seite 83) und R. moschata (siehe Seite 18). Die ungefüllten Blüten sind von einem dunklen Rosaviolett, erreichen 4 cm Durchmesser und wachsen in kleinen Gruppen. Ihr Duft ist unauffällig.
● Diese Rose wurde früher in warmen Gegenden als Unterlage empfohlen, weil ihre Ableger kräftig wachsen und pflegeleicht sind. Daher kann sie noch immer in einigen alten Gärten gefunden werden. Winterhart bis −12 °C, Zone 8.

‘Rêve d'Or' (auch ‘Condesa da Foz', ‘Golden Chain', ‘Golden Dream'). Eine der hellsten Noisetterosen, mit Büscheln recht großer, rosa-gelber Blüten. Diese sind dicht gefüllt und haben Petalen, die sich mit der Zeit wölben und gelbbräunlich verfärben. Die Stiele von Blüten und Blättern sind rot, die gefiederten Blätter dagegen leuchtend grün. Die Rose wurde 1869 von Claude Ducher aus Lyon aufgezogen und ist angeblich ein Sämling der Noisetterose ‘Mme Schultz'.
● Die Rose blüht ausgezeichnet wiederholt im Herbst. Ihre Triebe werden bis zu 3 m lang und wachsen in warmem Klima sehr schnell.

‘Bougainville'

Diese Noisetterose ist eine der kälteresistenteren und überlebt eventuell bis −15 °C in den wärmeren Gegenden von Zone 7.

'Solfatare' (auch 'Augusta', 'Solfaterre'). Diese Rose wurde im Jahre 1843 von Joseph Boyau im französischen Angers gezüchtet. Sie ist von starkem Wuchs, hat schöne Blätter sowie cremeweiße Blüten mit dunkleren, gelblichen Schattierungen. Sie blüht wiederholt im Herbst.
● Die Triebe werden bis 3 m lang. Diese Noisetterose, die in Texas gut gedeiht, ist eine der winterhärtesten. Winterhart bis −15 °C, Zone 7.

'William Allen Richardson'. Dieser Sämling von 'Rêve d'Or' wurde 1878 von La Veuve Ducher in Lyon eingeführt. Der reich blühende Kletterer hat schöne gelbe oder aprikosenfarbene Blüten, die locker gefüllt sind, bei warmer Witterung verblassen, aber im Herbst gut remontieren. Die Blätter sind im Austrieb rot, dann dunkelgrün. William Allen Richardson, ein reicher, amerikanischer Rosenliebhaber aus Lexington in Kentucky, war ein guter Kunde von Mme. Ducher.
● Diese Rose wird für warme Gegenden der USA empfohlen, wo sie bis zu 4 m Höhe erreicht. Winterhart bis −12 °C, Zone 8.

'Rêve d'Or'

'Rêve d'Or' im Londoner Eccleston Square Garden.

'Solfatare'

'William Allen Richardson'

Bourbonrosen

'Reine des Île-Bourbons'

Der Name der BOURBONROSEN stammt von der Île de Bourbon, die heute als Réunion bezeichnet wird und in der Nähe von Mauritius im Indischen Ozean liegt. Vor der Eröffnung der Suez-Kanals war ihr Hafen wichtig für die französischen Schiffe, die dort auf dem Heimweg vom Fernen Osten Halt machen konnten. Man sagt, dass *R. × damascena* var. *semperflorens* (siehe Seite 43) und die Chinarose 'Parson's Pink China' (siehe Seite 82) auf dem Eiland in Hecken angepflanzt wurden, wo sich eine Hybride bildete, die in einer der Hecken gefunden und in die Gärten gebracht wurde. Von da aus versandte der Botaniker M. Breon das Saatgut nach Paris, wo die Rosen von M. Jacques, einem Gärtner von Louis Philippe, angepflanzt und 'Rosier d'Ile de Bourbon' getauft wurden. Diese erste Bourbonrose, die 1823 in Frankreich eingeführt wurde, ist heutzutage trotz ihrer guten Eigenschaft als verlässlicher Herbstblüher und ihres wunderbaren Duftes nur selten zu finden. In Kreuzungen mit Tee- und Chinarosen trug sie zu einer neuen Gruppe bei, die oftmals groß wird, sich durch einen guten Duft auszeichnet und normalerweise im Herbst genauso schön blüht wie im Sommer.

Frühe Bourbonrosen waren häufig Kletterer, die außerdem nur einmal blühten. Die späteren dagegen waren kürzere, mittelgroße Sträucher, die bei ausreichender Bewässerung den ganzen Sommer hindurch ununterbrochen blühten, bis in den Herbst hinein. Nach einem trockenen Sommer sind diese Herbstblüten besonders willkommen und oftmals schö-

ner als der Flor, der in der Hitze des Hochsommers entsteht. Gegen Ende des 19. Jahrhunderts beschäftigten sich die Rosenzüchter nicht mehr so stark mit Bourbonrosen, sondern mehr mit Remontant- und Tee-Hybriden. Die wenigen späteren Bourbonrosen sind Sports der früheren Exemplare, die von Liebhabern der Alten Rosen bewahrt wurden.

Bourbonrosen werden im Allgemeinen als winterhärter als Teerosen und Chinarosen eingestuft – dies aufgrund ihrer Damaszener-Gene. Sie haben jedoch auch ihre Nachteile: Bourbonrosen sind anfällig für Mehltau. Am besten werden sie an einem Ort eingepflanzt, wo ihre Wurzeln sehr viel Wasser erhalten und die Pflanze nicht zugig steht. Die Rose wird eher und stärker von Mehltau befallen, wenn sie unter dem Dachgesims eines Hauses angepflanzt wird oder an einer Mauer, die von der Regen bringenden Windrichtung abgewandt ist. An kühleren, feuchteren Stellen wirkt sich eventuell auftretender Mehltau nicht so stark aus.

Auch Sternrußtau ist bei Bourbonrosen ein Problem, das sich am stärksten auf schwache und halb versteckte Triebe auswirkt. Die Pflanzen müssen gut gedüngt werden, und kleine Triebe an der Basis der Pflanze sind zurückzuschneiden – diese tragen sowieso keine Blüten. Alle befallenen Blätter sind zu entfernen (nicht kompostieren, da die Sporen im Kompost überleben!), sobald sich die ersten Anzeichen der Krankheit bemerkbar machen. Die Pflanze wird dann schon bald neue Blätter hervorbringen.

'Great Western'. Bei dieser Bourbon-Hybride handelt es sich wahrscheinlich um eine Kreuzung mit einer Gallica-Rose. Sie wurde 1838 von Jean Laffay aus Bellevue-Meudon aufgezogen. Die Blüten stehen in großzügigen Gruppen, sind voll gefüllt, karmesinrot bis rötlich violett mit rosafarbenen Rändern und duften hervorragend. Die Triebe erreichen 2−2,5 m und die Fiederblättchen sind groß und breit.
● Blüht nur im Hochsommer, allerdings mit ganz besonderen Blüten. Dieser ungewöhnliche Name für eine französische Rose stammt von einem Atlantikdampfer. Winterhart bis −29 °C, Zone 5.

'Prince Charles'. Diese Bourbon-Hybride wurde von Alexandre Hardy gezüchtet und das erste Mal 1842 erwähnt. Ihre karmesinroten Blüten verfärben sich später fliederfarben und zeichnen sich durch dunklere Blattnerven aus.
● Sie blüht nur einmal, ist aber bei guter Pflege sehr dankbar und duftet gut. Die Triebe erreichen bis zu 1,5 m Länge. Winterhart bis −29 °C, Zone 5.

'Reine des Île-Bourbons' (auch 'Bourbon Queen', 'Queen of Bourbons', 'Reine de l'Île de Bourbon'). Dieser niedrige Kletterer wurde 1843 von Mauget in Orléans aufgezogen. Seine Blüten sind becherförmig, voll gefüllt, satt lilarosa mit helleren Rändern und sehr gut duftend. Die Fiederblättchen sind ungewöhnlich breit. Die Triebe, die bis zu 3 m Länge erreichen, lassen sich am besten horizontal an einem Zaun entlang befestigen.
● Diese üppige Rose ist ein Überlebenskünstler, der häufig in alten Gärten anzutreffen ist, wo er einen Zaun umrankt oder aus einer Hecke herauswächst. Für eine Bourbonrose ist er aufgrund seiner einmaligen Blüte enttäuschend, jedoch macht er diesen Nachteil durch große Blütengruppen mit langer Blühdauer im Hochsommer wett. Diese Rose wird oftmals mit 'Céline' verwechselt, die Laffay um das Jahr 1835 einführte. Es ist sogar wahrscheinlich, dass es sich bei der Rose, die heutzutage als 'Reine des Île-Bourbons' verkauft wird, in Wahrheit um 'Céline' handelt. Winterhart bis −29 °C, Zone 5.

'Souvenir de la Malmaison'. Diese Rose trägt große, flache Blüten im hellsten Rosaviolett und kleine Petalen mit einer dunkleren, rosafarbenen Schattierung in der Mitte. Sie wurde 1843 von Jean Béluz aus

'Prince Charles'

Lyon eingeführt, der dafür die Bourbonrose 'Mme Desprez' mit einer Teerose kreuzte. Es gibt von ihr auch einen weißen Sport, 'Kronprinzessin Victoria', mit einer cremefarbenen Mitte, sowie einen halb gefüllten Sport namens 'Souvenir de St. Anne's' (siehe Seite 113). Bennett führte 1893 eine ausgezeichnete kletternde Form ein, die ich in alten Gärten gefunden habe, wo sie dem Zahn der Zeit trotzte.
● Diese Rose ist zuverlässig remontierend und gut duftend, die sehr festen und voll gefüllten Blüten laufen jedoch Gefahr, bei feuchter Witterung zu faulen. Benannt wurde die Rose in Erinnerung an den Garten der Kaiserin Joséphine in der Nähe von Paris. Sie musste Malmaison schon bald nachdem sich Napoleon 1809 von ihr scheiden ließ verlassen und obwohl sie bereits 1814 verstarb, kümmerten sich ihre Kinder immer noch um den Garten, bis er 1824 schließlich verkauft wurde. Winterhart bis −15 °C, Zone 7.

'Great Western'

'Souvenir de la Malmaison' in Mottisfont Abbey in Süd-England.

‘Souvenir de St. Anne's’ im texanischen Antique Rose Emporium.

‘Coquette des Blanches’

‘Boule de Neige’ (auch ‘Snowball’). Diese Bourbonrose mit kleinen Dolden weißer Blüten, die außen karmesinrote und rosafarbene Schattierungen aufweisen und von einer nahezu perfekten Kugelform sind, duftet ausgezeichnet. Sie wurde im Jahre 1867 von François Lacharme aus Lyon gezüchtet, der dafür die Bourbonrose ‘Mlle Blanche Lafitte’ mit der remontierenden Damaszenerrose ‘Sappho’ kreuzte.
● Diese Rose ist ein großer Strauch oder niedriger Kletterer mit einer Größe bis zu 2 m. Die rohrähnlichen, hellgrünen Triebe haben rote Stacheln und die Blüten lassen aufgrund ihres Gewichtes leicht den Kopf hängen. Winterhart bis −29 °C, Zone 5.

‘Coquette des Blanches’. Diese Bourbonrose weist einige Ähnlichkeiten mit Noisetterosen auf und wurde 1865 von François Lacharme aus Lyon aufgezogen. Die mittelgroßen und voll gefüllten Blüten sind von einem reinen Weiß mit grünen Schattierungen und duften gut. Diese Rose entstand als Kreuzung einer weißen Bourbonrose namens ‘Mlle Blanche Lafitte’ mit der remontierenden Damaszenerrose ‘Sappho’. Lacharme ist auch für die Züchtung der Rosen ‘Coquettes des Alpes’ – mit ein wenig kräftiger rosafarbenen Blüten – und ‘Boule de Neige’ mit derselben Abstammung verantwortlich.
● Diese stark belaubte, aufrecht wachsende Pflanze bildet einen großen Busch. Die Blätter und Triebe sind grün und nur wenig bestachelt. Die Rose blüht gut im Herbst. Winterhart bis −12 °C, Zone 8.

‘Émotion’. Diese Bourbonrose wurde 1862 von Laurent Guillot (père) aus Lyon eingeführt. Im Herbst erscheinen ebenso zahlreiche Blüten wie im Sommer. Sie sind weiß mit Schattierungen in einem silbrigen Rosaviolett-Ton. Ihr Duft ist ausgezeichnet. Diese Rose darf nicht mit ‘Emotion’ (ohne Accent aigu) verwechselt werden, die 1981 von De Ruiter gezüchtet wurde und bei der es sich um eine Floribunda-Rose mit orangeroten Blüten handelt.
● Die Blüten sind mittelgroß und wachsen in Dolden an einem kräftigen Busch mit 1,5 m Höhe und Breite. Winterhart bis −29 °C, Zone 5.

'Boule de Neige'

'Émotion'

'Mme Pierre Oger'

'Mme Pierre Oger'. Dieser helle Sport von 'Reine Victoria' (siehe Seite 115) wurde 1874 von M. Oger in Caen gefunden und 1878 von Verdier in Paris eingeführt. Er wurde noch beliebter als sein Vorfahr und seine sehr zarten, sehr hell rosavioletten Petalen werden bei wärmerer Witterung mit einem dunkleren Rosaviolett und Karmesinrot versetzt.

● Die Pflanze bildet einen relativ kargen, aufrechten Busch mit Trieben bis zu 1,5 m. Das Laub ist hellgrün und anfällig für Sternrußtau. Der Flor kann unterschiedlich ausfallen: Manche Stöcke werden angeblich von Viren befallen und blühen dann nicht so gut wie die virenfreien Exemplare. Winterhart bis −29 °C, Zone 5.

'Souvenir de St. Anne's'. Diese moderne Bourbonrose wurde als Sport von 'Souvenir de Malmaison' (siehe Seite 111) im Garten von Lady Ardilaun in St. Anne's in Clontarf nahe Dublin gefunden. Sie wurde von Lady Moore in Rathfarnham bewahrt und von Graham Thomas 1950 eingeführt, als er in der Gärtnerei Hilling arbeitete. Sie war eine seiner Lieblingsrosen.

● Im Gegensatz zu den voll gefüllten Blüten von 'Souvenir de la Malmaison', die leicht durch Regen und Feuchtigkeit beschädigt werden, sind ihre Blüten nur halb gefüllt und daher besser geeignet für feuchte Gegenden. Sie wächst in großen Büschen, wird bis 2 m hoch und zeigt hübsche, gut duftende Blüten im Sommer und im Herbst. Winterhart bis −29 °C, Zone 5.

'Variegata de Bologna'. Dies ist die auffälligste aller alten gestreiften Rosen, mit erst karmesinroten und dann lilafarbenen Streifen auf nahezu weißem Grund. Sie blüht hauptsächlich im Sommer und nur gelegentlich im Herbst. Es handelt sich hierbei um einen Sport von 'Victor Emmanuel', der 1909 von Bonfiglioli & Sohn in Italien eingeführt wurde.

● Die Pflanze wächst kräftig mit Trieben bis zu 2,5 m Länge, die zu einem niedrigeren, breiteren Strauch arrangiert werden können. Winterhart bis −29 °C, Zone 5.

'Variegata de Bologna'

'Honorine de Brabant'

'Duc de Crillon'

'Louise Odier'

'Mme Lauriol de Barny'

'Duc de Crillon'. Diese Bourbonrose wurde 1860 von Moreau-Robert aus dem französischen Angers aufgezogen. Die Blüten sind groß, flach und voll gefüllt; hellrot aufblühend verfärben sie sich jedoch dunkelrosa mit einem Stich ins Lilafarbene.

● Diese Rose bildet einen kräftig wachsenden Strauch mit rohrähnlichen, bis 2,5 m langen Trieben. Sie ist gut remontierend. Winterhart bis −29 °C, Zone 5.

'Honorine de Brabant'. Diese Bourbonrose unbekannter Herkunft hat geordnete Blüten, die wiederholt bis in den Herbst hinein erscheinen. Sie sind nicht voll gefüllt, öffnen sich jedoch becherförmig und zeigen in völlig geöffnetem Zustand ein paar ihrer Staubgefäße. Sie sind mit dunkel rosafarbenen oder lilafarbenen Streifen und Flecken auf hellerem rosavioletten Grund versehen und duften sehr gut. Die gestreifte Remontant-Hybride 'Ferdinand Pichard' (siehe Seite 126) ähnelt ihr, jedoch sind deren Blüten eher voll gefüllt und stärker gezeichnet.

● Diese Rose ergibt eine starke, belaubte Pflanze. Ihre ausladenden, stachellosen Triebe werden bis zu 2,2 m hoch, wodurch sie sich z.B. gut als Säulenrose eignet. Winterhart bis −29 °C, Zone 5.

'Louise Odier' (auch 'Mme de Stella'). Die remontierende Eigenschaft der typischen Bourbonrose spiegelt sich in dieser Rose wider und äußert sich in perfekten, abgeflachten, voll gefüllten Blüten mit sattem Duft, die in lockeren Büscheln stehen. Sie sind von einem bläulichen Rosaviolett und tragen zartlila Schattierungen. 1851 wurde diese Rose als Sämling der Bourbonrose 'Emile Courtier' von Margottin (sen.) in Bourg-la-Reine aufgezogen.

● Dies ist eine der besten Alten Rosen, mit kräftigen Trieben, die 1,5 m lang werden und bis in den Herbst hinein Blüten tragen. Winterhart bis −29 °C, Zone 5.

'Reine Victoria'

'Zéphirine Drouhin'

'Mme Lauriol de Barny'. Dies ist eine Bourbonrose mit flachen, voll gefüllten Blüten, die gut duften, in lockeren Gruppen angeordnet sind und hauptsächlich im Sommer blühen. Ihre Farbe ist ein helles, silbriges Rosaviolett mit dunkleren Schattierungen. Aufgezogen wurde die Rose 1868 von Victor Trouillard aus dem französischen Angers.
● Sie ist von großem Wuchs, mit Trieben bis zu 2,2 m und mehr, die um einen Zaun oder eine Säule geleitet werden können. Man sagt, es handele sich hierbei um eine Hybride der wilden europäischen Moschusrose *R. arvensis*. Winterhart bis −29 °C, Zone 5.

'Reine Victoria' (auch 'La Reine Victoria'). Diese Bourbonrose wurde 1872 von Joseph Schwartz in Lyon gezüchtet. Sie ist wunderbar mit lockeren Gruppen zarter, becherförmiger, eingebogener, dunkel rosafarbener Blüten. Ihr Duft ist gut und sie remontiert zuverlässig. Diese Rose ist gemeinsam mit ihrem Sport 'Mme Pierre Oger' (siehe Seite 113) der Inbegriff spätviktorianischer Rosen.
● Die aufrechten Triebe erreichen eine Höhe von bis 1,5 m und tragen hellgrünes, weiches Laub, das aber leider für Sternrußtau anfällig ist. Winterhart bis −29 °C, Zone 5.

'Zéphirine Drouhin' (auch 'Belle Dijonnaise', 'Charles Bonnet', 'Ingegnoli Prediletta', 'Mme Gustave Bonnet'). Eine der am weitesten verbreiteten Bourbonrosen und außerdem eine, die leicht wiederzuerkennen ist. Sie bildet einen hohen Strauch nahezu stacheloser Zweige, die mit leuchtend magentarosafarbenen Blüten besetzt sind. Diese sind locker gefüllt, mit einem guten Duft, und erscheinen in Sommer und Herbst. Während dieser Zeit trägt die Pflanze fast immer Blüten, die sich zudem gut als Schnittblumen eignen. Bizot züchtete diese Rose 1868 in Frankreich.
● Ein niedriger Kletterer, der gut an Mauern gezogen werden kann und früher in großen Sträuchern angepflanzt wurde. Sein einziger Nachteil ist die beinahe sichere Erkrankung an Mehltau. Dieser wirkt sich am stärksten auf Pflanzen mit trockenen Wurzeln aus, weshalb diese Rose am besten an einem Ort angepflanzt wird, wo die Wurzeln auch im Sommer feucht stehen. Die Pflanze ist außerdem anfällig für Sternrußtau, aber keine der beiden Krankheiten wirkt sich negativ auf den Blütenreichtum aus. Winterhart bis −29 °C, Zone 5.

'Zéphirine Drouhin'

115

'Queen of Bedders'

'Adam Messerich'

'Souvenir de Victor Landeau'

'Héroïne de Vaucluse'

'Mme Isaac Péreire' mit *Humus lupulus* 'Aureus'.

'Adam Messerich'. Diese Bourbonrose wurde 1920 von Peter Lambert in Trier aufgezogen. Sie ist eine Hybride aus verschiedenen Arten einschließlich Tee-Hybriden, Chinarosen und Bourbonrosen. Ihre Blüten sind leuchtend rosaviolett oder rot, ungefüllt oder halb gefüllt und weisen stark entwickelte Staubgefäße auf.
● Diese Rose von einem kräftigen Wuchs und blüht kontinuierlich, mit schöner Herbstblüte. Sie hat einen satten, fruchtigen Duft. Winterhart bis –29 °C, Zone 5.

'Heroïne de Vaucluse'. Gezüchtet wurde diese Bourbonrose 1863 von Moreau-Robert aus Angers. Die großen Blüten sind voll gefüllt und in Gruppen angeordnet, ihre Farbe ist ein leuchtendes Violettrosa.
● Der Wuchs ist gut, jedoch blüht diese Rose nur im Sommer. Ihr Name wird etwas angezweifelt, da die 'Héroïne de Vaucluse' früher als remontierend beschrieben wurde. Winterhart bis –29 °C, Zone 5.

'Mme Isaac Péreire' (auch 'La Bienheureux de la Salle'). Diese Rose wurde im Jahre 1881 von Garçon, Rouen, aufgezogen. Ihre Blüten sind flach, dicht gefüllt und haben einen Durchmesser von ca. 13 cm. Beim Öffnen sind sie rötlich karminrot, später dann violettrosa. Die äußeren Petalen biegen sich nach unten. Die Mitte dieser Rose ist oftmals geviertelt und im Frühjahr manchmal unattraktiv groß und grün. Die Fiederblätter sind groß, dunkelgrün und überlappend.
● Eine der Alten Rosen mit den größten Blüten und ihre Triebe können bis zu 2,2 m erreichen, weshalb sich die Pflanze als Säulenrose oder niedriger Kletterer eignet. Winterhart bis –29 °C, Zone 5.

'Queen of Bedders'. Diese Bourbonrose wurde 1877 von Standish und Noble aus dem englischen Bagshot gezüchtet, als Sämling von 'Sir Joseph Paxton' (siehe Seite 119). Ihre Blüten sind voll gefüllt, mittelgroß und kirschrot, sie duften wunderbar und erscheinen kontinuierlich bis in den Herbst hinein.
● Früher wurde diese Beetrose im Frühjahr stark zurückgeschnitten, bis auf eine Größe von 10 cm, ähnlich den modernen Floribunda-Rosen. Winterhart bis –29 °C, Zone 5.

'Souvenir de Victor Landeau'. Diese Rose wurde 1890 von Moreau-Robert im französischen Angers aufgezogen. Die großen Blüten sind voll gefüllt, öffnen sich becherförmig in leuchtendem Rot oder dunklem Rosé-Karminrot mit karminroten Highlights und duften ausgezeichnet.
● Ein Strauch mit starkem Wuchs und stacheligen Zweigen sowie dunkelgrünem Laub. Winterhart bis –29 °C, Zone 5.

'Mme Isaac Péreire'

Bourbonrosen

'Bouquet de Flore'

'Mme Charles Détraux' im Roseraie de L'Haÿ-les-Roses, südlich von Paris, Frankreich.

'Mlle Joséphine Guyet'

'Sir Joseph Paxton'

'Bouquet de Flore' (auch 'Bouquet des Fleurs'). Diese Bourbonrose wurde 1839 von Bizard in Angers gezüchtet. Ihre Blüten sind groß, voll gefüllt, gut duftend und von einem hellen Karminrosa.

● Diese Rose mit kräftigem Wuchs und dunkelgrünem Laub eignet sich gut für Säulen und blüht den ganzen Sommer hindurch. Winterhart bis −29 °C, Zone 5.

'Gruß an Teplitz' (auch 'Gruss an Teplitz'). Diese Bourbon-Hybride mit vielen Merkmalen einer Chinarose wurde von Rudolph Geschwind aus dem böhmischen Teplitz (später Karpona) aufgezogen und von Peter Lambert aus Trier 1897 in Deutschland eingeführt. Die Abstammung ist sehr komplex: Eine Elternpflanze war ein unbenannter Sämling einer Kreuzung aus 'Sir Joseph Paxton' mit 'Fellemberg' (siehe Seite 84), die andere eine unbenannte Kreuzung aus 'Gloire de Rosomanes' (siehe Seite 85) mit der Teerose 'Papa Gontier'. Die so entstandene Rose ist leuchtend rot, reich blühend und gut duftend, ihre Blüten sind in Gruppen angeordnet.

● Diese Rose ähnelt einer zarten, roten Tee-Hybride, sie weist einen guten Wuchs auf und bildet einen kräftigen, weit ausladenden Strauch. Winterhart bis −29 °C, Zone 5.

'Mme Charles Détraux' (auch 'Mme Charles Détreaux'). Es handelt sich um eine Bourbonrose, die manchmal auch als Tee-Hybride eingestuft wird und 1895 von Jacques Vigneron aus dem französischen Olivet gezüchtet wurde. Die Blüten sind groß, kugelförmig und leuchtend rot mit einem schönen Duft. Sie blühen bis in den Herbst hinein.

● Die kräftig wachsende Rose mit bläulich grünem Laub ist heute selten zu finden. Winterhart bis −29 °C, Zone 5.

'Mlle Joséphine Guyet' (auch 'Mlle Joséphine Guyot'). Aufgezogen wurde diese Bourbonrose 1863 von Jean Touvais aus Petit-Montrouge. Die mittelgroßen Blüten zeigen ein dunkles Samtrot.

● Die Pflanze wächst zu einer Höhe von etwa 1,2 m heran und blüht vom Sommer bis in den Herbst hinein. Winterhart bis −29 °C, Zone 5.

'Gruß an Teplitz'

‘Gruß an Teplitz’ im kalifornischen Union Hill Cemetery.

‘Parkzierde’. Diese Bourbon-Hybride wurde von Rudolph Geschwind aus dem böhmischen Teplitz (heute Krupina) gezüchtet und von Peter Lambert aus Trier 1909 in Deutschland eingeführt. Die Blüten weisen Merkmale von Chinarosen auf: Sie sind scharlachrot bis karmesinrot gefärbt und duften nur sehr schwach.

● Die Rose blüht sehr reich, wenn auch nur über einen kurzen Zeitraum. Winterhart bis −29 °C, Zone 5.

‘Sir Joseph Paxton’ (auch ‘Paxton’). Dies ist eine Bourbon-Hybride in Form eines Kletterers, der 1851 von Jean Laffay aus Bellevue-Meudon aufgezogen wurde. Die dunkel rosafarbenen Blüten sind relativ groß und voll gefüllt. Sie öffnen sich flach und sind manchmal geviertelt. Ihr Duft ist gut und sie treten in Gruppen auf. Einigen Stimmen zufolge blüht sie gut wiederholt im Herbst, andere behaupten, sie blühe nur einmal. Selber habe ich sie noch nicht angepflanzt.

● Die sehr stacheligen Triebe erreichen eine Länge von etwa 3 m. Die Pflanze eignet sich für Säulen oder als niedriger Kletterer. Winterhart bis −29 °C, Zone 5.

‘Parkzierde’

Remontant-Hybriden

'Baronne Prévost'

In der zweiten Hälfte des 19. Jahrhunderts waren Remontant-Hybriden die beliebtesten Rosen für Gärten und Ausstellungen. Sie vereinen die remontierende Eigenschaft mit großen Blüten, ausgezeichnetem Duft und kräftigen Farben, wobei Rot und Lila vorherrschen; diese kräftigen Farben waren bei den zur selben Zeit sehr beliebten Teerosen eher selten zu finden. Remontant-Hybriden sind winterhärter als Teerosen, haben jedoch einen großen Nachteil: Viele von ihnen werden von Mehltau befallen. Die Abstammung der Remontant-Hybriden – oder „Hybrid Perpetuals", wie sie im Englischen genannt werden – ist sehr komplex. 'Rose du Roi' (siehe Seite 77), eine remontierende Portland-Hybride mit großen, roten Blüten und einem wunderbaren Duft, erschien 1819. Um das Jahr 1835 wurde sie mit China-Hybriden (Gallica-China-Hybriden) und Bourbonrosen (herbstblühenden Damaszener-China-Hybriden) gekreuzt, wodurch die neue Art der Remontant-Hybriden entstand. 'La Reine' war eine der ersten von ihnen.

Remontant-Hybriden kann man an ihren sehr großen, meist relativ flachen Blüten und den derben Blättern erkennen, die nahezu bis zum Blütenboden heranreichen, wodurch der Anschein erweckt wird, die Blüte schmiege sich an das Laub. Dieses Merkmal stammt von den Portlandrosen. Den Remontant-Hybriden fehlt daher die offene, graziöse Form, die man mit den Teerosen und Chinarosen verbindet, und dies kann auch der Grund für ihre Mehltau-Anfälligkeit sein. Dieser Zug stellte jedoch kein Hindernis dar, als man die

Remontant-Hybriden zur Ausstellung als einzelne Rosen bei Wettbewerben und Blumenschauen anpflanzte – ein beliebter Zeitvertreib in der ersten Hälfte des 20. Jahrhunderts. Die großen Blüten der Remontant-Hybriden sprachen viele Gärtner an, die zum selben Zweck auch Dahlien und Chrysanthemen anpflanzten. Viele dieser Rosen wurden für die Ausstellung als einzelne Blumen gezüchtet, weshalb man über die Form und Gesundheit des gesamten Strauches hinwegsah. Heutzutage sind die Rosen besonders für die Anpflanzung von Schnittblumen geeignet. Denn obwohl die Form des Strauches vielleicht nicht die beste ist, machen die Rosen in der Vase mehr her als so manch andere.

Bei guter Pflege bilden Remontant-Hybriden große, ins Auge fallende Gartensträucher und sind auch in Gegenden mit schwierigen klimatischen Bedingungen – wo es im Sommer heiß wird und im Winter für die meisten Teerosen und auch viele Tee-Hybriden zu kalt ist – immer noch beliebt.

Remontant-Hybriden bilden oftmals lange, kräftige Triebe, die an der Basis entspringen. Diese können so am Boden befestigt werden, dass sie im folgenden Jahr auf ihrer gesamten Länge blühen. Oder aber man kürzt sie um die Hälfte ein, um einen kompakteren Strauch zu erhalten. Im Sommer sollte nur wenig zurückgeschnitten werden, denn die Herbstblüten wachsen auf denselben Trieben, die bereits im Frühjahr Blüten hervorgebracht haben. Ausreichend viel Dünger und Wasser im Sommer sollten eine gesunde Pflanze mit gesunden Blüten zur Folge haben.

'La Reine'

'Reine des Violettes' in Mottisfont Abbey, Süd-England.

'Baronne Prévost'. Diese Remontant-Hybride wurde 1841 von Desprez im französischen Yebles aufgezogen und 1842 von Pierre Cochet aus Grisy-Suisnes eingeführt. Die Triebe erreichen eine Länge von 1,5 m und sind mit zahlreichen roten Stacheln besetzt. Die breiten, dunkelgrünen Blätter sind gefiedert. Mit einem Durchmesser von bis zu 15 cm sind die Blüten sehr groß, sie sind voll gefüllt und leuchtend rosaviolett mit einem Hauch von Lila. Sie öffnen sich flach, oftmals mit einer geballten, eingebogenen Mitte und einem wunderbaren Duft. Die Rose remontiert gut, wobei sich die Blütengruppen nacheinander öffnen. Die Abstammung ist nicht bekannt.
● Eine starkwüchsige und reich blühende Rose sowie eine der besten und beliebtesten Remontant-Hybriden. Winterhart bis −27 °C, Zone 5.

'Empereur du Maroc' (auch 'Emperor of Morocco'). Diese Remontant-Hybride wurde 1858 von Guinoisseau im französischen Angers gezüchtet. Es handelt sich hierbei um einen Sämling von 'Geant des Batailles', ebenfalls eine Remontant-Hybride. Die Blüten sind nicht sonderlich groß, jedoch voll gefüllt und sehr gut duftend. Sie öffnen sich dunkelrot und samtig und werden später dunkellila. 'Louis XIV', die manchmal als Chinarose eingestuft wird, ist ähnlich in der Farbe, trägt jedoch flachere, kleinere Blüten an einem kleineren Strauch.
● Dies ist immer noch eine der dunkelsten Rosen. Der Strauch wird bis zu 1,5 m hoch. Die Rose kann auch um eine Säule geleitet oder als niedriger Kletterer gepflanzt werden. Winterhart bis −27 °C, Zone 5.

'La Reine' (auch 'Reine des Français', 'Rose de la Reine'). Diese Remontant-Hybride wurde 1842 von Jean Laffay aus dem französischen Bellevue-Meudon aufgezogen. Ihre Blüten sind groß mit einem Durchmesser von bis zu 10 cm, abgerundet und becherförmig, haben eingebogene Petalen und gehen farblich ins Rosaviolette mit fliederfarbenen Schattierungen. Der Duft ist jedoch gering. Es handelt sich hierbei wahrscheinlich um einen Sämling von 'William Jesse', einer Bourbonrose, die eventuell mit 'Rose du Roi' (siehe Seite 77) gekreuzt wurde.
● Diese allererste der Remontant-Hybriden ist groß, mit Trieben bis zu 1,5 m Länge, die mit wenigen Stacheln und reichlich dunkelgrünem Laub besetzt sind. Winterhart bis −27 °C, Zone 5.

'Reine des Violettes' (auch 'Queen of Violets'). Diese Remontant-Hybride ist ein Sämling von 'Pius IX' und wurde 1860 von

Millet-Malet eingeführt. Ihre großen Blüten sind eingebogen, becherförmig und öffnen sich kirschrot, um sich danach violett zu verfärben. Die Rose duftet sehr süßlich und remontiert gut.
● Die starkwüchsige Pflanze ist aufgrund der farblichen Veränderung der Blüten immer noch sehr beliebt. Laut dem Züchter Peter Beales ist sie die beste der Remontant-Hybriden. Die Triebe erreichen bis zu 2 m Länge und tragen kaum Stacheln. Winterhart bis −27 °C, Zone 5.

'Empereur du Maroc'

121

Remontant-Hybriden

'Enfant de France'. Diese Remontant-Hybride wurde 1860 von Lartay aus Bordeaux eingeführt. Sie trägt dicht gefüllte, silbrig rosafarbene Blüten mit einem intensiven Duft und remontiert gut. Die Triebe erreichen Längen von bis zu 1,5 m.

● Verschiedene Rosen, unter denen sich auch zwei Gallica-Rosen und eine Alba befinden, sind mit demselben Namen bedacht worden, jedoch hat man sich vor kurzem auf diese silbrig rosafarbene Remontant-Hybride als Lartays Rose geeinigt. Winterhart bis −27 °C, Zone 5.

'Frau Karl Druschki' (auch 'Druschki', 'FK Druschki', 'Reine des Neiges', 'Schneedronningen', 'Schneekonigen', 'White American Beauty'). Diese Remontant-Hybride wurde 1901 von Peter Lambert in Trier gezüchtet. Sie stammt wiederum von der Remontant-Hybride 'Merveille de Lyon' ab, die mit 'Mme Caroline Testout' (siehe Seite 199) gekreuzt wurde, weshalb sie manchmal auch als Tee-Hybride eingestuft wird. Sie trägt große, weiße Blüten, die außen Spuren von Rosa aufweisen. Die Blüten sind voll gefüllt mit einer hohen, spitzen Knospe, jedoch nur geringem Duft. Frau Karl Druschki war die Ehefrau des Leiters der berühmten Gärtnerei Späth in Berlin. Es gibt von der Rose auch einen niedrig kletternden Sport, der nicht viel höher wächst als das Original.

● Dies ist eine der Remontant-Hybriden, die nie aus der Mode gekommen sind, sie stand außerdem oftmals Pate für neue, gute Rosenzüchtungen. Der Strauch wird bis zu 2,2 m hoch oder größer und besteht aus bestachelten Trieben mit weichen, breiten Fiederblättchen. Die Rose remontiert gut. Sie ist außerdem für eine Remontant-Hybride sehr winterhart, bis −33 °C in Zone 4.

'Georg Arends' (auch 'Fortuné Besson', 'Georg Ahrends', 'Rose Besson'). Wilhelm Hinner aus Trier führte diese Remontant-Hybride 1910 ein. Ihre Blätter sind hellgrün. Die voll gefüllten Blüten zeigen ein weiches Rosaviolett mit Spuren von Zartlila, duften schön und remontieren gut.

● Die Rose entstand als Kreuzung aus 'Frau Karl Druschki' und 'La France'. Es wird gesagt, dass diese Rose ursprünglich von einem gewissen M. Bresson in Frankreich aufgezogen und dann später von dem deutschen Gärtner Hinner umbenannt wurde. Sie bildet stabile

und aufrechte Triebe aus und wird bis zu 1,5 m hoch, weshalb sie sich für Säulen eignet. Die Blüten sind wohlgeformt und ähneln eher denen von Tee-Hybriden als die Blüten der frühen Varietäten. Winterhart bis −27 °C, Zone 5.

'Gloire Lyonnaise'. Diese Remontant-Hybride wurde 1884 von Jean-Baptiste Guillot (fils) in Lyon gezüchtet. Die Blüten sind cremefarben oder weiß, locker gefüllt, gut duftend sowie gut remontierend. Die bis 2 m hohen Triebe wachsen aufrecht und sind mit großen Stacheln besetzt, sie tragen eher schmale Fiederblättchen. Es handelt sich hier um den Sämling einer Kreuzung aus 'Baronne Adolphe de Rothschild' (siehe Seite 124) und der Teerose 'Mme Falcot'.

● Diese Rose ähnelt in vielen Eigenschaften eher einer Teerose als einer Remontant-Hybride, denn die Blüten sind zart und sehr wetterempfindlich. Ihre Abstammung entspricht auch tatsächlich der einer Tee-Hybride. Winterhart bis −27 °C, Zone 5.

'Hold Slunci'. Diese Remontant-Hybride wurde 1956 von der tschechoslowakischen Gärtnerei Blatna eingeführt. Die hellgelben, voll gefüllten Blüten duften nur wenig, remontieren jedoch gut den Sommer hindurch. Die Triebe erreichen bis zu 1,5 m Länge.

● Sowohl in Bezug auf die Farbe als auch auf ihren wahrscheinlichen Züchter, Jan Bohm, der im Süden Böhmens von 1919 bis 1950 eine große Gärtnerei betrieb, ist diese Rose sehr ungewöhnlich. Man sieht sie eher selten: Das hier gezeigte Exemplar wurde im Europa-Rosarium Sangerhausen aufgenommen. Winterhart bis −27 °C, Zone 5.

'Mrs. Cocker'. Diese Remontant-Hybride wurde 1899 von James Cocker im schottischen Aberdeen eingeführt. Die Blüten sind groß, halten sich lang, sind rosaviolett, gefüllt und intensiv duftend. Die Triebe werden bis zu 1,5 m lang. Es handelt sich hierbei um eine Kreuzung aus 'Mrs. John Laing' (siehe Seite 125) und 'Mabel Morrison' – beides Remontant-Hybriden.

● Diese seltene Rose wird noch im Europa-Rosarium Sangerhausen gehegt und gepflegt. Zu ihrer Zeit wurde sie besonders als Ausstellungsstück geschätzt. Winterhart bis −27 °C, Zone 5.

'Enfant de France'

'Gloire Lyonnaise'

'Frau Karl Druschki'

'Hold Slunci'

'Mrs Cocker'

'Enfant de France'

'Georg Arends'

'Champion of the World'

'Dembrowski'

'Jules Margottin'

'Mrs John Laing' in Kasteel Hex in Belgien.

'Baronne Adolphe de Rothschild' (auch 'Baroness Rothschild'). Diese Remontant-Hybride wurde 1868 von Jean Pernet (sen.) aus Lyon aufgezogen. Die frischen, rosavioletten und leicht duftenden Blüten öffnen sich relativ flach, die Innenpetalen sind eingerollt, die Außenpetalen stark verteilt mit sehr blassen Rückseiten. Die Pflanze ist von niedrigem Wuchs, mit Trieben bis zu 1,2 m Länge.

● Als typische Remontant-Hybride hat diese Rose eher flache Blüten sowie große, bis zu den Blüten heraufreichende Blätter und remontiert gut. Sowohl diese Rose als auch die hell rosaviolette 'Baronne Nathaniel de Rothschild' werden in vielen amerikanischen Gärtnereien als 'Baroness Rothschild' verkauft. Winterhart bis −27 °C, Zone 5.

'Champion of the World' (auch 'Mme de Graw', 'Mrs de Graw', 'Mrs DeGraw'). Diese Remontant-Hybride wird manchmal auch als Bourbonrose geführt und trägt sehr dicht gefüllte, geviertelte Blüten wie die einer alten Gallica-Rose. Diese treten in verschiedenen Rosaviolett-Tönen auf und duften gut. Oftmals fällt der Flor im Herbst besser aus als im frühen Sommer. Die Rose wurde 1894 von Woodhouse in England gezüchtet, und zwar als Kreuzung aus 'Hermosa' (siehe Seite 82) und der rotvioletten Remontant-Hybride 'Magna Charta'.

● Diese Rose kann als gute, langlebige Pflanze für die meisten Gärten empfohlen werden. Die Triebe wachsen in ausladenden Bögen mit einer Länge von 1,5 m und die Blüten sind oft in großen Gruppen angeordnet. Winterhart bis −27 °C, Zone 5.

'Dembrowski' (auch 'Dembroski', 'Dombrowski'). Eingeführt wurde diese Remontant-Hybride 1840 von Jean-Pierre Vibert in Frankreich. Sie wird manchmal als Bourbon-Hybride eingestuft. Die Triebe sind etwa 1,2 m lang. Die voll gefüllten Blüten sind von einem dunklen Rosaviolett mit silbrigen Rändern. Der Duft ist eher durchschnittlich. Die Pflanze blüht kontinuierlich den ganzen Sommer hindurch.

● Auffallend sind hier die intensive Farbe und der Blütenreichtum. Winterhart bis −27 °C, Zone 5.

'Jules Margottin'. Diese Remontant-Hybride wurde 1853 von Jacques-Julien Margottin (sen.) aus Bourg-la-Reine eingeführt. Die gefüllten, hell karminroten Blüten öffnen sich flach und zeigen in voll geöffnetem Zustand einige Staubgefäße. Die stacheligen Triebe wachsen bis zu 2 m in die Höhe. Die Rose ist wahrscheinlich ein Sämling von 'La Reine' (siehe Seite 121).

● Diese Rose wurde seit ihrer Entstehung kommerziell genutzt und stand Pate für andere wichtige Züchtungen. Sie blüht reich und duftet gut, allerdings bringt sie im Herbst nur wenige Blüten hervor. Winterhart bis −27 °C, Zone 5.

'Mrs John Laing'. Henry Bennett züchtete diese Remontant-Hybride 1887 im englischen Wiltshire, und zwar als Sämling der Remontant-Hybride 'Francois Michelon'. Die langen Knospen öffnen sich zu zart rosavioletten, becherförmigen Blüten mit eingebogenen Petalen, deren Ränder sich später schwarz kräuseln. Die großen und gut duftenden Blüten stehen in Dreier- oder Vierergruppen. Bennett war ursprünglich Landbesitzer, Bauer und Viehzüchter, wandte sich jedoch der Rosenzüchtung zu und schuf ein paar frühe Hybriden, unter denen auch die ersten Tee-Hybriden waren.

● Die bis zu 1,2 m hohe Pflanze bildet Triebe mit wenigen, kleinen Stacheln und gegen Mehltau beständigen Blättern. Die Blüten trotzen dem Regen und erscheinen bis in den Herbst hinein. Winterhart bis −27 °C, Zone 5.

'Paul Neyron'. Diese Remontant-Hybride wurde 1869 von Antoine Levet aus Lyon aufgezogen. Sie bildet einen aufrechten, wohlgeformten Strauch mit kräftig wachsenden Trieben von bis zu 2 m Länge, die mit kleinen, roten Stacheln besetzt sind. Unter den Alten Rosen ist sie eine der Sorten, die die größten Blüten hervorbringt. Diese öffnen sich flach und kirschrot, verfärben sich danach violettrosa und duften gut. Es handelt sich hierbei um eine Hybride von 'Victor Verdier' (siehe Seite 126), die mit 'Anna de Diesbach' gekreuzt wurde – beides sind Remontant-Hybriden.

● Diese Remontant-Hybride ist immer noch eine der beliebtesten, denn sie remontiert gut und hat sehr große Blüten. Winterhart bis −27 °C, Zone 5.

'Ulrich Brunner Fils' (auch 'Blue Mikey', 'Ulrich Brunner'). Diese Remontant-Hybride führte Antoine Levet aus Lyon 1882 ein. Sie wurde benannt nach Ulrich Brunner, der in Lausanne Rosen anbaute. Ihre Blüten sind groß, geranien- bis karminrot, mit violetten Schattierungen im Verlauf der Blütezeit, und gutem Duft.

● Dies ist eine starkwüchsige Pflanze mit Trieben bis zu 1,5 m Länge. Winterhart bis −27 °C, Zone 5.

'Ulrich Brunner Fils'

'Paul Neyron' mit Rittersporn im Europa-Rosarium Sangerhausen, Deutschland.

'Baronne Adolphe de Rothschild' in Mottisfont Abbey in Süd-England.

125

'Victor Verdier' am Wilton Cottage in Süd-England.

'Hugh Dickson' in Mottisfont Abbey, Süd-England.

'Erinnerung an Brod' (auch 'Souvenir de Brod'). Hierbei handelt es sich um eine Hybride von *R. setigera* (siehe Seite 19), die sonst als Remontant-Hybride eingestuft wird und 1886 von Rudolph Geschwind in Böhmen gezüchtet wurde. Sie ist remontierend, mit geviertelten, stark duftenden Blüten. Diese sind in ihrer Farbgebung einzigartig: Sie öffnen sich kirschrot, werden dann karmesinrot und mit der Zeit lila, sodass sie einer Gallica-Rose gleichen und die bläulichste Färbung aller Alten Rosen aufweisen. Außer von der *R. setigera* stammt diese Rose von der Remontant-Hybride 'Génie de Châteaubriand' ab.
● Dieser starkwüchsige Strauch erreicht bis zu 2,5 m Höhe und ist eine der Elternpflanzen des „blauen" Ramblers 'Veilchenblau' (siehe Seite 161). Geschwind verwendete die sehr winterharte, nordamerikanische Prärierose *R. setigera* für viele seiner Hybriden, wodurch diese gegen die harten Winter Ost-Europas beständig wurden. Sie überleben bis −30 °C, in Zone 4.

'Ferdinand Pichard'. Diese gestreifte Remontant-Hybride wurde 1921 von Remi Tanne in Rouen aufgezogen und wird manchmal den gestreiften Bourbonrosen, wie 'Variegata de Bologna' (siehe Seite 113), zugeordnet. Die becherförmigen Blüten sind klein und duften verhalten.
● Diese Rose bildet einen 2,5 m hohen, buschigen Strauch mit Blüten, die in Gruppen stehen und im Hochsommer und im Herbst erscheinen. Winterhart bis −27 °C, Zone 5.

'Hugh Dickson'. Diese Remontant-Hybride wurde 1905 von Dickson aus dem nordirischen Newtonards eingeführt. Ihre sehr großen, mittelroten Blüten verströmen einen intensiven Duft und entfalten sich kontinuierlich vom Sommer bis in den Herbst hinein. Es handelt sich bei dieser Rose um eine Kreuzung aus der Remontant-Hybride 'Lord Bacon' und 'Gruß an Teplitz' (siehe Seite 118).
● Es ist eine der besten Remontant-Hybriden für den allgemeinen Gartengebrauch, mit bis zu 3 m langen Trieben, die sich gut am Boden feststecken oder -binden lassen. Winterhart bis −27 °C, Zone 5.

'Ferdinand Pichard' im Europa-Rosarium Sangerhausen, Deutschland.

'Erinnerung an Brod' in Mottisfont Abbey in Süd-England.

'Mme Victor Verdier'. Diese Remontant-Hybride wurde 1863 von Eugene Verdier gezüchtet. Sie trägt abgerundete, lockere, voll gefüllte, wohlduftende Blüten von einem kräftigen Rosarot mit blasserer Rückseite. Sie ist bekannt aufgrund ihrer Elternsorte 'La France' (siehe Seite 199), die eine der ersten Tee-Hybriden war.

● Der nahezu stachellose Strauch von bis zu 1,5 m Höhe bringt den ganzen Sommer hindurch Blüten hervor. Winterhart bis −27 °C, Zone 5.

'Triomphe de France'. Diese Remontant-Hybride wurde 1875 von Garçon eingeführt. Ihre sehr großen, leuchtend rosavioletten, voll gefüllten Blüten sind wohlgeformt und verströmen einen leichten Duft. Diese Rose wird nur selten kultiviert. Das Foto unseres Exemplars stammt aus dem Europa-Rosarium Sangerhausen.

● Die Rose remontiert zuverlässig und hat Triebe bis zu 1,5 m Länge. Winterhart bis −27 °C, Zone 5.

'Victor Verdier' (auch 'M. Victor Verdier'). Aufgezogen wurde diese Rose 1859 von Lacharme aus Lyon. Obwohl es sich dabei um eine Kreuzung von 'Jules Margottin' (siehe Seite 124) und 'Safrano' (siehe Seite 95) und daher um eine Tee-Hybride handelt, wird sie als Remontant-Hybride eingestuft. Die voll gefüllten Blüten sind von einem klaren Roséton, der sich ins Violette verfärbt, sie verströmen aber nur wenig Duft.

● Diese Rose bildet einen schön blühenden, aufrechten Strauch. Sie ist eine wichtige Elternsorte der frühen Tee-Hybriden wie 'Lady Mary Fitzwilliam' (siehe Seite 199). Winterhart bis −23 °C, Zone 6.

'Triomphe de France'

'Ferdinand Pichard'

'Mme Victor Verdier'

'Alfred Colomb'

'Surpassing Beauty of Woolverstone' im Londoner Eccleston Square Garden.

'Granny Grimmets' im Europa-Rosarium Sangerhausen, Deutschland.

'Prince Camille de Rohan'

'Alfred Colomb'. Diese Remontant-Hybride wurde 1865 von Alfred Lacharme in Lyon eingeführt, und zwar als Sämling der Remontant-Hybride 'Général Jacqueminot'. Die intensiv duftenden Blüten sind voll gefüllt, kugel- bis becherförmig und dunkelrot mit Petalen, die an der Rückseite etwas blasser sind. Alfred Colomb war ein lyonesischer Rosenliebhaber.

● Die Rose remontiert gut. Ihre Triebe erreichen eine Länge von bis zu 1,5 m und sind kaum mit Stacheln besetzt. Winterhart bis −27 °C, Zone 5.

'Fisher Holmes' (auch 'Fisher and Holmes'). Dies ist eine Remontant-Hybride, die 1865 von Eugene Verdier in Paris gezüchtet wurde. Sie trägt sehr dunkel rote, samtige Blüten, die rotviolett abblühen und voll gefüllt sowie wohlgeformt sind. Sie remontiert und duftet gut. Die Abstammung ist ungewiss, wahrscheinlich handelt es sich dabei jedoch um einen Sämling der Remontant-Hybride 'Maurice Bernardin'.

● Diese Rose ist eine der besten Remontant-Hybriden, mit starkem Wuchs, robusten und nahezu rohrähnlichen Trieben mit einer Länge von bis zu 2 m, die sich gut zum waagrecht Ziehen eignen und dann auf ihrer gesamten Länge blühen. Winterhart bis −27 °C, Zone 5.

'Fisher Holmes'

'Souvenir du Docteur Jamain' in Mottisfont Abbey, Süd-England.

'Granny Grimmets'. Diese Remontant-Hybride wurde 1955 von Hilling erneut eingeführt. Die Blüten sind becherförmig, ungeordnet gefüllt und sehr dunkel rot bis lila gefärbt, mit gekräuselten Petalen. Die Rose verströmt einen durchschnittlichen Duft, remontiert aber gut.

● Diese seltene Rose wurde in der Sammlung des Europa-Rosariums Sangerhausen gefunden und wird heute noch von einigen Gärtnereien in Dänemark, Kalifornien und Texas gezogen. Winterhart bis −27 °C, Zone 5.

'Prince Camille de Rohan' (auch 'La Rosière'). Diese Remontant-Hybride wurde 1861 von Eugene Verdier in Paris eingeführt. Die becherförmigen Blüten sind von einem sehr dunklen, samtigen Karmesin-Kastanienbraun und duften intensiv. Sie stammt wahrscheinlich von der Remontant-Hybride 'Général Jacqueminot' ab, die mit einer Hybride von 'Geant des Batailles' gekreuzt wurde – ebenfalls eine Remontant-Hybride.

● Diese Rose ist nur einmal blühend, entwickelt jedoch ab und an auch ein paar Herbstblüten. Die Blüten sind sehr groß und farbenfroh, die Rose ist es daher wert, angepflanzt zu werden. Sie kann als Kletterer oder als großer Strauch wachsen, die Triebe werden bis zu 2,5 m lang. Winterhart bis −27 °C, Zone 5.

'Roger Lambelin'. Bei dieser Rose handelt es sich um einen Sport von 'Prince Camille de Rohan'. Sie wurde 1890 von der Witwe Schwartz aus Lyon eingeführt. Die Petalen sind an den Rändern gekräuselt und tragen weiße Streifen und Konturen. Ansonsten sind die Blüten leuchtend karmesinrot und blühen kastanienbraun ab.

● Die Blüten duften gut und wachsen an bis zu 1,5 m langen Trieben in lockeren Gruppen. Winterhart bis −27 °C, Zone 5.

'Souvenir du Docteur Jamain'. Diese Remontant-Hybride wurde 1865 von Lacharme in Lyon aufgezogen. Die Blüten öffnen sich karmesinrot und nehmen danach den Farbton von Pflaumen an. Diese Farbe bleibt an kalten Standorten besser erhalten. Die Rose remontiert gut und duftet schwer und süßlich. Von welcher Rose – außer der Remontant-Hybride 'Charles Lefebvre' – sie abstammt, ist unbekannt.

● Sie ist berühmt für ihren sehr dunklen Farbton und für ihren Duft, wohingegen die Blüten unter der Durchschnittsgröße liegen. Mit ihren bis zu 3 m langen Trieben ist sie fast schon ein Kletterer. Winterhart bis −27 °C, Zone 5.

'Surpassing Beauty of Woolverstone' (auch 'Beauty of Woolverstone', 'Surpassing Beauty', 'The Churchyard Rose', 'Woolverstone Church Rose'). Diese kletternde Remontant-Hybride wurde 1980 von Peter Beales eingeführt. Die „gefundene" Rose wurde vom Rosenkundler Humphrey Brooke auf dem Friedhof von Woolverstone im englischen Suffolk entdeckt. Sie trägt dunkelrote, gefüllte Blüten, die dunkellila und mit einer ungeordneten Mitte abblühen und den typischen Duft Alter Rosen verströmen.

● Die Triebe können eine Länge von 2,5 m erreichen, weshalb sich die Pflanze als Kletterer oder für Säulen eignet. Sie ist ein wenig anfällig für Mehltau. Winterhart bis −27 °C, Zone 5.

'Roger Lambelin'

129

Kletterrosen

'Climbing Ophelia'

Das Züchten von kletternden Rosen ist schon immer eine Art Glücksspiel gewesen. Obwohl die ersten Tee-Hybriden als remontierende, niedrige Sträucher eingestuft wurden, mutierten einige von ihnen zu kletternden Formen, die in Bezug auf ihren Wuchs nach ihren kletternden Teerosen-Vorfahren kamen. Andere Kletterrosen erhielt man aus Kreuzungen von Rosen, die selber großblütige Kletterer waren.

Eine der wichtigsten Kletterrosen, 'Dr W. van Fleet', wurde absichtlich aus einer Kreuzung einer Tee-Hybride mit einer Hybride der ersten Generation eines wilden Kletterers und einer Teerose gewonnen. Sie trägt die großen Blüten der Tee-Hybriden. 'New Dawn', ein remontierender Sport von 'Dr W. van Fleet', der 1930 erschien, ist in Europa und in Nordamerika immer noch eine der beliebtesten Kletterrosen. In Kreuzungen mit Tee-Hybriden wurde sie zum Vorfahr vieler moderner remontierender Kletterer, die wesentlich winterhärter sind als die kletternden alten Teerosen.

Die Existenz einiger der besten Exemplare verdanken wir nur dem Zufall. Sie entstanden, als ihre Züchter versuchten, einen niedrigen Strauch zu entwickeln: David Austins wunderschöner Kletterer 'Constance Spry' (siehe Seite 138) z. B. ist eine Kreuzung zweier Rosen mit niedrigem Wuchs – einer Gallica- und einer Floribunda-Rose. Jeder, der sich für die Geschichten der Züchter von Kletterrosen interessiert, sollte Charles Quest-Ritsons fesselndes Werk *Climbing Roses of the World* lesen.

Kletterrosen benötigen nährstoffreichen Mutterboden sowie reichlich Wasser im Sommer, wenn sie ihre besten Blüten tragen sollen. Einmal blühende Exemplare entwickeln nach dem Blühen starke Triebe, weshalb sie viel Pflege brauchen, damit sie im darauf folgenden Jahr ebenfalls gut blühen. Remontierende Kletterer benötigen Wasser und Dünger, um ein zweites Mal zu blühen. In einigen Klimazonen kann der Herbstregen für ausreichend viel Wasser sorgen. Bei ausbleibendem Regen muss jedoch zusätzlich bewässert werden.

Beim Rückschnitt ist der Aufwand minimal. Es müssen einfach nur die abgeblühten Seitentriebe sowie Holz, das zum Blühen zu schwach ist, abgeschnitten werden. Die starken neuen Triebe werden dann an die Stelle der alten treten. Wenn möglich sind auch ein paar Triebe horizontal zu leiten, sodass sie auf ihrer gesamten Länge blühen und eine schöne Umrahmung bilden können. Die Winterhärte dieser Varietäten entspricht ihrer jeweiligen Abstammung. Empfindliche Exemplare überstehen einen Winter eventuell besser, wenn ihre Triebe an einer Wand festgebunden werden.

'Climbing Ophelia'

'Dr W. van Fleet' in The Gardens of the Rose, im südenglischen St. Albans.

'Climbing Ophelia'. Dieser Sport der Tee-Hybride 'Ophelia' wurde 1920 von Dickson in Nord-Irland eingeführt. Die für Tee-Hybriden typischen Blüten mit langen Petalen und spitz zulaufenden Knospen öffnen sich hell gelbbraun oder lachsfarben mit ein wenig intensiver gelben Farbtönen in der Mitte sowie einem angenehmen Duft. Die 1912 von William Paul and Sons aus dem englischen Waltham Cross eingeführte 'Ophelia' ist wahrscheinlich ein Sämling der Tee-Hybride 'Antoine Rivoire'. Sie stand Pate für die Züchtung vieler Hybriden und entwickelte mehrere wunderbare Sports. 'Lady Silvia' ist von einem dunkleren Rosaviolett und hat selbst einen kletternden Sport hervorgebracht. 'Silver Wedding' ist nahezu weiß. Von ihr ist jedoch kein kletternder Sport bekannt.

● Dieser starkwüchsige Kletterer kann nach ein paar Jahren eine Länge von 6 m erreichen. Winterhart bis −23 °C, Zone 6.

'Dr W. van Fleet'. Dieser einmal blühende Kletterer wurde um das Jahr 1890 von Dr. Walter van Fleet in Ruskin im Bundesstaat Tennessee aufgezogen und 1910 von dem New Yorker Henderson eingeführt. Die voll gefüllten Blüten sind mit einem Durchmesser von etwa 10 cm recht groß. Sie sind hell rosaviolett mit ein wenig Gelb hier und da und duften ausgezeichnet. Die Rose entstand als Kreuzung der Tee-Hybride 'Souvenir du Président Carnot' (siehe Seite 95) mit einer Hybride von 'Safrano' (siehe Seite 19).

● Die Pflanze wird bis zu 5 m lang oder länger und trägt krankheitsresistentes, glänzendes Laub. Diese Rose blüht hauptsächlich im Hochsommer, entwickelt jedoch auch einige spätere Blüten. Sie ist heute viel seltener als der remontierende Sport 'New Dawn'. Winterhart bis −30 °C, in den warmen Gegenden von Zone 4.

'New Dawn' (auch 'Everblooming Dr W. van Fleet', 'The New Dawn'). Dieser remontierende Sport von 'Dr W. van Fleet' wurde 1930 von Somerset in den USA eingeführt. Er ist fast ebenso starkwüchsig wie ihr Vorfahr und blüht erneut im Herbst, bis zum Einsetzen des Winterfrostes.

● Dies ist einer der allerbesten Kletterer, denn er ist gesund und blüht reich. Er bringt es auf eine stolze Länge von 5 m und mehr. Winterhart bis −30 °C, in den wärmsten Gegenden von Zone 4.

'New Dawn'

'Alchymist' im Londoner Eccleston Square Garden.

'**Alchymist**' (auch 'Alchemist'). Diese einmal blühende Kletterrose wurde von Kordes 1956 in Deutschland gezüchtet. Die voll gefüllten Blüten haben einen Durchmesser von etwa 10 cm. Die äußeren Petalen sind in voll geöffnetem Zustand zurückgebogen. Die Blüten sind apricot-orangefarben mit weißen Verfärbungen an den Rändern. Der Duft ist hervorragend. Die Rose stammt von *R. rubinigosa* (siehe Seite 26) und der Kletterrose 'Golden Glow' ab.
● Diese weich belaubte Rose eignet sich perfekt für das Hinaufwachsen auf einen kleinen Baum – einen Apfelbaum etwa oder einen immergrünen Baum wie z. B. *Ilex*, in dem sich die farbigen Blüten besonders gut machen. Die Blüten der hängenden Triebe sind besonders schön. Winterhart bis –30 °C, in warmen Gegenden von Zone 4.

'**Easlea's Golden Rambler**' (auch 'Golden Rambler'). Trotz des Namens handelt es sich hierbei um eine großblütige Kletterrose mit glänzendem, dunkelgrünem Laub und riesengroßen, voll gefüllten Blüten mit einem Durchmesser von bis zu 11 cm. Die Knospen sind rot gefärbt und öffnen sich in einem satten Goldgelb. Aufgezogen wurde diese Rose 1932 von Walter Easlea in der Nähe von Leigh-on-Sea im englischen Essex, jedoch ist die Abstammung nicht bekannt.
● Die Rose ist einmal blühend, starkwüchsig und entwickelt dicke Triebe an der Basis. Lässt man sie ungehindert wachsen, erreichen die Triebe in einer Saison eine Länge von 6 m, wodurch die Blüten unter dem Dachvorsprung verschwinden, wenn man sie an einer Hauswand hinaufwachsen lässt. Winterhart bis –18 °C, Zone 7.

'**Golden Showers**'. Diese Tee-Hybride trägt locker gefüllte, mittelgroße Blüten, die erst leuchtend gelb sind, dann ein wenig verblassen und in gänzlich geöffnetem Zustand einige Staubgefäße zeigen. Sie duften leicht. Die Rose wurde von Dr. W. E. Lammerts aus zwei Tee-Hybriden gezüchtet – der Strauchrose 'Charlotte Armstrong' und dem Kletterer 'Captain Thomas'. Sie wurde 1956 von Germain's aus Los Angeles eingeführt.
● Diese sehr gute, buschige Rose klettert bis zu 4 m hoch und ist im Allgemeinen gesund, mit dunkelgrünem Laub. Sie remontiert gut und die Blüten sind gut beständig gegen Regen. Diese Rose eignet sich besonders für kühlere, feuchte Klimazonen. Winterhart bis –18 °C, Zone 7.

'Alchymist'

'Easlea's Golden Rambler'

'Mermaid'

'Lawrence Johnston'. Diese großblütige Kletterrose wurde von Pernet-Ducher aus Lyon aufgezogen und 1922 eingeführt. Die halb gefüllten Blüten sind von einem leuchtenden Gelb mit ebenfalls gelben Staubgefäßen. Bei der Rose handelt es sich um eine Hybride von R. foetida 'Persiana' (siehe Seite 30) und der gelben Tee-Noisetterose 'Madame Eugene Verdier'. Graham Thomas berichtet, dass Pernet-Ducher den Schwestersämling 'Le Rêve' dieser Rose vorzog, sie jedoch von Lawrence Johnston, einem reichen Amerikaner, gekauft wurde, der ab dem Jahr 1924 im Garten von Serre de la Madone in der Nähe von Menton an der Französischen Riviera tätig war.

● Diese schöne, ungezwungene Kletterrose blüht im Frühsommer in Hülle und Fülle. Winterhart bis −23 °C, Zone 6.

'Mermaid'. Diese Hybride aus R. bracteata (siehe Seite 14) und einer gelben Teerose wurde 1918 von William Paul aus dem englischen Waltham Cross eingeführt. Sie trägt glänzendes, gesundes, dunkelgrünes Laub und sehr große, leuchtend gelbe, ungefüllte Blüten mit einem stattlichen Durchmesser von bis zu 15 cm und goldenen Staubgefäßen. Sie blüht bis in den Herbst hinein.

● Bei guter Pflege ist dies eine wunderbare Rose. Ihre bestachelten Triebe können in kurzer Zeit eine Höhe von 6 m erreichen. Bei Frost jedoch sterben die Triebe ab. Winterhart bis −12 °C in Zone 8, wo sie sich sehr gut unter Bäumen macht. Die Rose kann auch in Zon

'Lawrence Johnston'

'Golden Showers'

'Breath of Life'

'Spice So Nice'

'Looping' im Europa-Rosarium Sangerhausen, Deutschland.

'Blairii No 2'. Diese Kletterrose, die auch als Bourbonrose sowie als kletternde Chinarose und als China-Hybride bezeichnet wird, trägt einige der schönsten Blüten der Alten Rosen. Sie sind perfekt rund, hell rosaviolett mit einem dunkleren Farbton in der Mitte und gut duftend. Die Triebe mit einer Länge bis 5 m lassen sich gut um Bäume oder Pergolen leiten. Die Rose blüht hauptsächlich im Hochsommer,

in einer guten Saison können sich jedoch auch später noch Blüten entwickeln. Gezüchtet wurde sie 1845 in England von einem gewissen Mr. Blair. 'Blairii No. 1' ist ähnlich, jedoch trägt sie hellere Blüten und wächst nur bis zu einer Länge von 2 m heran.
● Ich habe diese Rose schon oft bewundert, jedoch nie selbst angepflanzt. Sie ist angeblich anfällig für Mehltau. Diese einmal blühende Kletterrose sollte wie ein Rambler geschnitten werden; im Herbst oder Winter. Die alten, abgeblühten Triebe können gänzlich entfernt werden und die langen, neuen Triebe sollten heruntergebunden, in Bögen angeordnet oder an einem niedrigen Zaun entlang befestigt werden. Ist Ihnen dies zu viel, düngen Sie die Pflanze gut und entfernen Sie die verwelkten Blüten und vertrockneten Zweige und schneiden Sie die abgeblühten Triebe im folgenden Jahr ab, wenn sich bereits neue, starke Triebe entwickelt haben. Winterhart bis −29 °C, Zone 5.

'Breath of Life' (auch HARquanne). Diese kletternde Tee-Hybride wurde 1980 von Harkness aus dem englischen Hitchin eingeführt. Die Blüten sind groß und apricotorange mit süßlichem Duft. Die Triebe sind stark und stachelig und wachsen bis zu einer Länge von 3 m heran. Die Rose entstand als Kreuzung aus der Floribunda-Rose 'Red Dandy' mit 'Alexander' (siehe Seite 214).
● Diese Rose blüht die ganze Saison hindurch reich und ist besonders winterhart, bis −30 °C, in den wärmsten Gegenden von Zone 4.

'Compassion' (auch 'Belle de Londres'). Diese kletternde Tee-Hybride wurde 1972 von Harkness aus dem englischen Hitchin eingeführt. Sie hat sich zu einer sehr beliebten Kletterrose entwickelt und ist nahezu überall erhältlich. Die Blüten sind groß, gefüllt, lachsrosafarben, sie verfärben sich gelbbraun und duften gut.

'Blairii No 2'

Diese Rose ist eine Hybride der Kletterrose 'White Cockade' und der Tee-Hybride 'Prima Ballerina'.
● Die Triebe erreichen eine Länge von 3 m. Winterhart bis −30 °C, in den wärmsten Gegenden von Zone 4.

'Cupid'. Diese kletternde Tee-Hybride unbekannter Abstammung wurde 1915 von Cants aus Colchester aufgezogen. Aufrechte Gruppen ungefüllter Blüten öffnen sich orangerosa, blühen zartrosa oder weiß ab und werden von großen, orangefarbenen Früchten abgelöst.
● Diese Rose blüht reich, jedoch nur im Frühsommer, die bestachelten Trieben werden bis 5 m lang. Winterhart bis −29 °C, Zone 5.

'Lady Waterloo'. Diese kletternde Tee-Hybride wurde 1902 von Nabonnand aus dem französischen Golfe Juan eingeführt. Ihre roten Knospen öffnen sich zu großen, locker gefüllten Blüten mit cremegelben Petalen. Diese sind an der Basis nach innen golden und nach außen leuchtend rosaviolett. Die Rose duftet leicht nach Apfel. Das Laub ist hellgrün mit großen Blättern an nahezu stachellosen Trieben. Die Rose stammt von der Tee-Hybride 'La France de '89' und der Noisette-Hybride 'Mme Marie Lavalley' ab.
● Meiner Erfahrung nach ist diese Rose nicht so starkwüchsig wie die meisten anderen Kletterer und sie erreicht in schlechtem Boden nur eine Länge von 3 m. Unter guten Bedingungen soll sie dagegen 6 m messen. In der Wachstumszeit ist sie selten gänzlich ohne Blüten zu sehen. Winterhart bis −18 °C, Zone 7.

'Looping' (auch MEIrovonex). Eingeführt wurde diese kletternde Tee-Hybride 1977 von Meilland aus Marseilles. Ihre halb gefüllten Blüten öffnen sich orange, verfärben sich dann rosaviolett und die Petalen rollen sich in vollkommen geöffnetem Zustand nach hinten, wodurch die roten Staubgefäße sichtbar werden. Der Duft ist ausgezeichnet. Zu den Vorfahren dieser Rose gehören die Kletterrosen 'Royal Gold' und 'Danse des Sylphes', die Strauchrose 'Cocktail' sowie die Floribunda-Rose 'Zambra'.
● Die Pflanze ist starkwüchsig und erreicht 4 m. In kalten, feuchten Klimazonen ist sie anfällig für Sternrußtau. Winterhart bis −23 °C, Zone 6.

'Cupid'

'Spice So Nice' (auch WEKwesflut). Diese großblütige Kletterrose wurde von Tom Carruth gezüchtet und im Jahre 2002 von Wee Roses eingeführt. Die Blüten, die in großen Gruppen stehen, zeigen eine warme Mischung aus Apricotorange und Gelb unten an den Petalen sowie auf den Rückseiten. Das Laub ist im Austrieb mahagonirot. Der Duft dieser Rose ist außergewöhnlich und ähnelt dem von Wacholder mit einer leichten Note von Alten Rosen. Es handelt sich bei dieser Rose um eine Hybride der Strauchrosen 'Westerland' und 'Flutterbye'.
● Diese Pflanze erreicht kletternd eine Länge von 4 m und remontiert gut. Nicht winterhart, wahrscheinlich nur bis −12 °C, Zone 8.

'Compassion'

'Lady Waterloo' in Mottisfont Abbey in Süd-England.

'Mme Grégoire Staechelin'

'Collette' (auch 'Genevieve', 'John Keats', MEIroupis). Diese großblütige Kletterrose bzw. große Strauchrose mit voll gefüllten, leuchtend rosavioletten Blüten duftet wunderbar. Sie wurde 1996 von Meilland in Frankreich aufgezogen, und zwar als Kreuzung des Sämlings der Strauchrose 'Fiona' und der Floribunda 'Friesia' (auch 'Sunsprite' genannt) mit der Strauchrose 'Prairie Princess'.
● Diese Rose klettert lediglich bis auf 4 m, ist aber zuverlässig remontierend. Winterhart bis −23 °C, Zone 6.

'Climbing Mme Caroline Testout'. Dies ist eine kletternde Tee-Hybride. Die Buschform (siehe Seite 199) wurde 1890 gezüchtet und der kletternde Sport wurde 1901 von J.-B. Chauvry aus Bordeaux eingeführt. Die in weit verzweigten Dolden stehenden, voll gefüllten Blüten öffnen sich kräftig rosaviolett und groß aus gedrungenen Knospen.
● Diese Rose blüht sehr reich. Die bestachelten Triebe sind aufrecht und robust. Sie eignet sich besser für das Wachsen an einer Säule oder – wie in alten Gärten – in Pyramidenform als für das Bedecken einer Mauer. Winterhart bis −29 °C, Zone 5.

'Constance Spry' (AUSfirst, AUStance). Diese großblütige Kletterrose wurde 1961 von David Austin im englischen Albrighton aufgezogen und als erste seiner Züchtungen eingeführt. Die Blüten sind kugelförmig, voll gefüllt sowie rosarot und werden im Frühsommer in großer

'Constance Spry'

'Climbing Mme Caroline Testout'

‘Senateur Lafolette’

Menge hervorgebracht. Ihr Duft wurde oft mit Myrrhe verglichen und ist moschusartig, aber nicht süßlich. Diese hervorragende Rose stand Pate für viele von Austins Englischen Rosen und brachte den Modernen Rosen einen guten Duft und alte Blütenformen. Sie entstand aus ‘Belle Isis’ (siehe Seite 40), die mit ‘Dainty Maid’ (siehe Seite 236) gekreuzt wurde und ihr Name erinnert an die einflussreiche Blumenarrangeurin.

● Dies ist ein ausgezeichnete Kletterer, der jedoch leider im Herbst nicht remontiert. Die Triebe erreichen bis 3 m Länge und mehr. Als sehr winterharte Rose überlebt sie wahrscheinlich sogar −29 °C, Zone 5.

‘Mme Grégoire Staechelin’ (auch ‘Spanish Beauty’). Diese starkwüchsige und früh blühende, kletternde Tee-Hybride wurde 1927 von Pedro Dot in Spanien gezüchtet. Sie trägt große, locker gefüllte, leicht hängende Blüten mit spitz zulaufenden, karmesinroten Knospen, die sich hell rosaviolett mit dunkleren Blattnerven öffnen und an den Rändern blasser werden. Der Duft ist schwer und süßlich. Die großen, orangefarbenen Früchte bleiben den Winter über auf der Pflanze stehen. Die Rose stammt direkt von ‘Frau Karl Druschki’ (siehe Seite 122) und der Tee-Hybride ‘Chateau de Clos Vougeot’ ab.

● Diese Rose ist eine der schönsten aller Gartenrosen, mit Trieben bis zu 2,2 m Länge und nur wenigen Stacheln. Sie ist einmal blühend, bringt dann jedoch graziös hängende Blüten in Hülle und Fülle hervor. ‘Frau Karl Druschki’ züchtete viele gute Kletterer, denen sie Winterhärte, starken Wuchs, Blüten mit robusten Petalen und gesundes Laub verlieh. Winterhart bis −29 °C, Zone 5.

‘Senateur Lafolette’ (auch ‘La Folette’). Dieser Riese unter den Kletterrosen trägt lange, sehr spitz zulaufende, leuchtend rosaviolette Knospen, die sich zu großen, lockeren, ungeordneten Blüten mit noch mehr ungeordneten Petalen in der Mitte öffnen. Der Duft ist gut. Im Austrieb sind auch die Blätter sehr elegant, mit langen, weichen, rötlichen Fiederblättchen. Diese außergewöhnliche Rose wurde von

Busby aufgezogen, der der Gärtner von Lord Brougham am Château Eléonore in der Nähe von Cannes war. Eingeführt wurde die Rose 1910. Sie stammt von *R. gigantea* (siehe Seite 13) ab, die von Sir Henry Collett neu aus Burma eingeführt und dann mit einer Tee-Hybride gekreuzt wurde.

● Die Triebe dieser Rose erreichen 9 m und mehr und klettern an Bäumen hinauf bzw. über sie hinweg – ebenso über hohe Mauern. Sie gedeiht besonders gut in warmen oder mediterranen Klimazonen – z. B. in Kalifornien, aber auch in der Großstadtluft Londons – benötigt jedoch Schutz in kalten Gegenden. Winterhart bis −12 °C, Zone 8.

‘Collette’

'Climbing Shot Silk'

'Climbing Shot Silk'. Diese Tee-Hybride wurde 1931 von Knight eingeführt. Die Buschform war 1924 von Dickson in Nord-Irland gezüchtet worden. Die Blüten sind groß mit leuchtend rosavioletten Schattierungen und süßlichem Duft. Die Triebe tragen kaum Stacheln.
● Dieser niedrige Kletterer erreicht gerade 2,5 m. Er remontiert gut im Herbst. Winterhart bis −29 °C, Zone 5.

'Handel' (auch MACha). Diese Tee-Hybride wurde 1965 von Sam McGredy IV in Nord-Irland aufgezogen. Die großen Blüten sind zweifarbig: Die Petalen sind cremeweiß mit karmesinroten Rändern bis unten hin. Diese Rose ist eine Hybride aus der Floribunda-Rose 'Columbine' und der Kordes-Rose 'Gruß aus Heidelberg' (siehe Seite 141).
● Die starkwüchsige Rose erreicht 6 m Länge, remontiert gut, hat aber einen Duft, der unter dem Durchschnitt liegt. Sie ist eine gute Kletterrose und eignet sich für Säulen oder Zäune. Im Londoner Eccleston Square wächst sie auf der Umnetzung eines Tennisplatzes. Winterhart bis −29 °C, in Zone 5.

'Kitty Kininmonth'. Diese großblütige Kletterrose wurde 1922 von Alister Clark aus Glenara nahe dem australischen Melbourne gezüchtet. Sie trägt sehr große, halb gefüllte, dunkel rosafarbene und gut duftende Blüten. Die Petalen verblassen nicht, sind aber an der Unterseite heller. Es handelt sich bei der Rose um eine Kreuzung aus einem unbenannten Sämling mit *R. gigantea* (siehe Seite 13).
● Diese große und starkwüchsige Rose erreicht stolze 7,5 m, blüht früh sowie reich und remontiert, wenn man die entwickelten Früchte regelmäßig abschneidet. Sie eignet sich gut für warme Klimazonen. Alle Rosen von Alister Clark, von denen immer noch mindestens 16 kultiviert werden, wären eigentlich ideal für Kalifornien, den Südosten der USA sowie Süd-Europa. Allerdings sieht man sie selten in Gärten außerhalb Australiens. Da die Rose von der *R. gigantea* abstammt, ist sie nur bis −18 °C in Zone 7 winterhart.

'Antike '89' (auch 'Antique', KORdalen). Eine großblütige Kletterrose, mit derselben Färbung wie 'Handel'. Sie wurde 1988 von Kordes in Deutschland eingeführt. Ihre Blüten sind groß, voll gefüllt, hell rosaviolett oder weiß mit leuchtend roten Rändern. Sie remontiert gut die ganze Saison hindurch. Es handelt sich hierbei um eine Kreuzung aus der Kletterrose 'Grand Hotel' mit der Tee-Hybride 'Symphonie'.
● Diese Rose ist ein niedriger Kletterer bzw. eine niedrige Säulenrose, die bis zu 3 m hoch wird. Winterhart bis −34 °C, Zone 4.

'Antike '89'

'Nancy Hayward'. Diese großblütige Kletterrose wurde 1937 von Alister Clark aus Glenara nahe dem australischen Melbourne aufgezogen. Die ungefüllten Blüten sind von einem dunklen, aber dennoch leuchtenden Rosaviolett und duften gut. Es handelt sich bei der Rose um einen Sämling von 'Jessie Clark', der wiederum eine Kreuzung mit *R. gigantea* (siehe Seite 13) darstellt. Alister Clark, ein reicher Amateur-Rosenzüchter, schuf mehrere wunderbare Rosen für die australischen Gärten aus der zarten, aber hitzebeständigen *R. gigantea*.

● Die Triebe erreichen 6 m und mehr. Diese Rose remontiert gut und erfreut sich in Australien und Neuseeland großer Beliebtheit. Überraschenderweise wird sie weder im Süden der USA noch in Europa angepflanzt. Winterhart bis −18 °C, Zone 7.

'Sympathie'. Diese Kletterrose wurde 1964 von Kordes in Deutschland eingeführt. Es handelt sich hierbei um eine Hybride aus dem Kletterer 'Don Juan' und der Kordes-Rose 'Wilhelm Hansmann'. Sie trägt Dolden mittelgroßer, voll gefüllter Blüten von einem dunklen, reinen Rot mit ein oder zwei weißen Farbtupfern.

● Die Triebe erreichen 5 m Länge und tragen nach der Hauptblütezeit vereinzelt auch noch spätere Blüten. Das Laub ist dunkelgrün und sehr gesund. Winterhart bis −24 °C, Zone 4.

'Handel'

'Kitty Kininmonth'

'Nancy Hayward'

'Sympathie'

139

'Schoener's Nutkana'

'Climbing Alec's Red'. Hierbei handelt es sich um einen kletternden Sport der Tee-Hybride, die ursprünglich 1973 von Cockers aus dem schottischen Aberdeen gezüchtet wurde. Die kletternde Form wurde 1975 von Harkness aus dem englischen Hitchin eingeführt. Ihre großen Blüten sind voll gefüllt, von einem dunklen, leuchtenden Rot und duften gut, sie haben die für Tee-Hybriden typische Form. Die Rose ist eine Kreuzung aus der Tee-Hybride 'Fragrant Cloud' (siehe Seite 217) und der kletternden Tee-Hybride 'Dame de Coeur'.
● Diese gute, rote Allzweck-Kletterrose kommt in Amerika ebenso gut an wie in Europa. Die Triebe erreichen 5 m Länge. Winterhart bis −29 °C, Zone 5.

'Dublin Bay' (auch 'Grandhotel', MACdub). Diese beliebte kletternde Floribunda-Rose wurde 1975 von Sam McGredy IV aufgezogen. Sie trägt wunderbar leuchtend rote, locker gefüllte Blüten und remontiert gut die gesamte Saison hindurch, wenn auch mit nur zurückhaltendem Duft. Es handelt sich bei der Rose um eine Kreuzung der Kletterer 'Bantry Bay' und 'Altissimo' (siehe Seite 142).
● Diese Kletterrose wird vor allem aufgrund ihrer kontinuierlichen Blüte in großen Teilen Europas gezogen. Die Triebe erreichen bis zu 3 m Länge. Winterhart bis −29 °C, Zone 5.

'Gruß an Heidelberg'

'Summer Wine'

'Eric Tabarly'

'**Eric Tabarly**' (auch 'Red Eden Rose', MEIdrason). Diese großblütige Kletterrose wurde im Jahr 2002 von Meilland in Frankreich gezüchtet. Ihre leuchtend roten, voll gefüllten Blüten remontieren gut die ganze Saison hindurch und duften gut. Über die Abstammung gibt es keine Angaben.

● Dieser neue Kletterer aus Europa macht sich gut als kontinuierlich remontierende Rose. Die Triebe werden 2,2 m lang. Winterhart bis −29 °C, Zone 5.

'**Gruß an Heidelberg**' (auch 'Heidelberg', KORbe). Diese großblütige Kletterrose wurde 1959 von Kordes in Deutschland aufgezogen. Sie trägt Gruppen von leuchtend roten Blüten mit Petalen, die auf der Rückseite blasser sind. Die Rose remontiert die ganze Saison hindurch. Es handelt sich hierbei um eine Hybride aus den Floribunda-Rosen 'Minna Kordes' (auch 'World's Fair') und 'Floradora'.

● Die Triebe erreichen eine Länge von 3 m. Das Laub ist dunkelgrün und glänzend. Diese ältere Sorte war für Züchtungen sehr wichtig, z. B. für 'Handel' (siehe Seite 138), auch wenn sie in feuchteren Klimazonen für Sternrußtau anfällig ist. Winterhart −29 °C, Zone 5.

'**Schoener's Nutkana**'. Eine schöne, große Rose, die als Strauch oder Kletterrose gezogen werden kann. Sie trägt große Blüten mit einem Durchmesser von etwa 10 cm und gutem Duft, die kirschrot gefärbt sind. Die Pflanze blüht im Frühsommer und wurde 1930 eingeführt. Sie stammt von 'Paul Neyron' (siehe Seite 125) ab, die mit *R. nutkana* gekreuzt wurde. Schoener züchtete in Kalifornien verschiedene Rosen, indem er wilde Exemplare mit alten Gartenrosen kreuzte.

● Die große Pflanze mit rotbraunen Trieben erreicht eine Höhe von bis zu 3 m und trägt gräuliches Laub. Die Art *R. nutkana* ist eine Wildrose aus Kalifornien und den Rocky Mountains bis nach Alaska, weshalb sie ziemlich winterhart ist: bis −34 °C, Zone 4.

'**Summer Wine**' (auch KORizont). Diese Kletterrose mit ungefüllten Blüten wurde 1985 von Kordes gezüchtet. Die Blüten entwickeln sich aus leuchtend rosavioletten Knospen, öffnen sich etwas heller mit roten Staubgefäßen als Kontrast und duften gut. Die Petalen sind unten zunächst dunkel, verblassen jedoch danach.

● Diese schlanke Kletterrose erreicht 4 m Höhe, die bestachelten Triebe tragen große Fiederblättchen. Winterhart bis −29 °C, Zone 5.

'Dublin Bay'

'Climbing Alec's Red'

141

'Altissimo'

'Altissimo' (auch 'Altus', DELmur). Diese hochwüchsige Kletterrose trägt ungefüllte, große, intensiv karmesinrote Blüten mit eng zusammenstehenden Staubgefäßen. Die Petalen überlappen einander und formen so einen nahezu perfekt runden Kreis. Aufgezogen wurde die Rose 1966 von Delbard-Chabert in Frankreich, und zwar als Sämling des Kletterers 'Ténor'.

● Die Pflanze wird groß und wirkt etwas mager auf ihren 6 m Länge. Jedoch bringt sie die gesamte Saison hindurch wunderhübsche Blüten zum Vorschein – einzeln oder in Gruppen. Winterhart bis −18 °C, Zone 7.

'Calypso' (auch 'Berries 'n' Cream', POULclimb). Diese einer Floribunda-Rose gleichende Kletterrose wurde von Mogens Olesen gezüchtet und 1997 von Poulsen in Dänemark eingeführt. Die Blüten sind halb gefüllt, karmesinrot und rosaviolett gestreift, sie stehen in Gruppen.

● Es ist eine große Pflanze bis 4 m Länge, die gut remontiert und nur mit wenigen Stacheln besetzt ist. Winterhart bis −29 °C, Zone 5.

'Guinée'. Diese Rose ist immer noch eine der dunkelsten roten Kletterer. Es handelt sich hierbei um eine kletternde Tee-Hybride, die 1938 von Mallerin in Frankreich eingeführt wurde. Ihre Blüten sind mittelgroß, dicht gefüllt und von so einem satten Karmesinrot, dass sie nahezu schwarz wirkt. Sie duftet gut. Diese Rose ist eine Hybride aus den Tee-Hybriden 'Souvenir de Claudius Denoyel' und 'Ami Quinard'.

● Die hochwüchsige Kletterrose erreicht bis zu 5 m Länge und blüht hauptsächlich im Frühsommer. Sie entwickelt auch später noch Blüten, wenn die abgeblühten entfernt werden, bevor sich Früchte entwickeln können. Winterhart bis −18 °C, Zone 7.

'Climbing Pasadena Tournament' (auch 'Climbing Red Cécile Brunner'). Die kleinblütige Kletterrose trägt zu Büscheln angeordnete Blüten, die denen von Miniatur-Tee-Hybriden

'Calypso'

'Climbing Pasadena Tournament' im Huntington Rose Garden in der Nähe von Los Angeles, USA.

ähneln und von einem leuchtenden, samtigen Karmesinrot sind, sie duftet gut. Es handelt sich hierbei um einen Sport von 'Pasadena Tournament' (siehe Seite 244), deren ursprüngliche Buschform von Krebs im Jahre 1942 eingeführt wurde. Die kletternde Varietät wurde dagegen 1945 von Marsh's Nursery eingeführt.

● Die hochwüchsige Pflanze bildet nur wenige Stacheln aus. Die Blätter sind im Austrieb bronzegrün und die Triebe erreichen bis zu 3 m Länge. Wenn sie nach ihrer Elternsorte 'Cécile Brunner' kommt, wird sie letztendlich so groß werden, dass sie einen kleinen Baum bedeckt. Winterhart bis −18 °C, Zone 7.

'Titian'. Diese kletternde Floribunda-Rose unbekannter Abstammung wurde 1950 von Francis L. Riethmuller in Australien aufgezogen. Die dunkel rosalachsfarbenen Blüten mit karmesinroten Schattierungen verblassen mit der Zeit.

● Die Pflanze bringt bis zu 4 m lange Triebe hervor und remontiert gut. Winterhart bis −18 °C, Zone 7.

'Guinée'

'Titian' in Gowan Brae im australischen Neusüdwales.

143

Rambler

'Wedding Day'

Die Unterscheidung zwischen Ramblern und Kletterrosen – zwei Ausdrücke, die im Allgemeinen für hochwüchsige kletternde Rosen verwendet werden – ist nicht immer eindeutig. Beide können Bäume hinaufklettern oder hohe Mauern bewachsen. In diesem Buch folgen wir der weit verbreiteten Definition, dass Rambler einmal blühend sind und sehr viele kleine Blüten hervorbringen, wohingegen Kletterrosen einzelne oder in kleineren Grüppchen stehende große Blüten tragen, und zwar meistens im Herbst genauso wie im Hochsommer. Wie überall in der Natur gibt es auch hier sich überlappende Bereiche. Einige der hier aufgezählten Rosen tragen Blüten, die beinahe ebenso groß sind wie die von Noisette- oder Kletterrosen. Die genaue Einstufung einer bestimmten Rose kann von Land zu Land unterschiedlich ausfallen und einige Rosenorganisationen verwenden sogar unterschiedliche Terminologien.

Die meisten Rambler entstanden als Kreuzungen von Wildrosen der Sektion Synstylae (siehe die Seiten 16–19); zu den Synstylae wurden Rosen mit weißen, ungefüllten Blüten gestellt, deren Griffel zu einem säulenartigen Gebilde verwachsen sind. Die Synstylae sind allesamt Kletterrosen, die jedes Jahr lange Triebe entwickeln, die wiederum große Dolden duftender Blüten aus jeder Blattknospe hervorbringen. Gekreuzt mit Teerosen und -Hybriden ergaben sie die Rambler. Nur wenige Rosen sind optisch so beeindruckend, obwohl die meisten von ihnen nur einmal blühen.

Zu Beginn des 19. Jahrhunderts verwendeten Rosenzüchter die mediterrane Immergrüne Rose *R. sempervirens* (siehe Seite 19) zur Züchtung von Ramblern wie 'Adelaïde d'Orléans' (siehe Seite 154). Als nächste wurde die Vielblütige Rose *R. multiflora* (siehe Seite 17) in Europa eingeführt, aus der man eine neue Sortengruppe erhielt, für die 'Turner's Crimson Rambler' und 'Goldfinch' (siehe Seite 148) Beispiele sind. Danach gelangten wiederum die japanischen Rosen *R. wichuraiana* (siehe Seite 19) und *R. luciae* nach Europa und Nordamerika, die ihrerseits eine getrennte Gruppe von Sorten mit sehr glänzenden Blättern hervorbrachte, einschließlich 'Albéric Barbier' (siehe Seite 150) und 'Dorothy Perkins' (siehe Seite 158). Die amerikanische Prärierose, *R. setigera* (siehe Seite 19), stand Pate für die gleich bleibend beliebte Züchtung 'American Pillar' (siehe Seite 157). In allen diesen Fällen führte die Kreuzung einer großblütigen Rose mit den kleinblütigen Synstylae zum typischen Wuchs und zu den typischen Blüten der Rambler, die zusätzlich winterhärter waren als die alten Noisetterosen, obwohl diese Resistenz bei den einzelnen Exemplaren je nach den Elternsorten recht unterschiedlich ausfallen kann.

Da Rambler neue Triebe meist von der Basis her entwickeln, sollten die verblühten entfernt und die neuen in der Ruhephase in das Klettergerüst eingebunden werden.

'**Fortuneana**' (auch 'Double Cherokee', 'Fortuniana', Rosa × fortuneana). Hierbei handelt es sich um eine alte chinesische Gartenvarietät,
die angeblich eine Hybride aus *R. laevigata* (siehe Seite 15) und
R. banksiae (siehe Seite 14) darstellt. Sie trägt relativ ungeordnete,
gefüllte, weiße Blüten, die größer sind als die der *R. banksiae* var.
banksiae, hat jedoch ein ähnlich glänzendes Laub.
● Diese starkwüchsige Rose blüht in kälteren Gebieten nicht reich. In
warmen Klimazonen wie Australien wird sie oft als Unterlage verwendet. Wahrscheinlich nur winterhart bis −5 °C, Zone 9.

'**La Mortola**' (auch Rosa brunonii 'La Mortola'). Dies ist eine sehr
schöne Form oder Hybride von *R. brunonii* (siehe Seite 16), die vom
Rosenkundler Graham Thomas aus dem Garten bei La Mortola im
Nordwesten Italiens eingeführt wurde. Die Blätter sind weich und
hellgrün. Die großen, cremeweißen Blüten stehen in großzügigen
Gruppen und verströmen einen süßlichen, moschusartigen Duft.
● Eine hübsche Rose mit üppigem Wuchs; sie ist die beste Kletter-
rose. Winterhart bis −12 °C in Zone 8, und vielleicht in den wärmeren
Gegenden von Zone 7. In kritischen Gegenden sollten die Triebe im
Spätsommer nahe an einer Mauer befestigt werden, damit sie den
Frost überstehen.

'**Purezza**' (auch Rosa banksiae 'Purezza', 'The Pearl'). Eine der wenigen modernen Hybriden der *R. banksiae* (siehe Seite 14). Gezüchtet
wurde sie 1961 von Commandatore Mansuiuo im italienischen Poggio
de San Remo durch Kreuzung von *R. banksiae* mit einer Teerose. Die
Blüten stehen in Gruppen und erscheinen über einen langen Zeitraum
den Sommer hindurch.
● Diese schön anzusehende Rose wird in mediterranen Klimazonen
immer beliebter. Wahrscheinlich nur winterhart bis −5 °C, Zone 9.

Rosa banksiae var. *banksiae* (auch 'Lady Banks's Rose', Rosa banksiae 'Alba Plena', 'White Lady Banks'). Hierbei handelt es sich um eine
immergrüne Kletterrose. Die gefüllten Blüten sind weiß, haben einen
Durchmesser von etwa 3 cm und stehen in Gruppen. Hagebutten werden üblicherweise nicht gebildet. Dies war die erste Form von *R. banksiae* (siehe Seite 14), die aus China eingeführt wurde. William Kerr
brachte sie 1807 von Kanton nach Kew und benannte sie nach Lady
Banks, der Ehegattin des Botanikers, Sammlers und Mäzens Sir
Joseph Banks.
● Diese Rose ist von sehr üppigem Wuchs, mit Trieben bis zu 15 m
und mehr, die nur wenige, gekrümmte Stacheln tragen. Sie blüht als
eine der ersten im Jahr und duftet süßlich nach Veilchen. Sie überlebt
bis −10 °C, Zone 8.

'La Mortola'

'**Wedding Day**' (auch 'English Wedding Day'). Diese Rose war ein
zufällig entstandener Sämling, der in Highdown/Worthing im englischen Sussex entdeckt und um das Jahr 1950 von Sir Frederick Stern
eingeführt wurde. Es handelt sich dabei wahrscheinlich um eine
Hybride der üppigen Kletterrose *R. sinowilsonii* in Verbindung mit − so
sagt man − *R. moyesii* (siehe Seite 20), auch wenn dies unwahrscheinlich erscheint. Die Petalen sind kurz sowie spitz zulaufend und die
Blüten öffnen sich hell gelbbräunlich. Sie duften sehr gut, vertragen
jedoch keinen Regen, durch den sie matte, rote Punkte bekommen.
● Dieser starkwüchsige Kletterer erreicht eine Länge von 9 m und
mehr und blüht reich. Er wird manchmal mit 'Polyantha Grandiflora'
verwechselt, die weniger und größere Blüten trägt und außerdem
Petalen mit eingekerbten Spitzen aufweist. Winterhart bis −23 °C,
Zone 6.

Rosa banksiae var. banksiae

'Purezza'

'Fortuneana'

'Seagull' im Garten von Richard Rix in der Grafschaft Kent, Südost-England.

'Sander's White Rambler' im Londoner Eccleston Square Garden.

'Seagull'

'Mountain Snow'

'Bobbie James'. Dieser üppige Rambler wurde 1960 von Graham Thomas bei Sunningdale Nurseries in England eingeführt. Es handelt sich dabei um die Hybride einer Synstylae-Wildrose, wahrscheinlich der *R. brunonii* (siehe Seite 16), und entstand als Sämling im Garten des Rosenkundlers Robert James in St. Nicholas/Richmond in der englischen Grafschaft Yorkshire. Die cremeweißen, becherförmigen Blüten haben zwei Reihen Petalen und stehen in Gruppen.
● Diese Pflanze ist ideal für das Bewachsen eines Baumes. Ihre Triebe erreichen 8 m und mehr. Die Blüten erfüllen den umliegenden Garten mit einem süßlichen Duft. Winterhart bis −18 °C, Zone 7.

'Mountain Snow' (auch AUSsnow). Dieser Rambler wurde im Jahre 1985 von David Austin aufgezogen. Die weißen Blüten sind halb gefüllt, relativ groß und wachsen in riesengroßen Gruppen, die regelrechte Kaskaden von Weiß bilden.
● Die nicht sehr große Pflanze mit Trieben bis zu 5 m Länge bringt Blüten in Hülle und Fülle hervor. Wie viele Rosen David Austins wird diese in wärmeren Klimazonen als den englischen wahrscheinlich größer. Winterhart bis −29 °C, Zone 5.

'Rambling Rector'. Ein sehr starkwüchsiger Rambler mit weißen, geordneten, becherförmigen Blüten. Sie sind halb gefüllt und verströmen einen herrlichen Duft. Die gelben Staubgefäße verfärben sich schnell braun, wodurch das Aussehen der Rose aus nächster Nähe etwas leidet. Die Rose wurde das erste Mal 1912 registriert, als sie von Daisy Hill Nurseries in Nord-Irland eingeführt wurde. Die Abstammung ist unbekannt. Wahrscheinlich ist sie eine Hybride aus *R. moschata* (siehe Seite 18) und *R. multiflora* (siehe Seite 17).
● Die sehr stacheligen Triebe dieser extrem wuchsfreudigen Rose erreichen eine Länge von 12 m. Winterhart bis −29 °C, Zone 5.

'Sander's White Rambler'. Dieser relativ spät blühende Rambler mit glänzendem Laub, ähnlich 'Dorothy Perkins' (siehe Seite 158), wurde 1912 von Sander, einem berühmten Orchideen-Gärtner im englischen St. Albans eingeführt. Die kleinen, weißen Blüten sind wohlduftend.
● Diese Rose ist im Gegensatz zu den meisten anderen auf dieser Seite kein starker Kletterer, entwickelt jedoch jedes Jahr von der Basis her bis zu 4 m lange Triebe. Winterhart bis −34 °C, Zone 4.

'Seagull'. Diese kleinblütige Kletterrose wurde 1907 von Pritchard eingeführt. Die hell rosavioletten Knospen in sehr vollen Büscheln öffnen sich zu weißen Blüten. Die Abstammung ist nicht bekannt. Wahrscheinlich ist es jedoch eine Hybride von *R. multiflora* (siehe Seite 17).
● Die Pflanze erreicht eine Länge von 5 m, blüht reich und verströmt einen guten Duft. Winterhart bis −29 °C, Zone 5.

'Rambling Rector' in The Gardens of the Rose in St. Albans, Südost-England.

'Bobbie James'

'Ghislaine de Féligonde'

'Malvern Hills'

'Ghislaine de Féligonde'. Dieser hochwüchsige Rambler wurde von E. Turbat aus Olivet gezüchtet und 1916 eingeführt. Angeblich handelt es sich dabei um einen Sämling von 'Goldfinch'. Die Blüten sind gefüllt, wachsen in oftmals herabhängenden Gruppen und sind rosagelb. Die Blüten tragenden Triebe sind mit borstigen, roten Stacheln besetzt. Im Gegensatz zu den meisten anderen Ramblern entwickelt diese Rose nach dem ersten Erblühen noch einige spätere Blüten.
● Diese schön anzusehende Rose, die nicht ganz so üppig wächst wie viele ihrer Artverwandten, eignet sich auch zur Bildung eines großen Strauchs. Winterhart bis −29 °C, Zone 5.

'Goldfinch'. Im Jahre 1907 wurde dieser Rambler von George Paul in Chestnut aufgezogen, und zwar als eine sehr komplexe Kreuzung, in die unter anderem 'Turner's Crimson Rambler' sowie eine Tee-Hybride eingingen. Die Gruppen gelber Knospen öffnen sich zu cremefarbenen Blüten mit goldenen Staubgefäßen in der Mitte. Der Duft ist sehr gut.
● Diese Rose ist hochwüchsig, mit Trieben bis zu 5 m. Sie blüht reich, jedoch nur im Hochsommer. Sie verträgt Schatten und ist gut geeignet für das Hinaufklettern an einem alten Baum. Meine Eltern hatten ein Exemplar an einem alten Apfelbaum angepflanzt, und nachdem der Baum in sich zusammengefallen war, wuchs die Rose noch weiter, bis sie dem Hallimasch in den alten Baumwurzeln zum Opfer fiel. Winterhart bis −29 °C, Zone 5.

'Malvern Hills' (auch AUScanary). Dieser Rambler wurde im Jahre 2000 von David Austin gezüchtet. Die kleinen, voll gefüllten Blüten sind von einem dunklen, kupfernen Gelb, das in der Sonne verblasst. Die Rose remontiert gut und verströmt einen zarten, süßlichen Duft.

● Die Triebe bis zu 3 m Länge sind kaum mit Stacheln besetzt und eignen sich gut für Bögen oder Spaliere. Winterhart bis −23 °C, Zone 6.

'Paul's Himalayan Musk'. Dies ist eine der robustesten aller kleinblütigen Kletterrosen. Sie wurde 1899 von William Paul aus Waltham Cross eingeführt. Die Blüten wachsen in großflächigen Gruppen von bis zu 50 Stück und öffnen sich blass fliederrosafarben, bevor sie weiß abblühen. Sie sind voll gefüllt, mit einem ungefähren Durchmesser von 2,5 cm eher klein und geben ihren Duft an die Umgebung ab. Es handelt sich bei dieser Rose wahrscheinlich um eine Hybride von *R. filipes* (siehe Seite 16), die 1908 eingeführt wurde.
● Die Pflanze eignet sich aufgrund ihrer langen Triebe von bis zu 10 m und mehr gut für das Bewachsen auch größerer Bäume und lockert eintönige, große, immergrüne Bäume und Koniferen auf. Winterhart bis −23 °C, Zone 6.

'Treasure Trove' (auch JAClay). Dieser starkwüchsige Kletterer, der im Garten des Clematis-Züchters und Gärtners John Treasure in Tenbury Wells entstand, wurde 1977 eingeführt. Die in großen Gruppen stehenden, leuchtend roten Knospen öffnen sich zu gefüllten, becherförmigen Blüten mit einem ungefähren Durchmesser von 6 cm und cremeweißen Blattnerven, besonders am Rand. Der zarte Duft ähnelt dem von Moschusrosen. Es handelt sich dabei wahrscheinlich um eine Hybride aus *R. filipes* (siehe Seite 16) und einem großblütigen Kletterer wie 'Mme Grégoire Staechelin' (siehe Seite 137).
● Sie ist für eine Mauer zu starkwüchsig und eignet sich besser fürs Bewachsen von Bäumen oder Hecken. Winterhart bis −23 °C, Zone 6.

'Paul's Himalayan Musk'

'Treasure Trove'

'Treasure Trove' im Garten von Richard Rix in der Grafschaft Kent, Südost-England.

'Goldfinch' am Wilton Cottage in Süd-England.

'Albéric Barbier'. Diese hübsche Rose ist eine Kreuzung aus *R. luciae* mit der Teerose 'Shirley Hibberd' und wurde im Jahre 1900 von René Barbier in Orléans aufgezogen. Die Knospen sind hellgelb, die Blüten hingegen weiß und dicht gefüllt, sie stehen auf rötlichen Stielen. Die Blätter sind aus glänzenden Fiederblättchen zusammengesetzt, die weit auseinander stehen.

● Bei dieser Rose handelt es sich um eine der zuverlässigsten Alten Rosen, die sich außerdem für eine große Bandbreite von Gartenbedingungen eignet. In der Türkei habe ich sie eine Laube bedecken sehen und in einem Dorf in Süd-Frankreich grünte und blühte sie an einer eher trockenen, heißen Stelle. Sie gedeiht aber nahezu ebenso gut in der Kälte und Nässe des englischen Devons. Die Barbier-Rambler sind Hybriden aus Teerosen und dem weißblütigen, immergrünen japanischen Kletterer *R. luciae*, der oftmals mit *R. wichuraiana* (siehe Seite 19) verwechselt wird. Die Belaubung ist glänzend und immergrün mit nur wenigen und eher kleinen Fiederblättchen. Die Blüten sind relativ groß, raffiniert geformt und erblühen in einem gedämpften Cremeweiß, Hellgelb, Pfirsichton oder blassen Orangerosa. Sie erscheinen über einen langen Zeitraum hinweg, sodass auch im Herbst noch ein paar von ihnen zu sehen sind. Winterhart bis −12 °C in Zone 8. Die Rose kann auch in Zone 7 angepflanzt werden, obwohl sie dort wahrscheinlich unter den kälteren Perioden leidet.

'Alexandre Girault'. Dies ist ein weiteres Exemplar der hervorragenden Barbier-Rambler. Es wurde 1909 durch die Kreuzung von *R. luciae* (siehe 'Albéric Barbier' auf Seite 150) mit der Teerose 'Papa Gontier' erhalten. Die gefüllten Blüten in aufrechten oder herabhängenden Dolden sind von einem rötlichen Rosa und werden mit der Zeit violett. Sie duften zart nach Apfel. Das Laub ist von einem helleren Grün als das der meisten anderen dieser Gruppe.

'Albéric Barbier' an einem *chaikana* (Teehäuschen) in der Türkei.

'Albéric Barbier'

'Auguste Gervais'

'Léontine Gervais'

'Alexander Girault'

● Die Pflanze eignet sich mit den bis zu 10 m lang werdenden Trieben gut für Spaliere oder Pergolen. Sie blüht nur einmal. Ein berühmtes, großes Exemplar bewächst ein Spalier im Roseraie de L'Haÿ-les-Roses in der Nähe von Paris. Winterhart bis −18 °C, Zone 7.

'Auguste Gervais'. Dieser Rambler wurde 1918 von René Barbier in Orléans aufgezogen und ist eine Kreuzung von *R. luciae* (siehe 'Albéric Barbier' auf Seite 150) mit der gelben Tee-Hybride 'Le Progrès'. Ihre Blüten wachsen einzeln oder in kleinen Gruppen, öffnen sich aus roten Knospen apricotrosa und verfärben sich dann cremegelb. Sie sind voll gefüllt, relativ groß und becherförmig mit ungeordneter Mitte.
● Die Hauptblütezeit ist im Hochsommer, es tauchen jedoch hier und da auch später noch Blüten auf. Die Triebe erreichen eine Länge von 6 m. Winterhart bis −18 °C, Zone 7.

'François Juranville'. Dieser relativ großblütige Rambler wurde 1918 von René Barbier in Orléans gezüchtet und ist eine Kreuzung von *R. luciae* (siehe 'Albéric Barbier' auf Seite 150) mit der aprikosenfarbenen Teerose 'Mme Laurette Messimy'. Die rosavioletten Knospen öffnen sich zu voll gefüllten und flachen Blüten von einem satten, pfirsichähnlichen Rosaviolett und mit einer ungeordneten Mitte. Die Hauptblütezeit ist im Hochsommer und der Duft ist gut. Die Blätter sind dunkelgrün und grob gefiedert.
● Dies ist ein außergewöhnlicher und wertvoller Rambler, der sich mit seinen bis zu 6 m langen, dünnen Trieben für Pergolen, Spaliere und Mauern eignet. Winterhart bis −18 °C, Zone 7.

'Léontine Gervais'. Dieser kleinblütige Rambler wurde 1903 von René Barbier in Orléans aufgezogen und ist eine Kreuzung von *R. luciae* (siehe 'Albéric Barbier' auf Seite 150) mit der orangeroten Chinarose 'Souvenir de Catherine Guillot'. Die Knospen sind rot und öffnen sich zu fast gefüllten, orangeroten Blüten, die sich später cremegelb verfärben und in geöffnetem Zustand ihre roten Staubgefäße zeigen.
● Diese hervorragende Rose duftet gut und liefert auch noch einige spätere Blüten. Die dunkelroten Triebe werden bis zu 5 m lang. Winterhart bis −18 °C, Zone 7.

'Paul Transon'. Dieser Rambler hat relativ große Blüten, wurde im Jahre 1900 von René Barbier in Orléans gezüchtet und ist eine Kreuzung von *R. luciae* (siehe 'Albéric Barbier' auf Seite 150) mit der Noisetterose 'L'Idéal'. Die voll gefüllten Blüten sind rötlich aprikosenfarben mit einer dunkleren Mitte und blühen rosahautfarben ab. Die Hauptblütezeit ist im Hochsommer mit einigen späteren Blüten.
● Dieser hervorragende Rambler duftet zart. Die Triebe von einem dunklen, violetten Rot erreichen bis zu 5 m und tragen kleine Fiederblättchen mit großen Zwischenräumen. Winterhart bis −18 °C, Zone 7.

'Paul Transon'

'François Juranville'

‘Aviateur Blériot’ im Parc de la Tête d’Or in Lyon, Frankreich.

‘Albertine’. Dieser Rambler wurde im Jahre 1921 von René Barbier in Orléans aufgezogen und ist eine Kreuzung von *R. luciae* (siehe ‘Albéric Barbier’ auf Seite 150) mit der Tee-Hybride ‘Mrs Arthur Robert Waddell’. Die perfekt geformten Knospen sind leuchtend rosaorange und öffnen sich in Schattierungen von hellem Rosaviolett sowie mit einer gelblichen Mitte. Das Laub ist sehr glänzend, mit größeren Fiederblättchen als die der meisten anderen Rambler.

● Die bis zu 6 m Länge erreichenden Triebe eignen sich am besten für Zäune oder Hecken. Ihre leuchtende Farbe und ihr reiches Blühen machen die Pflanze sehr beliebt, obwohl sie leider nicht sehr winterhart ist und die kältesten Winter Ost- und Mittel-Englands sowie West-Europas manchmal nicht überlebt. Winterhart bis −18 °C, Zone 7.

‘Aviateur Blériot’. Dieser hochwüchsige Rambler wurde 1910 von Fauque et fils aus Orléans gezüchtet und ist eine Kreuzung von *R. luciae* (siehe ‘Albéric Barbier’ auf Seite 150) mit ‘William Allen Richardson’ (siehe Seite 109). Die Blüten sind eher klein, ungeordnet gefüllt und stehen in kleinen Gruppen. Sie öffnen sich cremeweiß aus pfirsichrosafarbenen Knospen und duften nur leicht. Die Blätter sind klein und glänzen dunkelgrün.

● Diese ungewöhnliche Rose bewucherte eine alte Scheune im Garten meiner Eltern in der südenglischen Grafschaft Kent. Nur kannten wir ihren Namen damals noch nicht. Bei guter Pflege ist sie sehr schön anzusehen, allerdings benötigt sie etwa alle fünf Jahre einen radikalen Rückschnitt und eine Verjüngung. Durch kalte Winter friert sie bis zum Boden ab. Wahrscheinlich winterhart bis −18 °C, Zone 7.

‘Climbing Cécile Brunner’ (auch ‘Climbing Mlle Cécile Brunner’). Dieser kletternde Sport von ‘Cécile Brunner’ (siehe Seite 223) wurde 1894 von F. P. Hosp eingeführt. Die kleinen Blüten, die wie perfekte Miniatur-Tee-Hybriden geformt sind, wachsen in großflächi-

gen Gruppen. Sie sind als Knospen leuchtend korallenrosa und verblassen beim Öffnen. Die Blätter sind weich und wie die einer kleinen Tee-Hybride gestaltet.

● Diese Rose blüht von allen kleinblütigen Rosen mit am reichsten, remontiert den ganzen Sommer hindurch und ist auch eine der wuchsfreudigsten. Sie kann einen Baum regelrecht ersticken, sodass sie z.B. im Londoner Eccleston Square bereits einen gesamten Goldregen zu Fall gebracht hat. Die Triebe können 10 m und länger werden. Winterhart bis −12 °C, Zone 8.

‘Climbing Cécile Brunner’

'Gardenia'. Dieser großblütige Rambler wurde 1898 von Manda & Pitcher aus South Orange in New Jersey eingeführt. Die Blüten öffnen sich gelbbräunlich, verfärben sich jedoch bald schon weiß, wachsen in kleinen Gruppen und messen etwa 5 cm im Durchmesser.

● Diese Rose ist starkwüchsig. Die roten neuen Triebe tragen kleine, dunkelgrüne, glänzende Blätter. Die Pflanze blüht in Abständen die gesamte Saison hindurch. Winterhart bis −18 °C, Zone 7.

'Penny Lane' (auch HARdwell). Dieser Kletterer mit mittelgroßen Blüten wurde 1998 von Harkness in Hitchin im englischen Hertfordshire aufgezogen. Die Blüten sind apricotgelb, voll gefüllt sowie geviertelt und gut duftend.

● Diese hübsche Rose blüht über einen langen Zeitraum hinweg, ist jedoch selten vollständig mit Blüten bedeckt. Die Triebe erreichen eine Länge von 4 m und tragen saftiges, gesundes Laub. Winterhart bis −23 °C, Zone 6.

'Phyllis Bide'. Diese außergewöhnliche Rose wurde im Jahre 1923 von Bide gezüchtet, der den Angaben zufolge 'Perle d'Or' (siehe Seite 88) mit 'Gloire de Dijon' (siehe Seite 107) kreuzte. Die sehr reichlich erscheinenden Blüten öffnen sich zunächst golden und verfärben sich dann rosaviolett. Sie wirken dann auf hübsche Weise ungeordnet und haben gekräuselte Petalen. Sie duften nur leicht. Die Fiederblättchen sind hellgrün und klein, lassen die Pflanze aber oftmals ein wenig zu mager aussehen.

● Dieser remontierende Rambler ist eher zierlich als besonders auffällig. Winterhart bis −18 °C, Zone 7.

'Phyllis Bide'

'Albertine'

'Gardenia'

'Penny Lane'

'Albertine'

'Baltimore Belle'

'Baltimore Bells' (auch 'Belle de Baltimore'). Diese sehr hübsche Hybride wurde 1843 von Samuel und John Feast in Baltimore gezüchtet, die *R. setigera* (siehe Seite 19) wahrscheinlich mit einer Noisetterose kreuzten, um ein Ergebnis zu erzielen, das den Sempervirens-Ramblern nahe kommen sollte. Die blassen Blüten hängen in großen, lockeren Büscheln, sind gefüllt mit eingebogenen Petalen, öffnen sich bei feuchter Witterung jedoch nicht vollständig. Sie duften sehr gut. „Belle" war die erste Frau von Napoleons Bruder. Auf dessen Geheiß verließ er sie und ehelichte aus politischen Gründen stattdessen eine deutsche Prinzessin. Sie verstand sich jedoch weiterhin gut mit ihm und blieb zunächst im Kasseler Schloss Wilhelmshöhe wohnen.

● Diese Pflanze erblüht erst gegen Ende der Rosensaison, bildet jedoch eine gesunde Pflanze, die eine Höhe von 5 m erreicht. Winterhart bis −29 °C in Zone 5 und vielleicht auch noch in Zone 4 hinein.

'Félicité-Perpétue' (auch 'Félicité et Perpétue'). Diese Rose trägt kleine, geordnete, voll gefüllte Blüten in großen Gruppen. Diese Tatsache sowie der ansprechende Name machen sie zu einem sehr beliebten Exemplar. Sie duftet gut nach Moschus, ist ein Schwestersämling von 'Adélaïde d'Orléans' und wurde 1827 von Antoine Jacques aufgezogen, der sie nach seiner Tochter benannte. Charles Quest-Ritson zufolge ist die Schreibweise mit Bindestrich die ursprüngliche, die auch in Jacques' Katalog aus dem Jahre 1830 zu finden ist.

● Diese Rose blüht spät und macht sich gut an einer Mauer in Nordexposition. Die Triebe erreichen zum Schluss 5 m. Die Pflanze blüht auch in vernachlässigtem Zustand noch reich. Wahrscheinlich winterhart bis −18 °C, Zone 7.

'Lauré Davoust' (auch 'L'Abbandonata', 'Marjorie W. Lester'). Diese interessante Hybride aus *R. sempervirens* (siehe Seite 19) und einer Noisetterose wurde 1834 von Jean Laffay aus Bellevue-Meudon gezüchtet. Die Blüten sind klein, voll gefüllt und stehen in Gruppen.

'Adélaïde d'Orléans' (auch 'Princesse Adélaïde d'Orléans'). Dieser sehr hübsche Kletterer wurde 1826 von Antoine Jacques aufgezogen, und zwar als Kreuzung von *R. sempervirens* (siehe Seite 19) mit 'Parson's Pink China' (siehe Seite 82). Sie blüht nur einmal im Frühsommer, wobei sich die rosavioletten Knospen cremeweiß öffnen und dann zu halb gefüllten, nach Schlüsselblumen duftenden Blüten werden.

● Die Triebe erreichen 6 m und sind mit immergrünem Laub besetzt, das für Mehltau anfällig ist. Diese Rose braucht einen warmen Platz und guten Boden. In Gegenden mit warmen Sommern, wie Kalifornien, müsste sie gut ankommen. Winterhart vielleicht bis −12 °C. Sie überlebt wahrscheinlich in Zone 8.

'Adelaïde d'Orléans' im Pariser Rosengarten Parc de Bagatelle.

‘Félicité-Perpétue’

Ihre Petalen sind in der Mitte weiß und am Rand dunkel rosafarben; sie fallen nicht ab, weshalb die Blütenköpfe gegen Ende der Blütezeit ein ziemliches Durcheinander ergeben können.

● In heißen Klimazonen ist sie sehr starkwüchsig und erreicht über 8 m, wie von einer Kreuzung aus einer mediterranen und einer hitzebeständigen Rose zu erwarten ist. Winterhart bis −18 °C, Zone 7.

Rosa multiflora ‘Carnea’. Dies ist wahrscheinlich eine alte chinesische Kulturvarietät von *R. multiflora* (siehe Seite 17), die eventuell mit ‘Parson's Pink China’ (siehe Seite 82) gekreuzt und 1804 in Europa eingeführt wurde. Eine solche Kreuzung würde jedenfalls die Blüten erklären, die sich in eher lockeren Büscheln rosaviolett öffnen und dann weiß abblühen, wobei die gekräuselten Petalen einen Strahleffekt erzeugen.

● Diese schöne Rose weist zarte Farbtöne auf, ungleich *R. multiflora* ‘Platyphylla’ (siehe Seite 159), die grelle, lila- bis rosafarbene Blüten trägt. Winterhart vielleicht bis −23 °C, Zone 6.

‘Lauré Davoust’

‘Adélaïde d’Orléans’

Rosa multiflora ‘Carnea’

155

'Hiawatha' im Royal Horticultural Society Garden des südenglischen Wisleys.

'Kew Rambler' im Londoner Eccleston Square Garden.

'American Pillar' im Botanischen Garten von Auckland, Neuseeland.

'Blush Rambler'

'**American Pillar**'. Dieser spät blühende Rambler wurde 1902 von Walter van Fleet an der USDA Glenn Dale Station in Maryland aufgezogen und stellt eine Kreuzung einer Hybride aus *R. wichuraiana* und *R. setigera* (beide siehe Seite 19) mit einer roten Remontant-Hybride dar. Sie ist gänzlich ohne Duft und die glänzenden Blätter sind anfällig für Mehltau. Dennoch ist diese Rose eine der beliebtesten Rambler, da sie zuverlässig große Blütengruppen hervorbringt. Die Blüten sind ungefüllt und von einem intensiven Rosaviolett mit einer weißen Basis.
● Dies ist einer der hellsten Rambler. Er ist in Europa und den USA recht weit verbreitet. Die Triebe erreichen bis zu 6 m Länge und durch den Einfluss der *R. setigera* ist er sehr winterhart, bis −29 °C, Zone 5.

'**Apple Blossom**'. Dieser kleinblütige Rambler wurde um das Jahr 1890 von Jackson Thornton Dawson, dem Leiter des Arnold Arboretums in Boston, Massachusetts und von Stark Bros. 1932 eingeführt. An seiner Zucht war die Rose 'Dawson' – eine Hybride aus *R. multiflora* (siehe Seite 17) und der Remontant-Hybride 'Général Jacqueminot' – beteiligt, die wiederum mit 'Général Jacqueminot' zurückgekreuzt wurde. Das Ergebnis ist eine sehr winterharte Rose mit dichten Gruppen halb gefüllter, rosavioletter und weißer Blüten.
● Dies ist eine starkwüchsige und sehr blütenreiche Pflanze. Ihre langlebigen Blüten sowie ihre außergewöhnliche Winterhärte machen sie zu etwas ganz Besonderem. Winterhart bis −29 °C, Zone 5.

'**Blush Rambler**'. Dieser Rambler wurde 1903 von B. R. Cant aus dem englischen Colchester gezüchtet, und zwar aus 'Turner's Crimson Rambler' (einer alten chinesischen Gartenrose aus *R. multiflora*, siehe Seite 17) und 'The Garland', einem alten weißen Rambler, zu dessen Vorfahren *R. moschata* (siehe Seite 18) gehörte. Die Blüten sind ungefüllt, becherförmig und hell rosaviolett.

● Die Blätter sind hell und können auf kalkigen Böden sogar gelb wirken. Die Rose ist jedoch sehr wuchsfreudig und hat nahezu stachellose, rohrähnliche Triebe bis zu einer Höhe von 5 m. Die dichten Blütengruppen sind gut duftend. Winterhart vielleicht bis −29 °C, Zone 5.

'**Hiawatha**'. Dieser Rambler wurde 1904 von Michael Walsh in Woods Hole, Massachusetts aufgezogen. Es handelt sich hierbei um eine Hybride aus 'Turner's Crimson Rambler' und wahrscheinlich *R. wichuraiana* (siehe Seite 19). Außerdem ähnelt sie 'Dorothy Perkins' (siehe Seite 158). Die Blüten öffnen sich leuchtend rosarot mit einer weißen Mitte, bevor sie hell rosaviolett abblühen. Sie wachsen sehr reich in großen Gruppen.
● Diese wuchsfreudige Pflanze hat Triebe bis zu 5 m Länge. Winterhart bis −29 °C, Zone 5.

'**Kew Rambler**'. Dieser schöne Rambler mit ungefüllten Blüten wurde 1912 in den Royal Botanical Gardens von Kew gezüchtet und stellt eine Kreuzung von *R. soulieana* (siehe Seite 17) mit 'Hiawatha' dar. Die in dichten Gruppen stehenden Blüten sind leuchtend rosaviolett mit einer weißen Mitte und blühen weiß ab. Ihr Duft ist gut.
● Die Triebe erreichen eine Länge von 6 m und tragen gräuliche Blätter, die aus kleinen Fiederblättchen zusammengesetzt sind. Winterhart bis −29 °C in Zone 5.

'Apple Blossom'

157

'Tausendschön'

'Dorothy Perkins'

'Debutante'. Dieser Rambler wurde 1901 von Michael Walsh in Woods Hole, Massachusetts aufgezogen. Sie ist eine Hybride aus *R. wichuraiana* (siehe Seite 19) und einer Remontant-Hybride, angeblich 'Baronne Adolphe de Rothschild' (siehe Seite 124). Ihre gefüllten Blüten wachsen in kleinen Gruppen, öffnen sind rosaviolett und blühen in Rosaviolett-Tönen ab. Sie duftet nach Apfel.

● Diese graziös wachsende Pflanze mit Trieben bis zu 4 m Länge eignet sich für Zäune oder Pergolen. Die meisten der auf dieser Doppelseite vermerkten Rosen sind typische Beispiele für diejenigen, die ihre Wuchseigenschaft der Elternpflanze *R. wichuraiana* verdanken. Ihre langen, grünen Triebe mit sieben bis neun leuchtend grünen, abgerundeten, sich überlappenden Fiederblättchen sowie die länglichen Blütengruppen sind allesamt *R. wichuraiana*-Merkmale. Sie unterscheiden sich von den Hybriden, die Barbier aus der *R. luciae* heranzüchtete (siehe 'Albéric Barbier' auf Seite 150); diese haben Blätter, die aus fünf bis sieben schmaleren, dunkelgrünen, in großen Abständen wachsenden Fiederblättchen zusammengesetzt sind, auch bilden sie weniger Blüten in flacheren Gruppen. Winterhart bis −34 °C in Zone 4.

'Dorothy Perkins'. In Gärten vor Cottages ist dies ein häufig gesehener Rambler; er ist an seinen länglichen Gruppen kleiner, gefüllter Blüten mit Mehltau an den Stielen zu erkennen. Die Blüten sind rosaviolett, verblassen aber mit der Zeit. Dies ist eine Hybride aus *R. wichuraiana* (siehe Seite 19) und der Remontant-Hybride 'Mme Gabriel Luizet', die 1901 von Jackson and Perkins eingeführt wurde. Letztere sind heute noch immer mit die größten Rosenzüchter der USA. 'Excelsa', die auch 'Red Dorothy Perkins' genannt wird, ist ihr sehr ähnlich, allerdings mit leuchtend rosaroten Blüten besetzt. Es gibt auch remontierende Formen namens 'Super Dorothy' und 'Super Excelsa'.

● Diese Rose eignet sich perfekt für die Begrünung von Zäunen und Pergolen. Alte Triebe sind sofort nach dem Blühen zu entfernen und dann vorsichtig die neuen Triebe einzubinden. Die Rose erträgt Hitze und ist sehr vital: Ableger schlagen schnell Wurzeln und die Pflanzen lassen sich nur schwer entfernen, da sie Wurzelschösslinge bilden. Winterhart bis −34 °C, Zone 4.

'May Queen'. Eingeführt wurde dieser Rambler 1898 von Conard und Jones, nachdem er von Walter van Fleet an der USDA Glenn Dale Station in Maryland als Kreuzung von *R. wichuraiana* (siehe Seite 19) mit einer Bourbonrose gezüchtet wurde. Die gefüllten Blüten haben eine etwas altmodische Form, sind hell rosaviolett mit einer dunkleren Mitte und duften gut. Jedoch blühen sie nur im Sommer. Der Name 'May' ist für England eher optimistisch, da die Rose dort weniger im Wonnemonat Mai als eher in der Mitte des Monats Juni blüht.

● Die Triebe erreichen bis zu 5 m Länge. Die Rose gedeiht auch gut in Australien und Nordamerika. Wahrscheinlich winterhart bis −23 °C in Zone 6.

'May Queen'

'Newport Fairy'

'Minnehaha'

Rosa multiflora 'Platyphylla'

'Minnehaha'. Dieser Rambler wurde im Jahre 1904 von Michael Walsh in Woods Hole im US-Bundesstaat Massachusetts aufgezogen, und zwar kreuzte er dafür *R. wichuraiana* (siehe Seite 19) mit einer Remontant-Hybride, angeblich 'Paul Neyron' (siehe Seite 125). In ihren Eigenschaften ähnelt sie sehr 'Dorothy Perkins', trägt jedoch Blüten von einem dunkleren Rosaviolett, die in dichteren Gruppen stehen und erst eine oder zwei Wochen später erblühen.
● Diese graziös wachsende Pflanze entwickelt Triebe bis zu 4 m Länge und eignet sich gut für das Umranken von Zäunen und Pergolen. Winterhart bis −34 °C, Zone 4.

'Newport Fairy' (auch 'Newport Rambler'). Dieser Rambler wurde 1908 von Gardner gezüchtet und ist eine Hybride aus *R. wichuraiana* (siehe Seite 19) und 'Turner's Crimson Rambler', einer alten Varietät von *R. multiflora* (siehe Seite 17) aus China. Die ungefüllten, kleinen Blüten öffnen sich dunkelrosa und blühen nahezu weiß ab, sie wachsen in kleinen Gruppen. Auch nach dem ersten Flor soll die Rose noch weiterhin Blüten hervorbringen.
● Dieser beliebte und wuchsstarke Kletterer hat bis zu 5 m lange Triebe. Winterhart bis −34 °C, Zone 4.

***Rosa multiflora* 'Platyphylla'** (auch 'Seven Sisters Rose'). Diese alte chinesische Gartenrose wurde in Europa um das Jahr 1800 eingeführt. Charles Quest-Ritson ist der Auffassung, dass die gegenwärtigen europäischen Exemplare von Samengut stammen, das aus Japan eingeführt wurde. Die Blüten öffnen sich rot und verfärben sich schon bald über Rosaviolett zu einem helleren Farbton, sodass gleichzeitig sieben verschiedene Farbtöne sichtbar sein können – daher der Name.
● Dieser Rambler erreicht mit seinen Trieben bis zu 3 m und bildet meist einen ausladenden Strauch. Winterhart bis −29 °C, Zone 5.

'Tausendschön' (auch 'Thousand Beauties'). Dieser winterharte Rambler wurde von Hermann Kiese aus Vieselbach aufgezogen und 1906 von der Erfurter Gärtnerei J. C. Schmidt eingeführt, in der Kiese als Obergärtner arbeitete. Die Pflanze stammt von dem Polyantha-Rambler 'Daniel Lacombe' ab, der mit dem weißblütigen Rambler 'Weisser Herumstreicher' gekreuzt wurde. Die voll gefüllten Blüten öffnen sich in einem dunklen Karmesinrosa und verblassen schon bald, wodurch sie den Blütengruppen einen schönen, gesprenkelten Effekt verleihen.
● 'Tausendschön' war eine wichtige Zuchtrose, die ihre Winterhärte und Stachellosigkeit an berühmte Rambler und zahlreiche Sports weitervererbt hat. Die Triebe dieser und der mit ihr verwandten Rosen sind nahezu frei von Stacheln und können bis zu 6 m Länge erreichen. Winterhart bis −34ºC, Zone 4.

'Debutante' im Garten von West Dean in Süd-England.

'Veilchenblau'

'Chevy Chase'

'Rose-Marie Viaud'

'Bleu Magenta'. Die Herkunft dieses Ramblers ist nicht bekannt, wahrscheinlich handelt es sich dabei jedoch um eine Alte Rose aus dem frühen 20. Jahrhundert, deren Name in Vergessenheit geriet. Die Blüten sind mittelgroß, locker gefüllt und öffnen sich in großflächigen Gruppen in einem dunklen Karmesinrot, das sich dann ins Violette verfärbt. Die Rose duftet nur leicht. Die Fiederblättchen sind breit, scharf gezähnt und laufen spitz zu.

● Dies ist eine herrliche Rose vom Typ *R. multiflora* (siehe Seite 17). Ihre Triebe erreichen 5 m Länge und sie lässt sich gut mit 'Goldfinch' (siehe Seite 148) kombinieren, wodurch ein opulenter Effekt erzielt wird. Winterhart bis −29 °C, Zone 5.

'Bleu Magenta'

'Chevy Chase'. Dieser kleinblütige Rambler wurde 1939 von Hansen in den USA gezüchtet. Er stellt eine Kreuzung von *R. soulieana* (siehe Seite 17) mit 'Eboulissant', einer roten Zwerg-Polyantha-Rose, dar. Die dunkel karmesinroten Blüten sind voll gefüllt, sie stehen in dichten Gruppen und duften nur leicht. Den Blättern sagt man nach, dass sie noch ein wenig von dem Grau der *R. soulieana* aufweisen.

● Diese Rose ist in Amerika sehr beliebt. Ihre Triebe erreichen bis zu 5 m Länge. Um die beste Blütenausbeute zu erhalten, sollte man die verblühten Blumen sofort entfernen. Winterhart bis −29 °C, Zone 5.

'De la Grifferaie'. Hierbei handelt es sich um einen großen Strauch oder einen niedrigen Rambler, der 1845 von Jean-Pierre Vibert aus dem französischen Angers aufgezogen wurde. Wahrscheinlich stammt sie von *R. multiflora* 'Platyphylla' (siehe Seite 159) ab, die mit einer gefüllten Form von *R. gallica* (siehe Seite 33) gekreuzt wurde. Die Pflanze erreicht mit ihren nahezu stachellosen, rohrähnlichen Trieben eine Höhe von etwa 3 m. Die Stachellosigkeit unterscheidet sie von 'Russelliana', die ähnliche Vorfahren hat, jedoch mit vielen Stacheln besetzt ist. Die flachen und voll gefüllten Blüten wachsen in Dolden von 10–15 Stück, verfärben sich von rosa in weiß und duften gut – einigen Rosenkennern zufolge sogar ausgezeichnet.

● Dies ist eine robuste Rose, die unterirdische Ausläufer entwickelt und oftmals in alten Gärten anzutreffen ist, wo sie als Unterlage verwendet wurde. Winterhart vielleicht bis −34 °C, Zone 4.

'Rose-Marie Viaud' (auch 'Rosemary Viaud'). Dieser Rambler wurde von Igoult gezüchtet und 1924 in Frankreich von Viaud-Bruant eingeführt. Wie so viele der „blauen" Rosen ist auch diese ein Sämling von 'Veilchenblau'. Sie hat die am dichtesten gefüllten Blüten der lilafarbenen Rambler, mit hübschen Pompons in Magenta-Karmesinrot, die

'Russelliana' im California Gold Country.

gräulich rosa abblühen. Die inneren Petalen haben oftmals weiße Streifen. Leider duftet die Rose nicht.
● Die nahezu stachellosen Triebe können eine Länge von 4 m erreichen, ideal für Torbögen. Winterhart bis −29 °C, Zone 5.

'Russelliana' (auch 'Old Spanish Rose', 'Russell's Cottage Rose', 'Souvenir de la Bataille de Marengo'). Diese seit 1826 bekannte Rose ist von unbekannter Herkunft, stellt aber eventuell eine Hybride aus einer Damaszenerrose und *R. multiflora* (siehe Seite 17) dar. Die starren, stacheligen, rohrähnlichen Triebe tragen Gruppen von süßlich duftenden Blüten, die denen der Damaszenerrosen ähneln. Das Auge ist oftmals grün, die Mitte dagegen violettrot. Die Blüten verblassen rosaviolett mit weißen Rändern.
● Die Triebe können eine Länge von 6 m erreichen, werden aber meist nur 2,5 m lang. In gutem Boden ist diese Rose ein starker Kletterer. Selbst in den nährstoffärmsten Böden blüht sie noch. Diese Alte Rose ist sehr robust und wird oftmals in Hecken oder verlassenen Gärten gefunden. Sie eignet sich gut für die Anpflanzung in ungezwungener Umgebung. Winterhart vielleicht bis −34 °C, Zone 4.

'Veilchenblau' (auch 'Bleu-Violet'). Diese nahezu stachellose Rose wurde von Kiese aufgezogen und 1908 von Schmidt eingeführt, und zwar als eine Kreuzung von 'Turner's Crimson Rambler' mit 'Erinnerung an Brod' (siehe Seite 126). Die halb gefüllten Blüten, die in länglichen Büscheln wachsen, öffnen sich in einem dunklen Karmesinrot und mit heller Mitte. Danach verfärben sie sich mauve und zeigen in völlig geöffnetem Zustand ihre Staubgefäße. Sie duften nur leicht.
● Diese robuste Rose mit langen, ausladenden Trieben und den typischen Nebenblättern von *R. multiflora* (siehe Seite 17) am Ansatz der Blattstiele ist im Vergleich zu anderen Rosen derselben Farbe vielleicht eher derb. Winterhart bis −29 °C, Zone 5.

'De la Grifferaie'

Bodendeckerrosen

'Nozomi'

Die BODENDECKERROSEN stellen eine relativ neuartige Entwicklung dar. Von einigen Gartenbauorganisationen werden sie nicht als eigenständige Klasse angesehen, sondern den Strauch- oder Miniaturrosen zugeordnet. Dennoch erwies sich ihre Einführung als Marketing-Erfolg.

Bodendeckerrosen werden so gezogen, dass sie sehr niedrig wachsen, durchgängig blühen und – wenn möglich – durch einen geschlossenen Blätterteppich das Wachsen von Unkraut unterdücken. Viele von ihnen werden auch alle paar Jahre radikal mit einer Säge oder Heckenschere zurückgeschnitten, damit sie im darauf folgenden Jahr wieder mit neuer Wachstumskraft grünen und blühen können.

Für die Entwicklung der Bodendeckerrosen waren zwei wilde, immergrüne Elternsorten von großer Bedeutung: *R. wichuraiana*, eine von Natur aus kriechende Rose aus der Küstenregion Japans, und die Zwergvarietät von *R. sempervirens* (üblicherweise ein Kletterer), die Strauchpolster bildet und in der Nähe von Nizza auf Kliffen gefunden werden kann.

Die europäischen Rosenzüchter Kordes und Meilland erkannten schon bald das Potenzial dieser Rosen für die großflächige Landschaftsplanung durch Stadtverwaltungen und Straßenbauämter. Man erwartete einen großen Absatz. Diese neuen Varietäten werden manchmal auch als „Flächenrosen" bezeichnet, um sie von den weniger starkwüchsigen zu unterscheiden, die sich besser für den Hausgarten eignen.

Der Aufwand für Rückschnitt und sonstige Pflege ist minimal. Die Pflanzen können durch Schneiden in Form gehalten werden, alte, abgeblühte Triebe sollte man entfernen. Alle paar Jahre kann die gesamte Pflanze im Winter bis zum Boden zurückgeschnitten werden. Die Bezeichnung „Bodendeckerrose" ist leicht irreführend: Die Rosen unterdrücken nicht von Anfang an das entstehende Unkraut, sodass der Boden unter ihnen gemulcht werden sollte. Außerdem machen sich diese Rosen auch in anderen Formen sehr gut: z. B. als wunderhübsche Hochstamm- bzw. Trauerrosen oder elegant ausladende Pflanzen in Kübeln.

'Nozomi' in den Gärten von Kasteel Hex, Belgien.

'Alba Meidiland'

'Alba Meidiland' (auch 'Alba Meillandécor', 'Alba Sunblaze', 'Meidiland Alba', MEIflopan). Diese Bodendecker- oder Flächenrose wurde 1987 von Meilland in Frankreich eingeführt. Ihre leicht duftenden Blüten sind gefüllt und weiß, mit einem Durchmesser von etwa 5 cm. Aufgezogen wurde sie aus *R. sempervirens* (siehe Seite 19) und 'Mlle Marthe Caroon', einer Hybride von *R. wichuraiana* (siehe Seite 19).
● Diese starkwüchsige, remontierende Rose formt regelrechte Erhebungen aus dichten Trieben mit kleinen, spitz zulaufenden Fiederblättchen. Die ausladenden Triebe erreichen in einem Jahr eine Länge von 2 m, die Blüten tragenden jedoch nur 1,2 m. Winterhart bis −29 °C, Zone 5.

'Ferdy' (auch KEItoli). Diese kleinblütige Rose wurde 1984 von Keisei in Japan eingeführt. Die gefüllten Blüten zeigen ein dunkles Hautrosa und haben einen Durchmesser von etwa 4 cm, sie sind jedoch geruchlos. Die Rose wurde aus unbenannten Sämlingen aufgezogen.
● Diese sehr starkwüchsige Pflanze kann als Bodendecker und als Kletterer eingesetzt werden, wobei die nicht-blühenden Triebe 1,8 m, die Blüten tragenden Triebe nur 1 m lang werden. Belaubt sind sie mit kleinen, matten Fiederblättchen. Die remontierende Eigenschaft ist bedingt vorhanden. Winterhart bis −29 °C, Zone 5.

'Ferdy'

'Nozomi' (auch 'Heideröslein Nozomi'). Eingeführt wurde diese kriechende Miniaturrose im Jahre 1968 von Onodera in Japan. Ihre ungefüllten Blüten sind etwa 3 cm breit und hell rosaviolett. Sie duften nur sehr leicht. Die Rose ist eine Kreuzung der kletternden Miniaturrose 'Fairy Princess' mit der Miniaturrose 'Sweet Fairy'.
● Die Pflanze hat kriechende Triebe bis zu 1,5 m Länge, die mit sehr kleinen, glänzenden Fiederblättchen besetzt sind. Sehr schön ist sie als niedriger Bodendecker am Wegrand und auf Felsen sowie als kleine Trauerrose. Winterhart bis −29 °C, Zone 5.

'Pheasant'

'Pheasant' (auch 'Heidekönigin', 'Palissade Rose', KORdapt). Diese wuchsfreudige Bodendeckerrose sieht aus wie ein herabhängender Rambler und wurde 1986 von Kordes in Deutschland eingeführt. Die gefüllten Blüten messen etwa 5 cm im Durchmesser, sind rosaviolett und duften gut. Es handelt sich hierbei um eine Kreuzung der Miniaturrose 'Zwergkönig 78' mit einem Sämling von *R. wichuraiana* (siehe Seite 19).
● Diese Pflanze macht sich mit ihren bis zu 3 m langen Trieben gut als Bodendecker und als Kaskade auf einer niedrigen Mauer. Die Blüten tragenden Triebe erreichen lediglich eine Länge von 60 cm und sind mit kleinen, runden, glänzenden Fiederblättchen besetzt. Die Pflanze blüht recht spät und remontiert nur bedingt. Winterhart bis −29 °C, Zone 5.

'Rosy Cushion'

'Worcestershire'

'White Flower Carpet'

'Baby Blanket' (auch 'Country Lass', 'Oxfordshire', 'Sommermorgen', 'Summer Morning', KORfullwind). Dieser starkwüchsige Bodendecker wurde 1993 von Kordes in Deutschland eingeführt. Seine Blüten sind voll gefüllt, etwa 5 cm breit, kräftig rosaviolett und leicht duftend. Er stellt eine Kreuzung des Bodendeckers 'Weiße Immensee' mit der Floribunda-Rose 'Goldmarie' dar.
● Die Triebe dieser remontierenden Rose erreichen bei kriechendem Wuchs eine Länge von 2 m. Diese Unterklasse der Bodendecker wurde von Kordes gezüchtet und von Mattocks in England mit den Namen englischer Grafschaften eingeführt. Winterhart bis −29 °C, Zone 5.

'Pink Bells' (auch POULbells). Diese Miniatur-Bodendeckerrose wurde im Jahre 1983 von Poulsen in Dänemark eingeführt. Ihre hell rosavioletten Blüten wachsen in Gruppen, haben einen Durchmesser von etwa 2,5 cm und duften leicht. Die Rose stammt von der Miniaturrose 'Mini-Poul' und der kletternden Miniaturrose 'Temple Bells' ab.

● Diese Pflanze trägt im Sommer an ihren 1,2 m langen, kriechenden Trieben über einen langen Zeitraum Blüten. Die Fiederblättchen sind klein und abgerundet. Es gibt noch eine sehr ähnliche Rose mit dem Namen 'White Bells', sie hat cremeweiße Blüten. Winterhart bis −29 °C, Zone 5.

'Rosy Cushion' (auch 'Rosy Hedge', INTerall). Diese attraktive Strauch- oder Bodendeckerrose ist eine Hybride aus 'Yesterday' (siehe Seite 225) und einem unbenannten Sämling. Eingeführt wurde die Rose 1979 von Ilsink in den Niederlanden. Ihre ungefüllten Blüten wachsen in dichten Gruppen und weisen zwei verschiedene Rosaviolett-Töne auf. Sie duften nur leicht, remontieren jedoch gut.
● Dieser Strauch hat ausladende Triebe bis 1,2 m Länge und erreicht höchstens eine Höhe von 75 cm. Die Pflanze eignet sich gut für gemischte Rabatten und als Flächendecker für Böschungen. Winterhart bis −23 °C, Zone 6.

'Silver River'

'Smarty'

'Baby Blanket'

Der mit 'Swany' bedeckte Geräteschuppen in den Gärten von Meilland Roses, Süd-Frankreich.

'Silver River' (auch LENsiver). Eingeführt wurde diese Bodendecker-rose 1989 von Louis Lens in Belgien. Die ungefüllten, rosaroten und weißen Blüten duften herrlich. Die Rose ist eine Kreuzung eines Säm-lings der Moschata-Hybride 'Ballerina' (siehe Seite 174) mit der Strauchrose 'Running Maid'.
● Die Pflanze blüht kontinuierlich die gesamte Saison hindurch. Win-terhart bis −29 °C, Zone 5.

'Smarty' (auch INTersmart). 1979 wurde dieser Bodendecker von Ilsink in den Niederlanden eingeführt. Die kleinen Blüten sind gelblich rosa mit weißen Schattierungen in der Mitte und wachsen in Gruppen. Es handelt sich hierbei um einen Sämling von 'Yesterday' (siehe Seite 225).
● Diese Pflanze blüht reich die ganze Saison hin-durch. Winterhart bis −34 °C, Zone 4.

'Swany' (auch MEIburenac). Meilland zog diese Bodendecker- oder Flächenrose 1978 als Kreuzung von *R. sempervirens* (siehe Seite 19) mit 'Mlle Marthe Car-ron', einer Hybride von *R. wichuraiana* (siehe Seite 19), auf. Ihre Blüten sind etwa 5 cm breit, halb gefüllt, weiß und leicht duftend.
● Die stärksten Triebe dieser Pflanze erreichen innerhalb einer Saison eine Länge von 2 m, die Blü-ten tragenden dagegen nur von 1 m. Zusammen bil-den sie eine dunkelgrüne Erhebung, die den ganzen Som-mer über mit Blüten übersät ist. Winterhart bis −29 °C, Zone 5.

'White Flower Carpet' (auch 'Emera Blanc', 'Opalia', 'Schneeflocke', 'Snowflake', NOAschnee genannt). Diese Bodendecker- oder niedrige Floribunda-Rose wurde 1991 von Noack in Deutschland eingeführt und stellt eine Kreuzung des Bodendeckers 'Immensee' mit 'Margaret Merrill' (siehe Seite 228) dar. Die Gruppen weißer, halb gefüllter Blü-ten duften nur leicht.
● Diese gute, niedrig wachsende Pflanze erreicht mit ihren Trieben eine Höhe von 75 cm. Sie blüht reich und remontiert gut. Winterhart bis −34 °C, Zone 4.

'Worcestershire' (auch KORlalon). Im Jahre 2000 wurde diese Rose von Kordes in Deutschland eingeführt. Ihre ungefüllten Blüten haben einen Durchmesser von etwa 5 cm, sie sind gelb und duften nicht. Über die Abstammung ist nichts bekannt.
● Die Triebe dieser starkwüchsigen, remontierenden Pflanze errei-chen eine Länge von 2 m. Diese Rose gehört zu einer Unterklasse der Bodendecker, die von Kordes gezüchtet und von Mattocks in England mit den Namen englischer Grafschaften eingeführt wurde. Winterhart bis −29 °C, Zone 5.

'Pink Bells'

165

Bodendeckerrosen

'Eye Opener' (auch 'Erica', 'Tapis Rouge', INTerop). Diese Bodendeckerrose wurde von Ilsink gezüchtet und 1979 von Interplant eingeführt. Ihre Blüten sind ungefüllt, scharlachrot und ohne Duft. Zu ihren Elternsorten gehören 'Eyepaint' (siehe Seite 244) und die Kordes-Rose 'Dortmund'.
● Die bogigen Triebe erreichen eine Länge von 1,2 m, bleiben in der Höhe jedoch unter 60 cm. Die Pflanze blüht ein wenig später auf als andere, jedoch entfaltet sie dann kontinuierlich Blüten in Hülle und Fülle. Winterhart bis −29 °C, Zone 5.

'Magic Meidiland' (auch 'Magic Meillandécor', MEIbonrib). Diese Bodendecker- oder Flächenrose wurde 1993 von Meilland in Frankreich eingeführt. Ihre Blüten sind halb gefüllt, etwa 7,5 cm im Durchmesser, leuchtend rosaviolett mit einer helleren Mitte und leichtem Duft. Es handelt sich hierbei um eine Kreuzung von *R. sempervirens* (siehe Seite 19) mit einem Sämling von 'Bonica' (siehe Seite 192) und der Floribunda-Rose 'Milrose'.
● Diese Rose ist wuchsfreudig und gegen Zugluft beständig. Ihre kriechenden Triebe werden innerhalb einer Saison 2 m lang, die mit Blüten besetzten unter ihnen nur 1,2 m. Zusammen bilden sie eine kleine Erhebung dichter, ausladender Triebe mit kleinen, spitz zulaufenden Fliederblättchen, die den ganzen Sommer hindurch mit Blüten besetzt ist. Winterhart bis −29 °C, Zone 5.

'Malverns' (auch 'Heidelinde', KORdehei). Diese Bodendecker- oder niedrige Floribunda-Rose wurde von Kordes 1991 in Deutschland eingeführt. Ihre Blüten sind voll gefüllt, etwa 5 cm breit, leuchtend rosaviolett und nur leicht duftend.
● Die remontierende Rose erreicht mit ihren starkwüchsigen Trieben 1,2 m. Sie gehört zu einer Unterklasse der Bodendecker, die von Kordes gezüchtet und von Mattocks in England mit den Namen englischer Hügel eingeführt wurde. Winterhart bis −29 °C, Zone 5.

'Pink Meidiland' (auch 'Schloss Heidegg', MEIpoque). Im Jahre 1982 führte Meilland diese Bodendecker- oder Flächenrose in Frankreich ein. Ihre ungefüllten Blüten sind leuchtend rosaviolett und bestehen aus überlappenden Petalen mit einer weißen Mitte. Sie blühen nahezu weiß ab, duften aber nicht. Aufgezogen wurde die Rose aus der Strauchrose 'Anne de Bretagne' und der Floribunda-Rose 'Nirvana'.
● Die stärksten, bogigen Triebe erreichen in einer Saison eine Länge von 2 m, die Blüten tragenden Triebe werden dagegen nicht länger als

1,2 m. Sie sind mit kleinen, spitz zulaufenden Fliederblättchen besetzt und bilden zusammen eine kleine, dichte Erhebung. Die Pflanze remontiert. Winterhart bis −34 °C, Zone 4.

'Red Meidiland' (auch 'Rouge Meillandécor', MEIneble). Meilland führte diese Bodendecker- oder Flächenrose 1989 in Frankreich ein. Ihre Blüten sind ungefüllt, leuchtend rot mit einem weißen Auge und stehen in Gruppen, sie duften nur leicht. Aufgezogen wurde diese Rose durch Kreuzung der Strauchrose 'Sea Foam' mit einem Sämling aus 'Picasso' und 'Eyepaint' (beide siehe Seite 244).
● Diese Pflanze ist sehr gesund, winterhart und starkwüchsig: Ihre Triebe erreichen in einer Saison eine Länge von 2 m, die mit Blüten jedoch nur von 1,2 m. Zusammen bilden sie eine kleine Erhebung, die mit kleinen, spitz zulaufenden Fliederblättchen belaubt ist. Winterhart bis −34 °C, Zone 4.

'Surrey'

'Malverns'

'Magic Meidiland'

'Wiltshire'

'Eye Opener'

'Surrey' (auch 'Sommerwind', 'Summer Breeze', 'Summerwind', 'Vent d'Été', KORlanum). Diese Rose wurde 1987 von Kordes eingeführt. Ihre gefüllten Blüten sind becherförmig, rosaviolett und ohne Duft.
● Diese starkwüchsige, remontierende Rose entwickelt Triebe bis zu 1,2 m Länge. Sie gehört zu einer Unterklasse der Bodendecker, die von Kordes gezüchtet und von Mattocks mit den Namen englischer Grafschaften eingeführt wurde. Von Kordes stammt auch ein großer Kletterer mit halb gefüllten Blüten namens 'Summer Breeze'. Winterhart bis −29 °C, Zone 5.

'Warwickshire' (auch KORkandel). Im Jahre 1991 wurde diese Bodendeckerrose von Kordes in Deutschland eingeführt. Sie trägt ungefüllte, leuchtend rötlich violette Blüten, die in Gruppen wachsen, eine weiße Mitte haben und nur leicht duften.
● Diese sehr reich blühende Pflanze hat auf den Boden hängende, Triebe. Die Blüten stehen dicht in Büscheln an der 45 cm hohen Pflanze. Diese Rose gehört zu einer Unterklasse von Kordes' Bodendeckern, die Mattocks in England mit den Namen englischer Grafschaften einführte. Winterhart bis −34 °C, Zone 4.

'Wiltshire' (auch 'Beautiful Carpet', KORmuse). Diese remontierende Bodendeckerrose wurde im Jahre 1993 von Kordes in Deutschland eingeführt und stellt eine Hybride aus dem Bodendecker 'Weiße Immensee' und einem unbenannten Sämling dar. Ihre halb gefüllten, leuchtend orangerosafarbenen Blüten sind ohne Duft.
● Die wuchsfreudigen Triebe erreichen eine Länge von 1,2 m. Leider neigen sie beim Einsetzen der Blütezeit dazu, die Blüten zu überschatten. Diese Rose gehört zu einer Unterklasse von Kordes' Bodendeckern, die Mattocks in England mit den Namen englischer Grafschaften einführte. Winterhart bis −34 °C, Zone 4.

'Red Meidiland' als Hochstamm in den Gärten von Meilland Roses, Süd-Frankreich.

'Warwickshire'

'Pink Meidiland'

167

Moschata-Hybriden

'Prosperity'

Hierbei handelt es sich um eine sehr kleine Klasse, die allerdings einige der allerbesten Gartenrosen enthält. Moschata-Hybriden wachsen als wunderbare Sträucher mit einem herrlichen Flor im Hochsommer und viele von ihnen blühen auch ein zweites Mal sehr gut. Die Blüten entfalten sich in großen, lockeren Büscheln oder Gruppen und sind klein bis mittelgroß. Üblicherweise sind sie weiß, cremefarben, rosaviolett oder gelbbraun und duften hervorragend.

Die Moschata-Hybriden sind immer mit Reverend Joseph Pemberton aus Havering-atte-Bower im englischen Essex in Verbindung gebracht worden. Er und seine Schwester Florence waren zusammen erfolgreiche Aussteller der großblütigen Rosen, die im späten 19. Jahrhundert so beliebt waren, wie z. B. die Remontant-Hybriden. Außerdem war er eines der ersten Mitglieder der National Rose Society of Great Britain. Obwohl er bereits als Zwölfjähriger von seinem Vater gezeigt bekam, wie man Rosen zum Knospen bringt, begann er erst um das Jahr 1913 – als er schon die 60 überschritten hatte und Rentner war – auf dem Anwesen seiner Familie seine eigenen Rosen zu züchten. Pembertons Ziel war es, robuste Rosen zu züchten, wie er sie aus seiner Kindheit kannte, und nicht die großblütigen Ausstellungsrosen, mit der sich damals die meisten Profizüchter beschäftigten. Durch die Kreuzung der 1904 gezüchteten 'Trier' mit verschiedenen Tee-Hybriden schuf Pemberton eine neue Klasse, die schließlich als Moschata-Hybriden bezeichnet werden sollte.

'Trier' ist eine große Strauchrose mit sehr gutem Duft, die die gesamte Saison hindurch remontiert. Diese Eigenschaften findet man auch in Pembertons Rosen wieder. Die Abstammung der Rose 'Trier' enthält wahrscheinlich Elemente von Noisetterosen sowie von *R. multiflora* (siehe Seite 17), die auch den Moschata-Hybriden die besondere Winterhärte verleiht. Nach Pembertons Tod im Jahre 1926 führten seine Schwester und sein Gärtner J. A. Bentall weitere seiner Rosen ein. Letzterer war später auch mit der Zucht und Einführung seiner eigenen Rosen beschäftigt.

Der Deutsche Wilhelm Kordes führte Rosen ähnlichen Aussehens ein. So z. B. 'Fritz Nobis' mit hell rosavioletten und nahezu gefüllten Blüten, die nur im Sommer blühen. 'Lavender Lassie' ist lavendelfarben und remontiert gut. Die ebenfalls gut remontierende 'Wilhelm' ist von einem fröhlichen Rot und tetraploid, weshalb sie mit ihren Zeitgenossen Tee-Hybriden und Floribunda-Rosen fertil ist.

Vor nicht allzu langer Zeit verwendeten einige Züchter, insbesondere der Belgier Louis Lens, die Zwergrose *R. multiflora* zur Züchtung von Rosen, von denen viele die Eigenschaften der niedrig wachsenden, remontierenden Rambler aufweisen und Pembertons 'Ballerina' (siehe Seite 174) ähneln. Lens verwendete auch andere Rosen wie z. B. *R. helenae* in Kreuzungen mit Tee-Hybriden zur Schaffung von Kletterrosen mit verbesserten Blüten. Seine Rosen haben jedoch einen leicht anderen Charakter und werden daher in diesem Werk gesondert aufgeführt (siehe die Seiten 176–179).

Moschata-Hybriden sind in Bezug auf den Rückschnitt pflegeleicht. Weniger Rückschnitt bedeutet frühere Blüten in kleineren Büscheln. Ein stärkerer Rückschnitt bedeutet hingegen spätere Blüten in größeren Büscheln und wird dann vorgenommen, wenn die Rose umgepflanzt werden soll oder schwach ist und neu eingepflanzt werden soll. Die meisten von ihnen sind winterhart bis −29 °C, Zone 5.

'Danaë'. Hierbei handelt es sich um eine der ersten Moschata-Hybriden, die von Pemberton eingeführt wurden, und zwar im Jahre 1913. Ihre Blüten sind gelb, voll gefüllt und gut duftend. Eine Elternsorte ist 'Trier', die mit der Remontant-Hybride 'Gloire de Chédane-Guinnoisseau' gekreuzt worden sein soll, auch wenn dies unwahrscheinlich wirken mag.

● Dieser Strauch erreicht bis zu 2 m Länge und blüht kontinuierlich die ganze Saison hindurch. Winterhart bis –29 °C, Zone 5.

'Prosperity'. Diese Moschata-Hybride führte Pemberton 1919 ein. Ihre gefüllten Blüten sind cremeweiß und duften gut. Die Rose entstand als Kreuzung der Polyantha-Rose 'Marie-Jeanne' mit 'Perle des Jardins' (siehe Seite 95).

● Dies ist ein guter, starkwüchsiger Gartenstrauch, der eine Höhe von 1,5 m erreicht. Er bringt noch spät in der Saison Blüten hervor, wobei die späteren Blüten in größeren Gruppen wachsen als diejenigen, die im Frühjahr entstehen. Winterhart bis –29 °C, Zone 5.

'Queen of the Musks'. Die Abstammung dieser von Paul & Son 1913 in England eingeführten Moschata-Hybride ist nicht bekannt. Ihre rötlich rosafarbenen, halb gefüllten Blüten duften wunderbar. Diese Rose ist zwar älter als die meisten von Pembertons Moschata-Hybriden, jedoch scheint sich Paul bei seinen Züchtungen nicht weiter mit dieser Linie beschäftigt zu haben.

● Diese seltene, aber attraktive Rose ist noch im Europa-Rosarium Sangerhausen zu finden. Sie wächst als Strauch bis auf 1,5 m heran und remontiert nach der ersten Blüte. Winterhart bis –29 °C, Zone 5.

'Trier'. Diese Moschata-Hybride wird gelegentlich als Multiflora-Rambler-Hybride eingestuft und wurde 1904 von Peter Lambert in Trier aufgezogen. Ihre zahlreichen, rosavioletten Knospen öffnen sich zu kleinen, cremeweißen Blüten mit auffallenden, goldenen Staubgefäßen sowie einem herrlichen Duft. Über die Abstammung herrscht Ungewissheit. Wahrscheinlich handelt es sich bei der Rose um einen Sämling der Multiflora-Hybride 'Aglaia', zu deren Vorfahren wiederum 'Rêve d'Or' (siehe Seite 108) und die remontierende Zwergrose *R. multiflora* (siehe Seite 17) gehören.

● Dieser attraktive und ungezwungene, große Strauch remontiert gut. Winterhart bis –29 °C, Zone 5.

'Queen of the Musks'

'Trier'

'Danaë'

'Prosperity'

'Kathleen' in Kasteel Hex, Belgien.

'Pax' mit *Alstroemeria-ligtu*-Hybriden im Vordergrund.

Pembertons Moschata-Hybriden sind im Allgemeinen groß und starkwüchsig, ihre Blüten sind dagegen eher von zarter Natur. Hier werden die „Klassiker" mit zurückhaltenden Farben aufgeführt. Die Exemplare mit roten Blüten haben sich nie so großer Beliebtheit erfreut und sind bei den anderen roten Rosen aufgelistet (siehe die Seiten 174–175).

'Buff Beauty'

'Buff Beauty'. Diese Rose wurde 1939 von Ann Bentall in England eingeführt, jedoch ist sie angeblich bereits einige Jahre zuvor von Pemberton aufgezogen worden. Ihre voll gefüllten Blüten sind gelbbraun und verfärben sich später weiß. Sie duften ausgezeichnet. Diese Rose stammt von der Noisetterose 'William Allen Richardson' (siehe Seite 109) sowie einem unbenannten Sämling ab.
● Hierbei handelt es sich um eine der besten Gartenrosen, die zu einem ausladenden Strauch von bis zu 2,5 m heranwachsen kann und die ganze Saison hindurch nickende Blüten trägt. Sie eignet sich ausgezeichnet für die Rückseite von Rabatten, für Zäune oder niedrige Mauern. Winterhart bis −29 °C, Zone 5.

'Cornelia'. Pemberton züchtete diese Moschata-Hybride im Jahre 1925. Ihre voll gefüllten Blüten sind relativ flach und verströmen einen süßlichen, schweren Duft. Im Sommer sind sie von einem helleren Rosaviolett als bei der darauf folgenden kälteren Witterung. Später nimmt die Intensität der Blütenfarbe also zu. Die Abstammung dieser Rose ist nicht bekannt.
● Die Blüte dieses ausladenden Strauchs wird gegen Ende der Saison noch schöner. Üblicherweise wird er auf einer Höhe von 1,2 m gehalten. In Kalifornien haben wir diese Rose jedoch in kletternder Form bzw. als sehr großen Strauch gefunden, wo sie eine Höhe von 2,75 m erreichte. Winterhart bis −34 °C, Zone 4.

'Daybreak'. Diese Moschata-Hybride wurde von Pemberton im Jahre 1918 eingeführt. Ihre halb gefüllten, cremegelben Blüten duften herrlich. Es handelt sich bei dieser Rose um eine Kreuzung von 'Trier' (siehe Seite 169) mit der karmesinroten Tee-Hybride 'Liberty'.

'Daybreak'

'Moonlight'

'Penelope'

'Cornelia' im Londoner Brompton Cemetery.

● Dieser aufrechte Strauch erreicht eine Höhe von etwa 2 m und blüht die gesamte Saison hindurch. Winterhart bis −29 °C, Zone 5.

'Felicia'. Pemberton führte diese Rose 1928 ein. Sie bringt Gruppen mittelgroßer, voll gefüllter, gelbbräunlich rosafarbener Blüten mit wunderbarem Duft hervor. Sie entstand als Kreuzung von 'Trier' (siehe Seite 169) mit 'Ophelia' (siehe Seite 131: 'Climbing Ophelia').
● Diese Rose bringt die ganze Saison hindurch eine große Zahl von Blüten zum Vorschein. Es ist ein starkwüchsiger, bis 2,2 m hoher Strauch, der typisch für Pembertons Züchtungen und einer der besten unter ihnen ist. Besonders winterhart: bis −34 °C, Zone 4.

'Kathleen'. Diese Moschata-Hybride führte Pemberton im Jahre 1922 ein. Die Blüten sind ungefüllt, von einem gelbbräunlichen Rosa und wachsen in großen Gruppen, sie verströmen einen zarten Duft. Hierbei handelt es sich um eine Kreuzung von Pembertons erster Moschata-Hybride 'Daphne' mit 'Perle des Jardins' (siehe Seite 95).
● Dies ist eine der größten Sorten dieser Klasse, mit Trieben bis zu 2 m Länge. Sie remontiert gut und ist winterhart bis −29 °C, Zone 5.

'Moonlight'. 1922 züchtete Pemberton diese Moschata-Hybride, mit der er später eine Goldmedaille gewann. Die halb gefüllten, weißen bis zartgelben, gut duftenden Blüten wachsen in lockeren Büscheln. Sie sind relativ klein, werden später jedoch größer. Die Rose entstand als Kreuzung von 'Trier' (siehe Seite 169) mit der gelben Teerose 'Sulphurea'.
● Dieser große, reich blühende Strauch, der 2,2 m und mehr erreicht, eignet sich gut für gemischte Rabatten. Seine Blühfreudigkeit kommt besonders gegen Ende der Saison zur Geltung. Pemberton empfahl diese Rose als Schnittblume zu Weihnachten, wobei man sie vier Tage zuvor schneiden sollte. Sie ist außerdem besonders winterhart: bis −34 °C, Zone 4.

'Pax'. Diese Moschata-Hybride führte Pemberton 1918 ein, als der Erste Weltkrieg endete. Mit dieser Rose gewann er auch eine Goldmedaille. Ihre Blüten sind relativ groß, voll gefüllt und cremefarben, blühen jedoch weiß ab. Außerdem duften sie herrlich. Es handelt sich bei dieser Rose um eine Kreuzung von 'Trier' (siehe Seite 169) mit der gelborangefarbenen Tee-Hybride 'Sunburst'.
● Der wuchsfreudige Strauch erreicht bis zu 2 m Höhe und entwickelt die ganze Saison hindurch kontinuierlich Blüten. Besonders winterhart: bis −34 °C, Zone 4.

'Penelope'. Diese mit einer Goldmedaille ausgezeichnete Moschata-Hybride führte Pemberton 1924 ein, sie stammt von denselben Elternsorten ab wie 'Felicia': 'Trier' (siehe Seite 169), die mit der Tee-Hybride 'Ophelia' (siehe Seite 131: 'Climbing Ophelia') gekreuzt wurde. Diese Rose trägt lockere Gruppen rosaorangefarbener Knospen, die sich zu cremegelben, wohlduftenden, halb gefüllten Blüten öffnen.
● Diese Rose ist eine der beliebtesten unter Pembertons Züchtungen. Sie wächst zu einem Strauch mit Trieben bis zu 2,2 m heran, die üblicherweise mit breiten Fiederblättchen belaubt sind. Winterhart bis −29 °C, Zone 5.

'Felicia'

'Francis E. Lester'

'Autumn Delight'. Diese Moschata-Hybride unbekannter Abstammung wurde 1933 von Bentall in England eingeführt. Ihre Blüten sind zartgelb bis weiß und nahezu ungefüllt. Die Staubbeutel sind rot, ein Duft ist dagegen kaum wahrzunehmen.
● Dieser Strauch erreicht eine Höhe von 1,5 m und hat Triebe mit nur wenigen Stacheln. Er remontiert gut. Winterhart bis −29 °C, Zone 5.

'Bishop Darlington'. 1926 wurde diese Moschata-Hybride von Captain Thomas aus Beverly Hills eingeführt. Ihre großen Blüten sind halb gefüllt, cremefarben oder zartgelb und duften süßlich-fruchtig. Die Rose entstand durch das Kreuzen von 'Aviateur Blériot' (siehe Seite 152) mit 'Moonlight' (siehe Seite 171).
● Diese „halbe" Kletterrose mit kupferfarbenen jungen Blättern und biegsamen jungen Trieben eignet sich zum Bewachsen von Pfosten oder Zäunen und remontiert gut. Winterhart bis −34 °C, Zone 4.

'Erfurt'. Diese Moschata-Hybride wurde von Kordes 1939 aufgezogen, und zwar als Kreuzung von 'Eva' (siehe Seite 174) mit der kletternden Tee-Hybride 'Reveil Dijonnais'. Ihre lockeren, halb gefüllten Blüten öffnen sich hell rosaviolett mit goldenen Schattierungen, bevor sie nahezu weiß abblühen. Ihr Duft ist nur gering.
● Die Blätter dieses niedrigen Strauches (bis zu 1 m Höhe) sind im Austrieb kupferrot. Die Pflanze bringt die gesamte Saison hindurch Blüten zum Vorschein. Winterhart bis −29 °C, Zone 5.

'Francis E. Lester'. Diese Rose ist eine Moschata-Hybride oder ein Rambler und wurde 1946 von Lester Rose Gardens in den USA eingeführt. Die ungefüllten Blüten sind rötlich violett, blühen weiß ab und haben einen durchschnittlichen Duft. Sie wachsen in großen, lockeren Gruppen und werden von kleinen, roten Hagebutten abgelöst. Obwohl diese Rose aufgrund ihrer Wachstumseigenschaft oftmals als Rambler eingestuft wird, ist eine ihrer Elternpflanzen 'Kathleen' (siehe Seite 171), weshalb man sie auch noch häufiger den Moschata-Hybriden zuordnet.
● Diese Pflanze kann zu einem großen Strauch heranwachsen oder – mit Unterstützung – als Kletterer, wobei die Triebe 4 m erreichen können. Sie blüht nur im Sommer, dann jedoch sehr auffallend. Winterhart bis −29 °C, Zone 5.

'Heideröslein'. Diese Moschata-Hybride wird manchmal auch als Kletterrose eingestuft und wurde 1932 von Lambert in Deutschland eingeführt. Ihre roten Knospen öffnen sich zu ungefüllten, gelblich bis lachsrosafarbenen Blüten mit leichtem Duft. Die Rose entstand durch Kreuzen von 'Chamisso', einem Nachkömmling von 'Trier' (siehe Seite 169), mit der lachsrosafarbenen Tee-Hybride 'Amalie de Greiff'.
● Diese attraktive, wild anmutende, remontierende Rose erreicht bis zu 1,5 m und trägt große Blütengruppen. Winterhart bis −29 °C, Zone 5.

'Autumn Delight'

'Lichtkönigin Lucia'

'Bishop Darlington'

'Lyda Rose'

'Sally Holmes'

'Heideröslein'

'Lichtkönigin Lucia' (auch 'Light Queen Lucia', 'Lucia', 'Queen Lucia', 'Reine Lucia', KORlilub). Diese preisgekrönte Rose von mittelgroßem Wuchs wird abwechselnd den Moschata-Hybriden, den modernen Strauchrosen sowie den Kletterrosen zugeordnet und wurde von Kordes im Jahre 1966 eingeführt. Sie bringt leuchtend gelbe, voll gefüllte Blüten mit gutem Duft in abgeflachten Gruppen hervor. Es handelt sich hierbei um eine Kreuzung der Strauchrose 'Zitronenfalter' mit der Floribunda-Rose 'Cläre Grammerstorf'.
● Diese remontierende Rose mit glänzenden, gesunden, dunkelgrünen Blättern ist winterhart bis −29 °C, Zone 5.

'Lyda Rose' (auch LETlyda). Diese Moschata-Hybride wurde 1994 von Kleine Lettunich in Kalifornien eingeführt. Die zarten, ungefüllten Blüten sind rötlich violett mit einem dunkleren Rand und herrlichem Duft. Dies ist ein Sämling von 'Francis E. Lester'.
● Der Strauch erreicht eine Höhe von 1,5 m. Er blüht kontinuierlich, gedeiht auch gut im Schatten und ist im Großen und Ganzen krankheitsresistent. Diese Rose erhielt die Auszeichnung „Best Shrub Rose" der American Rose Society. Winterhart bis −29 °C, Zone 5.

'Sally Holmes'. 1976 führte Holmes diese auffällige, mit einer Goldmedaille ausgezeichnete Rose in England ein. Ihre weißen oder sehr zart rosafarbene Blüten sind groß, ungefüllt, leicht duftend und wachsen oft in riesengroßen, dichten Büscheln. Die Rose entstand durch Kreuzen der Floribunda-Rose 'Ivory Fashion' mit 'Ballerina' (siehe Seite 174).
● Als Strauch erreicht diese Pflanze eine Höhe von 1,5 m. Sie blüht reich und lang anhaltend. Durch starken Rückschnitt entwickelt sie sich wie eine Floribunda-Rose: mit riesigen Blütengruppen gegen Ende der Saison. Für eine gute Hagebuttenausbeute sollte auf einen Rückschnitt verzichtet werden. Winterhart bis −23 °C, Zone 6.

'Erfurt'

173

'Nymphenburg'

'Robin Hood'

'Eva'

'Ballerina'

'Nur Mahal'

'Ballerina'. Diese hübsche Moschata-Hybride wurde von Pemberton gezüchtet und 1937 von Bentall eingeführt. Die Abstammung ist nicht bekannt, jedoch weist die Rose viel Ähnlichkeit mit *R. multiflora* (siehe Seite 17) auf. Vom Sommer an öffnen sich große Mengen von dunkel rosafarbenen Knospen zu kleinen, ungefüllten hell rosavioletten Blüten.
● Hierbei handelt es sich um eine der beliebtesten Strauchrosen aller Zeiten, denn ihre fröhlich rosavioletten und weißen Blüten sind in wunderschönen länglichen Gruppen angeordnet. Außerdem blüht diese Rose sehr reich. Obwohl sie als Moschata-Hybride eingestuft wird, ähnelt sie den eigens von Pemberton eingeführten Züchtungen nur in geringem Maße. Sie gilt jedoch als wichtige Elternsorte für viele andere Züchtungen, vor allem bei den von Louis Lens eingeführten Moschata-Hybriden (siehe die Seiten 176–179). Die Pflanze bildet einen niedrigen Busch mit Trieben bis zu 1,2 m Länge. Winterhart bis –34 °C, Zone 4.

'Eva'. Kordes führte diese Moschata-Hybride 1933 in Deutschland ein. Ihre Blüten sind halb gefüllt und kräftig rot, duften jedoch nur leicht oder gar nicht. Es handelt sich hierbei um eine Kreuzung von 'Robin Hood' mit der scharlachroten Tee-Hybride 'J.C. Thornton'.
● Dieser Strauch mit einer Höhe von bis zu 1,5 m blüht kontinuierlich die gesamte Saison hindurch. Die Pflanze ist außerdem besonders winterhart: bis –34 °C, Zone 4.

'Nur Mahal'. 1923 wurde diese Moschata-Hybride von Pemberton in England eingeführt. Ihre kräftig karmesinroten, halb gefüllten Blüten duften wunderbar und wachsen in großen Gruppen. Die Rose entstand als Kreuzung der Tee-Hybride 'Château de Clos Vougeot' mit dem Sämling einer Moschata-Hybride.
● Dieser aufrechte Strauch mit Trieben bis zu 1,5 m Länge und kleinen Fiederblättchen eignet sich gut als Säulenrose. Er remontiert gut die Saison hindurch. Winterhart bis –29 °C, Zone 5.

'Nymphenburg'. Diese Moschata-Hybride wurde im Jahre 1954 von Kordes in Deutschland eingeführt. Ihre aprikosenfarbenen Knospen öffnen sich zu großen, voll gefüllten Blüten mit einem Lachsrosa-Ton und einem frischen Apfelduft. Sie entstand durch die Kreuzung der Moschata-Hybride 'Sangerhausen' mit der Floribunda-Rose 'Sunmist'.
● Dieser aufrechte Strauch erreicht eine Höhe von etwa 2 m und eignet sich gut für das Bewachsen von Säulen oder Pfosten. Die Pflanze ist üppig mit glänzenden Blättern belaubt und blüht kontinuierlich die ganze Saison hindurch. Außerdem ist sie sehr winterhart: bis –34 °C, Zone 4.

'**Robin Hood**' (auch 'Robin des Bois'). Pemberton züchtete diese 1927 in England eingeführte Moschata-Hybride. Ihre halb gefüllten Blüten sind von einem kräftigen Rot und duften nur leicht. Die Rose entstand als Kreuzung eines unbenannten Sämlings mit der Polyantha-Rose 'Miss Edith Cavell'.
● Dieser robuste Strauch erreicht eine Höhe von 1,5 m und remontiert gut die gesamte Saison hindurch. Winterhart bis −29 °C, Zone 5.

'**Vanity**'. Diese Moschata-Hybride wurde 1920 von Pemberton in England eingeführt. Die in großen Gruppen wachsenden, halb gefüllten Blüten sind von einem leuchtenden Rosarot und duften herrlich. Es handelt sich hierbei um eine Kreuzung der Tee-Hybride 'Château de Clos Vougeot' mit einem unbenannten Sämling.
● Dieser Strauch wächst bis auf eine Höhe von 2 m heran und remontiert gut. Er ist besonders winterhart: bis −34 °C, Zone 4.

'**Will Scarlet**'. Graham Thomas führte diese Moschata-Hybride im Jahre 1950 ein, als er Leiter bei Hilling's Nursery war. Es handelt sich um einen Sport von Kordes' Moschata-Hybride 'Wilhelm' (auch 'Skyrocket' genannt) und ist im Vergleich zu seinem violettroten Vorfahr kräftig scharlachrot. Die Blüten sind halb gefüllt und zart duftend.
● Die Triebe erreichen eine Länge von 2,2 m. Die Blüten entfalten sich die gesamte Saison hindurch. Sehr winterhart, bis −34 °C, Zone 4.

'Will Scarlet'

'Vanity' im südenglischen Sissinghurst.

175

'Guirlande d'Amour'

'Bouquet Parfait'

Der belgische Züchter Louis Lens sowie seine Nachfolger Rudi und Ann Velle haben zahlreiche moderne **Moschata-Hybriden** eingeführt. Lens bediente sich der *R. multiflora* (siehe Seite 17) und Pembertons 'Ballerina' (siehe Seite 174), als er seine sehr winterharten, remontierenden Rosen unterschiedlicher Größe schuf, die üblicherweise mit großflächigen Gruppen kleiner Blüten besetzt sind.

'Bouquet Parfait' (auch LENbofa). Diese Rose führte Lens 1989 in Belgien ein. Ihre Blüten sind voll gefüllt und rötlich violett bis weiß, weisen aber einen nur leichten Duft auf. Es handelt sich hierbei um die Kreuzung eines Sämlings von *R. multiflora* var. *adenocheata* und 'Ballerina' (siehe Seite 174) mit der Miniaturrose 'White Dream'.
● Diese Pflanze blüht die gesamte Saison hindurch kontinuierlich und ist sehr winterhart: bis −34 °C, Zone 4.

'Gravin Michel d'Ursel' (auch LENgravi). Lens führte diese Moschata-Hybride 1994 in Belgien ein. Ihre halb gefüllten Blüten wachsen in lockeren Büscheln und duften gut. Sie sind rötlich violett gefärbt, haben eine zart aprikosenfarbene Mitte und Ränder, die ins Violette gehen. Sie stammt von der Rose 'Lavender Pinocchio' (siehe Seite 243) ab, die mit einem Sämling von 'Ballerina' (siehe Seite 174) und der Strauchrose 'Echo' gekreuzt wurde.
● Die bogig ausladenden Triebe dieses remontierenden Strauchs erreichen 1,5 m. Er ist sehr winterhart: bis −34 °C, Zone 4.

'Guirlande d'Amour' (auch LENalbi). Mit dieser 1993 von Lens in Belgien eingeführten kletternden Moschata-Hybride gewann er eine Goldmedaille. Ihre Blüten sind halb gefüllt und weiß, verströmen aber nur einen durchschnittlichen Duft. Bei der Züchtung wurde 'Seagull' (siehe Seite 147) mit einem Sämling von *R. multiflora nana* und 'Moonlight' (siehe Seite 171) gekreuzt.
● Dieser Kletterer mit einer Höhe von bis zu 4 m remontiert gut und ist winterhart bis −29 °C, Zone 5.

'Jacqueline Humery' (auch LENtapo). Diese Rose wurde 1995 von Lens in Belgien eingeführt. Ihre rosavioletten Knospen öffnen sich zu weißen, halb gefüllten Blüten mit welligen Petalen und einem hervorragenden Duft. Sie ist ein Nachkömmling der Strauchrosen 'Poesie' (siehe Seite 207), 'Tapis Volant' und 'Maria Mathilda'.
● Dieser graziöse, ausladende Strauch erreicht eine Höhe von 1,5 m und ist außergewöhnlich gesund. Er blüht kontinuierlich die gesamte Saison hindurch. Winterhart bis −29 °C, Zone 5.

'Matchball'

'Neige d'Ete'

'Waterloo im belgischen Kasteel Hex.

'Gravin Michel D'Ursel' im belgischen Kasteel Hex der Familie D'Ursel.

'Jacqueline Humery'

'Maaseik'

'Maaseik' (auch 'Maaseik 750', LENclima). Im Jahre 1994 wurde diese Moschata-Hybride von Lens in Belgien eingeführt. Bei ihren ungefüllten, zart lachsrosafarbenen Blüten fallen vor allem die Staubfäden ins Auge. Der Duft ist mit einer Moschusnote versetzt. Zu den Vorfahren dieser Rose gehören *R. multiflora* var. *adenochaeta*, 'Ballerina' (siehe Seite 174) und 'Kathleen' (siehe Seite 171).

● Die bis zu 1,5 m langen Triebe sind mit sattem, bronzegrünem Laub besetzt und die ganze Saison hindurch mit Blüten übersät. Winterhart bis −29 °C, Zone 5.

'Matchball' (auch LENadbial). Diese mit einer Goldmedaille ausgezeichnete Rose führte Lens 1990 in Belgien ein. Ihre Blüten sind ungefüllt, rötlich rosa oder weiß und duften gut. Sie entstand als Kreuzung aus *R. multiflora* var. *adenochaeta* und 'Kathleen' (siehe Seite 171).

● Die bis 1,5 m hohe Pflanze blüht kontinuierlich die gesamte Saison hindurch. Winterhart bis −29 °C, Zone 5.

'Neige d'Été' (auch LENadne). Diese seltene Moschata-Hybride führte Lens 1991 in Belgien ein. Sie trägt weiße bis rötliche, voll gefüllte Blüten mit einem leichten Duft, die gut gegen Regen und Wind beständig sind. Im Grunde handelt es sich hierbei um eine reinweiße Version von Louis Lens' Rose 'Bouquet Parfait'; sie ist eine Kreuzung von *R. multiflora* var. *adenochaeta* mit 'Ballerina' (siehe Seite 174).

● Die bis zu 1,5 m Höhe erreichende Rose blüht kontinuierlich die ganze Saison hindurch. Winterhart bis −29 °C, Zone 5.

'Waterloo'. 1996 führte Lens diese Moschata-Hybride in Belgien ein. Sie bringt große Gruppen kleiner, gefüllter, weißer Blüten mit einem Hauch von Cremeweiß hervor, die an den einzelnen Trieben stufenförmig nach unten hinabreichen. Ihr Duft ist nur gering. Über die Abstammung ist nichts bekannt.

● Diese Pflanze wächst zu einem 1,5 m hohen Strauch heran und kann auch als niedriger Kletterer angepflanzt werden. Winterhart bis −29 °C, Zone 5.

‘Walferdange’

‘Pink Magic’

‘Rosy Purple’

‘Françoise Drion’

‘Plaisanterie’

‘Sibelius’

‘Françoise Drion’ (auch LENraba). Diese Moschata-Hybride wurde 1995 von Lens in Belgien eingeführt. Ihre ungefüllten, kräftig rosavioletten Blüten wachsen in großflächigen Gruppen und duften leicht. Es handelt sich hierbei um eine Kreuzung der Moschata-Hybride ‘Ravel’ mit ‘Ballerina’ (siehe Seite 174).
● Diese Rose hat robuste, ausladende Triebe, die mit dunklen, glänzenden Blättern belaubt sind und eine Länge von 1,5 m erreichen. Sie kann auch als niedriger Kletterer angepflanzt werden und blüht die Saison hindurch kontinuierlich. Winterhart bis −34 °C, Zone 4.

‘Heavenly Pink’ (auch LENeei). Lens führte diese Moschata-Hybride 1997 in Belgien ein. Ihre kräftig rosavioletten, voll gefüllten Blüten verströmen den herrlichen Duft Alter Rosen. Dies ist eine Kreuzung von ‘Seagull’ (siehe Seite 147) mit einem unbenannten Sämling.
● Die Triebe dieser gesunden Rose erreichen eine Länge von 1 m. Die großen, pyramidenförmig angeordneten Blütengruppen, die die gesamte Saison hindurch kontinuierlich blühen, eignen sich gut als Schnittblumen. Winterhart bis −29 °C, Zone 5.

‘Pink Magic’ (auch LENmagika). Im Jahre 1990 wurde diese Moschata-Hybride von Lens in Belgien eingeführt. Ihre dunkel rosafarbenen Knospen öffnen sich zu helleren, ungefüllten Blüten mit weißer Mitte und einem leichten Duft. Die Rose stammt von einem Sämling aus *R. multiflora* var. *adenochaeta* und 'Ballerina' (siehe Seite 174) ab, der mit 'Kathleen' (siehe Seite 171) gekreuzt wurde.

● Die Triebe dieser robusten, gut wachsenden Pflanze erreichen 1,5 m und tragen die gesamte Saison hindurch kontinuierlich Blüten. Außerdem ist sie sehr winterhart: bis –34 °C, Zone 4.

'Plaisanterie' (auch LENtrimera). Diese Moschata-Hybride führte Lens 1996 in Belgien ein. Ihre orangefarbenen Knospen öffnen sich zu ungefüllten Blüten, diese sind zunächst gelb, dann rosaviolett und blühen dunkelrosa mit violetten Schattierungen ab. Sie duften nur leicht. Dies ist eine Kreuzung von 'Trier' (siehe Seite 169) mit 'Mutabilis' (siehe Seite 81).

● Diese Rose ist wuchsfreudig und winterhart, ihre Blätter sind im Austrieb rötlich. Die Blüten entfalten sich über eine Höhe von 1,5 m hinweg und erblühen die ganze Saison hindurch kontinuierlich; sie halten sich in kühler Umgebung außergewöhnlich lang in Wasser. Winterhart bis etwa –34 °C, Zone 4.

'Rosy Purple'. Diese seltene Moschata-Hybride unbekannter Abstammung wurde von Lens 1995 in Belgien eingeführt. Ihre kleinen, ungefüllten Blüten, die in sehr großen, pyramidenförmig angeordneten Büscheln wachsen, zeigen das für Alte Rosen typische Violettrot und duften außerdem gut.

● Dieser einmal blühende Strauch bzw. niedrige Kletterer erreicht mit seinen Trieben 1,5 m, die Blätter sind im Austrieb rötlich gefärbt. Winterhart bis –34 °C, Zone 4.

'Sibelius' (auch LENbar). Lens führte diese Rose 1984 in Belgien ein. Sie steht die gesamte Saison hindurch voller kleiner, voll gefüllter, violettroter Blüten, die allerdings nur gering duften. Es handelt sich hierbei um eine Kreuzung der Miniaturrose 'Mr Bluebird' mit der Strauchrose 'Violet Hood'.

● Die bis zu 1 m langen Triebe sind bogenförmig ausladend. Sehr winterhart: bis –34 °C, Zone 4.

'Twins' (auch LENtrifel). 1994 wurde diese Moschata-Hybride von Lens in Belgien eingeführt. Sie ist eine Kreuzung von 'Trier' (siehe Seite 169) mit 'Felicia' (siehe Seite 171). Ihre Blüten wachsen in langen Gruppen, sind halb gefüllt, rosaviolett sowie cremegelb und duften leicht.

● Diese sehr starkwüchsige Pflanze erreicht eine Höhe von 1,5 m und bringt kontinuierlich Blüten hervor. Winterhart bis –34 °C, Zone 4.

'Walferdange' (auch LENwal). Diese Rose wurde von Lens 1990 in Belgien eingeführt. Ihre Blüten sind voll gefüllt und von einem kräftigen Karmesinrosa, das gelbe Schattierungen aufweist, sie duften nur leicht. Sie stammt von einem Sämling von *R. multiflora* var. *adenochaeta* sowie 'Ballerina' (siehe Seite 174) ab, der mit 'Felicia' (siehe Seite 171) gekreuzt wurde. Walferdange ist eine Stadt in Luxemburg.

'Pink Magic'

'Twins'

'Heavenly Pink'

Rugosa-Rosen

'Mai Kwa'

Diese Rosen stammen ausnahmslos von *R. rugosa* (siehe Seite 23) ab und werden manchmal als Japanische Rosen bezeichnet. Diese robuste Strauchrose, die unterirdische Ausläufer entwickelt, wächst wild an den Küsten Ost-Sibiriens, Chinas und Nord-Japans. Sie verträgt die salzige Gischt und gedeiht auch in nährstoffarmem, sandigem Boden. Ihre Blütezeit überschreitet die der meisten anderen Rosen, wobei sie etwa gleichzeitig mit den Gallica-Rosen im Frühsommer erblüht und etwa vier Monate lang die Blüte hält.

Der lateinische Name dieser Rose, der so viel wie „rau" bedeutet, wurde von den unverwechselbaren Blättern abgeleitet, diese zeichnen sich außerdem durch eingesunkene Blattnerven aus. Die Rugosa-Rosen ähneln ihrer Stammmutter sowohl im Aussehen der Blätter als auch in Bezug auf ihre Krankheitsresistenz, denn sie sind selten für Sternrußtau oder Mehltau anfällig. Ein weiteres Merkmal sind die großen, runden Früchte, die von den ungefüllten, reinen *R. rugosa*-Rosen hervorgebracht werden. An den meisten Hybriden und gefüllten Formen wachsen keine Hagebutten.

In China erkannte man die hervorragenden Qualitäten der *R. rugosa* bereits vor über 1000 Jahren. Dort wächst 'Mai Kwa' noch immer in alten Gärten der wärmeren Gegenden. Wir haben ein Exemplar im Südwesten Sichuans fotografieren können. Als John Reeves als Teekontrolleur in Kanton (China) arbeitete, fügte er seiner zwischen 1812 und 1817 angelegten Sammlung von Zeichnungen chinesischer Pflanzen auch die Abbildung eines chinesischen Künstlers bei, die eben diese Rose zeigte. Die Sammlung wird heute in der Bibliothek der Royal Horticultural Society im Londoner Naturkundemuseum aufbewahrt.

Als *R. rugosa* im Jahre 1845 in Europa zur Kultivierung eingeführt wurde, bedienten sich die europäischen Züchter – zu dem Zeitpunkt größtenteils Franzosen – nur zögerlich ihrer guten Qualitäten. Am Ende des Jahrhunderts führte Cochet-Cochet in Coubert 'Blanc Double de Coubert' (siehe Seite 182) sowie 'Roseraie de l'Haÿ' (siehe Seite 187) ein. Andere Züchter schufen etwa zur selben Zeit großartige Hybriden, wie 'Conrad Ferdinand Meyer' (siehe Seite 184).

Die natürliche Umgebung der *R. rugosa* ist ein sehr kaltes Klima, in dem das Meer sogar gefrieren kann. Daher handelt es sich hierbei um eine extrem winterharte Art, die im Allgemeinen Temperaturen von −40 °C in Zone 3 und darunter überlebt. Die gesamte Klasse ist daher auch besonders kälteresistent, sodass die meisten ihrer Hybriden auch Temperaturen von −34 °C in Zone 4 überstehen. Hitze vertragen sie jedoch auch: Diese Rosen gedeihen auch in Texas und Australien gut. Der Aufwand beim Rückschnitt ist minimal. Die längeren Triebe können auf die gewünschte Höhe gekürzt werden, und falls der Busch übervoll wirken sollte, kann man das alte Holz nach dem Abblühen entfernen.

'Max Graf'

Rosa rugosa 'Alba'

'Pink Surprise'

'Mai Kwa' (auch 'Maikai'). Diese alte chinesische Kulturvarietät wird mindestens seit der Song-Dynastie (960–1279 v. Chr.) angepflanzt. Ihre gefüllten, leicht nickenden, rötlich violetten Blüten duften wunderbar. Die Blätter ähneln der der *R. rugosa*, jedoch sind sie blasser, mit schmaleren Fiederblättchen und kürzeren, kleineren Nebenblättern an der Basis der karmesinroten Blattstiele. Die Abstammung ist nicht bekannt, jedoch lässt das Fehlen von großen Hagebutten darauf schließen, dass es sich hierbei um eine Hybride handelt, eventuell mit Damaszenerblut. In China werden die halb geöffneten Blüten getrocknet als Tee zubereitet. Sie finden auch in der Heilkunde Verwendung – ebenso wie in der Antike die Damaszenerrosen.
● Dieser aufrechte Strauch erreicht höchstens 2 m und benötigt nährstoffreichen Boden sowie ausreichende Wassermengen, um reich blühen zu können. Wahrscheinlich winterhart bis –29 °C, Zone 5.

'Max Graf'. Diese kriechende Rugosa-Hybride wird gelegentlich auch als Bodendeckerrose eingestuft. James H. Bowditch aus Pomfret Center in Connecticut führte sie 1919 ein. Die in Gruppen wachsenden, ungefüllten Blüten sind hell rosaviolett mit einer weißen Mitte und einem herrlichen Apfelduft. Es handelt sich hierbei um eine Hybride aus *R. rugosa* (siehe Seite 23) und *R. wichuraiana* (siehe Seite 19).
● Diese Pflanze blüht lang anhaltend. Ihre Triebe hängen auf den Boden hinab und tragen kräftig grünes, glänzendes Laub. 'Max Graf' ist an und für sich diploid und steril, jedoch wurde durch eine Chromosomenverdoppelung ein fertiler, tetraploider Sämling (*R. × kordesii*) hervorgebracht, der wiederum zum Vorfahr einer Reihe neuer, winterharter Kletterer wurde. Winterhart bis –34 °C, Zone 4.

'Pink Surprise'. Diese buschige Rugosa-Hybride wurde von Lens in Belgien aufgezogen und 1987 von David Austin in England eingeführt. Die Blüten sind einheitlich hell rosaviolett mit auffallenden Staubgefäßen. Dies ist eine ungewöhnliche Hybride aus *R. rugosa* (siehe Seite 23) und *R. bracteata* (siehe Seite 14).
● Die bis zu 1,5 m langen Triebe tragen ordentlich geformte, dunkle, glänzende Blätter. Die Pflanze bringt die gesamte Saison bis zum ersten Frost Blüten hervor. Winterhart bis –23 °C, Zone 6.

Rosa rugosa 'Alba'. Diese Form der *R. rugosa* (siehe Seite 23) trägt weiße, ungefüllte Blüten mit einem Durchmesser von etwa 13 cm und herrlichem Duft. Ihnen folgen große, glänzende, orangefarbene Früchte.
● Diese starkwüchsige Rose erreicht in gutem Boden und ohne Rückschnitt eine Höhe von 2 m, meist jedoch nicht ganz so hoch. Man kann sie auf 1,5 m halten, indem man die neuen Triebe im Frühjahr kürzt. Winterhart bis –40 °C in Zone 3 und darunter.

'Schneezwerg' (auch 'Snow Dwarf'). Diese Rugosa-Hybride wurde 1912 von Lambert in Deutschland aufgezogen, der dafür *R. rugosa* (siehe Seite 23) mit einer Polyantha-Rose kreuzte. Ihre Blüten sind locker gefüllt, reinweiß mit goldenen Staubgefäßen und wunderbarem Duft. Sie wachsen in großflächigen Gruppen.
● Diese gute, robuste und sehr gesunde Rose wächst als aufrechter Busch bis zu 2 m heran, trägt jedoch kleinere Blätter als *R. rugosa*. Winterhart bis –34 °C, Zone 4.

'Schneezwerg'

'Topaz Jewel'

'Fimbriata'

'Agnes'. Dr. W. Saunders züchtete diese Rugosa-Hybride 1900 in Ottawa. Ihre Blüten sind voll gefüllt, zartgelb mit dunkleren Schattierungen, duften gut und wachsen hauptsächlich im Spätfrühling. Später werden nur vereinzelte Blüten hervorgebracht. Es handelt sich hierbei um eine Hybride aus *R. rugosa* (siehe Seite 23) und *R. foetida* 'Persiana' (siehe Seite 30).

● Diese hübsche Rose wächst zu einem aufrechten Strauch von 2 m Höhe heran und ist mit kleinen, schmalen Fiederblättchen besetzt. Ihre Zweige biegen sich unter der Last der Blüten. Die Pflanze ist für Sternrußtau anfällig, jedoch so robust, dass sie dadurch nicht geschwächt wird. Winterhart bis −34 °C, Zone 4.

'Blanc Double de Coubert'. Diese Rugosa-Hybride züchtete Cochet-Cochet 1892 in Frankreich. Ihre Blüten sind locker gefüllt, mit leicht gedrehten Innenpetalen, und zeigen die goldenen Staubgefäße. Die Rose duftet wunderbar. Es handelt sich bei ihr wahrscheinlich um einen Sport von *R. rugosa* 'Alba' (siehe Seite 181) oder möglicherweise um eine Kreuzung mit 'Sombreuil' (siehe Seite 93).

● Diese Rose wächst zu einem aufrechten Strauch heran, dessen sehr stachelige Triebe eine Länge von 2 m erreichen können. Winterhart bis −34 °C, Zone 4.

'Dr Eckener'. Vincinz Berger zog diese Rugosa-Hybride auf, die 1930 von Teschendorff in Deutschland eingeführt wurde. Ihre halb gefüllten Blüten zeigen einen Kupferrosa-Ton auf gelbem Grund, verfärben sich später hell rosaviolett und duften ausgezeichnet. Die Rose entstand als Kreuzung der Tee-Hybride 'Golden Emblem' mit einer Hybride von *R. rugosa* (siehe Seite 23).

● Diese seltene Rose ist in Bezug auf Farbgebung und Züchtung ungewöhnlich. Sie remontiert gut. Ihre großen Blüten stehen an einem starken, aufrechten, stacheligen Busch, dessen Laub dem der *R. rugosa* ähnelt. Winterhart bis −34 °C, Zone 4.

'Rugelda'

'**Fimbriata**' (auch 'Dianthiflora', 'Phoebe's Frilled Pink'). Diese Rugosa-Hybride wurde 1891 von Morlet in Frankreich aufgezogen. Ihre Blüten sind gefüllt und haben gekräuselte oder nelkenähnliche („pink " ist im Englischen die Gartennelke) Ränder. Sie sind sehr zart rosaviolett und duften außerdem wunderbar. Angeblich handelt es sich bei dieser Rose um eine Kreuzung von *R. rugosa* (siehe Seite 23) mit 'Mme Alfred Carrière' (siehe Seite 103).
● Dieser starke, aufrechte Strauch erreicht eine Höhe von 2 m, wobei sich die Zweige unter der Last der Blütenpracht biegen. Winterhart bis −40 °C, Zone 3.

'**Rugelda**' (auch KORruga). Kordes züchtete diese Rugosa-Hybride 1989 in Deutschland. Sie stammt von einem unbenannten Sämling ab, der mit 'Robusta' (siehe Seite 187) gekreuzt wurde. Ihre Blüten sind locker gefüllt und gelb mit orangefarbenen Schattierungen, sie duften nur leicht.
● Die Triebe dieser Pflanze erreichen eine Länge von 1,5 m; sie remontiert gut. Winterhart bis −40 °C, Zone 3.

'**Topaz Jewel**' (auch 'Gelbe Dagmar Hastrup', 'Rustica 91', 'Yellow Dagmar Hastrup', 'Yellow Fru Dagmar Hartopp', MORyelrug). Diese Rugosa-Hybride wurde 1987 von Ralph Moore gezüchtet und von Wayside Nurseries eingeführt. Ihre gefüllten Blüten sind mittelgelb, blühen weiß ab und zeigen in völlig geöffnetem Zustand ein paar ihrer Staubgefäße, sie duften leicht. Es handelt sich hierbei um eine Kreuzung der Miniaturrose 'Golden Angel' mit der Rugosa-Hybride 'Belle Poitevine'.
● Die stacheligen Triebe erreichen 1,5 m. Sie tragen die gesamte Saison hindurch Blüten. Winterhart bis −34 °C, Zone 4.

'**Vanguard**'. Diese Rugosa-Hybride kann als Strauch oder als niedriger Kletterer gezogen werden und wurde 1932 von G. A. Stevens aus Harrisberg im US-Bundesstaat Pennsylvania gezüchtet. Ihre großen, gefüllten Blüten sind zart aprikosenfarben, rosaviolett sowie orangefarben und duften gut. Sie stammt von einem Sämling von *R. rugosa* 'Alba' (siehe Seite 181) und *R. wichuraiana* (siehe Seite 19) ab, der mit der Tee-Hybride 'Eldorado' gekreuzt wurde.
● Diese seltene und außergewöhnliche Rose ist starkwüchsig und erreicht mit ihren Trieben eine Höhe von 3 m. Das Laub ist glänzend. Winterhart bis −34 °C, Zone 4.

'Agnes'

'Blanc Double de Coubert'

'Dr Eckener'

'Vanguard'

'Conrad Ferdinand Meyer'

'Mrs Doreen Pike'

'Conrad Ferdinand Meyer'

'Conrad Ferdinand Meyer'. Diese Rugosa-Hybride wurde 1899 von Müller in Deutschland aufgezogen. Die voll gefüllten Blüten sind zart rosaviolett mit silbrigen Rändern und verströmen einen wunderbaren Duft. Die Rose stammt von einem Sämling von 'Gloire de Dijon' (siehe Seite 107) und der Remontant-Hybride 'Duc de Rohan' ab, der mit der Rugosa-Hybride 'Germanica' gekreuzt wurde.
● An diesem starkwüchsigen, stacheligen Busch mit Trieben bis 3 m Länge entfalten sich die Blüten im Frühsommer und dann erneut im Herbst. Die Blätter weisen nur wenige *R. rugosa*-Merkmale auf. Die Pflanze wurde jedoch von David Austin für einige seiner Englischen Rosen als Elternpflanze verwendet. Winterhart bis −34 °C, Zone 4.

'Fru Dagmar Hastrup' (auch 'Frau Dagmar Hartopp'). Diese Strauchrose wurde 1914 von Hastrup in Dänemark gezüchtet. Ihre großen, ungefüllten Blüten öffnen sich aus roten Knospen silbrig rosa und mit einem kleinen Kreis von Staubgefäßen. Es handelt sich hierbei um einen Sämling von *R. rugosa* (siehe Seite 23).
● Diese hübsche Rose macht sich gut als Hecke oder als dichter Busch. Die schlicht-eleganten Blüten entfalten sich kontinuierlich. Die Triebe erreichen eine Länge von 2 m, können aber auch leicht kürzer gehalten werden. Winterhart bis −34 °C, Zone 4.

'Jens Munk'. Diese Rugosa-Hybride wurde 1974 von Dr. Felicitas Svejda in Ontario aufgezogen und ist eine Kreuzung von 'Schneezwerg' (siehe Seite 181) mit 'Fru Dagmar Hastrup'. Ihre halb gefüllten Blüten sind mittelrosa mit gelben Staubgefäßen und verströmen einen herrlichen Duft. Jens Munk war ein dänischer Entdecker.
● Die Triebe erreichen 1,5 m Länge. Die Blüten remontieren gut den Sommer über. Sehr winterhart: bis −40 °C, Zone 3.

'Martin Frobisher'. Dr. Felicitas Svejda züchtete diese Rugosa-Hybride 1968 in Ontario. Die voll gefüllten Blüten dieser Rose ähneln denen der Alba in vielerlei Hinsicht: sie sind sehr zart rosaviolett und duften wunderbar. Es handelt sich hierbei um eine Kreuzung von 'Schneezwerg' (siehe Seite 181) und vielleicht

'Martin Frobisher'

'Jens Munk'

'Fru Dagmar Hastrup'

'Pink Grootendorst'

einem Sämling von *R. spinosissima* (früher *R. pimpinellifolia*, siehe Seite 28). Es ist die erste einer Reihe von Rugosa-Hybriden, die nach Entdeckern benannt wurden: Frobisher war im 16. Jahrhundert ein englischer Abenteurer.

● Diese Pflanze erreicht etwa 1,2 m, bringt helle, gelblich grüne Blätter hervor und remontiert gut. Sehr winterhart: bis −37 °C, Zone 3.

'Mrs Doreen Pike' (auch AUSdor). Diese Rugosa-Hybride züchtete David Austin 1993 in England. Ihre voll gefüllten, flachen und geviertelten Blüten öffnen sich silbrig rosa mit einem gelben Auge, sie verströmen einen herrlichen Duft. Dies ist eine Kreuzung aus 'Martin Frobisher' und 'Roseraie de l'Haÿ' (siehe Seite 187).

● Sie ist buschig und von niedrigem Wuchs. Sie wird 1 m hoch, 1,2 m breit und remontiert gut. Winterhart vielleicht bis −34 °C, Zone 4.

'Pink Grootendorst'. 1923 wurde diese Rugosa-Hybride von Grootendorst in den Niederlanden eingeführt. Ihre verzweigten Gruppen kleiner, gefüllter Blüten haben rosaviolette Ränder und duften hervorragend.

● Hierbei handelt es sich um einen rosavioletten Sport der roten Rugosa-Hybride 'F.J. Grootendorst'. Es gibt auch noch einen weißen Sport, der 1962 eingeführt wurde. Der aufrecht wachsende Strauch

erreicht 2,5 m und macht sich gut in Einzelstellung auf einer Rasenfläche. Winterhart bis −34 °C, Zone 4.

'Sarah van Fleet'. Diese Rugosa-Hybride wurde 1926 von Dr. Walter van Fleet in Glen Dale im US-Bundesstaat Maryland aufgezogen. Ihre becherförmigen, locker gefüllten Blüten zeigen in völlig geöffnetem Zustand ein paar ihrer mittelrosafarbenen Staubgefäße. Dies ist eine Kreuzung von *R. rugosa* (siehe Seite 23) und der Tee-Hybride 'My Maryland'.

● Die Pflanze erreicht eine Höhe von 3 m, kann aber leicht durch einen Rückschnitt im Sommer niedriger gehalten werden. Winterhart bis −34 °C, Zone 4.

'Sarah Van Fleet'

185

'Moje Hammarberg'

'David Thompson'

'Robusta'

'Hansa' in den Descanso Gardens von Los Angeles, USA.

'Thérèse Bugnet'

'Pierette'

'David Thompson'. 1979 wurde diese Rugosa-Hybride von Dr. Felicitas Svejda in Ontario aufgezogen und nach dem im 19. Jahrhundert tätigen Landvermesser benannt. Die halb gefüllten Blüten sind rot mit gelben Staubgefäßen und duften wunderbar. Sie remontieren gut die ganze Saison hindurch. Die Rose stammt von einem Sämling von 'Schneezwerg' (siehe Seite 181) und 'Fru Dagmar Hastrup' (siehe Seite 184) ab, der mit einem unbenannten Sämling gekreuzt wurde.
● Dieser aufrecht wachsende Busch erreicht eine Höhe von etwa 1,5 m. Er ist sehr winterhart, eventuell bis −40 °C in Zone 3 oder zumindest beinahe.

'Hansa'. Diese Rugosa-Hybride wurde im Jahre 1905 von Schaum & Van Tol gezüchtet, die bei der Gärtnerei Hansa in den Niederlanden beschäftigt waren. Die großen, voll gefüllten Blüten sind tiefrötlich, mit violetten Schattierungen und verströmen einen herrlichen Rosenduft mit Gewürznelkennote, sie werden von roten Hagebutten abgelöst. Zur Abstammung gibt es keine Angaben.
● Diese hochwüchsige Pflanze erreicht eine Höhe von 1,5 m. Ihre Blüten hängen manchmal aufgrund ihres eigenen Gewichts herab. Der Name Hansa bedeutet „Reiher" und ist schon bei Shakespeare zu finden. Winterhart bis −40 °C, Zone 3.

‘Robusta’ als Hecke um den Kordes-Rosengarten.

‘Moje Hammarberg’. Hammarberg züchtete diese Rugosa-Hybride 1931 in Stockholm. Ihre gefüllten, violettkarmesinroten, nickenden Blüten stehen auf schwachen Trieben, sie duften sehr gut und werden von roten Hagebutten abgelöst.
● Diese bis 2 m Höhe erreichende Rose lässt sich leicht durch Zurückschneiden der neuen Triebe kleiner halten. Sie remontiert gut. Winterhart bis –34 °C, Zone 4.

‘Pierette’ (auch ‘Pierette Pavement’, ‘Yankee Lady’, UHLater). Diese Rugosa-Hybride wurde 1987 von Uhl in Deutschland aufgezogen und wird manchmal mit ‘Buffalo Gal’ verwechselt. Ihre Blüten sind gefüllt und dunkelrosa. Zur Abstammung gibt es keine Angaben.
● Diese gut über die gesamte Saison remontierende Pflanze erreicht eine Höhe von 1,5 m. Winterhart bis –34 °C, Zone 4.

‘Robusta’ (auch KORgosa). Kordes zog diese Rugosa-Hybride 1979 in Deutschland auf. Ihre ungefüllten, leuchtend roten Blüten duften leicht und remontieren gut, sie wachsen in dichten Gruppen. Es handelt sich in diesem Fall um eine Kreuzung von *R. rugosa* (siehe Seite 23) mit einem unbenannten Sämling.
● Als niedriger Kletterer kann diese Pflanze um einen Pfosten geleitet eine Höhe von 2,5 m erreichen. Durch Rückschnitt lässt sie sich kürzer halten, macht sich aber auch gut als sehr reich blühende Hecke, allerdings mit extrem stacheligen Trieben. Winterhart bis –34 °C, Zone 4.

‘Roseraie de l’Haÿ’. Diese Rugosa-Hybride wurde von Cochet-Cochet 1901 in Frankreich aufgezogen, und zwar als Sämling von *R. rugosa* (siehe Seite 23). Ihre Blüten sind sehr groß, locker gefüllt und violettkarmesinrot, sie verströmen einen wunderbaren Duft.
● Dieser große, robuste Strauch erreicht 2,2 m und remontiert gut. Winterhart bis –34 °C in Zone 4. Er gedeiht jedoch auch gut in warmen Klimazonen, wie z. B. in Australien.

‘Thérèse Bugnet’. Im Jahre 1950 wurde diese Rugosa-Hybride von Bugnet in Kanada gezüchtet. Sie trägt gefüllte, tief rosafarbene Blüten mit weißen Rändern und einem herrlichen Duft. Die Triebe verfärben sich im Winter rot. Die Abstammung dieser Rose ist sehr komplex und umfasst unter anderen zwei Formen von *R. rugosa* (siehe Seite 23) und *R. acicularis* (siehe Seite 22).
● Dieser in die Höhe wachsende Strauch erreicht bis zu 2 m und blüht die gesamte Saison hindurch. Winterhart bis –40 °C, Zone 3.

‘Roseraie de l’Haÿ’

Strauchrosen

'Raubritter'

STRAUCHROSEN werden oftmals einfach als Sammelkategorie für alle Rosen angesehen, die sich nicht so leicht anderen Kategorien zuordnen lassen. Jedoch werden viele Rosen, die früher einmal als Strauchrosen eingestuft waren, nun im Allgemeinen als getrennte Unterklassen betrachtet, wie z.B. die Bodendeckerrosen oder die Rugosa-Rosen, weshalb wir ihnen hier auch separate Kapitel gewidmet haben. Viele der Rosen in diesem Abschnitt entstanden durch die Kreuzung einer wilden Rose mit einer Modernen, wobei man danach strebte, die Eleganz, Winterhärte und Reichblütigkeit der Wildrosen mit den größeren, farbenprächtigeren Blüten der Tee-Hybriden oder Remontant-Hybriden zu vereinen.

So wurden Züchtungen geschaffen, die teilweise Nachkömmlinge sehr ungewöhnlicher Arten sind: *R. moyesii* (siehe Seite 20), *R. persica* (siehe Seite 31), *R. sempervirens* (siehe Seite 19), *R. multibracteata* (siehe Seite 21), *R. rubiginosa* (siehe Seite 26) und *R. arkansana* kann man hier als Vorfahren wieder finden, ebenso wie die gängigeren Rosen *R. rugosa* (siehe Seite 23) und *R. × macrantha*. Einige der in diesem Kapitel aufgeführten Rosen bilden wiederum nahezu eigene Unterklassen und werden oftmals auch als Moyesii-Hybriden, Persica-Hybriden usw. bezeichnet. So werden z.B. Kordes' wunderbare „Frühlingsrosen", wie 'Frühlingsgold'

und 'Frühlingsmorgen' (beide siehe Seite 190) oft als Pimpinellifolia- oder Spinosissima-Hybriden angesehen. Sie weisen jedoch nur geringe Ähnlichkeit mit der kleinblütigen Zwergrose *R. spinosissima* (früher *R. pimpinellifolia*, siehe Seite 28) und den alten Varietäten der schottischen Rose auf, da ihre Züchtung auf der viel größeren *R. spinosissima* var. *altaica* beruht. Die von Kordes aufgezogenen hochwüchsigen Sträucher mit großen, ungefüllten oder halb gefüllten Blüten haben ihren ganz eigenen Charakter.

Die meisten Strauchrosen sind von robuster Natur und stark genug für die Einzelstellung im Garten. Sollte Zweifel darüber bestehen, ob eine einzige Pflanze genügend Wirkung erzielt, dann können auch drei bis fünf von ihnen zusammen eingepflanzt werden.

Der Rückschnitt auf einen formschönen Strauch sollte die abgeblühten Triebe betreffen, damit die neuen Triebe im darauf folgenden Jahr umso schöner blühen können. Die Winterhärte dieser Rosen ist von der der prägenden Elternsorte abhängig sowie vom Umfang des Erbgutanteils an Tee-Hybriden. Die meisten von ihnen sind frostbeständiger als Tee-Hybriden und überleben Temperaturen bis −29 °C in Zone 5. Viele von ihnen überstehen aber auch noch viel niedrigere Temperaturen.

'Euphrates'

'La Belle Distinguée'

'Stanwell Perpetual'

'Euphrates' (auch HARunique). Diese Kreuzung von *R. persica* (siehe Seite 31) mit einem unbenannten Sämling wurde 1986 von Harkness aus dem englischen Hitchin aufgezogen. Ihre Blüten sind klein, ungefüllt und rosahautfarben mit einem kräftigen roten Farbklecks an der Basis der Petalen. Sie duften nur leicht.

● Dieser niedrig wachsende, kriechende, sich ausbreitende Strauch misst etwa 50 cm in der Höhe sowie 1,5 m in der Breite. Winterhart bis −29 °C, Zone 5. Diese Rose müsste in Wüstengebieten gut gedeihen.

'La Belle Distinguée' (auch 'La Petite Duchesse', 'Lee's Duchess', 'Scarlet Sweet Brier'). Bei dieser Strauchrose handelt es sich um eine Form oder Hybride von *R. rubiginosa* (siehe Seite 26). Sie wurde um das Jahr 1820 das erste Mal erwähnt. Ihre Blüten sind voll gefüllt, von einem leuchtenden Violettrot und duften leicht.

● Dieser sich ausbreitende Strauch von etwa 1,5 m Höhe ist mit kleinen, duftenden Blättern belaubt und blüht nur im Frühsommer. Winterhart bis −29 °C, Zone 5.

'Raubritter' (auch *Rosa macrantha* 'Raubritter'). Diese Macrantha-Hybride führte Kordes 1936 ein. Sie ist eine hübsche Rose mit sehr vielen kleinen, becherförmigen, rosavioletten Blüten mit zurückhaltendem Duft. Sie ist eine Kreuzung der Macrantha-Hybride 'Daisy Hill' mit 'Solarium', einer Ramblerform von *R. wichuraiana* (siehe Seite 19).

● Die Triebe dieser einmal blühenden, sich ausbreitenden Rose werden 1,5 m lang, weshalb sie gut an einer niedrigen Mauer entlang geleitet werden können. Die Pflanze macht sich auch wunderbar als Trauerrose. Winterhart bis −29 °C, Zone 5.

'Stanwell Perpetual'. Diese Rose wurde 1838 von Lee London eingeführt. Ihre gefüllten Blüten sind rosa bis weiß und duften zart. Angeblich handelt es sich hierbei um eine Kreuzung einer Damaszenerrose mit *R. spinosissima* (früher *R. pimpinellifolia*, siehe Seite 28).

● Dieser lockere, aufrechte Strauch erreicht eine Höhe von etwa 1,5 m und blüht noch bis zum Ende der Saison. In feuchteren Gegenden ist er für Sternrußtau anfällig. Winterhart bis −34 °C in Zone 4, eignet sich jedoch auch gut für warme Klimazonen.

'La Belle Distinguée'

'Raubritter' in Mottisfont Abbey in Süd-England.

189

'Prairie Harvest'

'Starry Night'

'Jacqueline du Pré'

'Pearl Drift'

'Nevada' am Rande eines Gartens im englischen Northamptonshire.

'Frühlingsgold' (auch 'Spring Gold'). Diese oftmals als Spinosissima-Hybride bezeichnete Strauchrose wurde im Jahre 1937 von Kordes in Deutschland eingeführt. Ihre roten Knospen öffnen sich zu großen, ungefüllten, gelben Blüten, die herrlich duften. Es handelt sich hierbei um eine Kreuzung der gelben Tee-Hybride 'Joanna Hill' mit *R. spinosissima* var. *altaica*.

● Dieser aufrechte, starre Strauch ist einmal blühend. Winterhart bis −34 °C, Zone 4.

'Frühlingsmorgen' (auch 'Spring Morning'). 1942 wurde diese Strauchrose, die oftmals auch als Spinosissima-Hybride bezeichnet wird, von Kordes in Deutschland eingeführt. Sie erblüht als eine der allerersten. Ihre großen, ungefüllten Blüten sind kirschrosa mit einer zartgelben Mitte. Es handelt sich hierbei um eine Kreuzung eines Sämlings aus den Tee-Hybriden 'E.G. Hill' und 'Cathrine Kordes' mit *R. spinosissima* var. *altaica*.

● Dieser wuchsfreudige Strauch erreicht eine Höhe von 2 m und remontiert bedingt. Winterhart bis −34 °C, Zone 4.

'Jacqueline du Pré' (auch HARwana). Die Einführung dieser Strauchrose in England durch Harkness fand 1988 statt, ein Jahr nachdem die gefeierte englische Cellistin in jungem Alter an multipler Sklerose gestorben war. Die langen, rosigen Knospen öffnen sich zu halb gefüllten, weißen oder leicht rötlichen Blüten mit einem zurückhaltenden Moschusduft. Bei der Rose handelt es sich um eine Kreuzung der Floribunda-Rose 'Radox Bouquet' mit der Kletterrose 'Maigold'.

● Dieser durchschnittlich große Strauch erreicht eine Höhe von 1,5 m und remontiert gut. Winterhart bis −29 °C, Zone 5.

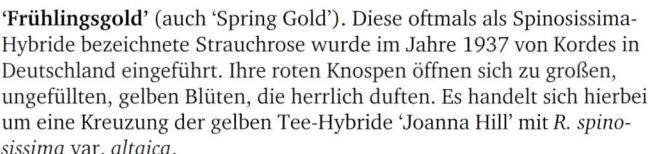

'Frühlingsgold'

‘Frühlingsmorgen'

‘Marguerite Hilling' im Londoner Eccleston Square Garden.

‘Marguerite Hilling' (auch ‘Pink Nevada'). Graham Thomas führte diese Strauchrose 1959 in England ein, als er bei der Gärtnerei Hilling's tätig war. Die kräftig rosavioletten Blüten dieser Rose sind halb gefüllt und duften leicht. Es handelt sich hierbei um einen Sport von ‘Nevada'.
● Dieser große, abgerundete Strauch misst etwa 2 m in Höhe und Breite und blüht hauptsächlich im Frühling. Winterhart bis −29 °C, Zone 5.

‘Nevada'. 1927 führte Pedro Dot diese Strauchrose in Spanien ein. Der wunderbare Strauch ist im Frühsommer mit ungefüllten, cremeweißen, zurückhaltend duftenden Blüten übersät. Wenn die Pflanze später erneut blüht, scheinen die Blüten etwas ins Rosafarbene zu gehen. Die Abstammung ist nicht bekannt, üblicherweise wird die Rose jedoch als eine Hybride von *R. moyesii* (siehe Seite 20) gehandelt.
● Der Strauch ist abgerundet und groß: etwa 2,2 m breit und hoch. Winterhart bis −29 °C, Zone 5.

‘Pearl Drift' (auch ‘Pearly Drift', LEGgab). Diese Strauchrose, die sich auch gut als Bodendecker macht, wurde 1980 von LeGrice in England eingeführt. Ihre rosavioletten Knospen öffnen sich zu halb gefüllten,

weißen Blüten mit rosavioletten Schattierungen und einem leichten Duft. Hierbei handelt es sich um eine Kreuzung von ‘Mermaid' (siehe Seite 133) mit ‘New Dawn' (siehe Seite 131).
● Dieser robuste, gut remontierende Strauch trägt glänzendes Laub. Winterhart bis −29 °C, Zone 5.

‘Prairie Harvest'. 1985 wurde diese Strauchrose von Buck und der Iowa State University eingeführt. Sie trägt gefüllte, mittelgelbe, gut duftende Blüten in Gruppen zu 15 Stück. Diese Rose ist eine Kreuzung von ‘Carefree Beauty' (siehe Seite 192) mit ‘Sunsprite' (siehe Seite 231).
● Der aufrechte, buschig auf 1,5 m heranwachsende Strauch mit glänzenden, ledrigen Blättern remontiert nur bedingt. Winterhart bis −34 °C, Zone 4.

‘Starry Night' (auch ORAwichkay). Der AARS-Preis ging 2002 an diese im selben Jahr von Orard in Frankreich eingeführte Strauchrose. Die ungefüllten, reinweißen Blüten wachsen in großen Gruppen. Die Rose ist eine Kreuzung von ‘Dicky' (siehe Seite 238) mit *R. wichuraiana* (siehe Seite 19).
● Dieser sich ausbreitende Strauch erreicht eine Höhe von 1,5 m und remontiert gut. Winterhart bis −34 °C, Zone 4.

‘Marguerite Hilling'

‘Nevada'

'Prairie Dawn'

'Country Dancer'

'Bonica' (auch 'Bonica 82', 'Bonica Meidiland', 'Démon', MEIdomonac). Diese manchmal als Bodendecker eingestufte Strauchrose führte Meilland 1985 in Frankreich ein. 1982 erhielt sie die ADR- sowie 1987 die AARS-Auszeichnung. Ihre gefüllten Blüten sind mittelrosa in der Mitte und nach außen hin etwas heller. Sie duften gut. Die Rose stammt von einer Kreuzung von *R. sempervirens* (siehe Seite 19) mit dem Rambler 'Mlle Marthe Carron' ab, die wiederum mit 'Picasso' (siehe Seite 244) gekreuzt wurde.
● Als eine der besten der Modernen Rosen eignet sich diese Pflanze optimal als Bodendecker, wenn sie dicht gepflanzt wird. Auch für den Vordergrund von Rabatten bzw. Hochbeeten, wo sie nahezu kontinuierlich ihre Blütenpracht zur Schau stellt, passt sie sehr gut. Die Rosenliebhaberin Sharon van Enoo hat diese Rose sogar in Los Angeles an ihrem Bürgersteig angepflanzt. Die Pflanze gedeiht gut bei Hitze und ist winterhart bis −34 °C, Zone 4.

'Carefree Beauty' (auch 'Audace', BUCbi). Buck führte diese Rose 1977 in den USA ein. Sie trägt locker gefüllte Blüten mit dem hellen Roséviolett Alter Rosen, und duftet zurückhaltend. Sie stammt von einem unbenannten Sämling ab, der mit 'Prairie Princess' gekreuzt wurde.
● Dieser Strauch mit aufrechtem Wuchs trägt zartes Laub. Sehr winterhart: bis −36 °C, Zone 3.

'Country Dancer'. 1973 wurde diese Strauchrose von Buck in den USA eingeführt. Ihre Blüten sind locker gefüllt, rosigrot und herrlich duftend. Die Rose entstand als Kreuzung von 'Prairie Princess' mit der Floribunda-Rose 'Johannes Böttner' aus dem Jahre 1943.
● Dieser gut remontierende, aufrechte, buschige Strauch erreicht eine Höhe von 1,5 m. Winterhart bis −34 °C, Zone 4.

'First Light' (auch DEVrudi). Stanley und Jeanne Marciel züchteten diese Strauchrose, die 1998 von DeVor Nurseries in den USA eingeführt wurde und im selben Jahr auch den AARS-Preis gewann. Sie trägt Gruppen spitz zulaufender, dunkel rosafarbener Knospen, die sich zu ungefüllten, rosavioletten Blüten mit violetten Staubgefäßen und einem zurückhaltenden, würzigen Duft öffnen. Diese Rose ist eine Kreuzung von 'Bonica' mit 'Ballerina' (siehe Seite 174).
● Der charmante Strauch ist von kompaktem Wuchs und winterhart bis −34 °C, Zone 4.

'Fritz Nobis'. Sie wurde 1940 von Kordes in Deutschland eingeführt. Die bläulich rosa- bis lachsfarbenen Knospen öffnen sich zu helleren, halb gefüllten Blüten mit intensivem Duft. Dies ist eine Kreuzung der Tee-Hybride 'Joanna Hill' mit der Rubiginosa-Hybride 'Magnifica'.
● Dieser schöne Strauch mit dem Wuchs von Moschata-Hybriden erreicht mit seinen aufrechten Trieben eine Höhe von 2 m, blüht jedoch nur einmal. Winterhart bis −29 °C, Zone 5.

'Prairie Princess'

'First Light'

'Morden Blush'

'Bonica'

'Bonica' im Südwesten Australiens.

'Morden Blush' (auch 'Blush'). 1988 wurde diese Strauchrose von Collicutt und Marshall von der Morden Experimental Farm in Kanada eingeführt. Bei Anpflanzung im Schatten oder bei kalter Witterung können die Blüten satt rosaviolett ausfallen, meist sind sie jedoch blasser. Die komplexe Abstammung umfasst die Strauchrosen 'Prairie Princess', 'Morden Amorette' und 'Assiniboine' sowie die Floribunda-Rose 'White Bouquet' und die sehr winterharte Art *R. arkansana*.
● Diese Rose gehört zur Parkland-Reihe, die speziell für die harten kanadischen Winter aufgezogen wurde und ist sehr winterhart: bis −40 °C, Zone 3.

'Prairie Dawn'. 1959 wurde diese Strauchrose von der Morden Experimental Farm in Kanada eingeführt. Sie trägt gefüllte Blüten von einem strahlenden Rosaviolett. Die Abstammung ist sehr komplex und umfasst die Strauchrose 'Prairie Youth', 'Ross Rambler', 'Dr W. van Fleet' (siehe Seite 131) und *R. spinosissima* var. *altaica*.
● Diese Rose wächst aufrecht, remontiert gut und ist sehr winterhart: bis −40 °C, Zone 3.

'Prairie Princess'. Diese Strauchrose wurde 1972 von Buck in den USA eingeführt. Ihre halb gefüllten Blüten sind korallenrosa und duften leicht. Sie stammt von der Grandiflora-Rose 'Carrousel' ab, die mit einer Hybride aus den Strauchrosen 'Morning Stars' und 'Suzanne' gekreuzt wurde. Letztere ist wiederum eine Hybride von *R. spinosissima* (früher *R. pimpinellifolia*, siehe Seite 28).
● Dies ist ein starker, aufrechter Strauch mit einer Höhe bis zu 1,5 m. Er remontiert gut. Winterhart bis −34 °C, Zone 4.

'Carefree Beauty'

'Fritz Nobis'

'Oranges 'n' Lemons'

'Stretch Johnson'

'Distant Drums'

'Kaleidoscope'

'Sparrieshoop'

'Carefree Delight' (auch 'Bingo Meidiland', 'Bingomeillandecor', 'Evermore', MEIpotal). Diese sehr attraktive Strauchrose wurde im Jahre 1994 von Meilland in Frankreich eingeführt. Sie trägt dichte Gruppen ungefüllter, kräftig rosavioletter Blüten mit einem weißen Auge und nur leichtem Duft. Sie stammt von einer Hybride von 'Eyepaint' (siehe Seite 244) und der Floribunda-Rose 'Nirvana' ab, die mit 'Smarty' (siehe Seite 165) gekreuzt wurde.
● Dies ist ein sehr gesunder, sich ausbreitender Strauch mit einer Höhe bis zu 1,5 m. Er blüht reich und kontinuierlich die gesamte Saison hindurch. Winterhart bis −23 °C, Zone 6.

'Distant Drums'. Buck führte diese Strauchrose 1985 an der Iowa State University ein. Sie trägt ihre voll gefüllten, großen, rosévioletten Blüten mit orangebraunen Schattierungen oftmals in Gruppen. Ihr Duft ist mit einer intensiven Note von Myrrhe versetzt. Es handelt sich bei dieser Rose um die Grandiflora-Rose 'September Song', die mit der Englischen Rose 'The Yeoman' gekreuzt wurde.
● Dieser öfter blühende Strauch erreicht eine Höhe von 1,5 m. Winterhart bis −34 °C, Zone 4.

'Hawkeye Belle'. 1975 führte Buck diese Strauchrose an der Iowa State University ein. Ihre voll gefüllten Blüten sind weiß mit azaleenrosafarbenen Schattierungen und einem intensiven Duft. Bei der Züchtung dieser Rose wurde eine Hybride aus der Grandiflora-Rose 'Queen Elizabeth' und der Strauchrose 'Pizzicato' mit 'Prairie Princess' (siehe Seite 193) gekreuzt.
● Dieser wüchsige, aufrechte Strauch erreicht 1,5 m, er trägt dunkelgrüne Blätter mit violetten Schattierungen. Winterhart bis −34 °C, Zone 4.

'Janet's Pride' (auch 'Clementine'). Paul führte diese Strauchrose 1892 in England ein. Ihre Blüten sind halb gefüllt, kräftig rosaviolett mit einer weißen Mitte und dem typischen Duft Alter Rosen. Hierbei handelt es sich um einen Sämling von *R. rubiginosa* (siehe Seite 26).
● Dieser starkwüchsige Strauch mit kleinen Blättern blüht nur einmal, und zwar im Frühsommer. Winterhart bis −26 °C, Zone 5.

'Kaleidoscope' (auch JACbow). Diese Rose wurde von John K. Walden aufgezogen, 1999 von Bear Creek Gardens in den USA eingeführt und im selben Jahr mit dem AARS-Preis ausgezeichnet. Sie trägt große Gruppen gefüllter Blüten, die eine zarte Farbmischung aus Gelbbraun, verschiedenen Rottönen und Mauve zeigen und einen zarten, fruchtigen Duft verströmen. Dies ist eine Kreuzung der Strauchrose 'Pink Polyanna' mit der Miniaturrose 'Rainbow's End'.

● Sie wächst zu einem niedrigen, buschigen Strauch von 1,1 m Höhe heran, hat stachelige Triebe und glänzendes, dunkelgrünes Laub. Winterhart bis −23 °C, Zone 6. Es gibt noch eine weitere Rose namens 'Kaleidoscope': eine gelbe und orangefarbene Floribunda-Rose, die 1972 von Fryer's Nursery in England eingeführt wurde.

'Oranges 'n' Lemons' (auch 'Papagena', MACoranlem). 1994 wurde diese Rose von McGredy in Neuseeland eingeführt. Sie trägt ihre gefüllten, gelb und orange gestreiften, leicht fruchtig duftenden Blüten in kleinen Gruppen. Diese Rose stammt von der Grandiflora-Rose 'New Year' ab, die mit einem Sämling aus der Tee-Hybride 'Freude' und einem unbenanntem Sämling gekreuzt wurde. Sie ist ein typisches Beispiel für die gestreiften und gezeichneten Rosen, auf die sich McGredy mit seinen späteren Züchtungen konzentrierte.
● Dieser remontierende, ausladende, wüchsige Strauch erreicht eine Höhe von etwa 1,5 m. Winterhart bis −23 °C, Zone 6.

'Rush' (auch 'Rusch', LENmobri). Lens führte diese Rose 1983 in Belgien ein. Ihre Blüten sind ungefüllt, rosaviolett mit einem weißen Auge und einem zurückhaltenden, fruchtigen Duft. Dies ist eine Kreuzung von 'Ballerina' (siehe Seite 174) mit R. multiflora (siehe Seite 17).
● Dieser Strauch mit ausladenden Trieben erreicht eine Höhe von 1,5 m. Winterhart bis −29 °C, Zone 5.

'Sparrieshoop'. 1953 wurde diese Rose von Kordes in Deutschland eingeführt. Ihre ungefüllten, zart rosavioletten Blüten duften intensiv. Dies ist eine Hybride aus der Polyantha-Rose 'Baby Château' und 'Else Poulsen' (siehe Seite 227), die mit der Rubiginosa-Hybride 'Magnifica' gekreuzt wurde. Es gibt noch eine Varietät mit einem kräftigeren Rosaviolett, manchmal 'Pink Sparrieshoop' bezeichnet.
● Dieser wüchsige Strauch erreicht eine Höhe von 2 m und remontiert gut. Winterhart bis −29 °C, Zone 5.

'Stretch Johnson' (auch 'Rock 'n' Roll', 'Tango', MACfirwall). McGredy führte diese Strauchrose, die manchmal als Floribunda-Rose eingestuft wird, 1988 in Neuseeland ein, sie wurde mit einer Goldmedaille ausgezeichnet. Die halb gefüllten, orangefarbenen Blüten mit weißen Rändern haben einen zurückhaltenden Duft. Die Rose stammt von 'Sexy Rexy' (siehe Seite 235) ab, die mit der Tee-Hybride 'Maestro' gekreuzt wurde.
● Dieser buschige, gut remontierende Strauch erreicht eine Höhe von 1,2 m. Winterhart bis −29 °C, Zone 5.

'Janet's Pride'

'Carefree Delight'

'Hawkeye Belle'

'Rush' im Pariser Rosengarten Parc de Bagatelle.

Strauchrosen

'Cardinal Hume'

dings nur leicht oder gar nicht. Diese Rose entstand aus einer Hybride von 'Prairie Princess' (siehe Seite 193) und der Floribunda-Rose 'Nirvana', die mit einer Hybride aus 'Eyepaint' (siehe Seite 244) und 'Rustica' gekreuzt wurde. Bei den beiden letzteren handelt es sich um Floribunda-Rosen.
● Dieser buschige Strauch eignet sich gut als Hecke und erreicht eine Höhe von etwa 1,5 m. Winterhart bis −40 °C, Zone 3.

'**Cerise Bouquet**'. Diese Strauchrose wurde bereits 1937 von Tantau in Deutschland aufgezogen, jedoch erst im Jahre 1958 eingeführt, und zwar von Kordes. Ihre Blüten sind voll gefüllt, kirschkarmesinrot und süßlich duftend. Die Rose ist eine Kreuzung von *R. multibracteata* (siehe Seite 21) mit 'Crimson Glory' (siehe Seite 218).
● Diese hübsche und unverwechselbare Rose wächst zu einem sehr großen Strauch von 4 m Höhe und Breite heran. Sie blüht nur im Sommer, die kleinen, abgerundeten Blätter verleihen der Pflanze jedoch auch in der blütenlosen Zeit ein schönes Aussehen. Winterhart bis −29 °C, Zone 5.

'**Eddie's Jewel**'. Diese Strauchrose wurde 1962 von Eddie's Nursery in den USA eingeführt. Sie trägt mittelgroße, halb gefüllte und leuchtend rote Blüten. Sie ist eine Kreuzung der Floribunda-Rose 'Donald Prior' mit einem Sämling von *R. moyesii* (siehe Seite 20).
● Mit einer Höhe von 2,7 m eignet sich diese stark- und großwüchsige Rose als Gesträuch oder zum Wildwuchs. Nach dem ersten Flor remontiert sie nur sporadisch. Winterhart bis −29 °C, Zone 5.

'**Elmshorn**'. Eingeführt wurde diese Strauchrose, die 1950 vom ADR ausgezeichnet wurde, 1951 von Kordes in Deutschland. Die voll gefüllten Blüten, die an Pompons erinnern, sind von einem dunklen Rosarot und duften leicht. Die Rose ist eine Kreuzung der Strauchrose 'Hamburg' mit der Polyantha-Rose 'Verdun'.

'**Cardinal Hume**' (auch 'HARregale'). 1984 wurde diese Strauchrose von Harkness in England eingeführt. Ihre Blüten duften intensiv nach Moschus, sind voll gefüllt und weisen das satte Violettrot der Alten Rosen auf. Zu ihren vielen verschiedenen Vorfahren zählen auch *R. spinosissima* (früher *R. pimpinellifolia*, siehe Seite 28) und *R. californica* (siehe Seite 24).
● Diese außergewöhnliche Rose remontiert gut und bringt Triebe von 1,5 m Länge hervor. Winterhart bis −29 °C, Zone 5.

'**Carefree Wonder**' (auch 'Carefully Wonder', 'Dynastie', MEIpitac). Meilland führte diese Strauchrose 1990 in Frankreich ein, die AARS jedoch erst 1991. Die Rose trägt voll gefüllte Blüten von einem mittleren Rosaviolett und mit leicht helleren Rückseiten. Sie duften aller-

'Eddie's Jewel'

'Elmshorn'

'Morden Cardinette'

'Morden Ruby'

'Stars 'n' Stripes Forever'

'Festival Fanfare'

'Carefree Wonder'

'Cerise Bouquet' am westenglischen Kiftsgate Court.

● Dieser Strauch erreicht eine Höhe von etwa 2 m und remontiert gut. Winterhart bis −29 °C, Zone 5.

'Festival Fanfare' (auch BLEstogil). W. D. Ogilvie führte diese Strauchrose 1982 in England ein. Es handelt sich um einen Sport der Strauchrose 'Fred Loads'. Sie trägt ungefüllte, leuchtend rote Blüten mit rosavioletten und weißen Streifen und duftet nur leicht.
● Dieser herrliche, große, reich blühende Strauch erreicht eine Höhe von 1,5 m und remontiert gut. Winterhart bis −34 °C, Zone 4.

'Fiona' (auch MEIbeluxen). Hierbei handelt es sich um eine Strauch-rose von niedrigem Wuchs, die manchmal als Bodendecker eingestuft wird und 1979 von Meilland in Frankreich eingeführt wurde. Die gesamte Saison hindurch bringt sie kontinuierlich kleine, gefüllte, rote Blüten hervor. Sie ist eine Kreuzung der Strauchrose 'Sea Foam' mit 'Picasso' (siehe Seite 244).
● Dieser niedrige Strauch mit sich ausbreitenden Trieben bleibt grö-ßenmäßig unter 75 cm. Im Herbst trägt er viele schöne Hagebutten, die besonders gut zu den späten Blüten passen. Winterhart bis −34 °C, Zone 4.

'Morden Cardinette'. Diese Strauch- oder Bodendeckerrose wurde 1980 von H. H. Marshall auf der kanadischen Morden Experimental Farm aufgezogen und ist eine ihrer sehr frostbeständigen Parkland-rosen. Ihre voll gefüllten Blüten sind leuchtend rot, duften allerdings nur kaum oder gar nicht. Bei dieser Rose handelt es sich um eine kom-plexe Hybride, zu deren Vorfahren 'Prairie Princess' (siehe Seite 193), die Floribunda-Rosen 'White Bouquet', 'Independence' und 'Donald Prior' sowie die Strauchrosen 'Adelaide Hoodless' und 'Assiniboine' ebenso gehören wie die sehr winterharte Art *R. arkansana*.
● Dieser niedrige Strauch überschreitet die Höhe von 75 cm üblicher-weise nicht, remontiert aber gut. Winterhart bis −40 °C, Zone 3.

'Morden Ruby'. Diese Strauchrose aus der Parkland-Reihe wurde von H. H. Marshall auf der kanadischen Morden Experimental Farm aufge-zogen und 1977 eingeführt. Ihre Blüten sind voll gefüllt und duften kaum bis gar nicht. Diese Kulturvarietät wurde aus einer Kreuzung

der Floribunda-Rose 'Fire King' mit einem winterharten Sämling gezüchtet, der von *R. arkansana* 'J.W. Fargo' und 'Assiniboine' abstammt. Bei letzterer handelt es sich wiederum um eine Hybride aus der Floribunda-Rose 'Donald Prior' und *R. arkansana*.
● Dieser gut remontierende Strauch erreicht eine Höhe von 1,5 m. Wahrscheinlich winterhart bis −40 °C, Zone 3.

'Stars 'n' Stripes Forever' (auch CLEhope). Im Jahre 2003 führte John Clements aus Heirloom Roses diese Strauchrose in den USA ein. Ihre becherförmigen, halb gefüllten Blüten wachsen in großflächigen Gruppen, sie sind rot mit vielen weißen Sprenkeln und duften wun-derbar. Neben ihr gibt es noch eine ältere Miniaturrose mit diesem Namen.
● Der bis 1,2 m hohe Strauch bringt die gesamte Saison hindurch Blüten in Hülle und Fülle hervor. Winterhart bis −29 °C, Zone 5.

'Fiona'

Tee-Hybriden

'La France'

Die TEE-HYBRIDEN sind die beliebteste Rosenklasse; sie stellen den Höhepunkt der Rosenzucht im 20. Jahrhundert dar und bieten Duft, Widerstandskraft und große Blüten in allen Farben außer reinem Blau. Man nennt sie Tee-Hybriden, weil die ersten Rosen dieser Klasse Kreuzungen aus Remontant-Hybriden und Teerosen waren, welche die langen Knospen und zarten Blüten der letzteren mit den größeren, flacheren Blüten der ersteren verbanden. Aus Kreuzungen von Tee-Hybriden mit Floribunda-Rosen entstanden Sorten mit Eigenschaften von beiden Klassen: In manchen Regionen werden diese als Grandiflora- oder großblütige Rosen bezeichnet, in anderen gelten sie als Tee-Hybriden; wir führen sie in diesem Kapitel mit auf. Die ersten Tee-Hybriden erregten kaum Interesse. Die 1867 gezüchtete 'La France' war steril, da triploid, und führte nicht zu einer Flut ähnlicher Kreuzungen. Die Klasse wurde erst 1880 anerkannt, als der Engländer Henry Bennett die französischen Züchter besuchte. Bennetts 'Lady Mary Fitzwilliam' war eine der ersten geplanten Züchtungen in der neuen Klasse. Eine Kreuzung zwischen dieser Rose und 'La France', 'Mrs W.J. Grant', erhielt 1883 eine Goldmedaille. Die ersten Tee-Hybriden zeigten verschiedene helle Farben und Rot. Pernet-Ducher gelang es, durch die Kreuzung mit *R. foetida* 'Persiana' (siehe Seite 30) reines Gelb hervorzubringen. Die 1900 eingeführte 'Soleil d'Or' war die erste der so genannten Pernetiana-Rosen, die den Tee-Hybriden leuchtende Gelb- und Orangetöne brachten. Die Rosen dieser Klasse sind in der Regel gesund. Werden die welken Blätter am Ende der Saison entfernt, lässt sich Sternrußtau leicht unter Kontrolle halten. Im Frühjahr werden die Triebe auf zwei Knospen zurückgeschnitten und dabei alle schwachen oder beschädigten Triebe entfernt; ein Schnitt nach der Blüte ruft neue Blüten hervor. In kühleren Regionen sollten die Pflanzen über Winter mit Erde oder einem Mulch abgedeckt und erst im Frühjahr wieder freigelegt werden. Tee-Hybriden remontieren fast immer und brauchen daher reichlich Dünger.

'Lady Mary Fitzwilliam'

'Mme Caroline Testout' auf einem Friedhof in Kalifornien, USA.

'La France'. Diese herrliche Rose wurde 1867 von Jean-Baptiste Guillot (fils) aus Lyon gezüchtet und gilt als Kreuzung der gelben Teerose 'Mme Falcot' oder der weißen 'Mme Bravy' (siehe Seite 92) mit 'Mme Victor Verdier' (siehe Seite 127). Ihre Kronblätter zeigen eine hellere Innenseite und biegen sich vom hoch gebauten Zentrum zurück. Die Blüten duften kräftiger als viele Teerosen. Anfangs galt die Rose als Bourbon-Hybride, wurde aber später als erste Tee-Hybride anerkannt.
● Die Strauchform wird 1,2 m hoch, die Kletterform 3 m. Sie gilt als winterhart bis −34 °C, Zone 4.

'Lady Mary Fitzwilliam'. Diese Tee-Hybride wurde 1882 von Henry Bennett in England gezüchtet. Ihre Blüten sind hellrosa, eher flach und halb gefüllt. In der Form entsprechen sie den Eltern 'Devoniensis' (siehe Seite 91) und 'Victor Verdier' (siehe Seite 127). Im Gegensatz zur sterilen 'La France' wurde 'Lady Mary Fitzwilliam' eine bedeutende Elternpflanze für viele hervorragende Tee-Hybriden wie 'Mme Caroline Testout'. Bennett war ursprünglich Rinderzüchter und wandte die wissenschaftlichen Methoden der Viehzucht auch auf seine Rosen an.
● Schon bei ihrer Einführung galt die Rose als schwachwüchsig mit herrlichen Blüten. Sie ist heute vor allem von historischem Interesse. Winterhart bis −34 °C, Zone 4.

'Mme Caroline Testout'. Diese klassische Tee-Hybride wurde von Joseph Pernet-Ducher in Lyon gezüchtet und 1890 eingeführt; es gibt auch einen kletternden Sport (siehe Seite 136). Die großen, sehr dicht gefüllten Blüten entwickeln sich aus spitzen Knospen und sitzen in verzweigten Blütenständen. Sie sind leuchtend rosa mit dunklerem Zentrum und duften schwach. Die Rose stammt von der Teerose 'Mme de Tartas' und 'Lady Mary Fitzwilliam' ab.
● Diese reichblütige Rose mit wüchsigen, stacheligen Trieben wird bis zu 2,5 m hoch. Gelegentlich leidet sie unter Mehltau. Winterhart bis −29 °C, Zone 5.

'Soleil d'Or'. Diese zufällig entstandene Kreuzung aus *R. foetida* 'Persiana' (siehe Seite 30) und der Remontant-Hybride 'Antoine Ducher'

wurde von Joseph Pernet-Ducher aus Lyon gezüchtet und 1900 eingeführt. Die dicht gefüllten, blass orangegelben Blüten erscheinen meist im Sommer, einige auch noch später. Sie duften angenehm. Die Fiederblättchen sind klein, dunkelgrün und grob gezähnt.
● Diese Rose gedeiht am besten in warmem, trockenem Klima, da die Blüten bei feuchtem Wetter faulen, bevor sie sich öffnen. In feuchtem Klima zeigt sie eine Neigung zu Sternrußtau, die sie von *R. foetida* geerbt hat. In besonders heißen Regionen braucht sie etwas Schatten und wird bis zu 2 m hoch. Winterhart bis −29 °C, eventuell Zone 5 bei trockenem Klima.

'Soleil d'Or'

199

'Mrs Herbert Stevens'

'Honoré de Balzac' (auch 'Romantic Days', MEIparnin). Diese Tee-Hybride wurde von Meilland in Süd-Frankreich gezüchtet und 1988 eingeführt und nach dem französischen Schriftsteller benannt. Sie entstand aus der Kreuzung eines Sämlings mit der Tee-Hybride 'Lancôme'. Die Blüten zeigen im Zentrum ein zartes Hellrosa und verblassen nach außen hin zu Weiß. Sie duften leicht nach Pfirsich.
● Diese Rose wird etwa 1,5 m hoch und blüht die ganze Saison über. Ihre Blüten sind groß und gefüllt; bei feuchtem Wetter neigen sie zum Verkleben, daher eignet sich die Rose am besten für warmes, trockenes Klima. Wahrscheinlich winterhart bis −34 °C, Zone 4.

'John F. Kennedy' (auch 'JFK', 'President John F. Kennedy'). Diese Tee-Hybride wurde von Boerner gezüchtet und 1965 von Jackson & Perkins in den USA eingeführt. Die Knospen zeigen einen grünlichen Hauch und entwickeln sich zu reinweißen Blüten mit schwachem Duft. Die Rose entstand aus der Kreuzung eines Sämlings mit der Tee-Hybride 'White Queen'.
● Der sehr robuste, hohe Strauch remontiert gut und bildet lange Blütenstiele, die sich gut für die Vase eignen. Winterhart bis −29 °C, Zone 5.

'Karen Blixen' (auch 'Isis', 'Roy Black', 'Silver Anniversary', 'Susan Blixen', POULari). Diese Tee-Hybride wurde 1992 von Poulsen in Dänemark eingeführt. Die großen, runden, grünlichen Knospen entwickeln sich zu gefüllten weißen Blüten. Die Rose ist nach der dänischen Autorin benannt, die unter dem Pseudonym Isak Dinesen schrieb und deren Biografie die Grundlage für den Film 'Jenseits von Afrika' bildete. Die Abstammung der Rose ist nicht bekannt.

● Diese Rose remontiert gut, sie eignet sich gut für kalte Regionen, da sie bis −34 °C, Zone 4, winterhart ist.

'Mrs Herbert Stevens'. Diese Tee-Hybride wurde 1910 von Sam McGredy gezüchtet, indem er 'Frau Karl Druschki' (siehe Seite 122) mit der weißen Teerose 'Niphetos' kreuzte. 1922 führte Pernet-Ducher einen kletternden Sport ein. Die weißen Blüten duften angenehm und erscheinen in großer Zahl. Die Triebe sind gesund und langlebig.
● Die wüchsige Rose wird als Strauch 1,5 m hoch, als Kletterrose 6 m. Sie remontiert gut, vor allem in warmen Regionen. Winterhart bis −29 °C, Zone 5.

'Pascali' (auch 'Blanche Pascal', LENip). Diese Tee-Hybride wurde 1963 von Louis Lens in Belgien eingeführt. Die cremeweißen Blüten duften angenehm.
Die Rose wurde unter anderem mit zwei Goldmedaillen ausgezeichnet, gewann die AARS 1961 und wurde in die Hall of Fame der World

'Karen Blixen'

'John F. Kennedy'

'Pascali'

'Renaissance'

Federation of Rose Societies aufgenommen. Sie entstand aus der Kreuzung der Grandiflora-Rose 'Queen Elizabeth' mit der Tee-Hybride 'White Butterfly'.

● Die Rose verbindet gute Krankheitsresistenz mit Wuchskraft (bis 1 m Höhe) und mehrmaliger Blüte. Winterhart bis −29 °C, Zone 5.

'Renaissance' (auch 'Born Again', 'Cameo Perfume', HARzart). Diese Tee-Hybride wurde 1994 von Harkness in England eingeführt. Ihre großen, weißen Blüten zeigen ein blass rosafarbenes Zentrum. Ihr starker Duft brachte dieser Sorte zwei internationale Duftpreise ein. Es gibt auch eine rote Tee-Hybride mit demselben Namen.

● Diese Rose remontiert gut und wird durchschnittlich etwa 1,2 m hoch. Winterhart bis −29 °C, Zone 5.

'Virgo' (auch 'Liberationem'). Diese klassische Tee-Hybride wurde von Mallerin gezüchtet und 1947 von Meilland in Südfrankreich eingeführt. Aus den langen Knospen entwickeln sich weiße Blüten, die gelegentlich einen Hauch Rosa zeigen. Sie stammt von den Tee-Hybriden 'Blanche Mallerin' und 'Neige Parfum' ab.

● Die robuste Pflanze wird nur 60 cm hoch. Sie neigt zu Mehltau, verdient aber wegen ihrer vollkommenen Blüten doch einen Platz im Garten. Winterhart bis −23 °C, Zone 6.

'Virgo'

'Honoré de Balzac'

'Marilyn Monroe'

'Frédéric Mistral'

Gift of Life

'Jardins de Bagatelle'

Paul Ricard

'Pristine'

'Dainty Bess'. Diese Tee-Hybride wurde 1925 von Archer in England eingeführt. Die ungefüllten, blass rosafarbenen Blüten zeigen typische kastanienbraune Staubblätter und duften schwach nach Tee. Die Rose stammt von den Tee-Hybriden 'Ophelia' (siehe Seite 131, Kletterform) und 'Kitchener of Khartoum' ab. Sie wurde mit einer Goldmedaille ausgezeichnet.
● Die 1,5 m hohe Pflanze trägt die ganze Saison über ihre außergewöhnlichen Blüten. Vermutlich winterhart bis –31 °C, Zone 4.

'Diamond Jubilee'. Diese herrliche Rose wurde von Boerner aus der Tee-Hybride 'Feu Pernet-Ducher' und 'Maréchal Niel' (siehe Seite 96) gezüchtet und 1947 von Jackson & Perkins eingeführt. Ihre großen, gefüllten, ockergelben Blüten mit schwachem Duft erscheinen in großer Zahl.
● Der ausladende Strauch wird 1 m hoch und blüht mehrmals bis in den Herbst hinein. Winterhart bis –18 °C, Zone 7.

'Frédéric Mistral' (auch 'The Children's Rose', MEIterbros). Diese Tee-Hybride wurde 1998 von Meilland in Frankreich eingeführt. Ihre großen, dicht gefüllten Blüten sind hellrosa mit einem rosigen Hauch auf der Rückseite. Sie duften intensiv und wurden dafür mehrfach

international ausgezeichnet. Die Rose entstand aus einem Sämling der Tee-Hybriden 'Perfume Delight' und 'Prima Ballerina', der mit 'The McCartney Rose' (siehe Seite 213) gekreuzt wurde.
● Die aufrechte Pflanze wird 2 m hoch, remontiert gut und wird vor allem von jenen bewundert, die Pflanzen nach ihrem Duft auswählen. Winterhart bis –29 °C, Zone 5.

'Gift of Life' (auch 'Poetry in Motion', HARelan). Sie wurde 1999 von Harkness Roses in England eingeführt und erhielt eine Goldmedaille. Die dicht gefüllten Blüten sind mittelgelb mit einem Hauch Rosa auf der Rückseite und duften schwach. Die Pflanze remontiert gut. Sie stammt von den Tee-Hybriden 'Dr Darley' und 'Elina' ab.
● Die Rose wird etwa 1,1 m hoch und hat glänzende Blätter. Winterhart bis –29 °C, Zone 5.

'Jardins de Bagatelle' (auch 'Drottning Sylvia', 'Gardin de Bagatelle', 'Karl Heinz Hanisch', 'Queen Sylvia', 'Sarah', MEImafris). Diese von Marie-Louise Meilland gezüchtete, 1986 eingeführte Tee-Hybride wurde in Europa mehrfach ausgezeichnet. Ihre großen, dicht gefüllten Blüten sind cremeweiß, zeigen in kühlem Klima einen blass rosafarbenen Hauch und duften sehr angenehm.

'Dainty Bess'

Die Rose stammt von der Tee-Hybride MEIdragelac ab, die als 'Laura' oder 'Natilda' im Handel ist und die hier mit einer Hybride der Grandiflora-Rose 'Queen Elizabeth' und der Tee-Hybride 'Elegy' gekreuzt wurde.
● Die sehr robuste Rose wird 1,5 m hoch, remontiert gut und eignet sich vor allem für trockenes Klima. Winterhart bis −29 °C, Zone 5.

'Marilyn Monroe' (auch WEKsunspat). Diese Tee-Hybride wurde von Tom Carruth gezüchtet und 2003 von Weeks Roses in Kalifornien eingeführt. Aus langen, spitzen Knospen entwickeln sich gefüllte, apricot-cremefarbene Blüten mit leichtem Grünhauch; sie duften mild. Die Rose ist eine Kreuzung der Teerose 'Sunset' mit 'St. Patrick' (siehe Seite 205).
● Die Rose remontiert gut und eignet sich für sehr warme Gärten; mit ihren langen Stielen liefert sie schöne Schnittblumen. Winterhart bis −23 °C, Zone 6.

'Paul Ricard' (auch 'Moondance', 'Paul Richard', 'Spirit of Peace', 'Summer's Kiss', MEInivoz). Diese ungewöhnlich duftende Tee-Hybride wurde 1994 von Meilland in Frankreich eingeführt. Ihre dicht gefüllten Blüten sind blass bernsteinfarben. Wegen ihres typischen Anisdufts wurde die Rose nach dem Erfinder des Pastis benannt. Sie entstand aus der Kreuzung einer Hybriden von 'Hidalgo' und 'Mischief' mit 'Ambassador', alle drei sind Tee-Hybriden.
● Diese interessante Rose passt in jeden Garten. Die kräftige, buschige Pflanze wird 1,2 m hoch, ist krankheitsresistent und blüht mehrmals. Winterhart bis −29 °C, Zone 5.

'Pristine' (auch JACpico). Diese Tee-Hybride wurde von William Warriner gezüchtet und 1978 von Jackson & Perkins in Kalifornien eingeführt. Ihre gefüllten Blüten sind fast reinweiß mit einem leichten Rosahauch. Die Rose wurde in den USA für ihren herrlichen Duft ausgezeichnet. Sie stammt von den Tee-Hybriden 'White Masterpiece' und 'First Prize' ab.
● Eine gut remontierende Rose mit großen Blättern. Winterhart bis −23 °C, Zone 6.

'Valencia' (auch 'New Valencia', 'Valencia 89', KOReklia). Diese Tee-Hybride wurde von Kordes (Söhne) gezüchtet und 1989 eingeführt. Die großen, schön geformten gelben Blüten duften kräftig. Diese Rose erhielt viele Auszeichnungen, darunter die Edland Fragrance Medal der American Rose Society für ihren Duft.
● Der kompakte Busch wird 60 cm hoch und remontiert gut. Winterhart bis −34 °C, Zone 4.

'Diamond Jubilee'

203

‘Freedom’ im Queen Mary Garden im Regents Park, London, England.

‘Helmut Schmidt’

‘Midas Touch’

‘Grandpa Dickson’

‘Freedom’ (auch DICjem). Diese Tee-Hybride wurde von Dickson in Nordirland gezüchtet und 1984 eingeführt. Die Blüten sind chromgelb und duften schwach. Die Rose erhielt eine Goldmedaille der RNRS. Sie entstand aus einer Hybride der Floribunda-Rose ‘Eurorose’ und der Tee-Hybride ‘Typhoon’, die mit der Floribunda ‘Bright Smile’ gekreuzt wurde.
● Die sehr robuste Pflanze wird 1,2 m hoch und remontiert hervorragend. Winterhart bis −29 °C, Zone 5.

‘Grandpa Dickson’ (auch ‘Irish Gold’). Diese beliebte Tee-Hybride wurde von Dickson in Nordirland gezüchtet und erhielt vier Goldmedaillen, als sie 1966 von Jackson & Perkins in den USA eingeführt wurde. Sie trägt gelbe, schwach duftende Blüten, die im Lauf der Saison mehrmals an sehr dornigen Trieben erscheinen. Sie entstand aus der Kreuzung einer Hybride von ‘Kordes Perfecta’ und ‘Governador Braga da Cruz’ mit ‘Piccadilly’, alle drei sind Tee-Hybriden.
● Die Rose wird nur etwa 75 cm hoch und hat schöne, mittelgrüne Blätter. Winterhart bis −29 °C, Zone 5.

‘Helmut Schmidt’ (auch ‘Goldsmith’, ‘Simba’, KORbelma). Diese Tee-Hybride wurde 1979 von Kordes gezüchtet und in Europa mit zwei Goldmedaillen ausgezeichnet. Aus den langen, spitzen Knospen entwickeln sich gefüllte, gelbe Blüten mit süßem Teeduft. In Großbritannien wird die Rose als ‘Goldsmith’ verkauft. Sie entstand aus der Kreuzung eines Sämlings mit der Tee-Hybride ‘New Day’.
● Die nur 75 cm hohe Pflanze trägt langlebige Blüten. Winterhart bis −29 °C, Zone 5.

‘Midas Touch’ (auch JACtou). Die von Jack E. Christensen gezüchtete und 1992 von Bear Creek Gardens eingeführte Rose gewann 1994 die AARS. Die Blüten zeigen ein leuchtendes Gelb, das nicht verblasst; sie sind gefüllt und duften charakteristisch nach Moschus.
Sie entstand aus der Kreuzung der Tee-Hybride ‘Brandy’ mit der Strauchrose ‘Friesensöhne’.
● Diese Rose wird mit ihrem buschigen Wuchs 1,2 m hoch und remontiert hervorragend. Winterhart bis −29 °C, Zone 5.

'**Philippe Noiret**' (auch 'Glowing Peace', MEIzoele). Die von Meilland gezüchtete und 1996 von Conard-Pyle in den USA eingeführte Tee-Hybride gewann 2001 die AARS. Die gefüllten Blüten sind gelb mit rosafarbenem Rand und duften schwach. Sie entstand aus der Kreuzung der beiden Tee-Hybriden 'Sun King' und 'Roxane'.
● Der aufrechte Busch wird 1,2 m hoch und remontiert gut. Winterhart bis −23 °C, Zone 6.

'**St. Patrick**' (auch 'Limelight', WEKamanda). Diese Tee-Hybride wurde 1991 von Frank A. Strickland gezüchtet und 1996 von Weeks Roses eingeführt. Aus den aufgerollten Knospen entwickeln sich goldgelbe Blüten mit interessantem Grünhauch, der besonders bei Hitze auftritt, und zartem Duft. 1996 gewann diese Rose die AARS. Sie stammt von der Tee-Hybride 'Brandy' und der Grandiflora-Rose 'Gold Medal' ab.
● Die Pflanze wird etwa 1,2 m hoch. Winterhart bis −23 °C, Zone 6.

'**Sutter's Gold**'. Diese angenehm duftende Tee-Hybride wurde 1950 von Swim gezüchtet; es gibt auch eine Kletterform. Die orangefarbenen Knospen zeigen einen Hauch Indischrot und entwickeln sich zu kräftig goldgelben Blüten, deren äußere Kronblätter oft rot sind. Die Rose ist eine Hybride von 'Charlotte Armstrong' (siehe Seite 212) und der Tee-Hybride 'Signora'. In Sutter's Creek in Kalifornien wurde 1849 Gold gefunden, daher der Name. Diese Rose gewann 1950 die AARS und daneben viele Goldmedaillen.
● Die Rose wird in gutem Boden etwa 2 m hoch. Winterhart bis −23 °C, Zone 6.

'**Tequila Sunrise**' (auch 'Beaulieu', DICobey). Diese Tee-Hybride wurde 1988 von Dickson gezüchtet und mehrfach ausgezeichnet. Die Farbe der Blüten ist eine modische Mischung von kräftigem Gelb und Rot. Oft sitzen die Blüten einzeln am Stiel, mitunter auch in Büscheln. Die Rose wurde aus der Floribunda 'Bonfire Night' und 'Freedom' gezüchtet.
● Diese erfolgreiche Rose wird 1,2 m hoch und remontiert hervorragend. Winterhart bis −29 °C, Zone 5.

'Tequila Sunrise'

'Philippe Noiret'

'Sutter's Gold'

'St Patrick'

Tee-Hybriden

'**Alpine Sunset**'. Diese Tee-Hybride wurde 1973 von Cants of Colchester in England eingeführt. Die Blüten zeigen ein warmes Pfirsichrosa, haben eine apricotfarbene Rückseite und duften angenehm. Die Rose entstand aus der Kreuzung von 'Dr A.J. Verhage' mit 'Grandpa Dickson' (siehe Seite 204).
● Die Rose wird etwa 1,2 m hoch und remontiert nach der ersten kräftigen Blüte gut. Winterhart bis −29 °C, Zone 5.

'**Chicago Peace**' (auch JOHNago). Dieser Sport der herrlichen Rose 'Peace' wurde 1962 von Johnson eingeführt. Sie ähnelt 'Peace' sehr stark, die Gelbtöne ihrer Blüten sind jedoch deutlich von Rosa und Kupferrot überlagert. Sie duftet mild und angenehm und blüht gern mehrmals.
● Die wüchsige, krankheitsresistente Pflanze wird 1,2 m hoch, wenn sie geschnitten wird. Ohne Schnitt kann sie an einem großen Strauch 2,5 m hoch klettern. Winterhart bis −29 °C, Zone 5.

'**Elle**' (auch MEIbdéros). Diese 1999 von Meilland in Frankreich eingeführte Tee-Hybride gewann neben vielen Auszeichnungen in Europa auch die AARS für 2005. Die duftenden Blüten sind rosa mit einem Hauch Ocker. Sie erscheinen in großer Zahl.
● Die sehr robuste Rose wird etwa 1 m hoch. Winterhart bis −23 °C, Zone 6.

'**Gruß an Coburg**'. Diese Tee-Hybride wurde 1927 von Felberg-Leclerc in Deutschland eingeführt, der sie aus den Tee-Hybriden 'Alice Kaempff' und 'Souvenir de Claudius Pernet' züchtete. Die Blüten sind apricotgelb mit kupferfarbener Rückseite und duften herrlich. Vor allem an jungen Trieben sind die Blätter attraktiv bronzefarben.
● Die Pflanze wird durchschnittlich etwa 1,2 m hoch und remontiert gut. Winterhart bis −29 °C, Zone 5.

'**Jean Giono**' (auch 'Romantic Moments', MEIrokoi). Diese Tee-Hybride wurde von Meilland in Frankreich gezüchtet und 1998 von Conard-Pyle in den USA eingeführt. Die dicht gefüllten Blüten sind sonnengelb, mit apricotorangefarbenen Adern und Rändern, und erscheinen in kleinen Büscheln. Sie duften mäßig stark. Die Rose entstand aus der Kreuzung eines Sämlings der Tee-Hybriden 'Yakimour' und 'Sunblest' mit 'Graham Thomas' (siehe Seite 249).
● Die Rose wird etwa 1,2 m hoch. Winterhart bis −23 °C, Zone 6.

'**Paul Shirville**' (auch 'Heart Throb', 'Saxo', HARqueterwife). Diese Tee-Hybride wurde 1981 von Harkness in England gezüchtet und gewann 1982 die AARS. Ihre Blüten sind hoch gebaut, leuchtend lachsrosa mit hellerer Rückseite und duften angenehm süß. Die Blätter sind sehr dunkel und zeigen anfangs einen Violetthauch. Die ist eine Hybride aus 'Compassion' (siehe Seite 134) und der Tee-Hybride 'Mischief'.

● Diese Rose entwickelt sich zu einem 1 m hohen Busch und belohnt die Pflege mit ihrem guten Duft. Sie remontiert in der Regel gut, die späteren Blüten sind jedoch meist etwas kleiner. Gelegentlich leidet sie unter Mehltau. Winterhart bis −29 °C, Zone 5.

'**Peace**' (auch 'Béke', 'Fredsrosen', 'Gioia', 'Gloria Dei', 'Mme A. Meilland', 'Mme Antoine Meilland'). Diese Tee-Hybride ist wahrscheinlich die beliebteste Rose aller Zeiten; ihre vielen Namen weisen auf die Qualität und Bedeutung der Pflanze hin. Sie wurde von Meilland in Frankreich gezüchtet und 1945 von Conard-Pyle in den USA eingeführt. Nach dem Ende des Zweiten Weltkriegs wurde sie zum Symbol der kommenden besseren Zeiten. Ihre riesigen Blüten sind cremegelb mit einem Hauch Rot; die Farbe variiert je nach Boden und Wetter sehr stark, außerdem gibt es viele Weiterzüchtungen in anderen Farben. 'Peace' erhielt zahlreiche internationale Auszeichnungen, seit 1976 gehört sie zur Hall of Fame der World Federation of Rose Societies. Die Abstammung ist nicht bekannt.
● Der kräftige Strauch kann gut 1,5 m hoch werden; es gibt auch einen kletternden Sport. Die Rose blüht gern mehrmals. Vermutlich winterhart bis −31 °C, Zone 4.

'**Tournament of Roses**' (auch 'Berkeley', 'Poesie', JACient). Diese Grandiflora-Rose wurde von Warriner aus einem unbenannten Säm-

'Tournament of Roses'

'Jean Giono'

'Elle'

'Alpine Sunset'

'Whisky Mac'

'Gruß an Coburg'

ling und der Floribunda-Rose 'Impatient' gezüchtet und 1988 von Jackson & Perkins in den USA eingeführt. 1989 gewann diese Rose die AARS. Ihre Blüten sind korallenrosa mit tief rosafarbener Rückseite und duften leicht und würzig. Sie wurde nach der Rosenparade in Pasadena benannt.

● Die krankheitsresistente, remontierende Rose wird 1,5 m hoch und gedeiht besonders in warmen Gärten gut. Winterhart bis −29 °C, Zone 5.

'Whisky Mac' (auch 'Whisky', TANky). Diese edle Tee-Hybride wurde 1967 von Tantau in Deutschland gezüchtet. Sie hat bronze- bis apricotfarbene Blüten, die kräftig duften. Ihre Abstammung ist nicht bekannt; es gibt auch einen kletternden Sport.

● Die schöne Rose wird 1,2 m groß, leidet aber manchmal an Pilzkrankheiten. Winterhart bis −29 °C, Zone 5.

'Paul Shirville' im Queen Mary Garden im Regent's Park, London, England.

'Peace'

'Chicago Peace' im Brompton Cemetery in London, England.

'Blessings'

'Blessings' (auch 'Blesine'). Diese Tee-Hybride wurde 1967 von Gregory in England gezüchtet. Die korallen- bis lachsfarbenen Blüten duften leicht und angenehm. Oft sitzen drei an einem Stiel, ähnlich wie bei einer Floribunda. Sie erscheinen mehrmals während der Saison. Die Rose entstand aus der Kreuzung eines Sämlings mit der Grandiflora-Rose 'Queen Elizabeth'.
● Die Pflanze ist vor allem während der ersten Blüte dicht mit Blüten bedeckt. Sie wird bis zu 1,5 m hoch. Winterhart bis −29 °C, Zone 5.

'Comtesse Vandal' (auch 'Countess Vandal'). Diese Tee-Hybride wurde von Leenders in den Niederlanden gezüchtet und 1932 von Jackson & Perkins in den USA eingeführt. Sie gewann 1932 eine Goldmedaille und wird seitdem gern kultiviert. Die Blüten sind lachsrosa mit kupferfarbener Rückseite; sie duften schwach. Die Rose stammt von drei klassischen Tee-Hybriden ab, die noch immer in Kultur sind: 'Mrs Aaron Ward', 'Ophelia', (siehe Seite 131, Kletterform) und 'Souvenir de Claudius Pernet'.
● Die robuste Rose wird etwa 1 m hoch. Winterhart bis −29 °C, Zone 5.

'Julia's Rose' (auch 'Julia'). Diese beliebte Tee-Hybride wurde 1976 von Wisbech in England eingeführt und gewann eine Goldmedaille. Sie hat halb gefüllte, kupferbraune Blüten, deren Farbe bei kühlem Wetter noch intensiver wird. Sie entstand aus einer Kreuzung von 'Blue Moon' (siehe Seite 210) und der Tee-Hybride 'Dr A.J. Verhage'.
● Zwar braucht die Rose etwas Pflege, um gut in Form zu bleiben, doch die einzigartige Farbe ist diese Mühe wert. Sie wird 1 m hoch und blüht gern mehrmals. Winterhart bis −29 °C, Zone 5.

'Just Joey'. Sie wurde 1972 von Cants in England gezüchtet und erhielt viele Auszeichnungen. So gehört sie zur Hall of Fame der World Federation of Rose Societies. Ihre Blüten sind riesengroß, locker gefüllt und ockerorange; zudem duften sie kräftig. Sie entstand aus einer Kreuzung von 'Fragrant Cloud' (siehe Seite 217) und der Tee-Hybride 'Dr A.J. Verhage'. Womöglich ist sie die wichtigste moderne Tee-Hybride nach 'Peace' (siehe Seite 206).
● Die Pflanze wird etwa 1,5 m hoch. Ihre Blüten eignen sich hervorragend als Schnittblumen. Winterhart bis −29 °C, Zone 5.

'L'Oreal Trophy' (auch 'Alexis', HARlexis). Dieser Sport von 'Alexander' (siehe Seite 214) wurde 1981 von Harkness in England eingeführt. Die ungewöhnlichen, kräftig ockerorangefarbenen Blüten duften angenehm leicht. Die Rose erhielt viele Auszeichnungen, darunter drei Goldmedaillen.
● Die robuste, aufrechte Pflanze wird 1,5 m hoch. Die Blüten erscheinen mehrmals die ganze Saison über und entwickeln sich bei kühlem Wetter besser. Winterhart bis −29 °C, Zone 5.

'L'Oréal Trophy' im Garten der Royal Horticultural Society in Wisley, England.

'Sunset Celebration'

'Just Joey'

'Remember Me'

'Comtesse Vandal'

'Julia's Rose'

'Remember Me' (auch 'Remember', COCdestin). Diese Tee-Hybride wurde 1984 von Cocker in Schottland gezüchtet. Ihre gefüllten Blüten sind tief orangefarben mit einem feinen Gelbton und duften schwach. Die Rose erhielt viele Auszeichnungen. Sie ist eine Mischung aus Tee-Hybride und Floribunda-Rose: In ihrem Stammbaum finden sich die beiden Tee-Hybriden 'Anne Letts' und 'Pink Favorite' sowie die Floribunda 'Dainty Maid' (siehe Seite 236).
● Die schöne, buschige Pflanze wird 1,2 m hoch und remontiert gut. Vermutlich winterhart bis −31 °C, Zone 4.

'Sunset Celebration' (auch 'Chantoli', 'Exotic', 'Jolie Mome', 'Warm Wishes', FRYxotic). Diese Tee-Hybride wurde 1999 von Fryer in England eingeführt und gewann eine Goldmedaille. Ihre großen Blüten zeigen eine Mischung aus Apricot, Creme und Bernstein. Zudem duften sie angenehm und fruchtig. Die Rose entstand aus der Kreuzung eines Sämlings mit der Tee-Hybride 'Pot o' Gold'.
● Der Strauch wird 1,2 m hoch und remontiert gut bis spät in den Herbst. Da die Blüten nicht unter Regen leiden, ist diese Rose für jedes Wetter ideal. Winterhart bis −29 °C, Zone 5.

'Victor Borge' (auch 'Michael Crawford', POULvue). Diese Tee-Hybride wurde von Olesen gezüchtet und 1991 von Poulsen in Dänemark eingeführt. Die Farbe ihrer Blüten ist ein Mischton aus Rosa und Gelb. Sie duften leicht. Diese Rose wurde 1992 ausgezeichnet.
● Die krankheitsresistente Rose wird 1,5 m hoch und blüht gern mehrmals. Sie gedeiht am besten in voller Sonne. Winterhart bis −29 °C, Zone 5.

'Victor Borge'

'Savoy Hotel' im Queen Mary Garden im Regent's Park, London, England.

'Blue Moon' (auch 'Blå Måndag', 'Blue Monday', 'Mainzer Fastnacht', 'Sissi', TANnacht, TANsi). Diese Tee-Hybride wurde 1965 von Tantau in Deutschland gezüchtet und mit einer Goldmedaille ausgezeichnet. Ihre großen, gefüllten Blüten sitzen an langen Stielen, zeigen einen blassen Flieder-Lavendel-Ton und duften intensiv. Sie entstand aus einem Sämling von 'Sterling Silver' und einem unbenannten Sämling.
● Die Rose liefert gute Schnittblumen und blüht gern mehrmals. Sie wird 1,2 m hoch, gedeiht am besten in voller Sonne und leidet gelegentlich unter Mehltau. Vermutlich winterhart bis −31 °C, Zone 4.

'Blue Moon'

'Sterling Silver' im Garten von Kim Rupert in Los Angeles, Kalifornien, USA.

'Savoy Hotel'

'Blue Skies'

'Charles de Gaulle'

'Blue River' (auch KORsicht). Diese Tee-Hybride wurde 1984 von Kordes gezüchtet und mit einer Goldmedaille ausgezeichnet. Ihre Blüten sind im Zentrum hell fliederfarben und am Rand der äußeren Kronblätter etwas dunkler. Sie duften angenehm. Normalerweise trägt jeder Stiel drei Blüten, ähnlich wie bei einer Floribunda-Rose. Die Rose ist eine Kreuzung aus 'Blue Moon' und der Floribunda 'Zorina'.
● Dieser Strauch wird 1,2 m hoch und blüht bis zum ersten Frost. Winterhart bis −31 °C, Zone 4.

'Blue Skies' (auch BUCblu). Diese Tee-Hybride wurde von Dr. Griffith J. Buck gezüchtet und 1983 von J. B. Roses Inc. in den USA eingeführt. Aus langen, spitzen Knospen entwickeln sich große, rosafarbene Blüten, die mit der Zeit verblassen. Sie duften schwach. Die komplexe Abstammung dieser Rose umfasst neben den Tee-Hybriden 'Blue Sterling Silver', 'Intermezzo' und 'Simone' die Strauchrose 'Music Maker' und die Floribunda-Rose 'Tom Brown'.
● Die Pflanze wird 1,2 m hoch und remontiert bis zum ersten Frost. Buck züchtete seine Rosen im Hinblick darauf, dass sie den harten Winter in Iowa überstehen sollten, daher ist diese Sorte sehr winterhart und überlebt bis −37 °C in Zone 3.

'Charles de Gaulle' (auch 'Katherine Mansfield', MEIlanein). Diese Tee-Hybride wurde von Marie-Louise Meilland in Frankreich gezüchtet und 1974 eingeführt. Ihre schalenförmigen, fliederfarbenen Blüten duften herrlich. Die Rose entstand aus einem Sämling der Tee-Hybriden 'Blue Moon' und 'Prelude', der mit einem Sämling der Floribunda-Rose 'Independence' und der Tee-Hybride 'Caprice' gekreuzt wurde.
● Mit 1,5 m wird die Rose eher hoch. Sie remontiert gut und gedeiht in warmen, trockenen Regionen am besten. Winterhart bis −29 °C, Zone 5.

'Savoy Hotel' (auch 'Integrity', 'Vercors', 'Violette Niestlé', HARvintage). Diese Tee-Hybride wurde von Harkness in England gezüchtet und 1987 eingeführt. 1988 erhielt sie eine Goldmedaille. Ihre Blüten sind hellrosa mit tief rosafarbener Rückseite und duften leicht.

Sie entstand aus einer Kreuzung von 'Silver Jubilee' (siehe Seite 215) und 'Amber Queen' (siehe Seite 230).
● Diese hervorragende, krankheitsresistente Beetrose eignet sich für alle gemäßigten Regionen. Sie wird 1,1 m hoch und blüht die ganze Saison über sehr reich. Winterhart bis −29 °C, Zone 5.

'Sterling Silver'. Diese Tee-Hybride wurde von Fisher gezüchtet und 1957 von Jackson & Perkins in den USA eingeführt. Die ungewöhnlich hohen Knospen entwickeln sich zu Blüten in einem herrlich silbrigen Mauveton, werden mit der Zeit heller und duften angenehm. Die Rose entstand aus einem unbenannten Sämling und 'Peace' (siehe Seite 206).
● Die gesunde Pflanze wird 1 m hoch, remontiert aber eher spärlich. Winterhart bis −26 °C, Zone 5.

'Blue River'

211

'Kathryn McGredy'

'Miss All-American Beauty'

'Charlotte Armstrong'

'Aloha'

'Aloha'. Diese herrliche Tee-Hybride kann als hohe Strauch- oder niedrige Kletterrose gezogen werden. Sie wurde 1949 von Boerner in den USA eingeführt. Ihre Blüten sind rosa mit dunklerer Rückseite und duften kräftig. Die Rose stammt von der kletternden Tee-Hybride 'Mercedes Gallart' und 'New Dawn' (siehe Seite 131) ab. Es sind noch zwei weitere Tee-Hybriden unter diesem Namen im Handel.
● Die Rose wird 1,5 m hoch, als Kletterrose sogar noch höher. Sie ist sehr widerstandsfähig und blüht die ganze Saison über reich. Winterhart bis −29 °C, Zone 5.

'Baronne Edmond de Rothschild' (auch 'Baronne de Rothschild', 'Baronness Edmond de Rothschild', MEIgriso). Diese 1968 von Meilland in Frankreich eingeführte Tee-Hybride entstand aus der Kreuzung eines Sämlings der Tee-Hybriden 'Baccará' und 'Crimson King' mit 'Peace' (siehe Seite 206). Ihre großen, gefüllten Blüten sind rubinrosa bis tiefrosa mit hellerer Rückseite und duften intensiv.
● Die mehrmals blühende Rose wird 1,5 m hoch und wurde mit zwei Goldmedaillen ausgezeichnet. Sie bevorzugt warme Standorte und leidet manchmal unter Sternrußtau. Winterhart bis −29 °C, Zone 5.

'Charlotte Armstrong'. Diese Tee-Hybride wurde von Lammerts gezüchtet und 1940 von Armstrong in den USA eingeführt. Aus den langen, spitzen Knospen entwickeln sich hoch gebaute, gefüllte Blüten in Blutrot bis Tiefrosa. Sie duften schwach. Diese Rose ist eine der wichtigsten Elternpflanzen moderner Tee-Hybriden. Sie gewann die AARS für 1941 und viele andere Preise. Sie stammt von den Tee-Hybriden 'Sœur Thérese' und 'Crimson Glory' (siehe Seite 218) ab.
● Die wüchsige Pflanze wird etwa 1,2 m hoch und remontiert. Winterhart bis −29 °C, Zone 5.

'Earth Song'. Diese Grandiflora-Rose wurde von Dr. Griffith J. Buck aus seinen Strauchrosen 'Music Maker' und 'Prairie Star' gezüchtet und 1975 von der Iowa State University eingeführt. Ihre Blüten sind schalenförmig und hell violettrot bis -rosa. Sie duften schwach.
● Die remontierende Rose wird 1,2 m hoch. Bucks Rosen wurden gezüchtet, um strenge Winter zu überstehen. Diese hält bis zu −40 °C in Zone 3 aus.

'Kathryn McGredy' (auch MACauclad). Diese Tee-Hybride wurde 1998 von Sam McGredy IV in Neuseeland gezüchtet. Ihre Blüten sind mittelrosa und duften leicht. Sie entstand aus den Tee-Hybriden 'City of Auckland' und 'Lady Rose'.
● Die Pflanze wird etwa 1,2 m hoch und remontiert. Winterhart bis −29 °C, Zone 5.

'Lovely Lady'

'Earth Song'

'Lovely Lady' (auch 'Dickson's Jubilee', DICjubel). Diese Tee-Hybride wurde 1986 von Dickson in Irland eingeführt und gewann eine Goldmedaille. Ihre großen, dicht gefüllten Blüten sind korallenrosa und duften angenehm. Sie entstand aus einer Kreuzung der Tee-Hybride 'Silver Jubilee' mit einer Hybride der Floribunda-Rosen 'Eurorose' und 'Anabell'.

● Die 1 m hohe Pflanze ist dicht mit gesunden Blättern bedeckt. Die langlebigen Blüten erscheinen mehrmals die ganze Saison über. Winterhart bis −29 °C, Zone 5.

'Manou Meilland' (auch MEItulimon). Diese mehrfach ausgezeichnete Tee-Hybride wurde 1980 von Meilland in Frankreich eingeführt. Ihre Blüten zeigen ein zartes Mauverosa mit silbriger Rückseite. Sie sind becherförmig und mit etwa 50 Kronblättern dicht gefüllt. Zudem duften sie angenehm. Die Rose entstand aus einem Sämling von 'Baronne Edmond de Rothschild', die mit sich selbst gekreuzt wurde, und einem Sämling der Tee-Hybriden 'Ma Fille' und 'Love Song'.

● In der Farbe erinnert sie an 'Baronne Edmond de Rothschild', wird aber nur 1 m hoch. Sie remontiert gut. Winterhart bis −29 °C, Zone 5.

'Miss All-American Beauty' (auch 'Maria Callas', MEIdaud). Diese Tee-Hybride wurde 1965 von Meilland in Frankreich gezüchtet und mit einer Goldmedaille bei den AARS 1968 ausgezeichnet. Ihre großen, tief rosafarbenen Blüten duften intensiv. Unter demselben Namen wird noch eine zweite Tee-Hybride verkauft, sie ist jedoch eher rot und duftet nur leicht. Diese Rose stammt von der Tee-Hybride 'Chrysler Imperial' und 'Karl Herbst' (siehe Seite 217) ab.

● Die sehr robuste Pflanze wird 1,1 m hoch. Vor allem spät in der Saison remontiert sie gut. Winterhart bis −26 °C, Zone 5.

'The McCartney Rose' (auch 'McCartney Rose', 'Paul McCartney', 'Sweet Lady', MEIzeli). Diese Tee-Hybride wurde 1995 von Meilland in Frankreich gezüchtet, nach dem Beatles-Gründer benannt und mit vier Goldmedaillen ausgezeichnet. Ihre herrlichen Blüten sind tiefrosa und duften wunderbar. Sie entstand aus einer Kreuzung einer Hybride aus der Floribunda-Rose 'Nirvana' und 'Papa Meilland' (siehe Seite 217) und der Tee-Hybride 'First Prize'.

● Die äußerst robuste Pflanze wird 1,5 m hoch und blüht die ganze Saison über schön. Winterhart bis −29 °C, Zone 5.

'Baronne Edmond de Rothschild'

'The McCartney Rose'

'Manou Meilland'

Tee-Hybriden

'Alexander' (auch 'Alexandra', HARlex). Diese Tee-Hybride wurde von Jack Harkness gezüchtet und 1972 von Harkness Roses eingeführt. Ihre Blüten sind leuchtend orange bis scharlachrot und gefüllt. Sie duften nur leicht. Die Rose erhielt viele Auszeichnungen, darunter 1987 die James-Mason-Medaille der RNRS. Sie entstand aus der Kreuzung von 'Tropicana' mit einem Sämling der Floribunda-Rosen 'Elizabeth' und 'Allgold'.
● Diese Rose wird mit etwa 1,5 m recht hoch und blüht die ganze Saison über reich. Winterhart bis −29 °C, Zone 5.

'Candelabra' (auch JACcinqo). Diese Grandiflora-Rose wurde von Keith Zary gezüchtet und 1999 von Bear Creek Gardens eingeführt. Aus langen, spitzen Knospen, die in kleinen Büscheln erscheinen, entwickeln sich korallenorangefarbene, gefüllte Blüten mit leichtem Teeduft. 1999 gewann diese Rose die AARS. Sie ist eine Hybride von 'Tournament of Roses' (siehe Seite 207) und einem unbenannten Sämling.
● Der remontierende Strauch kann bis zu 1,5 m hoch werden. Winterhart bis −29 °C, Zone 5.

'Catherine Deneuve' (auch MEIpraserpi). Diese Tee-Hybride wurde 1981 von Meilland in Frankreich gezüchtet und nach der Schauspielerin benannt. Ihre orangerosafarbenen Blüten sind halb bis ganz gefüllt und duften angenehm. Die Abstammung ist nicht bekannt.
● Die sehr robuste, wüchsige, ausladende Pflanze wird 1,2 m hoch und remontiert hervorragend. Winterhart bis −29 °C, Zone 5.

'Alexander'

'Dolly Parton'. Diese mehrfach ausgezeichnete Tee-Hybride wurde von Joseph F. Winchel gezüchtet und 1984 von Conard-Pyle unter dem Namen der Country Sängerin in den USA eingeführt. Die Blüten sind groß, gefüllt und strahlend orangefarben. Ihr Duft ist intensiv. Die Rose entstand aus einer Kreuzung von 'Fragrant Cloud' (siehe Seite 217) und der Tee-Hybride 'Oklahoma'.
● Diese Rose wird etwa 1–1,2 m hoch und blüht die ganze Saison über. Winterhart bis −29 °C, Zone 5.

'Tropicana'

'Solitude' in den Royal Botanical Gardens in Burlington, Ontario, Kanada.

'Catherine Deneuve'

'Candelabra'

'Dolly Parton'

'Perfect Moment' (auch 'Jack Dayson', KORwilma). Diese Tee-Hybride wurde 1989 von Kordes gezüchtet und gewann die AARS für 1991. Aus spitzen Knospen entwickeln sich gefüllte Blüten, deren Kronblätter am Rand scharlachrot, im Inneren und auf der Rückseite aber gelb sind. Die Blüten duften leicht. Die Rose entstand aus der Kreuzung der Tee-Hybride 'New Day' mit einem unbenannten Sämling.
● Die Pflanze wird etwa 1,2 m hoch und eignet sich besonders für warme Standorte. Winterhart bis −29 °C, Zone 5.

'Silver Jubilee'. Dies ist eine der großen modernen Tee-Hybriden. Sie wurde 1978 von Cocker eingeführt und erinnert an das 25-jährige Thronjubiläum der Königin Elisabeth. Die Rose hat sich über die Jahre bewährt und erhielt drei Goldmedaillen, darunter eine der RNRS. Sie hat riesige, silbrig rosafarbene Blüten mit dunklerer Rückseite und angenehmem Duft. In ihrem Stammbaum finden sich die Strauchrose 'Color Wonder', die Kordesii-Hybride 'Parkdirektor Riggers', die Floribunda-Rose 'Highlight' sowie die Tee-Hybriden 'Piccadilly' und 'Mischief'.
● Die äußerst krankheitsresistente Rose scheint ständig zu blühen. Sie wird bis zu 1 m hoch und ist winterhart bis −29 °C, Zone 5.

'Solitude' (auch POULbero). Diese Grandiflora-Rose wurde von Pernille und Mogens Olesen gezüchtet und 1991 von Conard-Pyle eingeführt. Ihre dicht gefüllten Blüten zeigen einen Orangegelb-Ton, der in Rosa und Lachs übergeht, und eine hellere Rückseite. Sie duften leicht. Die Rose stammt von der Tee-Hybride 'Selfridges' und einem unbenannten Sämling ab.
● Die robuste Pflanze wird 1,2 m hoch, blüht sehr reich und gern mehrmals. Sie scheint ständig in Blüte zu stehen. Winterhart bis −31 °C, Zone 4.

'Tropicana' (auch 'Super Star', TANorstar). Diese Tee-Hybride wurde 1960 von Tantau gezüchtet. Sie war die erste leuchtend scharlachrote Rose. Meist sitzen ihre strahlenden Blüten einzeln am Stiel. Früher wurde die Rose weltweit sehr geschätzt und gewann neben vielen anderen Preisen die AARS für 1963 und eine Auszeichnung der RNRS. Sie entstand aus einer Hybriden eines unbenannten Sämlings mit 'Peace' (siehe Seite 206), die wiederum mit einer Hybride aus einem unbenannten Sämling und der Floribunda-Rose 'Alpine Glow' gekreuzt wurde.
● Die Rose wird 1,2 m hoch und ist von kräftigem, aber schlaksigem Wuchs. In manchen Regionen neigt sie etwas zu Mehltau. Sie remontiert hervorragend. Winterhart bis −29 °C, Zone 5.

'Perfect Moment'

'Silver Jubilee'

'Artistry'

'Botero'

'Precious Platinum'

'Fragrant Cloud'

'Karl Herbst'

'Papa Meilland'

'Fame!'

'Deep Secret'

'Isabel de Ortiz'

'Artistry' (auch 'Once Touched', JACirst). Diese Tee-Hybride wurde von Keith Zary gezüchtet und 1998 von Bear Creek Gardens in den USA eingeführt. Die gefüllten Blüten zeigen einen cremigen Korallen-orange-Ton, wobei die Rückseite weniger orangefarben ist. Sie duften nur leicht. Die Kreuzung aus zwei unbenannten Sämlingen gewann die AARS für 1997.
● Die Rose wird 1,5 m hoch, blüht gern mehrmals und gedeiht am besten in warmen Regionen. Winterhart bis −26 °C, Zone 5.

'Botero' (auch 'Duftfestival', 'Winschoten', MEIafone). Diese Tee-Hybride wurde von Meilland in Frankreich eingeführt und mehrfach ausgezeichnet. Die Blüten sind groß, gefüllt und kräftig rot. Sie duften herrlich. Die Abstammung ist nicht bekannt.
● Diese sehr robuste Rose wird 1,2 m hoch. Am besten gedeiht sie an kühlen Standorten. Winterhart bis −29 °C, Zone 5.

'Deep Secret' (auch 'Mildred Scheel'). Diese mehrfach ausgezeichnete Tee-Hybride wurde 1977 von Tantau in Deutschland eingeführt. Ihre karminroten Blüten sind mit 40 Kronblättern dicht gefüllt und duften zudem kräftig. Die Abstammung ist nicht bekannt.
● Die Pflanze wird 1,2 m hoch und remontiert die ganze Saison über gut. Winterhart bis −29 °C, Zone 5.

'Fame!' (auch JACzor). Diese Grandiflora-Rose wurde von Keith Zary gezüchtet und 1998 von Bear Creek Gardens eingeführt. Sie gewann außerdem die AARS 1998. Ihre Blüten erscheinen in kleinen Büscheln, sind lebhaft rosa und duften leicht. Sie ist eine Hybride von 'Tournament of Roses' (siehe Seite 207) und der Floribunda 'Zorina'.
● Die Pflanze wird etwa 1,2 m hoch und remontiert gut. Winterhart bis −26 °C, Zone 5.

'Fragrant Cloud' (auch 'Duftwolke', 'Nuage Parfumé', TANellis). Diese Tee-Hybride wurde 1967 von Tantau in Deutschland aus der Kreuzung eines Sämlings mit der Tee-Hybride 'Prima Ballerina' gezüchtet. Die großen, gefüllten Blüten sind anfangs korallen-, später geranienrot und verströmen einen wunderbar nostalgischen Duft. Die ganze Saison über erscheinen sie immer wieder. Die Rose erhielt viele internationale Auszeichnungen, seit 1981 gehört sie zur Hall of Fame der World Federation of Rose Societies.
● Diese Rose kann 1,5 m hoch werden. Manchmal leidet sie unter Sternrußtau. Winterhart bis −26 °C, Zone 5.

'Isabel de Ortiz'. Diese Tee-Hybride wurde 1962 von Kordes in Deutschland eingeführt. Die Blüten sind tief rosarot mit kontrastieren-der, silbriger Rückseite und duften sehr angenehm. Die Rose erhielt

zwei Goldmedaillen. Sie stammt von 'Peace' (siehe Seite 206) und der Tee-Hybride 'Kordes Perfecta' ab.
● Diese Rose remontiert gut und wird nur etwa 75 cm hoch. Winterhart bis −29 °C, Zone 5.

'Karl Herbst' (auch 'Red Peace'). Diese Tee-Hybride wurde 1950 von Kordes in Deutschland eingeführt. Ihre riesengroßen, mit etwa 60 Kronblättern gefüllten Blüten zeigen ein mattes, dunkles Scharlachrot und duften angenehm. Sie ist eine Kreuzung der Floribunda-Rose 'Independence' mit 'Peace' (siehe Seite 206). Abgesehen von der Blü-tenfarbe ist sie 'Peace' sehr ähnlich.
● Die wüchsige, robuste Rose wird etwa 1,2 m hoch. Die Blüten ver-kleben bei nassem Wetter. Winterhart bis −29 °C, Zone 5.

'Papa Meilland' (auch MEIsar, MEIcesar). Diese Tee-Hybride wurde 1963 von Meilland in Frankreich eingeführt. Sie hat wunderschön samtige, dunkel karminrote Blüten, die zudem herrlich duften. 1988 wurde sie in die Hall of Fame der World Federation of Rose Societies aufgenommen und erhielt noch viele weitere Preise, vor allem für ihren Duft. Sie entstand aus einer Kreuzung der Tee-Hybriden 'Chrys-ler Imperial' und 'Charles Mallerin'.
● Die remontierende Rose kann über 1,2 m hoch werden. Sie gedeiht gut in heißen, trockenen Regionen. Manchmal leidet sie unter Mehl-tau und Sternrußtau, doch ihr herrlicher Duft macht sie zu einer wert-vollen Pflanze in jedem Klima. Winterhart bis −20 °C, Zone 6.

'Precious Platinum' (auch 'Opa Pötschke', 'Red Star'). Diese Tee-Hybride wurde 1974 von Dickson in Nordirland eingeführt. Ihre gro-ßen, kardinalroten Blüten verblassen kaum und duften leicht. Sie ent-stand aus einer Kreuzung der Tee-Hybride 'Red Planet' und der Floribunda-Rose 'Franklin Englemann'.
● Diese Rose wird mit 1,2 m oder mehr recht hoch und remontiert gut. Winterhart bis −29 °C, Zone 5.

'Ingrid Bergman' im Queen Mary Garden im Regent's Park in London.

'Ink Spots' im Huntington Rose Garden in Kalifornien.

'Mister Lincoln'

'Big Purple' (auch 'Stephens' Big Purple', 'Nuit d'Orient', STEbigpu). Diese Tee-Hybride wurde 1985 von Pat Stephens in Neuseeland aus einem Sämling und der Floribunda-Rose 'Purple Splendour' gezüchtet. Die großen Blüten zeigen einen tiefen, dunklen Violettton und duften herrlich nach Alten Rosen. Die Pflanze remontiert eher spärlich.
● Die dunkelste unter den violetten Rosen verdient auch wegen ihres Duftes einen Platz im Garten. Mit ihren langen Stielen liefert sie gute Schnittblumen. Winterhart bis −29 °C, Zone 5.

'Crimson Glory'. Diese mehrfach ausgezeichnete Tee-Hybride wurde von Kordes in Deutschland gezüchtet und 1935 von Jackson & Perkins in den USA eingeführt. Aus den langen, spitzen Knospen entwickeln sich große, schalenförmige, gefüllte Blüten in samtigem Karminrot, deren intensiver Duft an Damaszenerrosen erinnert. Die Rose entstand aus einer Kreuzung von 'Cathrine Kordes' mit einem Sämling der Tee-Hybride 'W.E. Chaplin'.
● Die wüchsige, ausladende Rose blüht die ganze Saison über schön. Winterhart bis −29 °C, Zone 5.

'Ernest H. Morse' (auch 'E.H. Morse'). Diese Tee-Hybride wurde von Kordes in Deutschland gezüchtet und 1964 von Morse in England eingeführt. Ihre gefüllten Blüten sind dunkelrot und duften kräftig. 1965 erhielt sie eine Goldmedaille der RNRS. Ihre Abstammung ist nicht bekannt.
● Die robuste Rose wird etwa 1 m hoch. Auch nach 40 Jahren wird sie noch wegen ihrer reichen, mehrmaligen Blüte, ihres herrlichen Duftes und ihrer Krankheitsresistenz geschätzt − was will man mehr? Winterhart bis −29 °C, Zone 5.

'Ingrid Bergman' (auch POULman). Diese Tee-Hybride wurde von Olesen gezüchtet und 1984 von Poulsen in Dänemark eingeführt. Ihre Blüten erscheinen in kleinen Büscheln und tragen bis zu 49 Kronblätter. Sie zeigen ein klares, kräftiges Rot und duften herrlich würzig. Sie gilt als eine der besten roten Rosen und wurde 2000 in die Hall of Fame der World Federation of Rose Societies aufgenommen.

'Crimson Glory'

'Ernest H. Morse'

'Loving Memory'

Daneben erhielt sie viele andere Auszeichnungen. Sie ist eine Hybride aus 'Precious Platinum' (siehe Seite 217) und einem unbenannten Sämling.
● Die krankheitsresistente, öfter blühende Rose wird bis zu 1,4 m hoch. Winterhart bis –31 °C, Zone 4.

'Ink Spots'. Diese Tee-Hybride wurde 1985 von Weeks Roses in Kalifornien gezüchtet. Die samtigen Blüten zeigen ein besonders tiefes Rot, fast Schwarz, und duften leicht nach Alten Rosen. Die Abstammung ist nicht bekannt.
● Die gut remontierende Rose eignet sich für jedes Wetter und wird bis zu 1 m hoch. Winterhart bis –26 °C, Zone 5.

'Loving Memory' (auch 'Burgund 81', 'Red Cedar', KORgund, KORgund 81). Diese Tee-Hybride wurde 1983 von Kordes in Deutschland eingeführt. Sie ist eine Kreuzung aus einem unbenannten Sämling mit einem Sämling der Tee-Hybride 'Red Planet'. Ihre hoch gebauten roten Blüten enthalten etwa 40 Kronblätter.
● Die sehr robuste, remontierende Rose wird mit bis zu 1,5 m recht hoch und trägt lange Blütenstiele, die sich gut für die Vase eignen. Winterhart bis –29 °C, Zone 5.

'Mister Lincoln'. Diese Tee-Hybride wurde 1965 von Swim & Weeks in den USA eingeführt. Sie gewann die AARS für 1965 und ist eine der beliebtesten roten Rosen überhaupt. Die hoch gebauten Blüten sind kräftig rot und duften intensiv nach Alten Rosen. Die Blätter sind dunkel und mattgrün. Die Rose entstand aus einer Kreuzung der Tee-Hybriden 'Chrysler Imperial' und 'Charles Mallerin'.
● Die Pflanze eignet sich hervorragend für wärmere Gärten und wächst kräftig bis auf 1,2 m Höhe. Winterhart bis –26 °C, Zone 5.

'Olympiad' (auch 'Olympia', 'Olympiade', MACauck). Diese Tee-Hybride wurde 1982 von McGredy in Neuseeland gezüchtet. Sie gewann eine Goldmedaille und die AARS für 1984. Die leuchtend mittelroten Blüten duften leicht und fruchtig. Die Rose entstand aus einer Kreuzung der Tee-Hybriden 'Red Planet' und 'Pharao'.
● Die Pflanze wird 1,1 m hoch, remontiert gut und gedeiht am besten in kühlerem Wetter. Winterhart bis –29 °C, Zone 5.

'Olympiad'

'Big Purple'

219

'Claude Monet'

'Henri Matisse'

'Cajun Sunrise'. Diese Tee-Hybride wurde von Edwards in den USA gezüchtet und 2001 eingeführt. Ihre Blüten sind zartrosa mit cremefarbenem Zentrum und duften leicht. Die Rose entstand aus einer Kreuzung der Tee-Hybriden 'Crystalline' und 'Elegant Beauty'.
● Diese Rose remontiert gut und wird durchschnittlich etwa 1 m hoch. Winterhart bis −26°C, Zone 5.

'Candy Stripe'. Diese Tee-Hybride wurde 1963 von McCummings in den USA eingeführt. Ihre Blüten duften gut, sind sehr groß und mit etwa 60 Kronblättern dicht gefüllt. Sie zeigen ein kräftiges Rosa mit heller rosafarbenen Streifen und Tupfen. Die Rose ist ein ungewöhnlicher Sport der Tee-Hybride 'Pink Peace'.
● Die Pflanze wird etwa 1,2 m hoch und remontiert gut. Winterhart bis −31°C, Zone 4.

'Claude Monet' (auch JACdesa). Diese Tee-Hybride unbekannter Abstammung wurde 1992 von Jackson & Perkins in den USA eingeführt. Aus den karminroten Knospen entwickeln sich schalenförmige Blüten mit roten, weißen, orange- und rosafarbenen Streifen. Sie duften leicht und fruchtig.
● Die wüchsige Pflanze wird etwa 1,2 m hoch und remontiert kräftig. Winterhart bis −26°C, Zone 5.

'Diana Princess of Wales' (auch 'The Work Continues', JACshaq). Diese von Keith Zary gezüchtete Tee-Hybride wurde 1998 von Bear Creek Gardens in den USA eingeführt. Die Blüten zeigen eine Mischung aus leuchtendem Rosa und cremigem Elfenbein. Sie duften nur leicht. Die Rose stammt von den Tee-Hybriden 'Anne Morrow Lindbergh' und 'Sheer Elegance' ab.
● Die Rose remontiert gut und wird durchschnittlich etwa 1 m hoch. Winterhart bis −26°C, Zone 5.

'Double Delight' (auch ANDeli). Diese beliebte Tee-Hybride wurde 1977 von Swim and Ellis in den USA aus den Tee-Hybriden 'Granada' und 'Garden Party' gezüchtet. Ihre Blüten zeigen ein cremeweißes Zentrum und einen erdbeerroten Rand – eine seither oft kopierte Kombination. Sie duften kräftig und würzig. Die Rose gewann unter anderem die AARS für 1977 und gehört zur Hall of Fame der World Federation of Rose Societies.
● Die äußerst auffällige Rose wird 1,5 m hoch. Winterhart bis −29°C, Zone 5.

'Henri Matisse' (auch DELstrobla). Diese Tee-Hybride wurde 1995 von Delbard in Frankreich gezüchtet und gehört zu einer Serie, die nach französischen Malern benannt wird. Ihre riesigen, gefüllten Blüten zeigen eine Mischung aus roten, rosafarbenen und weißen Streifen. Der Duft erinnert an Alte Rosen und hat eine fruchtige Note. Die Rose stammt von einer Kreuzung der Tee-Hybriden 'Lara' und 'Candia' sowie 'Aromaepi' und 'KORpek' ab.
● Die Pflanze wird etwa 1 m hoch, wächst kräftig und blüht reich und öfter. Winterhart bis −23°C, Zone 6 oder darunter.

'Jubilé du Prince de Monaco' (auch 'Cherry Parfait', 'Prince de Monaco', MEIsponge). Diese Grandiflora-Rose wurde 2001 von Meilland in Frankreich eingeführt. Ihre Blüten sind schön geformt und hoch gebaut. Die weißen Kronblätter zeigen einen magentaroten Rand. Die Blüten duften angenehm. Die Rose stammt von den Floribunda-Rosen 'Jacqueline Nebout' (siehe Seite 237) sowie 'Tamango' und 'Matangi' (siehe Seite 239) ab.
● Die Pflanze wird etwa 1 m hoch und remontiert gut. Winterhart bis −26°C, Zone 5.

'Love and Peace' (auch BAIpeace). Diese Tee-Hybride wurde von Lim und Twomey in den USA gezüchtet und 2002 eingeführt. Die hoch gebauten Blüten mit festem Zentrum sind gelb und haben einen kirschroten Rand. Auch die äußeren Kronblätter zeigen diese Farbe.

'Nostalgie'

Die Blüten erscheinen die ganze Saison über und duften mild. Diese Kreuzung von 'Peace' (siehe Seite 206) und einem unbenannten Sämling gewann 2002 die AARS.

● Der schön geformte, robuste Strauch wird etwa 1 m hoch und gedeiht in feuchten Regionen sehr gut. Winterhart bis −26 °C, Zone 5.

'Nostalgie' (auch TANeiglat). Diese Tee-Hybride wurde 1996 von Tantau in Deutschland eingeführt. Die Blüten sind sehr groß und flach wie bei Alten Rosen. Im Zentrum sind sie cremeweiß, der Rand ist rosa und rot. Für ihren guten Duft wurde die Rose ausgezeichnet. Die Abstammung ist nicht bekannt.

● Die Pflanze wird knapp 1 m hoch und trägt sehr dunkle Blätter. Sie blüht gern mehrmals. Winterhart bis −29 °C, Zone 5.

'Rose Gaujard' (auch GAUino). Diese mehrfach ausgezeichnete Tee-Hybride wurde von Gaujard gezüchtet und 1957 von Armstrong in den USA eingeführt. Die hoch gebauten Blüten tragen 80 Kronblätter. Sie sind silbrig rosa mit einem Rand in leuchtendem Rosa und silbrig weißer Rückseite. Dabei duften sie leicht. Die Rose entstand aus einer Kreuzung von 'Peace' (siehe Seite 260) mit einem Sämling der Tee-Hybride 'Opera' und ist ein Höhepunkt in jeder Sammlung.

● Die sehr robuste Pflanze wird etwa 1,2 m hoch und remontiert hervorragend. Winterhart bis −29 °C, Zone 5.

'Double Delight'

'Rose Gaujard'

'Jubilé du Prince de Monaco'

'Candy Stripe'

'Cajun Sunrise'

'Love and Peace'

'Diana Princess of Wales'

Polyantha-Rosen

'Ellen Poulsen'

POLYANTHA-ROSEN zeichnen sich durch ihre vielen kleinen Blüten an einer zwergigen Pflanze aus. Blütengröße und Namen verdanken sie *R. multiflora*, die früher auch *R. polyantha* genannt wurde. Nach ihrer Einführung waren die Polyantha-Rosen im frühen 20. Jahrhundert für kurze Zeit sehr beliebt, wurden aber schnell von ihren Nachkommen, den Floribunda-Rosen verdrängt, an die sie die Blütenbüschel und die extrem reiche Blüte weitergaben.

Die erste anerkannte Polyantha-Rose wurde von Guillot (fils) in Lyon gezüchtet und unter dem Namen 'Paquerette' 1875 eingeführt. Sie war eine Hybride aus *R. multiflora*, vermutlich der zwergigen, remontierenden Form 'Nana', und wahrscheinlich einer Chinarose. Das Ergebnis trägt halb gefüllte, weiße Blüten und remontiert gut. 'Mignonette' ist vermutlich von ähnlicher Abstammung, zeigt aber Spuren von Rosa; sie wurde 1880 eingeführt. Guillot züchtete außerdem die leuchtend rosafarbene 'Gloire des Polyanthas' von 1887. Bald gab es Polyantha-Rosen in den verschiedensten Farben, im Fall von 'Baby Faurax' (siehe Seite 224) sogar Violett, das fast zu Blau verblasst.

D. T. Poulsen in Dänemark züchtete 1911 mit 'Ellen Poulsen' eine leuchtend rosafarbene, gefüllte Zwerg-Polyantha-Rose. 1924 kreuzte sein Sohn Sven 'Orléans Rose' mit einer Tee-Hybride und erhielt die ersten so genannten Poulsen-Rosen, 'Else Poulsen' und 'Kirsten Poulsen' (siehe Seite 227), die später als Floribunda-Rosen bekannt wurden.

Zwei weitere Gruppen ähneln den Polyantha-Rosen. Die von Pemberton gezüchteten Moschata-Hybriden sind in Pflanze und Blüte meist viel größer, doch 'Ballerina' (siehe Seite 174) steht den Polyanthas sicherlich näher und wird oft als solche klassifiziert. Sie zeigt alle Eigenschaften der zwergigen *R. multiflora*.

Andere Polyantha-Hybriden erinnern eher an Miniatur-Teerosen mit perfekten, langen Knospen und Blüten mit gefältelten Kronblättern. Der Einfluss von *R. multiflora* ist deutlich schwächer, er zeigt sich vor allem in den Blütenständen; diese Gruppe wird manchmal auch Polypom- oder Zwerg-Chinarosen genannt. 'Perle d'Or', auch genannt 'Yellow Cécile Brunner', gehört ebenso zu dieser Gruppe wie 'Marie Pavié' (siehe Seite 224).

Doch es wäre falsch, die Polyantha-Rosen nur als Relikt vergangener Zeiten anzusehen. 1981 führte Harkness in England 'Yesterday' ein (siehe Seite 225), eine hervorragende Rose, die mehrere Preise erhielt.

Polyantha-Rosen brauchen wenig Pflege, wenn sie nur guten Boden haben und die abgetragenen Blütentriebe bis auf ein gesundes Blatt zurückgeschnitten werden. Viele neigen zu Mehltau und sollten daher gut gedüngt und gegossen werden, vor allem bei Trockenheit und an beengten Standorten.

'Gloire des Polyanthas'

'Orléans Rose'

'Paquerette'

'Cécile Brunner' (auch 'Mlle Cécile Brunner', 'Mignon', 'Sweetheart Rose'). Diese klassische Polyantha-Rose wurde 1881 von Pernet-Ducher in Lyon eingeführt und gehört heute zur Old Rose Hall of Fame der World Federation of Rose Societies. Die langen, spitzen Knospen entwickeln sich zu kleinen, zarten Blüten mit hellen Rosatönen auf cremefarbenem Grund. Sie stammt vermutlich von einer gefüllt blühenden *R. multiflora* (siehe Seite 17) ab, die mit einer Teerose, entweder 'Souvenir d'un Ami' oder einem Sämling von 'Mme de Tartas', gekreuzt wurde.

● Diese bezaubernde, langlebige Rose trägt fast keine Stacheln. Ihre Triebe werden 1 m hoch und enden in lockeren Blüten, die die ganze Saison über immer wieder erscheinen. Es gibt auch einen kletternden Sport (siehe Seite 152) – eine wüchsige, dicht belaubte Kletterrose, die in Kalifornien entstand und 1894 eingeführt wurde. Sie ist wohl bis –23 °C, Zone 6, zuverlässig winterhart, manche Experten trauen ihr jedoch bis zu –34 °C, Zone 4, zu.

'Ellen Poulsen'. Diese Polyantha-Hybride wurde 1911 von Poulsen in Dänemark eingeführt. Ihre mittelgroßen, kirschrosafarbenen Blüten sind gefüllt und erscheinen in Büscheln. Sie duften schwach. Die Rose stammt von der Polyantha 'Mme Norbert Levavasseur' und 'Dorothy Perkins' (siehe Seite 158) ab.

● Diese interessante historische Rose beeinflusste die Floribunda-Rosen (siehe Seite 227). Sie remontiert gut und ist einigermaßen resistent gegen Mehltau. Die aufrechten Triebe werden mit 1,5 m oder mehr recht hoch für eine Polyantha. Winterhart bis –34 °C, Zone 4.

'Gloire des Polyanthas'. Dieser Sämling der Polyantha-Rose 'Mignonette', einer Schwester von 'Paquerette', wurde 1887 von Guillot in Frankreich eingeführt. Damals waren die leuchtend rosafarbenen Blüten eine Neuheit. Sie sind klein, dicht gefüllt und zeigen oft einen roten Streifen auf einem der inneren Kronblätter.

● Die Rose wird etwa 60 cm hoch und ist anfällig für Mehltau. Winterhart bis –34 °C, Zone 4.

'Orléans Rose'. Diese Polyantha-Rose wurde 1909 von Levavasseur et fils in Frankreich gezüchtet. Ihre Blüten sind leuchtend rosarot, klein und locker gefüllt. Sie erscheinen in steifen, aufrechten Blütenständen. Die Abstammung ist unklar, die Rose gilt aber als Sämling der Polyantha 'Mme Norbert Levavasseur', deren rote Blüten mit der Zeit violett werden. Sie ist als Elternpflanze der ersten Poulsen-Rosen von Bedeutung.

● Eine pflegeleichte Rose, die 45 cm hoch wird. Winterhart bis –34 °C, Zone 4.

'Paquerette'. Sie wurde als eine der ersten Polyantha-Rosen 1875 von Guillot (fils) in Lyon gezüchtet. Ihre locker gefüllten, weißen Blüten von etwa 2,5 cm Durchmesser erscheinen während der Saison immer wieder in Büscheln. Die Abstammung ist nicht bekannt, vermutlich sind aber *R. multiflora* (siehe Seite 17) in der Zwergform 'Nana' und eine Chinarose beteiligt.

● Eine pflegeleichte Rose, die 30 cm hoch wird. Winterhart bis –34 °C, Zone 4.

***Rosa multiflora* 'Nana'.** Dies ist vermutlich eine alte chinesische Gartenrose (Art-Beschreibung siehe Seite 17), in Europa ist ihre Kultur hingegen erst ab Ende des 19. Jahrhunderts belegt. Zwar ist die Pflanze selbst auch attraktiv, noch wichtiger ist sie aber als Elternpflanze, die die mehrmalige Blüte der Tee- und Chinarosen und Remontant-Hybriden weitergibt. Ihre einfachen Blüten sind weiß oder sehr blass rosa und duften kaum.

● Eine pflegeleichte Zwergrose, die 30 cm hoch wird. Sie blüht mehrmals, neigt aber zu Mehltau. Winterhart bis –34 °C, Zone 4.

'White Cécile Brunner'. Dieser weiße Sport von 'Cécile Brunner' wurde 1909 von Fraque in Frankreich eingeführt. Die reich blühende Zwergrose trägt cremeweiße Blüten.

● Sie gilt als etwas empfindlicher als die Ausgangsform und ist bei mangelnder Pflege anfälliger für Krankheiten. Winterhart bis –23 °C, Zone 6.

Rosa multiflora 'Nana'

'White Cécile Brunner'

'Cécile Brunner'

Polyantha-Rosen

'Baby Faurax'. Diese Polyantha-Rose wurde 1924 von Leonard Lille in Frankreich eingeführt. Die kleinen, gefüllten Blüten sind anfangs violettrot und verblassen fast zu Blau; sie erscheinen in großen Büscheln, duften aber nur schwach. Die Abstammung ist nicht bekannt.
● Mit ihren nur 45 cm hohen Trieben gilt sie als Zwergstrauch. Winterhart bis −34 °C, Zone 4.

'Clothilde Soupert'. Diese Polyantha-Rose wurde 1890 von Soupert et Notting in Luxemburg eingeführt. Ihre attraktiven Blüten sind gefüllt und perlweiß mit zart rosafarbenem Zentrum; sie duften herrlich. Die Rose gilt als Kreuzung der Polyantha-Rose 'Mignonette' mit der Teerose 'Mme Damaizin'.
● Der buschige Strauch wird nur 50 cm hoch und bleibt relativ gesund. Winterhart bis −34 °C, Zone 4.

'Heinrich Karsch'. Diese Polyantha-Rose wurde 1927 von Leenders in Tegelen in den Niederlanden eingeführt. Ihre mittelgroßen Blüten zeigen einen Violettton mit weißen Streifen und duften zart. Sie entstand aus einer Kreuzung von 'Orléans Rose' (siehe Seite 223) und der Moschata-Hybride 'Joan'.
● Diese Zwergrose wird nur 40 cm hoch. Winterhart bis −34 °C, Zone 4.

'Baby Faurax'

'Jean Mermoz'. Diese Polyantha-Rose wurde 1937 von Chenault eingeführt. Ihre dicht gefüllten, rosafarbenen Blüten sind elegant geformt und erscheinen in langen Büscheln. Sie entstand aus einer Kreuzung von *R. wichuraiana* (siehe Seite 19) und einer Tee-Hybride.
● Die wüchsige Pflanze wird etwa 75 cm hoch, neigt aber leider zu Mehltau. Gegen Ende der Saison blüht sie noch einmal kräftig. Winterhart bis −29 °C, Zone 5.

'La Marne'. Diese Polyantha-Rose wurde 1915 von Barbier eingeführt. Ihre einfachen Blüten sind rosig bis weiß und in leuchtendem Rosa eingefasst. Sie entstand aus einer Kreuzung der Polyantha-Rose 'Mme Norbert Levavasseur' und der Chinarose 'Comtesse du Caÿla' (siehe Seite 86).
● Die Rose wird nur etwa 40 cm hoch und remontiert gut. Winterhart bis −34 °C, Zone 4.

'Léonie Lamesch'. Diese Polyantha-Rose wurde 1899 von Lambert in Deutschland eingeführt. Die leuchtend karminroten Knospen entwickeln sich zu kupferroten und schließlich orangefarbenen Blüten, die dicht, aber locker gefüllt sind und die ganze Saison über einzeln oder in großen Büscheln erscheinen. Die Rose entstand aus einer Kreuzung der Strauchrose 'Aglaia' und der Polyantha-Rose 'Kleiner Alfred'.
● Die aufrechte Pflanze wird mit etwa 1 m recht hoch für eine Polyantha-Rose. Winterhart bis −29 °C, Zone 5.

'Marie Pavié' (auch 'Marie Pavic'). Diese Polyantha-Rose wurde 1888 von Allégatière eingeführt; 1904 wurde ein kletternder Sport entdeckt. Aus den eleganten, aufgerollten Teerosen-Knospen entwickeln sich gefüllte, blass rosafarbene Blüten mit dunklerem, hautfarbenem Zentrum. Sie duften gut. Die Abstammung ist nicht bekannt.

'Clotilde Soupert'

'Marie Pavié'

'White Pet'

'Heinrich Karsch'

'Mevrouw Nathalie Nypels'

'Yesterday'

'La Marne' im Cypress Hill Cemetery, California   'Jean Mermoz'   'Yvonne Rabier'

'Leonie Lamesch'

● Die buschige Pflanze wird nur 45 cm hoch und trägt fast keine Stacheln. Sie blüht mehrmals während der ganzen Saison. Winterhart bis −34 °C, Zone 4.

'Mevrouw Nathalie Nypels' (auch 'Nathalie Nypels'). Diese Polyantha-Hybride wurde 1919 von Leenders in den Niederlanden eingeführt. Ihre Blüten sind halb gefüllt, schalenförmig und blassrosa mit dunklerem Zentrum. Sie duften gut. Die Rose stammt von 'Orléans Rose' (siehe Seite 223), einem Sämling der Chinarose 'Comtesse du Caÿla' (siehe Seite 86) und *R. foetida* 'Bicolor' (siehe Seite 30) ab.
● Diese hervorragende Rose wird etwa 60 cm hoch und remontiert außergewöhnlich gut. Winterhart bis −29 °C, Zone 5.

'The Fairy' (auch 'Fairy', 'Féerie'). Diese Polyantha-Rose kann auch als Bodendecker kultiviert werden und wurde 1932 von Bentall in England eingeführt. Ihre Blüten erscheinen in langen Blütenständen, sind sehr klein, leicht gefüllt und hellrosa. Sie entstand aus der Polyantha-Rose 'Paul Crampel' und der Ramblerrose 'Lady Gray'.
● Die Rose blüht eher spät, am schönsten im Hoch- oder Spätsommer, remontiert danach aber gut. Ihre Triebe werden rund 75 cm hoch. Sie wird gern als Hochstamm erzogen. Winterhart bis −34 °C, Zone 4.

'White Pet' (auch 'Little White Pet'). Diese Polyantha-Rose wurde 1879 von Peter Henderson & Co. in New York eingeführt. Die kleinen, leuchtend rosafarbenen Knospen erscheinen in großen Büscheln und entwickeln sich zu dicht gefüllten, weißen Blüten. Die Rose ist ein zwergiger Sport von 'Félicité-Perpétue' (siehe Seite 154).
● Die zwergige Rose wird nur 30 cm hoch und eignet sich hervorragend als Hochstamm. Sie remontiert gut. Winterhart bis −29 °C, Zone 5.

'Yesterday' (auch 'Tapis d'Orient'). Diese Polyantha-Rose wurde 1974 von Harkness in England gezüchtet. Die fliederrosafarbenen Blüten sind fast einfach und zeigen lange, goldene Staubblätter. Sie erscheinen in Büscheln mehrmals in

'The Fairy'

der Saison. Diese Rose stammt von einem Sämling von 'Phyllis Bide' (siehe Seite 153) und der Floribunda 'Shepherd's Delight' ab, der mit 'Ballerina' gekreuzt wurde (siehe Seite 174).
● Eine gute Gartenrose. Sie bildet einen rundlichen, dicht mit Blüten bedeckten Strauch, der viele Auszeichnungen und Goldmedaillen erhielt, darunter die ADR 1978. Winterhart bis −34 °C, Zone 4.

'Yvonne Rabier'. Diese Polyantha-Rose wurde 1910 von E. Turbat et Cie. in Orléans eingeführt. Aus den langen, spitzen Knospen, die in kleinen Büscheln erscheinen, entwickeln sich halb gefüllte, reinweiße Blüten mit gelben Staubblättern und angenehmem Duft. Die Rose entstand aus einer Kreuzung von *R. wichuraiana* (siehe Seite 19) und einer Polyantha-Rose.
● Die wüchsige Pflanze bildet viele, bis 1,2 m hohe Triebe und hat glänzende, meist gesunde Blätter. Im Spätsommer blüht sie noch einmal reich. Winterhart bis −29 °C, Zone 5.

Floribunda-Rosen

'Else Poulsen'

Die dominierenden Rosenklassen im 20. Jahrhundert waren die Floribunda-Rosen und die Tee-Hybriden. Während die Tee-Hybriden wegen ihrer großen, perfekten Einzelblüten geschätzt wurden, legte man bei den Floribunda-Rosen großen Wert auf zahlreiche kleinere Blüten; da die Pflanzen zudem gut remontieren, sorgen sie die ganze Saison über für Farbe.

Die Floribunda-Rosen verdanken ihre Existenz Dines Poulsen im südlichen Dänemark, der eine Polyantha-Rose mit einer Tee-Hybride kreuzte und so 1907 die winterharte, reich blühende 'Rödhätte' erhielt. Damals wurde sie als Polyantha-Hybride oder Poulsen-Rose bezeichnet. Weitere Kreuzungen in dieser Richtung brachten 1911 'Ellen Poulsen' und 1924 'Kirsten Poulsen' und 'Else Poulsen' hervor.

Andere Züchter erhielten durch Zufall ähnliche Rosen, etwa 1909 'Gruß an Aachen', die aus einer Kreuzung der großen, weiß blühenden 'Frau Karl Druschki' (siehe Seite 122) mit der gelben Tee-Hybride 'Franz Deegen' entstand. Weitere Kreuzungen mit Tee-Hybriden führten zu Blütenständen mit größeren Blüten, die einen eleganten Tee-Hybriden-Charakter hatten, und die Unterschiede zwischen den Klassen begannen zu verschwimmen. In manchen Ländern wurde eine weitere Klasse, die Grandiflora-Rosen, eingeführt; hier werden sie im Kapitel Tee-Hybriden beschrieben.

Einfach blühende Floribunda-Rosen waren in den 30er Jahren sehr beliebt. Einige von ihnen werden auch heute noch wegen ihrer Krankheitsresistenz und Blühfreude geschätzt. 'Betty Prior' ist noch immer eine hervorragende rosafarbene Rose, 'Dainty Maid' (siehe Seite 236), 'Dusky Maiden' (siehe Seite 240) und 'Lilac Charm', alle aus der Zucht von Edward Le Grice, werden in Nordamerika und Europa noch immer gern kultiviert. 'Dainty Maid' ist zudem als Elternpflanze von 'Constance Spry' (siehe Seite 136), der ersten Englischen Rose von David Austin, von Bedeutung.

Da sie meist klein bleiben und sehr reich blühen, sind Floribunda-Rosen ideal für einen Platz vorn in der Rabatte. Die alten Triebe können vor dem Neuaustrieb im Frühjahr kräftig zurückgeschnitten werden.

'Betty Prior'. Diese Floribunda wurde aus 'Kirsten Poulsen' und einem unbenannten Sämling gezüchtet und 1935 von Prior in England eingeführt. Sie trägt große Blütenstände mit einfachen, leuchtend rosafarbenen Blüten, die angenehm duften.

● Eine hervorragende Rose für ein Beet oder eine gemischte Rabatte. Sie wird etwa 1,2 m hoch. In Nordamerika wird sie noch immer sehr geschätzt und kann sich gegen modernere Sorten behaupten. Winterhart bis –34 °C, Zone 4.

'Ellen Poulsen'. Das Erscheinen dieser Polyantha-Hybride (siehe Seite 223) beeinflusste die frühen Floribunda-Rosen. Sie wurde 1911 von Poulsen in Dänemark eingeführt. Ihre gefüllten, leuchtend rosafarbenen Blüten erscheinen in Büscheln und duften nur schwach. Die Rose stammt von der Polyantha-Rose 'Mme Norbert Levavasseur' und 'Dorothy Perkins' (siehe Seite 158) ab.

● Die gut remontierende Rose kann über 1,5 m hoch werden. Winterhart bis –34 °C, Zone 4.

'Else Poulsen' (auch 'Joan Anderson'). Diese Floribunda-Rose wurde 1924 von Poulsen in Dänemark eingeführt. Sie trägt große Blütenstände mit halb gefüllten, leuchtend rosafarbenen Blüten, die kaum duften, und entstand aus einer Kreuzung von 'Orléans Rose' (siehe Seite 223) mit der Tee-Hybride 'Red Star'.

● Die intensiv gefärbten Blüten erscheinen in großer Zahl. Die Blätter zeigen einen Bronzehauch. Winterhart bis –34 °C, Zone 4.

'Gruß an Aachen' (auch 'Salut d'Aix la Chapelle'). Diese Floribunda-Rose wurde 1909 von Geduldig in Deutschland eingeführt. Ihre Blüten sind im Zentrum rosig, am Rand dagegen fast weiß, schalenförmig und dicht gefüllt. Sie duften zart. Sie stammt von 'Frau Karl Druschki' (siehe Seite 122) und der Tee-Hybride 'Franz Deegen' ab.

● Die herrliche Rose trägt schön geformte Blüten in kleinen Büscheln

– eine sehr elegante Floribunda-Rose, die von Tee-Hybriden abstammt. Sie eignet sich für ein Rosenbeet oder eine gemischte Pflanzung, wird 1,5 m hoch und ist etwas ausladend. Zudem remontiert sie gut. Winterhart bis –29 °C, Zone 5.

'Kirsten Poulsen'. Diese Floribunda-Rose wurde 1924 von Poulsen in Dänemark eingeführt. Ihre einfachen Blüten sind leuchtend rosa, erscheinen in größeren Blütenständen und duften schwach. Sie stammt von 'Orléans Rose' (siehe Seite 223) und der Tee-Hybride 'Red Star' ab.

● Dies ist die elegantere Schwester von 'Else Poulsen'. Winterhart bis –34 °C, Zone 4.

'Kirsten Poulsen'

'Betty Prior'

'Ellen Poulsen'

'Gruß an Aachen' in Hidcote im Westen Englands.

227

'Cream Abundance'

'Love Letter'

'Margaret Merril'

'White Simplicity'

'Cream Abundance' (auch 'Crème Abundance', HARflax). Diese Floribunda wurde 1999 von Harkness in England eingeführt. Sie trägt cremefarbene, schwach duftende Blüten in großer Zahl. Die Abstammung ist nicht bekannt.
● Der aufgewölbte Strauch wird etwa 60 cm hoch und remontiert die ganze Saison über. Winterhart bis −29 °C, Zone 5.

'French Lace' (auch JAClace). Diese Floribunda wurde von Warriner gezüchtet, 1981 von Jackson & Perkins in den USA eingeführt und gewann die AARS für 1982. Ihre schön geformten Blüten sind blass elfenbeinfarben mit einem Hauch Apricot. Sie entstand aus einer Kreuzung der Tee-Hybride 'Dr A.J. Verhage' mit der Floribunda-Rose 'Bridal Pink'.
● Die Pflanze wird bis zu 1,2 m hoch und remontiert die ganze Saison über gut. Winterhart bis −29 °C, Zone 5.

'Iceberg' (auch 'Fée des Neiges', 'Schneewittchen', KORbin). Diese Floribunda-Rose ist eine der wichtigsten Züchtungen der letzten 50 Jahre. Sie wurde 1958 von Kordes in Deutschland eingeführt. Neben vielen anderen Auszeichnungen wurde sie 1983 in die Hall of Fame der WFRS aufgenommen. Die herrlichen, frischweißen Blüten erscheinen in großer Zahl und duften leicht. Sie stammt von 'Robin Hood' (siehe Seite 174) und 'Virgo' (siehe Seite 201) ab. Es gibt auch eine Tee-Hybride von Kordes mit demselben Namen.
● Die sehr robuste Pflanze wird etwa 1,2 m hoch und remontiert gut. Sie ist eine wertvolle Ergänzung für die gemischte Rabatte und eignet sich wunderbar als Hochstamm. Es gibt auch einen hervorragenden kletternden Sport. Winterhart bis −29 °C, Zone 5.

'Love Letter'. Diese Floribunda-Rose wurde 1977 von Lens in Belgien eingeführt. Ihre cremeweißen Blüten sind gefüllt und schalenförmig und duften herrlich. Sie entstand aus der Kreuzung der Grandiflora- oder Floribunda-Rose 'Pink Parfait' mit der Floribunda 'Rosenelfe'.
● Der wüchsige, robuste Strauch wird etwa 1,2 m hoch. Winterhart bis −29 °C, Zone 5.

'Margaret Merril' (auch HARkuly). Diese Floribunda-Rose wurde 1977 von Harkness in England eingeführt. Ihre großen Blüten sind weiß mit blass rosafarbenem Zentrum und hervorstehenden, gelben bis roten Staubblättern. Für ihren herrlichen Duft wurde die Rose international ausgezeichnet. Sie entstand aus der Kreuzung eines Sämlings der Floribunda-Rosen 'Rudolph Timm' und 'Dedication' mit 'Pascali' (siehe Seite 200).
● Die sehr robuste Rose wird etwa 1 m hoch. Sie blüht durchgehend und gedeiht am besten in kühleren Regionen. Winterhart bis −29 °C, Zone 5.

'Royden'. Diese Floribunda-Rose wurde 1989 von R. F. Cattermole in Neuseeland eingeführt. Die leuchtend goldenen Blüten verblassen schnell zu Weiß und duften kräftig. Die Sorte entstand aus einer Kreuzung der Floribunda-Rosen 'Liverpool Echo' und 'Arthur Bell'.
● Die aufrechte Pflanze wird 1,2 m hoch und remontiert gut. Winterhart bis −23 °C, Zone 6.

'White Simplicity' (auch JACsnow). Dieser weiß blühende Sport der rosafarbenen Floribunda-Rose 'Simplicity' wurde 1991 von Jackson & Perkins in den USA eingeführt. Ihre Blüten sind halb gefüllt und duften schwach.
● Mit ihren lockeren Trieben, die bis zu 1,5 m hoch werden, ist die Rose ideal für Hecken. Sie remontiert gut. Winterhart bis −29 °C, Zone 5.

'Iceberg'

'French Lace' im Garten von Kleine Lettunich in Aptos, Kalifornien, USA.

'Royden'

229

Floribunda-Rosen

'**Amber Queen**' (auch 'Prinz Eugen von Savoyen', HARroony). Diese herrliche Floribunda-Rose wurde 1983 von Harkness eingeführt und international mehrfach ausgezeichnet. Ihre gefüllten, schalenförmigen Blüten zeigen einen warmen Apricot-Gold-Ton und duften würzig. Die Blätter sind anfangs kupferrot. Sie stammt von 'Southampton' (siehe Seite 223) und der Tee-Hybride 'Typhoon' ab.
● Die äußerst krankheitsresistente Pflanze wird knapp über 60 cm hoch und blüht durchgehend die ganze Saison über. Winterhart bis –23 °C, Zone 6 oder darunter.

'**Apricot Nectar**'. Diese Floribunda-Rose wurde 1965 von Boerner bei Jackson & Perkins gezüchtet. Sie gehört zu den besten apricotfarbenen Hybriden überhaupt und gewann die AARS für 1966. Ihre schalenförmigen, gefüllten Blüten zeigen einen wunderschönen Rosaapricot-Ton und duften intensiv fruchtig. Sie entstand aus der Kreuzung eines unbenannten Sämlings mit der Floribunda-Rose 'Spartan'.
● Die Rose gedeiht am besten in warmem Klima. Sie wächst buschig, blüht sehr reich und remontiert gut. Winterhart bis –29 °C, Zone 5.

'**Chinatown**' (auch 'Ville de Chine'). Dies ist eine der besten älteren Floribunda-Rosen. Sie wurde 1963 von Poulsen in Dänemark eingeführt. Vor allem in Großbritannien erhielt sie viele Preise. Die großen Blüten sind gelb und entwickeln einen Hauch Rosa an der Spitze der Kronblätter. Sie duften zart und fruchtig. Die Rose stammt von den Floribundas 'Columbine' und 'Cläre Grammerstorf' ab.
● Die sehr robuste Rose kann bis zu 2 m hoch werden und blüht die ganze Saison über. Winterhart bis –29 °C, Zone 5 oder darunter.

'**Glenfiddich**'. Diese passend nach dem Whisky benannte Floribunda-Rose wurde 1976 von Cocker in Aberdeen eingeführt. Die locker gefüllten Blüten zeigen einen kräftigen Bernsteinton und duften schwach. Die Rose stammt von Floribunda 'Arthur Bell' und einer Kreuzung der Tee-Hybride 'Sabine' mit der Floribunda-Rose 'Circus' ab.
● Die Pflanze wird etwa 1 m hoch und remontiert gut. Winterhart bis –29 °C, Zone 5 oder darunter.

'**Gold Bunny**' (auch 'Gold Badge', 'Rimosa 79', MEIgronuri). Diese hervorragende Floribunda-Rose wurde von Paulino gezüchtet und 1978 von Meilland in Frankreich eingeführt. Sie hat sehr dicht

'Golden Holstein'

gefüllte, gelbe Blüten, die mild und angenehm duften. Sie stammt von mehreren Floribunda-Rosen ab, und zwar von 'Poppy Flash' und der Kreuzung eines 'Charleston'-Sämlings mit 'Allgold'.
● Die robuste Rose von 60–90 cm Höhe blüht die ganze Saison über reich. Sie gedeiht besonders gut in warmen Regionen. Winterhart bis –29 °C, Zone 5.

'**Golden Holstein**' (auch 'Goldyla', 'Surprise', KORtikel). Diese Floribunda-Rose unbekannter Abstammung wurde 1989 von Kordes in Deutschland eingeführt. Sie trägt kräftig gelbe, nahezu einfache Blüten, die leicht duften.
● Die gut remontierende Rose kann bis zu 1 m hoch werden und ist ideal für eine Rabatte. Sie leidet manchmal unter Mehltau und gedeiht am besten in kühleren Regionen. Wahrscheinlich winterhart bis –34 °C, Zone 4.

'Amber Queen' als Hochstamm im Parc de Bagatelle in Paris, Frankreich.

'Gold Bunny'

'Apricot Nectar'

'Chinatown'

'Glenfiddich'

'Norwich Union'

'Sunsprite'

'Victoria Gold'

'Mountbatten' (auch 'Lord Louie', 'Lord Mountbatten', HARmantelle). Diese Floribunda wurde 1982 von Harkness eingeführt und gewann viele Medaillen. In Europa ist sie sehr beliebt, sonst aber weniger bekannt, als sie es verdient. Ihre Blüten zeigen ein schönes, klares Gelb und duften schwach. Die charakteristischen Blätter sind mittelgrün und leicht ledrig. In ihrem Stammbaum finden sich die Floribunda-Rosen 'Anne Cocker', 'Arthur Bell' und 'Southampton' (siehe Seite 233) sowie die Tee-Hybride 'Peer Gynt'.
● Je nach dem, wie stark der Schnitt ausfällt, wird die Rose 1–2 m hoch. Sie ist sehr robust und remontiert gut. Winterhart bis –29 °C, Zone 5.

'Norwich Union'. Diese Floribunda-Rose wurde 1975 von Peter Beales eingeführt. Die schalenförmigen Blüten sind tiefgelb und verblassen zu Zitronengelb. Sie duften sehr angenehm. Die Rose stammt von der Floribunda-Rose 'Arthur Bell' und dem Nachkommen eines unbenannten Sämlings und der Floribunda-Rose 'Allgold' ab.
● Der Züchter dieser robusten, remontierenden Rose ist einer der Hauptverantwortlichen dafür, dass so viele Alte Rosen noch immer für ihre Liebhaber erhältlich sind. Winterhart bis –29 °C, Zone 5.

'Sunsprite' (auch 'Friesia', 'Korresia', KOResia). Diese Floribunda-Rose wurde 1977 von Kordes eingeführt und international mehrfach ausgezeichnet. Sie hat tiefgelbe Blüten, die kräftig duften, und wurde aus einem Sämling und der Floribunda-Rose 'Spanish Sun' gezüchtet.
● Die robuste, niedrige bis mittelhohe Pflanze remontiert hervorragend. Winterhart bis –29 °C, Zone 5.

'Victoria Gold' (auch WELgold). Diese Floribunda-Rose wurde 1999 von Welsh in Neusüdwales zum 100-jährigen Bestehen der Rose Society of Victoria in Australien eingeführt. Die gefüllten, goldgelben Blüten erscheinen in großen Büscheln und zeigen bei kühlem Wetter einen roten Rand. Eine Elternpflanze ist 'Gold Bunny'.
● Die Pflanze wird etwa 1 m hoch und remontiert gut. Winterhart bis –23 °C, Zone 6.

'Mountbatten'

231

'Brass Band'

'Atlantic Star'

'Jacob van Ruysdael'

'English Sonnet'

'Wandering Minstrel'

'Atlantic Star' (auch FRYworld). Diese Floribunda-Rose unbekannter Abstammung wurde 1993 von Fryer in England eingeführt. Ihre schalenförmigen Blüten zeigen einen zarten Lachsorange-Ton, duften angenehm und erscheinen die ganze Saison über immer wieder.
● Die Pflanze wird bis zu 1 m hoch und ist sehr krankheitsresistent. Winterhart bis −29 °C, Zone 5.

'Brass Band' (auch JACcofl). Diese Floribunda-Rose wurde von Jack E. Christensen gezüchtet und 1993 von Jackson & Perkins in den USA eingeführt; sie gewann die AARS für 1995. Ihre Blüten sind anfangs gelborange, werden dann aber dunkler. Sie duften angenehm fruchtig. Die Rose entstand aus einer Kreuzung von 'Gold Bunny' (siehe Seite 230) und einem unbenannten Sämling.
● Die gut remontierende Rose wird bis zu 1 m hoch. Winterhart bis −23 °C, Zone 6 oder darunter.

'English Sonnet' (auch 'Fragrant Surprise', 'Lawrence of Arabia', 'Samaritan', HARverag). Diese Floribunda-Rose wurde 1999 von Harkness in England eingeführt. Ihre dicht gefüllten Blüten sind apricotfarben bis tiefrosa, zum Rand hin etwas heller und stärker rosa. Sie duften intensiv. Die Rose entstand aus einer Kreuzung der Tee-Hybriden 'Silver Jubilee' (siehe Seite 217) und 'Dr A.J. Verhage'.
● Die krankheitsresistente Rose wird 1 m hoch und hat kräftige, dunkelgrüne Blätter. Sie remontiert gut. Winterhart bis −29 °C, Zone 5.

'Jacob van Ruysdael'. Diese Floribunda wurde 1997 von J. B. Williams in den USA eingeführt. Ihre pfirsichorangefarbenen Blüten duften leicht. Mit einigen Petaloiden im Zentrum wirken die einfachen Blüten sehr charakteristisch.
● Die Pflanze wird etwa 1 m hoch und remontiert gut. Winterhart bis −34 °C, Zone 4.

'Sheila's Perfume'

‘Southampton’ im Queen Mary Garden, Regent's Park, London, England.

‘Livin' Easy’ (auch ‘Fellowship’, HARwelcome). Diese Floribunda-Rose wurde 1992 von Harkness in England eingeführt und gewann neben vielen anderen Preisen die AARS für 1996. Ihre gerüschten, apricotorangefarbenen Blüten verströmen einen schwachen, süßen Zitrusduft. Die Rose entstand aus einer Kreuzung von ‘Southampton’ und ‘Remember Me’ (siehe Seite 209).
● Die Pflanze blüht die ganze Saison über reich an robusten, 1 m hohen Trieben. Winterhart bis −29 °C, Zone 5.

‘Sheila's Perfume’ (auch HARsherry). Diese Floribunda wurde von John Sheridan gezüchtet und 1982 von Harkness in England eingeführt. Sie wurde international mehrfach für ihren herrlichen Duft ausgezeichnet. Die Blüten haben blassgelbe Kronblätter mit attraktiv karminrotem Rand, der mit der Zeit kräftiger wird. Im Stammbaum der Rose finden sich die Tee-Hybriden ‘Peer Gynt’ und ‘Prima Ballerina’ sowie die Floribunda-Rosen ‘Daily Sketch’ und ‘Paddy McGredy’.
● Die Rose wird über 1 m hoch und zeigt gute Krankheitsresistenz. Winterhart bis −29 °C, Zone 5.

‘Southampton’ (auch ‘Susan Ann’). Diese Floribunda-Rose wurde 1971 von Harkness in England eingeführt. Sie ist in Europa sehr gesucht und hat dort auch viele Preise gewonnen, sonst ist sie aber weniger bekannt. Ihre apricotfarbenen Blüten duften schwach. Sie stammt von mehreren Floribunda-Rosen ab: einem Sämling aus ‘Ann Elizabeth’ und ‘Allgold’, gekreuzt mit ‘Yellow Cushion’.
● Die Blüten sind an warmen Standorten meist heller und erscheinen die ganze Saison über an einer sehr gesunden, bis zu 1,2 m hohen Pflanze. Winterhart bis −29 °C, Zone 5.

‘Wandering Minstrel’ (auch ‘Daniel Gelin’, ‘The Quest’, HARquince). Diese Floribunda wurde 1986 von Harkness in England eingeführt. Ihre Blüten sind golden mit kräftigen Orangetönen und duften leicht. Die Rose entstand aus einer Kreuzung der Floribunda-Rose ‘Dame of Sark’ mit ‘Silver Jubilee’ (siehe Seite 215).
● Die krankheitsresistente Pflanze kann über 1 m hoch werden und remontiert gut. Winterhart bis −29 °C, Zone 5.

‘Livin' Easy’

'Ma Perkins'

'Great Expectations'

'City of London' (auch 'HARukfore'). Diese Floribunda-Rose wurde 1986 von Harkness in England eingeführt und gewann eine Goldmedaille. Ihre hell rosafarbenen Blüten verblassen mit der Zeit und duften intensiv. Die Rose stammt von der Floribunda-Rose 'Radox Bouquet' und 'Margaret Merril' (siehe Seite 228) ab.
● Die robuste Pflanze wird 1 m hoch und kann auch als niedrige Kletterrose erzogen werden. Sie remontiert sehr gut. Winterhart bis −29 °C, Zone 5.

'English Miss'. Dies ist eine der besten älteren Floribunda-Rosen. Sie wurde 1977 von Cants of Colchester in England eingeführt. Die dicht gefüllten Blüten sind blassrosa und duften kräftig. Die Rose entstand aus einer Kreuzung der Floribunda-Rosen 'Dearest' und 'Sweet Repose'.
● Der sehr robuste, niedrige Strauch trägt violette bis dunkelgrüne Blätter. Winterhart bis −29 °C, Zone 5.

'Great Expectations' (auch MACkalves). Diese Floribunda-Rose unbekannter Abstammung wurde 2001 von McGredy in Neuseeland eingeführt. Ihre dicht gefüllten Blüten zeigen Orange- bis Rosatöne im Zentrum und duften angenehm. In Großbritannien wurde sie zur Rose des Jahres 2001 gewählt. Es gibt auch eine gelbe Tee-Hybride mit demselben Namen.
● Der robuste, niedrige Strauch remontiert gut. Winterhart bis −29 °C, Zone 5.

'Ma Perkins'. Dies ist eine der älteren Floribunda-Rosen. Sie wurde von Boerner gezüchtet und 1952 von Jackson & Perkins in den USA eingeführt. Sie gewann die AARS für 1953 und hat seither ihren Wert bewiesen. Ihre großen Blüten sind lachs- bis perlmuttrosa und duften mäßig stark. Sie stammt von der Tee-Hybride 'Red Radiance' und der Floribunda-Rose 'Fashion' ab.
● Die Pflanze wird etwa 1 m hoch und remontiert gut. Winterhart bis −23 °C, Zone 6 oder darunter.

'Pink Iceberg' (auch 'Blushing Pink Iceberg', PROberg). Diese Floribunda-Rose wurde von Lilia Weatherly gezüchtet und 1997 von Swanes in Australien eingeführt. Sie ist die erste einer Familie von Sports der Rose 'Iceberg' (siehe Seite 228). Dazu gehören noch 'Brilliant Pink Iceberg' (siehe Seite 236) und 'Burgundy Iceberg' (siehe Seite 242). Die gefüllten Blüten zeigen einen Rosahauch und duften leicht.
● Wie die Ausgangsform ist diese Rose sehr robust, blüht reich und wird bis zu 1 m hoch. Winterhart bis −29 °C, Zone 5.

'Queen Mother' (auch 'Queen Mum', KORquemu). Diese Floribunda-Rose wurde 1991 von Kordes in Deutschland eingeführt. Ihre hell rosafarbenen Blüten sind halb gefüllt, erscheinen in großer Zahl und duften leicht.
● Die Rose blüht die ganze Saison über immer wieder und wird bei leicht trauerförmigem Wuchs etwa 1 m hoch. Winterhart bis −29 °C, Zone 5.

'City of London'

'**Seduction**' (auch 'Charles Aznavour', 'Matilda', 'Pearl of Bedford-view', MEIbeausai). Diese Floribunda-Rose wurde 1988 von Meilland in Frankreich eingeführt und mit mehreren Goldmedaillen ausgezeichnet. Die halb gefüllten, weißen Blüten zeigen einen sehr dekorativen rosafarbenen Rand und duften leicht. Offiziell ist 'Matilda' der Hauptname dieser Rose, in Australien ist sie jedoch unter dem Namen 'Seduction' sehr beliebt – und sonst kaum zu finden. Sie entstand aus einer Kreuzung der Floribunda-Rosen MEIgurami und 'Nirvana'. Meilland führte 1994 eine Grandi-flora-Rose namens 'Matilda' ein.

● Die sehr robuste Pflanze wird etwa 1,2 m hoch und eignet sich hervorragend als Hochstamm. Sie remontiert gut. Winterhart bis −29 °C, Zone 5.

'**Sexy Rexy**' (auch 'Heckenzauber', MACrexy). Diese Floribunda-Rose wurde 1984 von Sam McGredy in Neuseeland eingeführt und international mehrfach ausgezeichnet. Die duftenden, sehr dicht gefüllten, rosafarbenen Blüten öffnen sich flach. Die Rose entstand aus einer Kreuzung der Floribunda-Rosen 'Seaspray' und 'Dreaming'.

● Die robuste Rose wird 1 m hoch und blüht die ganze Saison über immer wieder. Winterhart bis −29 °C, Zone 5.

'Queen Mother'

'English Miss'

'Pink Iceberg'

'Sexy Rexy'

'Seduction', aufgenommen in Süd-Australien.

Floribunda-Rosen

'**Angel Face**'. Diese Floribunda-Rose wurde 1968 von Swim & Weeks in den USA eingeführt. Die hübschen, lavendelfarbenen Blüten duften angenehm. Die Rose ist eine Hybride aus einem Sämling der Floribunda-Rosen 'Circus' und 'Lavender Pinocchio' (siehe Seite 243), der mit 'Sterling Silver' gekreuzt wurde (siehe Seite 211).
● Die Pflanze wird bis zu 1 m hoch, blüht die ganze Saison über immer wieder und ist vor allem in warmem Klima sehr beliebt. Winterhart bis −23 °C, Zone 6 oder etwas darunter.

'**Bad Birnbach**' (auch 'Busy Bee', 'Electric Blanket', KORpancom). Diese Floribunda-Rose unbekannter Abstammung wurde 1999 von Kordes in Deutschland eingeführt. Die kräftigen, rosafarbenen Blüten sitzen hoch über den Blättern.
● Diese sehr robuste Rose wird 60 cm hoch und eignet sich als Bodendecker. Sie blüht durchgehend die ganze Saison über. Winterhart bis −29 °C, Zone 5.

'**Brilliant Pink Iceberg**' (auch PRObril). Diese Floribunda wurde 1999 von Swanes in Australien eingeführt und ist ein Sport der von Lilia Weatherly gezüchteten 'Pink Iceberg' (siehe Seite 234). Die leuchtend rosafarbenen Blüten duften leicht und erscheinen mehrmals. 'Burgundy Iceberg' (siehe Seite 242) ist ein weiterer Sport dieser Familie.
● Die sehr robuste Pflanze kann über 1 m hoch werden. Alle diese Sports verdienen einen Platz im Garten und sollten auch außerhalb Australiens besser bekannt werden. Winterhart bis −29 °C, Zone 5 oder darunter.

'**Centenaire de Lourdes**' (auch 'Mrs Jones', DELge). Diese Floribunda wurde 1958 von Delbard-Chabert in Frankreich eingeführt. Sie trägt zahlreiche halb gefüllte, schalenförmige, rosafarbene Blüten. Die Rose stammt von 'Frau Karl Druschki' (siehe Seite 122) und mehreren unbenannten Sämlingen ab. In Europa ist sie sehr beliebt und sollte auch in Amerika häufiger kultiviert werden.

'Bad Birnbach'

● Mit über 1,2 m wird die sehr robuste Pflanze recht hoch. Sie blüht sehr reich und remontiert fast durchgehend. Winterhart bis −23 °C, Zone 6.

'**Dainty Maid**'. Diese Floribunda wird von Liebhabern einfacher Rosen geschätzt, seit LeGrice sie 1940 in England auf den Markt brachte. Ihre Blüten sind kaum gefüllt, cremig kirschrosa mit dunkler roter Rückseite und duften leicht. Sie entstand aus einer Kreuzung der Floribunda-Rose 'D.T. Poulsen' mit einem unbenannten Sämling.
● Die robuste Rose wird 1 m hoch, blüht reich und remontiert gut. Winterhart bis −29 °C, Zone 5.

'Escapade' im Europa-Rosarium Sangerhausen, Deutschland.

'Jacqueline Nebout'

'Angel Face'

'Brilliant Pink Iceberg'

'Dainty Maid'

'Escapade' (auch HARpade). Diese Floribunda-Rose wurde 1967 von Harkness in England eingeführt und gewann mehrere Preise. Die rosa-violetten, halb gefüllten Blüten duften leicht und verändern mit der Zeit sehr dekorativ ihre Farbe. Die Rose stammt von der Floribunda-Rose 'Radox Bouquet' und 'Margaret Merril' ab.
● Die robuste, buschige Pflanze wird 1 m hoch und blüht durchgehend die ganze Saison über. Winterhart bis −34 °C, Zone 4.

'Jacqueline Nebout' (auch 'City of Adelaide', 'Sanlam-Roos', MEIchoiju). Diese Floribunda-Rose wurde 1989 von Meilland eingeführt. Ihre Blüten sind mittelrosa und duften leicht.
● Die Pflanze blüht die ganze Saison über sehr reich an robusten, 1 m hohen Trieben. Winterhart bis −23 °C, Zone 6 oder darunter.

'Nearly Wild'. Diese Floribunda-Rose wurde 1941 von Brownell in den USA eingeführt und ist heute noch so beliebt wie damals. Sie entstand aus einer Kreuzung von 'Dr W. van Fleet' (siehe Seite 131) und der Multiflora-Hybride 'Leuchtstern'. Ihre einfachen Blüten duften süß.
● Die robuste Pflanze wird 1 m hoch und blüht die ganze Saison über immer wieder sehr reich. Winterhart bis −23 °C, Zone 6.

'Centenaire de Lourdes'

'Nearly Wild' im Garten von David Austins Rosenschule in Mittel-England.

'Betty Harkness'

'Dicky'

'Rose 2000'

'Betty Harkness' (auch HARette). Diese Floribunda-Rose unbekannter Abstammung wurde 1998 von Harkness in England eingeführt. Sie zeigt einen außergewöhnlichen Mandarin-Rosa-Ton und duftet hervorragend, was bei diesen Farbtönen selten ist.
● Die sehr robuste Pflanze wird 1 m hoch und remontiert gut. Winterhart bis −29 °C, Zone 5.

'Brown Velvet' (auch 'Colorbreak', MACultra). Diese Floribunda-Rose wurde 1982 von Sam McGredy in Neuseeland eingeführt und entstand aus den Floribunda-Rosen 'Mary Sumner' und 'Kapai'. Die leicht duftenden Blüten zeigen Orange- und Brauntöne; in kühlerem Klima überwiegt das Braun.
● Die Pflanze wird etwa 1 m hoch und remontiert gut. Winterhart bis −29 °C, Zone 5.

'Dicky' (auch 'Ainsley Dickson', 'Münchner Kindl', DICkimono). Diese Floribunda-Rose wurde 1983 von Dickson in Nordirland eingeführt. Ihre Blüten sind rötlich lachsrosa mit hellerer Rückseite und duften leicht.
● Eine ideale, robuste Beetrose, die 1 m hoch wird und gut remontiert. Winterhart bis −29 °C, Zone 5.

'Elizabeth of Glamis' (auch 'Irish Beauty', 'Elisabeth', MACel). Diese Floribunda-Rose wurde 1964 von Dickson in Nordirland eingeführt. Sie ist nach der Königinmutter benannt, einer großen Rosenfreundin, die in ihrem Elternhaus Glamis Castle in Schottland einen Rosengarten pflegte. Eine hervorragende Beetrose mit intensivem Duft. Sie entstand aus einer Kreuzung der Floribunda-Rosen 'Spartan' und 'Highlight'.

● Die robuste Rose wird 1 m hoch und blüht die ganze Saison über immer wieder. Winterhart bis −29 °C, Zone 5.

'Fragrant Delight'. Diese Floribunda-Rose wurde 1978 von der Wisbech Plant Co. eingeführt und mehrfach für ihren herrlichen Duft ausgezeichnet. Ihre Blüten sind hell orange- bis lachsrosa mit dunklerer Rückseite. In sehr heißen Regionen verblassen die Farben. Die jungen Blätter sind rötlich violett. Die Rose wurde aus der Floribunda-Rose 'Chanelle' und 'Whisky Mac' (siehe Seite 207) gezüchtet.

'Fragrant Delight'

● Die robuste Rose wird etwa 1 m hoch und remontiert gut. Winterhart bis −29 °C, Zone 5.

'Matangi' (auch MACman). Dies ist eine von McGredys „handgemalten" Floribunda-Rosen. Sie wurde 1974 in Neuseeland eingeführt und erhielt weltweit viele Auszeichnungen. Ihre silbrigen Kronblätter zeigen kräftig orangefarbene Flecken, die Rückseite ist silbern. Sie entstand aus einem unbenannten Sämling und 'Picasso' (siehe Seite 244).
● Die sehr robuste, remontierende Rose wird 60 cm hoch. Winterhart bis −29 °C, Zone 5.

'Rose 2000' (auch 'Rose Two Thousand', COCquetrum). Diese Floribunda-Rose wurde 1998 von Cocker in Aberdeen eingeführt. Ihre halb gefüllten Blüten sind korallen- bis zinnoberrot mit hellerer Rückseite und duften schwach. Sie entstand aus einer Kreuzung der Floribunda-Rosen 'Trumpeter' (siehe Seite 241) und 'Clydebank Centenary'.
● Diese Beetrose wird 60 cm hoch und remontiert gut. Winterhart bis −29 °C, Zone 5.

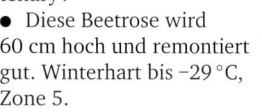

'Brown Velvet'

'Matangi'

'Elizabeth of Glamis' im Parc de Bagatelle in Paris, Frankreich.

'Black Ice'

'Lafayette'

'Lilli Marleen'

'Satchmo'

'Showbiz'

'Trumpeter'

'Black Ice'. Diese Floribunda wurde 1971 von Douglas L. Gandy eingeführt. Aus dunklen Knospen entwickeln sich kräftig rote Blüten mit
schwachem Duft. Die Rose stammt von einem Sämling von 'Iceberg'
(siehe Seite 228) und 'Europeana' ab, gekreuzt mit 'Megiddo'. Alle
sind Floribunda-Rosen.
● Die robuste Rose wird 60 cm hoch und remontiert gut. Winterhart
bis −29 °C, Zone 5.

'Disco Dancer' (auch DICinfra). Diese leicht duftende Floribunda-
Rose wurde 1984 von Dickson in Nordirland eingeführt. Orangefar-
bene bis scharlachrote, halb gefüllte Blüten erscheinen in großen
Büscheln. Sie ist eine Kreuzung der Floribunda-Rosen 'Cathedral' und
'Memento'.
● Die sehr blühfreudige Rose kann über 1 m hoch werden und
remontiert gut. Winterhart bis −29 °C, Zone 5.

'Dusky Maiden'. Diese außergewöhnliche Floribunda wurde 1947
von LeGrice in England eingeführt. Ihre einfachen Blüten sind tief
samtig rot und duften angenehm. Sie entstand aus der Kreuzung eines
Sämlings der Tee-Hybriden 'Daily Mail Scented Rose' und 'Etoile de
Hollande' mit 'Else Poulsen' (siehe Seite 227).
● Die gut remontierende Rose wird 60 cm hoch. Winterhart bis
−29 °C, Zone 5.

'Gartenzauber' (auch 'Gartenzauber 84', KORnacho). Diese große,
dicht gefüllte Floribunda-Rose wurde 1984 von Kordes in Deutschland
eingeführt. Ihre intensiv roten Blüten duften leicht. Sie stammt von
zwei Floribunda-Rosen – einem unbenannten Sämling von 'Tornado',
gekreuzt mit 'Chorus' – ab.

● Die Pflanze wird 1 m hoch und trägt dunkelgrüne, gesunde Blätter.
Winterhart bis −29 °C, Zone 5 oder darunter.

'Lafayette' (auch 'August Kordes', 'Joseph Guy'). Sie wurde als eine
der ältesten Floribunda-Rosen schon 1924 von Nonin in Frankreich
eingeführt. Ihre kräftig rosafarbenen Blüten erscheinen in Büscheln
von bis zu 40. Sie entstand aus einer Kreuzung der Floribunda-Rose
'Rödhätte' und der Tee-Hybride 'Richmond'.
● Die wüchsige, buschige Rose wird 1 m hoch. Sie ist nicht leicht zu
finden, lohnt aber die Kultur als historische Besonderheit. Winterhart
bis −29 °C, Zone 5.

'La Sevillana' (auch MEIgekanu). Diese Floribunda-Rose wurde 1978
von Meilland in Frankreich eingeführt. Ihre spitzen Knospen erscheinen in sehr großen Büscheln und entwickeln sich zu halb gefüllten,
tief scharlachroten Blüten, die leicht duften. Der komplexe Stammbaum enthält Kreuzungen von MEIbrim, der Tee-Hybriden 'Jolie
Madame' und 'Tropicana' (siehe Seite 215) sowie die Floribunda-
Rosen 'Zambra', 'Rusticana' and 'Poppy Flash'.
● Die dichte, buschige Pflanze wird 1,2 m hoch und remontiert gut.
Sie eignet sich gut für heiße, trockene Regionen. Winterhart bis
−29 °C, Zone 5.

'Lilli Marleen' (auch 'Lilli Marlene', KORlima). Dies ist eine der
erfolgreichsten tief samtig roten Floribunda-Rosen. Sie wurde 1958
von Kordes eingeführt und international mehrfach ausgezeichnet. Ihre
Blüten duften herrlich. Sie stammt von einem Sämling aus 'Our Princess' und 'Rudolph Timm', gekreuzt mit 'Ama' ab – alles sind Floribunda-Rosen.

● Diese Rose wird nur etwa 60 cm hoch. Sie ist robust und remontiert besonders gut. Winterhart bis −29 °C, Zone 5 oder darunter.

'Satchmo'. Diese Floribunda-Rose wurde 1970 von McGredy in Nordirland eingeführt und gewann eine Goldmedaille. Sie ist nach Louis „Satchmo" Armstrong benannt. Ihre leuchtend scharlachroten Blüten duften leicht. Sie ist eine Kreuzung der Floribunda-Rosen 'Evelyn Fison' und 'Diamant'.
● Die robuste, buschige Pflanze wird etwa 1 m hoch und remontiert gut. Winterhart bis −29 °C, Zone 5.

'Showbiz' (auch 'Bernhard Daneke', 'Ingrid Weibull', TANweieke). Diese beliebte Floribunda-Rose unbekannter Abstammung wurde 1983 von Tantau in Deutschland eingeführt. Ihre leuchtend mittelroten Blüten duften kaum. Sie gewann die AARS für 1985.
● Die sehr robuste Pflanze wird 1 m hoch und remontiert gut. Winterhart bis −29 °C, Zone 5.

'Trumpeter' (auch MACtrum). Diese herrliche rote Floribunda-Rose wurde 1974 von McGredy in Neuseeland eingeführt und erhielt weltweit viele Auszeichnungen. Ihre Blüten duften leicht. Sie entstand aus der Kreuzung von 'Satchmo' mit einem unbenannten Sämling.
● Die robusten, bis 1 m hohen Triebe tragen Blätter, die anfangs violett sind, und langlebige Blüten. Die Pflanze remontiert gut. Winterhart bis −29 °C, Zone 5.

'Gartenzauber'

'Disco Dancer'

'La Sevillana' auf den Feldern der Rosenschule Meilland in Südfrankreich.

'Dusky Maiden' im San José Heritage Rose Garden in Kalifornien, USA.

241

'Singin' in the Rain'

'Burgundy Iceberg'

'Shocking Blue'

'Lavender Pinocchio' im San José Heritage Rose Garden, Kalifornien, USA.

'Burgundy Iceberg' (auch PROse). Dieser mit einer Goldmedaille ausgezeichnete Sport von 'Brilliant Pink Iceberg' (siehe Seite 236) gehört Swanes Nurseries, wo er auftrat, und Lilia Weatherlys Unternehmen Prophyl. 2003 wurde die Rose in Australien eingeführt. Ihre Blüten zeigen einen einzigartigen Weinrotton mit heller Rückseite und duften leicht. Es wird nicht lange dauern, bis diese außergewöhnlich gefärbte Rose überall auf der Welt zu haben ist. Der ursprüngliche Sport ist 'Pink Iceberg' (siehe Seite 234).
● Der robuste, ausladende Strauch wird etwa 1,2 m hoch und remontiert gut. Wahrscheinlich winterhart bis −29 °C, Zone 5.

'Blue Bajou' (auch 'Blue Bayou', 'Blue-Bijou', KORkultop). Diese Floribunda-Rose unbekannter Abstammung wurde 1993 von Kordes in Deutschland eingeführt. Sie ist nicht blau, wie der Name andeutet, sondern zeigt einen interessanten Blaugrau-Ton, der alle Sammler von grauen und braunen Rosen begeistern dürfte. Der herrliche Duft erinnert an Äpfel.
● Die Pflanze wird höchstens 1 m hoch und remontiert gut bis zum ersten Frost. Winterhart bis −29 °C, Zone 5.

'Blueberry Hill' (auch WEKcryplag). Diese Floribunda-Rose wurde 1999 von Tom Carruth in den USA gezüchtet. Ihre Blüten sind halb gefüllt, blass rosaviolett und duften wunderbar nach Äpfeln. Fast alle violetten bis blauen Rosen duften angenehm. Diese entstand aus einer Kreuzung der Floribunda-Rosen 'Crystaline' und 'Playgirl'.
● Die robuste Pflanze wird etwa 1,2 m hoch und blüht die ganze Saison über. Winterhart bis −29 °C, Zone 5.

'Harry Edland'. Diese fliederrosafarbene Floribunda-Rose wurde 1975 von Harkness in England eingeführt und erhielt viele Auszeichnungen für ihre herrlich duftenden Blüten. In ihrem Stammbaum findet sich neben den Floribunda-Rosen 'Lilac Charm', 'Sterling Silver' (siehe Seite 211) und 'Blue Moon' (siehe Seite 210) die Tee-Hybride 'Africa Star'.
● Eine der besten Rosen für den Schatten. Die Pflanze wird knapp 80 cm hoch und remontiert gut. Winterhart bis −29 °C, Zone 5.

'Rhapsody in Blue'

'Magenta'

'Harry Edland'

'Lavender Princess'

'Blueberry Hill'

'Lavender Pinocchio'. Diese Floribunda-Rose wurde 1948 von Boerner in den USA eingeführt und ist auch heute noch gefragt. Ihre duftenden, blass schokoladenbraunen Blüten färben sich mit der Zeit lavendelrosa. Sie entstand aus einer Kreuzung der Floribunda-Rose 'Pinocchio' mit der Tee-Hybride 'Grey Pearl'.
● Die schöne, robuste Rose wird kaum über 60 cm hoch. Winterhart bis −29 °C, Zone 5.

'Lavender Princess'. Diese Floribunda-Rose wurde 1959 von Boerner bei Jackson & Perkins in den USA eingeführt. Ihre Blüten sind lavendelfarben bis lavendelviolett und duften zart fruchtig. Die Rose ist eine Kreuzung aus einem Sämling der Floribunda-Rose 'World's Fair' und einem Sämling von 'Lavender Pinocchio' (siehe Seite 243).
● Diese Rose wird höchstens 1 m hoch. Winterhart bis −29 °C, Zone 5.

'Magenta' (auch 'Kordes' Magenta'). Diese Floribunda-Rose wird mitunter auch als moderne Strauchrose angesehen und wurde 1954 von Kordes in Deutschland eingeführt. Ihre großen Büschel hellvioletter Blüten duften herrlich. Sie entstand aus der Kreuzung einer unbenannten gelben Floribunda-Rose mit 'Lavender Pinocchio' (siehe Seite 243).
● Die herrliche, gesunde Rose wird bis zu 1,5 m hoch und eignet sich damit als Hecke. Sie remontiert die ganze Saison über. Winterhart bis −29 °C, Zone 5.

'Rhapsody in Blue' (auch FRANtasia). Der englische Amateur Frank Cowlishaw züchtete diese Floribunda-Rose. Sie wurde 2000 von Warners Roses eingeführt und 2003 zur Rose des Jahres gewählt. Die zahlreichen kräftig duftenden, halb gefüllten Blüten zeigen einen bisher einzigartigen, dunklen Farbton im Violettblau-Spektrum; ihre Rückseite ist etwas heller. Viele der besten blauen Rosen, auch 'Violacea' und 'Blue Moon' (siehe Seite 210), wurden für ihre Zucht verwendet.
● Diese Rose wird nur etwa 60 cm hoch; dabei ist sie sehr robust und remontiert gut. Winterhart bis −29 °C, Zone 5.

'Shocking Blue' (auch KORblue). Diese Floribunda-Rose wurde 1974 von Kordes in Deutschland eingeführt. Ihre fliederfarbenen, gefüllten Blüten duften intensiv. Sie entstand aus der Kreuzung eines unbenannten Sämlings mit der Tee-Hybride 'Silver Star'.
● Die robuste Pflanze wird etwa 1 m hoch und remontiert gut. Winterhart bis −29 °C, Zone 5.

'Singin' in the Rain' (auch 'Love's Spring', 'Spek's Centennial', MACivy). Diese Floribunda-Rose wurde 1994 von Sam McGredy in Neuseeland eingeführt und gewann die AARS für 1995. Die dicht gefüllten, apricotkupferfarbenen Blüten erscheinen in großen Büscheln. Sie duften schwach und süß. Die Rose stammt von 'Sexy Rexy' (siehe Seite 235) und der Tee-Hybride 'Pot o'Gold' ab.
● Die sehr robuste Pflanze wird etwa 1,2 m hoch und remontiert gut. Winterhart bis −23 °C, Zone 6, eventuell auch darunter.

'Blue Bajou'

Floribunda-Rosen

'Blastoff' (auch MORflash). Diese Floribunda-Rose wurde 1995 von Ralph Moore in den USA gezüchtet. Ihre leuchtend orangefarbenen Blüten haben eine weiße Rückseite und duften leicht würzig. Sie entstand aus einer Kreuzung der Floribunda-Rose 'Orangeade' mit der Miniaturrose 'Little Artist'.
● Die robuste Pflanze wird etwa 1 m hoch und remontiert sehr gut. Winterhart bis –23 °C, Zone 6 oder darunter.

'Eyepaint' (auch 'Eye Paint', 'Tapis Persan', MACeye). Diese „handgemalte" Floribunda-Rose wurde 1975 von McGredy in Neuseeland eingeführt und erhielt zwei Goldmedaillen. Die leicht duftenden, einfachen Blüten sind leuchtend rot mit einem weißen Punkt im Zentrum, weißer Rückseite und goldenen Staubblättern. Die Rose wurde aus einem unbenannten Sämling und 'Picasso' gezüchtet.
● Die sehr robuste Rose wird 1 m hoch und remontiert die ganze Saison über gut. Winterhart bis –29 °C, Zone 5.

'Intrigue' (auch JACum). Diese Floribunda-Rose wurde von William A. Warriner gezüchtet und 1982 von Jackson & Perkins in den USA eingeführt. Sie gewann die AARS für 1984. Ihre großen, gefüllten, rötlich violetten Blüten duften herrlich. Sie entstand aus einer Kreuzung der Tee-Hybriden 'White Masterpiece' und 'Heirloom'.
● Die robuste Pflanze wird etwa 60 cm hoch. Winterhart bis –29 °C, Zone 5.

'Laughter Lines' (auch DICkerry). Diese „handgemalte" Tee-Hybride wurde 1986 von Dickson in Nord-Irland eingeführt und gewann eine Goldmedaille. Sie trägt leicht duftende, halb gefüllte Blüten, deren blass rosafarbene Kronblätter rot gezeichnet und geädert sind und eine helle Rückseite haben. Die Rose stammt von mehreren Floribunda-Rosen – einem Sämling aus 'Eyecolour' und 'Sunday Times', gekreuzt mit 'Eyepaint' – ab.
● Die robuste Pflanze wird höchstens 1 m hoch. Winterhart bis –29 °C, Zone 5.

'Old Master' (auch MACesp). Diese „handgemalte" Floribunda-Rose wurde 1974 von McGredy in Neuseeland eingeführt. Ihre halb gefüllten, leicht duftenden Blüten haben silbrig weiße Kronblätter mit karminroten Flecken im Inneren. Sie entstand durch die Kreuzung eines Sämling der Floribunda-Rosen 'Maxi' und 'Evelyn Fison' mit einem Sämling aus der Floribunda-Rose 'Orange Sweetheart' und 'Frühlingsmorgen' (siehe Seite 190).
● Die robuste Pflanze wird etwa 60 cm hoch und remontiert gut. Winterhart bis –29 °C, Zone 5.

'Pasadena Tournament' (auch 'Red Cécile Brunner'). Diese Floribunda-Rose wurde 1942 von Krebs in den USA eingeführt. Aus langen, spitzen Knospen entwickeln sich mittelgroße, samtig rote Blüten mit schwachem Duft. Sie stammt von 'Cécile Brunner' (siehe Seite 223) und einem unbenannten Sämling ab; es gibt auch einen kletternden Sport (siehe Seite 143).
● Die Pflanze kann bis zu 1,2 m hoch werden und remontiert gut. Ihre jungen Blätter sind bronzefarben. Winterhart bis –18 °C, Zone 7.

'Picasso' (auch MACpic). Diese erste „handgemalte" Floribunda-Rose wurde 1971 von McGredy in Nord-Irland eingeführt. Die weißen bis blass rosafarbenen Kronblätter ihrer halb gefüllten Blüten weisen innen eine tief rosafarbene Zeichnungen auf, die wie von Hand gemalt aussieht. Rand, Rückseite und ein Punkt in der Mitte zeigen die Grundfarbe. Die Blüten duften leicht. Im Stammbaum der Rose finden sich 'Frühlingsmorgen' (siehe Seite 190) und die Floribundas 'Marlena', 'Evelyn Fison' und 'Orange Sweetheart'.
● Diese Rose wird höchstens 1 m hoch und blüht durchgehend die ganze Saison über. Winterhart bis –29 °C, Zone 5.

'Eyepaint'

'Blastoff'

'Picasso'

'Sarabande'

'Intrigue'

'Old Master' im San José Heritage Rose Garden, Kalifornien, USA.

'Regensberg' (auch 'Buffalo Bill', 'Young Mistress', MACyou, MACyou-mis). Diese „handgemalte" Floribunda-Rose wurde 1979 von McGredy in Neuseeland eingeführt und gewann eine Goldmedaille. Ihre Blüten haben weiße Kronblätter mit tief kirschrosafarbener Zeichnung und gelbe Staubblätter; sie duften schwach. Die Rose wurde aus den Flori-bunda-Rosen 'Geoff Boycott' und 'Old Master' gezüchtet.
● Diese Rose wird nur etwa 60 cm hoch und remontiert gut. Winter-hart bis −29 °C, Zone 5.

'Sarabande' (auch MEIhand, MEIrabande). Diese 1957 von Meilland in Frankreich eingeführte Floribunda-Rose gewann neben anderen Auszeichnungen auch die AARS für 1960. Die großen Büschel leuch-tend orangefarbener Blüten tragen gelbe Staubblätter und duften leicht. Die Rose entstand aus einer Kreuzung der Floribunda-Rosen 'Cocorico' und 'Moulin Rouge'.
● Die sehr robuste Rose wird 1 m hoch und remontiert gut. Winter-hart bis −29 °C, Zone 5.

'Laughter Lines'

'Regensberg'

'Pasadena Tournament'

'Christopher Columbus'

'Orange Splash'

'Scentimental'

'Peppermint Twist'

'Purple Tiger'

'Betty Boop' (auch 'Centenary of Federation', WEKplapic). Diese Floribunda-Rose wurde von Carruth gezüchtet und 1999 von Weeks Roses in den USA eingeführt. Ihre halb gefüllten Blüten sind blassgelb mit kräftig kirschrosafarbener Zeichnung am Rand. Sie ist eine Kreuzung der Floribunda-Rosen 'Playboy' und 'Picasso' (siehe Seite 244).
● Diese herrliche Rose wird kaum mehr als 60 cm hoch und duftet fruchtig. Sie remontiert zuverlässig und wirft die alten Kronblätter ab. Winterhart bis −29 °C, Zone 5.

'Camille Pissarro' (auch 'Rainbow Nation', DELstric). Diese Floribunda-Rose unbekannter Abstammung wurde 1996 von Delbard in Frankreich eingeführt und gehört zu der hervorragenden Impressionisten-Serie. Ihre Blüten zeigen rote und rosafarbene Streifen auf anfangs gelbem, später weißem Grund.
● Die sehr robuste Rose wird 1,2 m hoch, duftet leicht und remontiert gut. Winterhart bis −29 °C, Zone 5.

'Christopher Columbus' (auch 'Candy Cover', 'Dipper', 'Flamboyance', POULbico, POULstripe). Diese Floribunda-Rose wurde 1992 von Poulsen in Dänemark eingeführt. Sie trägt zart duftende Blüten, deren weiße Kronblätter rosafarbene und rote Streifen zeigen. Sie entstand aus einer Kreuzung der Floribunda-Rose 'Coppélia '76' und einem Sämling der Tee-Hybriden 'Ambassador' und 'Romantica '76'. Es gibt auch eine orangefarbene Tee-Hybride ohne Streifen mit demselben Namen.
● Die robuste Rose wird 1 m hoch und remontiert gut. Winterhart bis −34 °C, Zone 4.

'Hannah Gordon' (auch 'Nicole', 'Raspberry Ice', KORweiso). Diese Floribunda-Rose wurde 1983 von Kordes in Deutschland eingeführt. Sie trägt gefüllte, weiße Blüten mit kräftig magentarosafarbener Zeichnung am Rand und duftet leicht. Sie entstand aus der Kreuzung eines unbenannten Sämlings mit der Floribunda-Rose 'Bordure'.
● Die robuste Rose wird 60 cm hoch und blüht die ganze Saison über immer wieder. Winterhart bis −34 °C, Zone 4.

'Hannah Gordon'

'Scentimental' im San José Heritage Rose Garden, Kalifornien, USA.

'Orange Splash' (auch JACseraw). Diese Floribunda-Rose wurde von Jack E. Christensen aus unbenannten Sämlingen gezüchtet und 1991 von Bear Creek Gardens in den USA eingeführt. Die Blüten sind weiß mit rosafarbenen, orangefarbenen und roten Flecken. Sie duften mild.
● Die robuste Rose wird etwa 60 cm hoch und remontiert gut. Winterhart bis −29 °C, Zone 5.

'Peppermint Twist' (auch 'Red & White Delight', JACraw). Diese Floribunda-Rose wurde von Jack E. Christensen gezüchtet und 1992 von Bear Creek Gardens in den USA eingeführt. Die schalenförmigen Blüten sind weiß und zeige rote und rosafarbene Flecken und Streifen. Sie duften leicht. Die Rose entstand aus einer Kreuzung von 'Pinstripe' (siehe Seite 265) und der Tee-Hybride 'Maestro'. Zur Zeit der Züchtung war als Name für letztere 'King Juan' vorgesehen, daher wird gelegentlich auch dieser Name in der Abstammung von 'Peppermint Twist' genannt.
● Die robuste Rose wird 1 m hoch oder etwas höher und remontiert gut. Winterhart bis −29 °C, Zone 5.

'Purple Tiger' (auch 'Impressionist', JACpurr). Diese sehr gefragte Floribunda-Rose wurde von Jack E. Christensen gezüchtet und 1991 von Bear Creek Gardens in den USA eingeführt. Ihre weißen Blüten sind fast ganz mit rosavioletten Tönen und tief weinrotvioletten Flecken und Streifen bedeckt. Sie duften leicht nach Damaszenerrosen. Die Rose entstand aus einer Kreuzung von 'Intrigue' (siehe Seite 244) und 'Pinstripe' (siehe Seite 265).
● Die robuste Rose wird knapp 1 m hoch und remontiert die ganze Saison über gut. Winterhart bis −29 °C, Zone 5.

'Scentimental' (auch WEKplapep). Diese von Carruth gezüchtete Floribunda-Rose wurde 1999 von Weeks Roses in den USA eingeführt und gewann die AARS für 1997. Die schalenförmigen, gefüllten Blüten zeigen rote und weiße oder cremefarbene Wirbel. Sie duften intensiv. Die Rose wurde aus der Floribunda-Rose 'Playboy' und 'Peppermint Twist' gezüchtet.
● Die robuste Rose wird 1 m hoch und remontiert gut. Winterhart bis −29 °C, Zone 5

'Camille Pissarro'

'Betty Boop'

Englische Rosen

'Abraham Darby'

David Austins ENGLISCHE ROSEN verbinden Form, Duft und zarte Farben der Alten Rosen mit der Blühfreude und Krankheitsresistenz der modernen. Im Gegensatz zu den bisher vorgestellten Rosenklassen handelt es sich bei den Englischen Rosen um eine Markenbezeichnung. Sie werden nur von David Austin, einem ehemaligen Landwirt, gezüchtet. Seine Vorliebe für Alte Rosen brachte ihn dazu, eigene Sorten zu züchten. Mit der Unterstützung von Graham Thomas, der damals in den Sunningdale Nurseries in Surrey eine Sammlung alter französischer Rosen anlegte, züchtete Austin aus der Gallica-Rose 'Belle Isis' (siehe Seite 40) und der Floribunda 'Dainty Maid' (siehe Seite 236) die herrliche Kletterrose 'Constance Spry' (siehe Seite 136). Es ist bezeichnend für die Unwägbarkeiten der Rosenzucht, dass dieser Sämling aus zwei niedrigen Strauchrosen eine Kletterrose wurde. Dennoch zeigte er die Form einer Alten Rose mit den dickeren Kronblättern einer modernen. Diese Rose wurde der Ausgangspunkt von Austins rosafarbener Zuchtlinie. Zur gleichen Zeit kreuzte er die tief violettrote Gallica-Rose 'Tuscany Superb' (siehe 'Tuscany', Seite 35) mit einer anderen Floribunda, 'Dusky Maiden' (siehe Seite 240). Das Ergebnis, die einmal blühende 'Chianti', wurde ihrerseits mit der alten Tee-Hybride 'Château de Clos Vougeot' gekreuzt, woraus eine Serie dunkelroter Rosen mit elegant nickenden Blüten, aber eher schwachen Trieben entstand, die robustere Gene brauchten. Mit anderen modernen Sorten brachte Austin Gelb und Weiß in das Farbspektrum; vor Kurzem gelangte auch die Sternrußtau-Resistenz der *R. rugosa* (siehe Seite 23) in den Genpool, wodurch sehr widerstandsfähige neue Sorten wie 'The Mayflower' (siehe Seite 253) entstanden.

Viele große Rosenzüchter, die sich auf Tee-Hybriden und Floribunda-Rosen konzentrierten, nahmen Austins erste Versuche nicht ernst, Liebhaber in aller Welt hingegen wussten seine Rosen von Anfang an zu schätzen; in Nordamerika gedeihen sie noch besser als in ihrer Heimat England. Sie waren so erfolgreich, dass andere Züchter nun den Stil der Englischen Rosen nachahmen und neue Sorten züchten, die an die romantischen Blumen des frühen 19. Jahrhunderts erinnern.

Englische Rosen müssen kaum geschnitten werden. Es genügt, nach der ersten Blüte auszuputzen, im Winter das alte Holz zu entfernen und besonders lange Triebe zu kürzen. Wie alle Rosen gedeihen sie am besten unter einem großzügigen, nährstoffreichen Mulch.

'Graham Thomas' im Eccleston Square Garden, London, England.

'Wife of Bath' mit Päonien kombiniert.

'Abraham Darby' (auch 'Abraham', 'Country Darby', AUScot). Diese kräftig wachsende Englische Rose wurde 1985 von David Austin gezüchtet. Die großen, flach schalenförmigen Blüten sind dicht gefüllt und zeigen Rosa- und Apricottöne. Ihre Außenseite ist gelb und sie verblassen am Rand. Dabei duften sie durchdringend fruchtig. Die Rose entstand aus einer Kreuzung der Floribunda-Rose 'Yellow Cushion' mit 'Aloha' (siehe Seite 212).

● Mit ihren großen, schweren Blüten eignet sich diese Rose gut als Hochstamm, sie kann aber auch als großer Strauch von mitunter über 1,5 m Höhe kultiviert werden. Sie remontiert gut und ist krankheitsresistent. Winterhart bis –34 °C, Zone 4.

'Gertrude Jekyll' (auch AUSbord). Diese Englische Rose wurde 1986 von David Austin gezüchtet und erinnert an die Gartenarchitektin, die mit Sir Edwin Lutyens an englischen Landhäusern im Jugendstil arbeitete. Die Blätter sind saftig grün, die Blüten groß, locker gefüllt und anfangs flach. Sie zeigen ein leuchtendes Rosa mit tieferen Schatten. Ihr Duft ist typisch für eine Alte Rose. In England wurden sie zur Produktion von Rosenöl verwendet. Die Rose entstand aus der Kreuzung von 'Wife of Bath' mit 'Comte de Chambord' (siehe Seite 78).

● Diese herrliche Rose wächst kräftig und aufrecht, Ihre Triebe erreichen eine Höhe von 1,5 m. Sie ist ideal als Blickpunkt in einer Rabatte. Die Blüten stehen in Kopfhöhe, sodass Sie den Duft genießen können, und erscheinen durchgehend die ganze Saison über. Winterhart bis –34 °C, Zone 4.

'Graham Thomas' (auch 'EnglishYellow', 'Graham Stuart Thomas', AUSmas). Diese Englische Rose wurde 1983 von David Austin gezüchtet. Die mittelgroßen, schalenförmigen, dicht gefüllten Blüten sind gelb mit dunklerem Zentrum. Ihr Duft erinnert an Teerosen und Veilchen. Die Rose entstand aus der Kreuzung der Englischen Rose 'Charles Austin' mit einem unbenannten Sämling. Graham Thomas starb 2003, er war einer der einflussreichsten Gärtner und Pflanzenzüchter des 20. Jahrhunderts. Vor allem förderte er das neu erwachte Interesse an Alten Rosen in der zweiten Hälfte des Jahrhunderts.

● Diese Rose ist ideal als niedrige Kletterrose oder hoher Strauch, dessen gebogene Triebe bis zu 2 m, an einer Wand auch 3 m und mehr, erreichen. Er hat ovale, blassgrün glänzende, gleichmäßig ver-

teilte Fiederblättchen und blüht auf der ganzen Länge der Zweige, wenn sie sich nach außen biegen. Manchmal leidet die Rose nach der ersten Blüte unter Sternrußtau, erholt sich aber schnell und blüht spät in der Saison noch ein zweites Mal sehr schön. Winterhart bis –29 °C, Zone 5.

'Wife of Bath' (auch AUSbath). Dies ist eine der ersten Englischen Rosen von David Austin. Sie wurde schon 1969 gezüchtet, ist aber auch heute noch gefragt. Die Triebe tragen kleine, ungleichmäßig verteilte Stacheln, die Fiederblättchen sind mittelgrün und rundlich. Die mittelgroßen Blüten erscheinen in kleinen Blütenständen und sind rosa, dicht gefüllt und schalenförmig mit hellerem Rand. Sie duften stark nach Myrrhe. Die Rose stammt von 'Mme Caroline Testout' (siehe Seite 137) und einem Sämling aus 'Ma Perkins' (siehe Seite 234) und 'Constance Spry' (siehe Seite 136) ab.

● Der robuste, buschige, ausladende Strauch wird etwa 1,2 m hoch. Die Blüten sind zart, ganz im Gegensatz zu der Figur aus Chaucers *Canterbury-Erzählungen*, der die Rose ihren Namen verdankt. Winterhart bis –29 °C, Zone 5.

'Gertrude Jekyll'

'Mistress Quickly'

'Windrush'

'Cottage Rose'

'Alnwick Castle' (auch AUSgrab). Diese Englische Rose wurde 2001 von David Austin gezüchtet. Aus tief rosafarbenen Knospen entwickeln sich kräftig rosafarbene Blüten mit hellerem Rand. Sie sind schalenförmig mit dicht gefülltem, unordentlichem Zentrum und sollen leicht nach Himbeere duften. Alnwick (sprich: Annick) Castle in Nordengland ist der Sitz des Herzogs von Northumberland. Die derzeitige Herzogin unterhält in Alnwick einen herrlichen Garten mit großem Rosengarten, in dem sich viele Englische Rosen finden. Die Abstammung ist nicht veröffentlicht.
● Der ausladende Strauch wird höchstens 1,2 m hoch und blüht durchgehend die ganze Saison über. Winterhart bis −29 °C, Zone 5.

'Cottage Rose' (auch AUSglisten). Diese Englische Rose wurde 1991 von David Austin gezüchtet. Ihre rosafarbenen Blüten sind dicht gefüllt, mittelgroß, anfangs schalenförmig und später stark gerüscht. Sie duften wunderbar, vor allem bei warmer Witterung, mit einem Hauch Mandel und Flieder. Die Abstammung ist nicht veröffentlicht.
● Der Strauch mit stark verzweigten Trieben wird nur 1,1 m hoch. Die Seitentriebe erscheinen sofort, nachdem die ersten Blüten verwelkt sind, sodass die Pflanze während der Saison besonders reich blühen kann. Winterhart bis −34 °C, Zone 4.

'Emily' (auch AUSburton). Diese Englische Rose wurde 1992 von David Austin gezüchtet. Sie hat blass rosafarbene, dicht gefüllte Blüten, die herrlich duften. Sie entstand aus der Kreuzung der Englischen Rosen 'The Prioress' und 'Mary Rose' (siehe Seite 252).
● Der Strauch wird nur 1 m hoch. Er ist eine der weniger robusten Rosen und muss besonders gut gedüngt werden, damit er gedeiht. Winterhart bis −34 °C, Zone 4.

'Scepter'd Isle' im Garten von Wilton Cottage, Südengland.

'Emily'

'Winchester Cathedral'

'Alnwick Castle'

'The Generous Gardener'

'Mistress Quickly' (auch AUSky). Diese Englische Rose wurde 1995 von David Austin gezüchtet. Ihre kleinen Blüten zeigen ein zartes Fliederrosa und duften kaum. Sie erinnern in der Form an eine Alte Rose und erscheinen in Blütenständen wie bei einer Noisetterose. Die Rose entstand aus der Kreuzung von 'Blush Noisette' (siehe Seite 103) und 'Martin Frobisher' (siehe Seite 184) – eine völlig andere Zuchtlinie als die der früheren Rosen von David Austin. Mistress Quickly ist eine Figur von Shakespeare, die Wirtin eines Gasthauses in Eastcheap in London.

● Eine besonders robuste und gesunde Rose für eine gemischte Rabatte. Sie wird etwa 1,5 m hoch. Winterhart bis −34 °C, Zone 4.

'Redouté' (auch 'Margaret Roberts', AUSpale). Diese 1992 von David Austin eingeführte Englische Rose ist ein heller blühender Sport von 'Mary Rose' (siehe Seite 252). Ihre Blüten erscheinen einzeln oder in kleinen Büscheln. Sie sind sehr blass rosa, locker gefüllt und duften zart und süß. Pierre Joseph Redouté ist der berühmte Blumenmaler, dessen Werk *Les Roses* eine wunderbare Bestandsaufnahme der Rosen Frankreichs im frühen 19. Jahrhundert darstellt.

● Der niedrige, buschige Strauch blüht den Sommer über regelmäßig. Seine stacheligen Triebe werden 1,2 m hoch und tragen mattgrüne Fiederblättchen. Winterhart bis −34 °C, Zone 4.

'Scepter'd Isle' (auch AUSland). Diese Englische Rose wurde 1992 von David Austin gezüchtet. Ihre Blüten erscheinen in kleinen Büscheln. Sie sind rosa, mittelgroß, halb gefüllt und schalenförmig. Etwa acht Reihen überlappender Kronblätter sind um einen schönen Busch Staubblätter angeordnet. Die Blüten duften kräftig nach Myrrhe. Der Name stammt aus John Gaunts Monolog in Shakespeares *Richard II.* Die Abstammung ist nicht veröffentlicht.

● Der aufrechte Strauch wird etwa 1 m hoch. Die Blüten erscheinen durchgehend den ganzen Sommer über hoch über den Blättern. Winterhart bis −34 °C, Zone 4.

'The Generous Gardener' (auch AUSdrawn). Diese Englische Rose wurde 2002 von David Austin gezüchtet, zur Unterstützung des National Gardens Scheme in England. Die Blüten sind im Zentrum zartrosa und werden zum Rand hin blassrosa. Sie sind halb gefüllt und tragen zahlreiche Staubblätter. Ihr herrlicher Duft erinnert an Moschus und Myrrhe. Die Abstammung ist nicht veröffentlicht.

● Die sehr robuste Rose wird mit 2,5 m recht groß. Winterhart bis −34 °C, Zone 4.

'Winchester Cathedral' (auch AUScat). Diese 1998 von David Austin eingeführte Englische Rose ist ein Sport von 'Mary Rose' (siehe Seite 252), der zugunsten des Winchester Cathedral Trust benannt wurde, um die Restaurierung der Kathedrale zu fördern. Sie stammt von 'Wife of Bath' (siehe Seite 249) und einer zweiten Englischen Rose, 'The Miller', ab. Aus karminroten Knospen, die in kleinen Büscheln erscheinen, entwickeln sich mittelgroße, dicht, aber locker gefüllte Blüten mit zurückgeschlagenen äußeren Kronblättern. Die Rosen duften zart.

● Der kräftige, buschige Strauch hat fast stachellose Triebe und wird etwa 1,2 m hoch. Eine sehr gute Rose, die gern mehrmals blüht und resistent gegen Krankheiten ist. Winterhart bis −29 °C, Zone 5.

'Windrush' (auch AUSrush). Diese Englische Rose wurde 1984 von David Austin gezüchtet. Ihre Blüten sind groß, einfach bis halb gefüllt und blass zitronengelb. Die gelben Staubblätter verblassen mit der Zeit. Die Blüten duften leicht und würzig. Die Rose entstand aus der Kreuzung eines Sämlings mit einer Hybride aus der Englischen Rose 'Canterbury' und der Strauchrose 'Golden Wings'.

● Der wüchsige, buschige Strauch wird 2,2 m hoch und noch breiter. Er trägt blassgrüne, eher schmale Fiederblättchen. Die Pflanze erinnert an 'Golden Wings', blüht aber reicher und remontiert gut, wenn die ersten Hagebutten entfernt werden. Winterhart bis −34 °C, Zone 4.

'Redouté'

251

'Hyde Hall'

'The Ingenious Mr. Fairchild'

'Spirit of Freedom'

'Charles Rennie Mackintosh' (auch AUSren). Diese Englische Rose wurde 1988 von David Austin gezüchtet, zur Erinnerung an den schottischen Architekten, Designer und Maler. Ihre Blüten sind dicht gefüllt, mittelgroß, kugelig und nach innen gebogen. Bei Hitze biegen sich die äußeren Kronblätter mitunter nach außen. Sie sind je nach Temperatur fliederfarben bis fliederrosa und duften kräftig wie eine Alte Rose. Die Rose entstand aus einem Sämling der Englischen Rose 'Chaucer' und 'Conrad Ferdinand Meyer' (siehe Seite 184), der mit 'Mary Rose' gekreuzt wurde.
● Der robuste, buschige Strauch erhielt über 'Conrad Ferdinand Meyer' *Rosa-rugosa*-Gene. Er wird 1 m, in warmen Regionen auch 1,5 m hoch. Die Zweige tragen viele Stacheln und rundliche, hellgrüne Fiederblättchen. Die Pflanze remontiert besonders gut, auch im heißen Spätsommer. Winterhart bis −34 °C, Zone 4.

'Hyde Hall' (auch AUSbosky). Diese Englische Rose wurde 2004 von David Austin gezüchtet. Ihre schalenförmigen, locker gefüllten, rosafarbenen Blüten duften leicht, warm und fruchtig, fast wie frisch gekochte Marmelade. Die Abstammung ist nicht veröffentlicht.
● Diese buschige Rose wird mit 1,2–2 m recht hoch und dabei 1,2–1,5 m breit. Winterhart bis −29 °C, Zone 5, eventuell auch darunter.

'John Clare' (auch AUScent). Diese Englische Rose wurde 1994 von David Austin gezüchtet. Ihre mittelgroßen, locker gefüllten, schalenförmigen Blüten erscheinen in Büscheln. Sie sind tiefrosa und duften leicht. John Clare war ein englischer Dichter des 19. Jahrhunderts. In seinem frühen Gedicht *The Rose* wünscht er sich, in eine Rose verwandelt zu werden, die Chloe an ihren Busen steckt. David Austin hält diese Englische Rose für die blühfreudigste. Sie entstand aus einer Kreuzung von 'Wife of Bath' (siehe Seite 249) mit einem unbenannten Sämling.

● Der ausladende Strauch wird etwa 1 m hoch und trägt breite, leuchtend grüne Fiederblättchen. Gegen Ende der Saison blüht er besonders reich. Winterhart bis −34 °C, Zone 4.

'Mary Rose' (auch 'Country Marilou', 'Marie Rose', AUSmary). Dies ist eine der beliebtesten Englischen Rosen. Sie wurde 1983 eingeführt, ein Jahr nachdem das 1536 gesunkene Flaggschiff Heinrichs VIII., die Mary Rose, geborgen wurde. Ihre locker gefüllten Blüten stehen einzeln oder in kleinen Büscheln. Sie sind rosa mit dunkleren Schatten und duften zart. Die Rose entstand aus einer Kreuzung der Englischen Rosen 'Wife of Bath' (siehe Seite 249) und 'The Miller'.
● Der buschige Strauch mit stacheligen Trieben wird rund 1,2 m hoch und trägt mattgrüne Fiederblättchen. Er blüht den ganzen Sommer über regelmäßig. Winterhart bis −34 °C, Zone 4.

'Mortimer Sackler' (auch AUSorts). Diese Englische Rose wurde 2002 von David Austin gezüchtet. Ihre Blüten sind mittelgroß und ungewöhnlich geformt. Anfangs sind sie schalenförmig, dann breiten sich die schmalen, spitzen äußeren Kronblätter aus und biegen sich zurück, sodass die Blüte mit ihrem Busch von Staubblättern in der Mitte wie eine Seerose wirkt. Sie ist blass perlmuttrosa mit dunklerem Zentrum und duftet süß und leicht fruchtig. Die Abstammung ist nicht veröffentlicht. Das Recht, diese Rose zu benennen, wurde zugunsten des National Trust in England versteigert. Den Zuschlag erhielt Theresa Sackler, die Frau des bekannten Philanthropen.
● Die elegante Strauch- oder Kletterrose wird 2,5 m hoch, trägt wenige Stacheln und schmale, weit auseinander stehende Blätter. Die Blätter sind gesund und anfangs rötlich, später mattgrün. Winterhart bis −29 °C, Zone 5.

'Wisley 2004'

'John Clare'

'The Ingenious Mr. Fairchild' (auch AUStijus). Diese Englische Rose wurde 2003 von David Austin gezüchtet. Die großen Blüten sind wie gefüllte Päonien geformt: tief schalenförmig mit zahlreichen unordentlichen, aufrechten Kronblättern. Diese sind bläulich rosa und an den faltigen Rändern dunkler rosa. Der komplexe Duft erinnert an Pfirsich, Himbeere und Minze. Thomas Fairchild war ein Londoner Gärtner, Mitglied der Royal Society und einer der ersten Pflanzenzüchter. 1720 kreuzte er eine Bart-Nelke mit einer Nelke zu 'Fairchild's Mule'. Die Abstammung ist nicht veröffentlicht.
● Die ausladenden, überhängenden Zweige ergeben einen rundlichen Strauch mit sehr gesunden Blättern. Winterhart bis −29 °C, Zone 5.

'The Mayflower' (auch AUStilly). Diese Englische Rose wurde 2001 von David Austin gezüchtet. Die Blüten stehen in kleinen Büscheln, sind flach, dicht gefüllt und oft geviertelt. Sie zeigen ein tiefes Violettrosa und duften besonders bei kühlem Wetter kräftig. Der Name des Schiffes, das die ersten Siedler nach Nordamerika brachte, wurde gewählt, um an die Eröffnung des Austin-Rosengartens der Matterhorn Nurseries nördlich von New York zu erinnern. Die Abstammung ist nicht veröffentlicht.
● Der aufrechte, verzweigte Strauch kann über 1,2 m hoch werden; die schmalen, weit auseinander stehenden Fiederblättchen erscheinen besonders widerstandsfähig gegen Rost, Sternrußtau und Mehltau. Winterhart bis −29 °C, Zone 5.

'Spirit of Freedom' (auch AUSbite). Diese Englische Rose wurde 2002 von David Austin gezüchtet. Die Blüten sind wie bei einer Alten Rose schalenförmig und dicht gefüllt. Die blass rosafarbenen Kronblätter werden mit der Zeit stärker blau, der Rand ist heller. Sie duften gut. Die Abstammung ist nicht veröffentlicht.
● Die Rose kann als robuster Strauch oder niedrige Kletterrose erzogen werden, die 2,5 m hoch wird, sie blüht aber schon ab Bodenhöhe. Die Blätter sind krankheitsresistent. Winterhart bis −29 °C, Zone 5.

'Wisley' (auch AUSintense). Diese Englische Rose wurde 2004 von David Austin gezüchtet. Die tief rosafarbenen Blüten duften sehr kräftig und fruchtig mit einem Hauch Zitrus und Alte Rose. Die Abstammung ist nicht veröffentlicht.
● Der Strauch wird 1,5 m hoch und 1 m breit, in warmen Regionen kann die Rose als Kletterrose 2,4 m hoch werden. Winterhart bis −29 °C, Zone 5.

'The Mayflower'

'Charles Rennie Mackintosh' im Garten von David Austins Rosenschule in Albrighton, England.

'Mary Rose'

'Mortimer Sackler'

'Blythe Spirit'

'Crown Princess Margareta'

'Grace'

'Jude the Obscure'

'Molineaux'

'Pat Austin'

'Blythe Spirit' (auch AUSchool). Diese Englische Rose wurde 1999 von David Austin gezüchtet. Die eher kleinen, leicht nickenden Blüten erscheinen in lockeren Blütenständen. Sie sind gefüllt und anfangs leuchtend gelb. Dann öffnen sie sich flach und werden am Rand blasser. Sie duften zart nach Moschus und Myrrhe. Die Abstammung ist nicht veröffentlicht.

● Wie eine Moschata-Hybride entwickelt sich die Rose zu einem schönen, etwa 1,2 m hohen und breiten Busch mit eher schmalen, weit auseinander stehenden Fiederblättchen. Winterhart bis −29 °C, Zone 5. Es gibt auch eine Tee-Hybride namens 'Blithe Spirit'.

'Crown Princess Margareta' (auch AUSwinter). Diese Englische Rose wurde 1999 von David Austin gezüchtet. Ihre großen, schalenförmigen Blüten zeigen einen Apricotorange-Ton mit hellerem Rand und duften nach Teerosen. Die Abstammung ist nicht veröffentlicht. Kronprinzessin Margareta war eine fähige Landschaftsgärtnerin, die den Garten der schwedischen Sommerresidenz Sofiero in Helsingborg gestaltete.

● Der Strauch wird etwa 1,5 m hoch und trägt gebogene Triebe und große, dunkelgrün glänzende Fiederblättchen. Sehr winterhart bis −36 °C, Zone 3.

'Golden Celebration' (auch AUSgold). Diese Englische Rose wurde 1992 von David Austin gezüchtet. Ihre kräftig gelben Blüten zeigen die typische Austin-Form: groß, dicht gefüllt, anfangs schalenförmig, später eher flach. Sie stehen einzeln und neigen sich zur Seite. Anfangs duften sie nach Teerosen, später nach süßem Wein und Erdbeeren. Die Rose entstand aus einer Kreuzung von 'Charles Austin' mit 'Abraham Darby' (siehe Seite 224).

● Ein robuster, mittelgroßer Strauch. Winterhart bis −34 °C, Zone 4.

'Grace' (auch AUSkeppy). Diese Englische Rose wurde 2001 von David Austin gezüchtet. Die apricotfarbenen Blüten sind im Zentrum dunkler, am Rand dagegen blassrosa; sie sind dicht mit spitzen Kronblättern gefüllt, von denen die äußeren sich zurückbiegen. Sie duften kräftig und angenehm. Die Rose entstand aus der Kreuzung der Englischen Rose 'Sweet Juliet' mit einem unbenannten Sämling.

● Der stark verzweigte Strauch wird etwa 1,2 m hoch und ebenso breit und trägt schmale, graugrüne Fiederblättchen. Winterhart bis −34 °C, Zone 4.

'Jubilee Celebration'

'**Jubilee Celebration**' (auch AUShunter). Diese Englische Rose wurde 2002 von David Austin gezüchtet, zur Erinnerung an das Goldene Thronjubiläum der Queen. Die Blüten sind groß, öffnen sich flach und haben ein eingekerbtes Zentrum. Die lachsrosafarbenen Kronblätter zeigen eine goldene Außenseite. Die Blüten duften kräftig und fruchtig mit Zitronen- und Himbeernoten. Die Abstammung ist nicht veröffentlicht.

● Der wüchsige Strauch wird etwa 1,2 m hoch und ebenso breit und trägt sehr gesunde Blätter. Winterhart bis −34 °C, Zone 4.

'**Jude the Obscure**' (auch AUSjo). Diese Englische Rose wurde 1995 von David Austin gezüchtet. Ihre ungewöhnlich schönen Blüten sind sehr groß, locker gefüllt, nach innen gebogen und schalenförmig. Im Inneren sind sie mittelgelb, außen heller. Sie duften kräftig nach exotischen Früchten und Wein. Die Rose entstand aus einer Kreuzung von 'Abraham Darby' (siehe Seite 249) und 'Windrush' (siehe Seite 251). *Jude the Obscure* ist der letzte Roman von Thomas Hardy. Angeblich haben die von ihm selbst geschaffenen Schrecken dieses Werks Hardy dazu veranlasst, sich vom Roman ab- und der Lyrik zuzuwenden.

● Der ausladende, buschige Strauch wird rund 1,1 m hoch. In nassen Sommern öffnen sich die Blüten mitunter nicht, in warmem Klima gedeihen sie jedoch gut. Winterhart bis −29 °C, Zone 5.

'**Molineux**' (auch AUSmol). Diese Englische Rose wurde 1994 von David Austin gezüchtet. Ihre kräftig gelben Blüten sind mittelgroß, dicht gefüllt, flach und stehen aufrecht in kleinen Blütenständen. Sie duften nach Teerosen mit einem Hauch Moschus. Dafür erhielt sie die Henry-Edland-Medaille und gewann zudem als erste Rose von David Austin die RNRS President's International Trophy für den besten neuen Sämling des Jahres. Sie wurde aus 'Graham Thomas' (siehe Seite 249) und 'Golden Showers' (siehe Seite 132) gezüchtet.

● Der buschige, wüchsige Strauch gehört zu Austins niedrigeren gelben Rosen und wird nur rund 1 m hoch. Die robuste, gesunde Rose blüht besonders reich. Winterhart bis −29 °C, Zone 5.

'**Pat Austin**' (auch AUSmum). Diese Englische Rose wurde 1995 von David Austin gezüchtet und nach seiner Frau benannt. Die großen, dicht gefüllten Blüten sind anfangs schalenförmig. Sie zeigen eine ungewöhnliche Farbkombination: innen tief kupferorange, auf der Rückseite heller. Ihr Duft erinnert an Teerosen. Die Rose entstand aus einer Kreuzung von 'Graham Thomas' und 'Abraham Darby' (beide siehe Seite 249).

● Der kräftige, aufrechte Strauch wird rund 1,2 m hoch. Winterhart bis −29 °C, Zone 5.

'**Yellow Charles Austin**' (auch AUSling). Diese Englische Rose wurde 1981 von David Austin gezüchtet. Die großen, dicht gefüllten Blüten erscheinen in kleinen Blütenständen und öffnen sich flach. Sie sind blassgelb und duften kräftig und fruchtig. Die Rose ist ein Sport der Englischen Rose 'Charles Austin', die aus einer Kreuzung der Englischen Rose 'Chaucer' mit 'Aloha' entstand (siehe Seite 212).

● Der Strauch wird mit 1,5−3 m in warmem Klima recht hoch. Die glatten Zweige tragen mittelgrüne Fiederblättchen, die sich nicht überlappen. Die langen Triebe der wüchsigen Pflanze sollten waagerecht aufgebunden werden, damit sie auf der ganzen Länge blühen. Sie können um die Hälfte gekürzt werden, sodass sie mehrmals blühen. Winterhart bis −34 °C, Zone 4.

'Yellow Charles Austin'

'Golden Celebration'

255

'Benjamin Britten'

'Falstaff'

'Noble Antony'

'Benjamin Britten' (auch AUSencart). Diese Englische Rose wurde 2001 von David Austin gezüchtet, zur Erinnerung an den englischen Komponisten. Die mittelgroßen, schalenförmigen, dicht gefüllten Blüten öffnen sich zu einer Rosette mit gezähnten Kronblättern. Sie sind leuchtend rot mit einem Hauch Orange. Ihr angenehmer Duft erinnert an Wein und Früchte. Die Rose entstand aus der Kreuzung der Englischen Rose 'Charles Austin' mit einem unbenannten Sämling.
● Der dichte Strauch wird etwa 1,2 m hoch und trägt mittelgrüne, gleichmäßig verteilte Fiederblättchen. Winterhart bis –23 °C, Zone 6.

'Falstaff' (auch AUSverse). Diese Englische Rose wurde 1999 von David Austin gezüchtet. Die großen, dicht gefüllten, schalenförmigen Blüten erscheinen in lockeren Blütenständen und sind dunkel karminrot. Sie duften kräftig nach Alten Rosen. Die Abstammung ist nicht veröffentlicht. Falstaff ist eine Figur von Shakespeare.
● Der kräftige, buschige, weit ausladende Strauch wird 1,5 m hoch, die Kletterform auch 3 m, und trägt wenige, große, gleichmäßig verteilte, dunkelgrüne Fiederblättchen und kaum Stacheln. Winterhart bis –29 °C, Zone 5.

'The Herbalist'

'Sir Edward Elgar'

'L D Braithwaite' (auch AUScrim, 'Braithwaite', 'Leonard Dudley Braithwaite'). Diese Englische Rose wurde 1995 von David Austin gezüchtet. Ihre leuchtend karminroten Blüten sind dicht, aber locker gefüllt, leicht schalenförmig und geviertelt. Sie zeigen einige Staubblätter und duften gut nach Alten Rosen. Die Rose entstand aus einer Kreuzung von 'Mary Rose' (siehe Seite 252) mit der Englischen Rose 'The Squire'.
● Der ausladende, buschige Strauch wird in England 1 m hoch, in wärmeren Regionen bis zu 1,5 m, und trägt dunkelgrüne Blätter. Er blüht reich die ganze Saison über. Winterhart bis –29 °C, Zone 5.

'Noble Antony' (auch AUSway). Diese Englische Rose wurde 1995 von David Austin gezüchtet. Die tief violettroten Blüten sind groß und dicht gefüllt, mit zurückgebogenen äußeren Kronblättern. Sie duften sehr kräftig nach Alten Rosen. Die Abstammung ist nicht veröffentlicht. Die Bezeichnung 'Noble Antony' stammt aus Shakespeares Drama *Julius Caesar*.
● Der buschige Strauch wird mit 1 m nicht hoch, er trägt dunkelgrüne Blätter, die etwas zu Mehltau neigen. Winterhart bis –29 °C, Zone 5.

'**Sir Edward Elgar**' (auch AUSprima). Diese Englische Rose wurde 1992 von David Austin gezüchtet und nach dem Komponisten benannt. Die einzeln stehenden Blüten sind kirschrot, gefüllt und flach, sie duften kräftig. Die Rose entstand aus einer Kreuzung von 'Mary Rose' (siehe Seite 252) mit der Englischen Rose 'The Squire'.
● Der aufrechte Strauch wird höchstens 1,2 m hoch und blüht durchgehend die ganze Saison über. Winterhart bis −29 °C, Zone 5.

'**The Dark Lady**' (auch AUSbloom). Diese Englische Rose wurde 1991 von David Austin gezüchtet. Der Name erinnert an die geheimnisvolle Schönheit, der viele von Shakespeares späteren Sonetten gewidmet sind, in denen häufig von Dunkelheit die Rede ist wie in Sonett 132: „Dann schwöre ich, dass Schwarz der Schönheit Krone / Dass Edles nur in deiner Farbe wohne!" Die dunkel karminroten Blüten sind locker gefüllt und öffnen sich weit. Sie duften zart. Die Rose stammt von 'Mary Rose' (siehe Seite 252) und der Englischen Rose 'Prospero' ab.
● Der ausladende Strauch wird rund 1 m hoch und etwas breiter. Winterhart bis −29 °C, Zone 5.

'**The Herbalist**' (auch AUSsemi). Diese Englische Rose wurde 1991 von David Austin gezüchtet und erhielt ihren Namen wegen ihrer Ähnlichkeit mit *Rosa gallica* 'Officinalis' (siehe Seite 33). Ihre Blüten erscheinen in Büscheln, sind halb gefüllt und tiefrosa oder hell karminrot. Die Rose wurde aus einem unbenannten Sämling und 'Louise Odier' gezüchtet (siehe Seite 114).
● Der aufrechte, buschige Strauch wird etwa 1 m hoch und remontiert gut. Winterhart bis −29 °C, Zone 5.

'**Tradescant**' (auch AUSdir). Diese Englische Rose wurde 1994 von David Austin gezüchtet. Die mittelgroßen, leicht nickenden Blüten sind dicht gefüllt, geviertelt und flach. Sind sie ganz geöffnet, zeigen sie einige Staubblätter im Zentrum. Ihre Farbe ist ein tiefes, samtiges Kastanienbraun, ihr herrlicher Duft erinnert an Alte Rosen. Die Rose entstand aus einer Kreuzung der Englischen Rose 'Prospero' mit einem Sämling aus der Englischen Rose 'Charles Austin' und der Remontant-Hybride 'Gloire de Ducher'. John Tradescant (Vater und Sohn) waren bedeutende Gärtner des 17. Jahrhunderts und brachten viele Pflanzen nach Europa.
● Der überhängende Strauch wird in England rund 1 m hoch, in wärmeren Regionen aber bis zu 1,5 m. Er trägt wenige Stacheln und kleine, breite, dunkelgrüne Fiederblättchen. Die Pflanze braucht gute Pflege und reichlich Dünger um gut zu gedeihen. In warmen Regionen

'Tradescant'

können die langen Triebe waagerecht aufgebunden werden, damit sie auf der ganzen Länge blühen. Winterhart bis −34 °C, Zone 4.

'**William Shakespeare 2000**' (auch AUSromeo). Diese Englische Rose wurde 2000 von David Austin gezüchtet. Die großen, dicht gefüllten Blüten erscheinen in Blütenständen und öffnen sich flach und geviertelt. Ihr samtiges, dunkles Karminrot färbt sich mit der Zeit violett. Der kräftige Duft erinnert an Alte Rosen. Die Abstammung ist nicht veröffentlicht.
● Die aufrechte Pflanze wird etwa 1 m hoch, in warmem Klima auch höher, und trägt blaugrüne Fiederblättchen. Der wüchsige, robuste Strauch ist die jüngste und beste dunkelrote Rose von Austin. Sie ersetzt seine Rose 'William Shakespeare' von 1987, die wunderschöne, tief karminrote Blüten hat, aber zu Sternrußtau neigt. Winterhart bis −34 °C, Zone 4.

'L D Braithwaite'

'The Dark Lady'

'William Shakespeare 2000'

Romantica-Rosen

'Pierre de Ronsard'

ROMANTICA-ROSEN versprechen robuste, moderne Rosenpflanzen mit herrlich duftenden, dicht gefüllten, nostalgischen Blüten. Diese Marke wird von Meilland gezüchtet, die einzelnen Sorten gelten als Tee-Hybriden, Kletter- oder Floribunda-Rosen. Die Familie Meilland in Südfrankreich ist seit über 100 Jahren als Wegbereiter der Rosenzucht etabliert. Ende des Zweiten Weltkriegs brachte Francis Meilland die vielleicht berühmteste Rose überhaupt auf den Markt, es ist die Sorte 'Peace' (siehe Seite 206). Seither ist das Unternehmen mit Landschafts- und Bodendeckerrosen erfolgreich, seit kurzem werden auch die Romantica-Rosen entwickelt. Der Grundstein der Serie war die von Marie-Louise Meilland gezüchtete 'Pierre de Ronsard'. Darauf folgten viele hervorragende Rosen, die beste von ihnen vermutlich Alain Meillands 'Leonardo da Vinci'. Romantica-Rosen sollten wie Strauchrosen kultiviert und jedes Jahr um etwa ein Drittel zurückgeschnitten werden. Um gut zu wachsen brauchen sie reichlich Dünger.

'Auguste Renoir'

'Guy de Maupassant'

'Leonardo da Vinci'

'Yves Piaget'

'Michelangelo'

'André Le Nôtre'

'André Le Nôtre' (auch 'Miriam Makeba', MEIceppus). Diese Romantica-Tee-Hybride wurde 2001 von Meilland in Frankreich eingeführt. Ihre blass rosafarbenen Blüten zeigen eine wunderschöne, traditionelle Form mit mehr als 60 Kronblättern. Sie gewann zwei Goldmedaillen und wurde mehrfach für ihren herrlichen Duft ausgezeichnet. Die Abstammung ist nicht veröffentlicht.
● Die sehr robuste moderne Strauchrose wird etwa 1,5 m hoch. Winterhart bis −23 °C, Zone 6.

'Auguste Renoir' (auch MEItoifar). Diese Romantica-Tee-Hybride wurde 1995 von Meilland eingeführt. Die tief rosafarbenen, fast roten Blüten sind sehr groß und luftig − wie eine von Renoir gemalte Dame − und meist geviertelt. Sie enthalten 60 Kronblätter und duften kräftig. Die Rose entstand aus der Kreuzung eines Sämlings aus der Tee-Hybride 'Versailles' und 'Pierre de Ronsard', der mit der Floribunda-Rose 'Kimono' gekreuzt wurde.
● Die Rose kann über 1,2 m hoch werden, hat gesunde, dunkle Blätter und remontiert gut. Winterhart bis −26 °C, Zone 5.

'Guy de Maupassant' (auch 'Romantic Fragrance', MEIsocrat). Diese Romantica-Floribunda wurde 1996 von Meilland eingeführt. Ihre schalenförmigen, dicht gefüllten Blüten sind hautrosa mit etwas hellerer Rückseite und duften zart und köstlich. Sie entstand aus der Kreuzung eines Sämlings aus der Strauchrose MEIturaphar und 'Mrs. John Laing' (siehe Seite 125) mit der Floribunda-Rose 'Egeskov'.
● Die Pflanze kann bis zu 1,5 m hoch werden. Winterhart bis −23 °C, Zone 6.

'Leonardo da Vinci' (auch MEIdeauri). Diese Romantica-Floribunda wurde 1994 von Meilland eingeführt. Ihre kräftig rosafarbenen Blüten duften zart und süß. Sie stammt von 'Surrey' (siehe Seite 167) und einem Sämling der Floribunda-Rosen 'Milrose' und 'Rosamunde' ab.
● Der herrliche Strauch ist robust, blüht durchgehend und wird bis zu 1 m hoch. Winterhart bis −23 °C, Zone 6 oder darunter.

'Michelangelo' (auch MEItelov). Diese Romantica-Tee-Hybride wurde 1996 von Meilland eingeführt. Ihre gelben Blüten sind groß, gefüllt mit 55 Kronblättern und duften nach Zitrone. Es gibt auch eine rot und weiß gestreifte Floribunda-Rose mit demselben Namen. Die Abstammung ist nicht veröffentlicht.
● Die Rose remontiert gut, ist krankheitsresistent und wird nur etwa 1,2 m hoch. Winterhart bis −23 °C, Zone 6.

'Pierre de Ronsard' (auch 'Eden Rose 88', MEIviolin). Diese außergewöhnliche, niedrige Kletterrose, die 1985 von Marie-Louise Meilland gezüchtet wurde, erinnert an einen bedeutenden französischen Dichter des Mittelalters. Sie wurde als erste Romantica-Rose eingeführt. Ihre Blüten duften leicht, sind sehr groß und dicht gefüllt wie bei einer Alte Rose. Die grünen Knospen öffnen sich flach wie bei einer Zentifolie. Die äußeren Kronblätter sind cremeweiß und gehen zum Zentrum hin in Zartrosa über. Die Rose ist eine Kreuzung der kletternden Floribunda-Rose 'Kalinka' mit einem Sämling aus den Kletterrosen 'Danse des Sylphes' und 'Handel' (siehe Seite 138).
● Dies ist eine der schönsten modernen Rosen, besonders in warmem, trockenem Klima. Sie wird meist knapp 3 m hoch, hat dicke, feste, gesunde Blätter und remontiert gut. Sie kann an einer niedrigen Wand oder an einem kleinen Baum erzogen werden. Winterhart bis −29 °C, Zone 5.

'Polka' (auch 'Lord Byron', 'Scented Dawn', MEItosier). Diese Romantica-Kletterrose wurde 1991 von Meilland eingeführt. Die Blüten sind elfenbeingelb mit dunklerem, eher pfirsichfarbenem Zentrum. Der kräftige Duft erinnert an Alte Rosen. Die Rose stammt von einem Sämling aus MEIpalsar und 'Golden Showers' (siehe Seite 132) und 'Lichtkönigin Lucia' (siehe Seite 173) ab.
● Die Pflanze wird bis zu 4 m hoch und ist sehr krankheitsresistent. Winterhart bis −29 °C, Zone 5.

'Yves Piaget' (auch 'Queen Adelaide', 'The Royal Brompton Rose', MEIvildo). Diese Romantica-Tee-Hybride wurde 1985 von Meilland in Frankreich eingeführt und erhielt mehrere Auszeichnungen. Die dicht gefüllten, schalenförmigen Blüten enthalten etwa 80 Kronblätter. Sie sind tief mauverosa und duften intensiv. Die Rose entstand aus Kreuzungen der Tee-Hybriden 'Chrysler Imperial', 'Charles Mallerin', 'Pharaoh' und 'Peace' (siehe Seite 206) und der Floribunda-Rose 'Tamango'.
● Die Rose wird etwa 1 m hoch und blüht die ganze Saison über. Winterhart bis −29 °C, Zone 5 oder darunter.

'Polka'

Genererosa-Rosen

GENEROSA-ROSEN werden von Guillot in Frankreich gezüchtet und offiziell als Floribunda- oder Strauchrosen geführt. Sie sollen die leuchtenden Farben, kräftigen Düfte und gefüllten Blüten, durch die sich Guillots Alte Rosen auszeichnen, mit der Zuverlässigkeit, Blühfreude und Krankheitsresistenz der modernen Rosen verbinden. Seit 1829 züchtet die Familie Guillot bei Lyon in Frankreich Rosen, inzwischen in der fünften Generation. Jean-Baptiste Guillot (fils) führte mit 'La France' die erste Tee-Hybride ein. Außerdem war er der erste, der das Okulieren zur Vermehrung von Rosen anwendete. Mit dieser Methode, die sich schnell in aller Welt verbreitete, war es möglich, kräftige, gesunde Pflanzen in größerer Zahl zu produzieren als durch Stecklinge. Heute züchten Jean-Pierre Guillot und sein Vetter Dominique Massad eine völlig neue Rosenlinie für den modernen Garten, und Guillot bringt jedes Jahr viele neue Sorten Generosa-Rosen auf den Markt. Sie gedeihen am besten in fruchtbarem Boden mit reichlich gut verrottetem Dung und werden jedes Jahr um ein Drittel zurückgeschnitten.

'La France'

'Marquise Spinola'

'Martine Guillot'

'William Christie'

'Jardin de Viels Maisons'

'Sonia Rykiel'

'Claudia Cardinale' (auch MAScatna). Diese Generosa-Strauchrose wurde 1997 von Guillot-Massad eingeführt und nach der italienischen Schauspielerin benannt. Ihre großen, angenehm duftenden Blüten sind flach und geviertelt wie bei einer alten Damaszenerrose. Sie sind bernsteingelb mit gelben äußeren Kronblättern; das dunklere Zentrum färbt sich mit der Zeit feuerrot. Die Abstammung ist nicht veröffentlicht.
● Die kräftigen, überhängenden Triebe werden 1,5 m hoch und 2 m breit und blühen auf der ganzen Länge reich. Winterhart bis –29 °C, Zone 5.

'Jardin de Viels Maisons' (auch MASframb). Diese Generosa-Strauchrose wurde 1998 von Guillot-Massad eingeführt. Die Blüten sind tief schalenförmig und himbeerrosa und duften fruchtig. Die Abstammung ist nicht veröffentlicht.
● Die robuste Pflanze wird 1,2 m hoch und remontiert gut. Winterhart bis –29 °C, Zone 5.

'La France'. Dies ist die erste der eingeführten Tee-Hybriden (vollständiger Beschreibung siehe Seite 199). Diese Guillot-Rose war ein Durchbruch. Heute steht die Familie Guillot mit den Generosa-Rosen noch immer an der Spitze der Rosenzucht.
● Die Strauchform wird etwa 1,2 m hoch. Gilt als winterhart bis –34 °C, Zone 4.

'Marquise Spinola' (auch MASmarti). Diese Generosa-Strauchrose wurde von Guillot-Massad gezüchtet und 1998 eingeführt. Die Blüten sind tief schalenförmig und geviertelt. Von den hell rosafarbenen äußeren Kronblättern hebt sich das Zentrum mit einem dunkleren Ton ab. Die Blüten duften süß. Die Abstammung ist nicht veröffentlicht.
● Die robuste Rose wird 1,2 m hoch und remontiert gut. Winterhart bis –29 °C, Zone 5.

'Martine Guillot' (auch MASmabay). Diese Generosa-Strauchrose wurde 1997 von Guillot-Massad gezüchtet. Die großen, dicht gefüllten, rosafarbenen Blüten duften intensiv nach Gardenien, besonders bei kühlem Wetter. Die Abstammung ist nicht veröffentlicht.
● Die Pflanze wird 1,2 m hoch und etwas breiter, sie ist krankheitsresistent und remontiert gut. Winterhart bis –29 °C, Zone 5.

'Paul Bocuse' (auch MASpaujeu). Diese Generosa-Strauchrose wurde 1997 von Guillot-Massad eingeführt. Ihre großen, schalenförmigen, orangerosafarbenen Blüten duften fruchtig. Die Abstammung ist nicht veröffentlicht. Der berühmte Koch Paul Bocuse, nach dem die Rose benannt ist, stammt aus Lyon.
● Die gut remontierende Rose wird 1,2 m hoch und neigt in warmen, feuchten Regionen zu Sternrußtau. Winterhart bis –29 °C, Zone 5.

'Sonia Rykiel' (auch MASdogul). Diese Generosa-Strauchrose wurde 1995 von Guillot-Massad eingeführt. Ihre dicht gefüllten Blüten entwickeln sich zu einer flachen, gevierteltten Schalenform und nicken wie bei einer Teerose. Sie sind korallenrosa und verströmen einen kräftigen, fruchtigen Duft. Die Abstammung ist nicht veröffentlicht.
● Die Pflanze wird etwa 1,2 m hoch und remontiert gut. Winterhart bis –29 °C, Zone 5.

'Versigny' (auch MASversi). Diese Generosa-Strauchrose wurde von Guillot-Massad gezüchtet und 1998 eingeführt. Die großen Blüten sind lachsrosa mit dunklerem, eher orangefarbenem Zentrum und duften kräftig. Die Abstammung ist nicht veröffentlicht.
● Die Pflanze wird etwa 1,2 m hoch und remontiert gut. Winterhart bis –29 °C, Zone 5.

'William Christie' (auch MASsad). Diese Strauchrose wurde von Guillot-Massad gezüchtet und 1998 eingeführt. Die sehr großen, schalenförmigen Blüten sind mit zahlreichen rosafarbenen Kronblättern gefüllt und duften kräftig. Die Abstammung ist nicht veröffentlicht. William Christie war ein bekannter Musiker und Musikwissenschaftler.
● Die Pflanze wird etwa 1,5 m hoch und remontiert gut. Winterhart bis –29 °C, Zone 5.

'Versigny'

'Claudia Cardinale'

'Paul Bocuse'

Miniaturrosen

'Imperial Palace'

Die MINIATURROSEN sind zwar eine alte Klasse, spielen aber erst seit der Mitte des 20. Jahrhunderts eine Rolle. Der geniale Züchter Ralph Moore in Visalia in Kalifornien trug zu ihrer wachsenden Beliebtheit bei, aber auch andere erkannten die Möglichkeiten dieser Zwergrosen als Topfpflanzen. Die ersten durchgehend blühenden Miniaturrosen wurden sicher in China gezüchtet, sie sind auf chinesischen Gemälden des 18. Jahrhunderts und in illustrierten Büchern wie Mary Lawrances *A Collection of Roses* von 1796 sowie als *Rosa chinensis* 'Minima' (einfach) in Redoutés *Les Roses* von 1821 abgebildet. Einmal blühende Miniaturrosen werden in Europa schon lange kultiviert, das waren jedoch zwergig gezüchtete Gallica-Rosen und Zentifolien, die seit dem 17. Jahrhundert bekannt sind.

Die erste blühende Topfrose, die in großem Stil gezüchtet wurde, war die zwergige Chinarose 'Pompon de Paris' (siehe Seite 88), die in Paris um die Mitte des 19. Jahrhunderts sehr beliebt war; die modernen Miniaturrosen verdanken ihre mehrfache Blüte 'Roulettii' (siehe Seite 89), einer sehr niedrig wachsenden, durchgehend blühenden Zwergrose, die angeblich als Topfpflanze auf einer Fensterbank in der Schweiz entdeckt und zu M. Correvon in Genf gebracht wurde. Ob es sich um einen überlebenden frühen Import aus China handelte oder um eine neue Mutation, ist nicht bekannt, doch die Rose wurde bald Grundlage einer neuen Zuchtlinie.

Ralph Moore begann seine Zucht in den späten 30er Jahren mit der 'Roulettii'-Hybride 'Peon', die 1936 von Jan de Vink in Holland gezüchtet wurde, und 'Oakington Ruby', die

angeblich von einer alten Dame im Garten von Ely Cathedral in England gefunden wurde.

'Golden Moss' (siehe Seite 69), 1932 eingeführt, und 'Baby Gold Star' von 1940, beide von Pedro Dot aus Spanien, waren weitere frühe Züchtungen, die das Potenzial dieser Miniaturrosen zeigten. Dot produzierte noch mehr beliebte Sorten. Diese Miniaturrosen erinnern in Habitus und Blütenform an Tee-Hybriden und Floribunda-Rosen, doch die Pflanzen werden nicht höher als 30 cm. Zum Verkauf in Töpfen werden die Pflanzen aus Stecklingen angezogen und verkauft, sobald sie zu blühen beginnen. Die Blüten der idealen Topfrose öffnen sich zur Hälfte bis zu drei Vierteln und entwickeln sich dann mehrere Wochen nicht mehr weiter. Ralph Moore löste sich von diesem vorwiegend praktischen Produkt. Er entdeckte, dass sich die Gene anderer Rosenklassen, etwa der Moosrosen, leichter in Miniatur-Zuchtlinien integrieren ließen als in normal große Pflanzen, daher finden sich unter seinen Rosen (siehe die Seiten 264–265) bemooste Zwerg-Ramblerrosen, Kletterrosen mit Kamm und Sorten mit welligen, gefältelten und sogar eichblattförmigen Kronblättern.

Als Zwergrosen werden in der Regel etwas größere Miniaturrosen im Floribunda-Stil bezeichnet, die zwischen 45 cm und 1 m hoch werden. Ab dieser Höhe gehen sie in der Klasse der Floribunda-Rosen auf. Zwergrosen passen besonders gut in kleine Gärten und Höfe, wo große Pflanzen zu viel Platz brauchen würden. Miniatur- und Zwergrosen werden ähnlich geschnitten wie Tee-Hybriden, um in der Blütezeit möglichst viele neue Triebe zu erhalten.

'Peon'

'Snow Ruby'

'Halo Rainbow'

'Halo Rainbow' (auch MORrainbow). Diese Miniaturrose wurde 1994 von Moore in Kalifornien eingeführt. Ihre Blüten sind einfach und rosarot mit cremeweißem Zentrum. Die Rose entstand aus der Kreuzung eines unbenannten Sämlings mit der Miniaturrose 'Make Believe'.
● Die ausladende Zwergrose trägt glänzende Blätter, sie hat keine Stacheln und remontiert gut. Winterhart bis −29 °C, Zone 5.

'Imperial Palace' (auch POULchris). Diese Miniatur-Floribunda wurde 1996 von Poulsen in Dänemark eingeführt. Die Knospen sind eiförmig und spitz, die tiefroten, gefüllten Blüten sind schalenförmig und entwickeln eine schöne, nostalgische Form. Die Abstammung ist nicht veröffentlicht.
● Die reich blühende Pflanze trägt dunkelgrüne Blätter. Winterhart bis −29 °C, Zone 5.

'Joey's Palace' (auch POULjoey). Diese Miniatur-Floribunda wurde 1997 von Poulsen eingeführt. Die Blüten sind apricotfarben. Die Abstammung ist nicht veröffentlicht.
● Die remontierende Rose ist winterhart bis −29 °C, Zone 5.

'Lady Sunblaze' (auch 'Lady Meillandina', 'Peace Meillandina', 'Peace Sunblaze', MEIlarco). Diese Miniaturrose wurde 1986 von Marie-Louise Meilland in Frankreich gezüchtet. Aus spitzen Knospen entwickeln

sich dicht gefüllte, blass rosafarbene Blüten mit dunklerem Zentrum. Die Rose stammt von einem Sämling aus den Floribunda-Rosen 'Fashion' und 'Zambra' sowie der Miniaturrose 'Belle Meillandina' ab.
● Die Rose blüht fast durchgehend die ganze Saison über und gedeiht gut in Töpfen, im Zimmer wie im Freien. Winterhart bis −29 °C, Zone 5.

'Peon' (auch 'Tom Thumb'). Diese äußerst wichtige frühe Miniaturrose wurde 1936 von Jan de Vink in Holland eingeführt und von späteren Züchtern wie Ralph Moore häufig verwendet. Ihre halb gefüllten Blüten sind tief karminrot mit weißem Zentrum und duften kaum. Die Rose entstand aus einer Kreuzung von 'Roulettii' (siehe Seite 89) mit der frühen Polyantha-Rose 'Gloria Mundi'. 'Peon' war der ursprüngliche Name in Europa, in Amerika wurde sie später 'Tom Thumb' genannt.
● Die Rose bleibt mit 10−15 cm Höhe sehr niedrig und remontiert gut. Winterhart bis −23 °C, Zone 6.

'Snow Ruby' (auch CLEsruby). Diese Miniatur-Floribunda wurde 1996 von Heirloom Roses eingeführt. Aus langen Knospen entwickeln sich gefüllte, samtig orangerote Blüten mit weißer Rückseite, aber fast ohne Duft.
● Die Pflanze wird 35−55 cm hoch und remontiert gut. Winterhart bis −29 °C, Zone 5.

'Lady Sunblaze'

'Joey's Palace'

Miniaturrosen

'Crazy Quilt'

'Candy Cane'

'Pinstripe'

'Café Olé'

'Baby Darling'

'Orange Honey'

Ralph Moore begann seine Miniaturrosenzucht mit 'Peon' (siehe Seite 263) und 'Oakington Ruby', einer in England entdeckten Miniaturrose. Mehrere Jahrzehnte lang führte er Miniaturrosen mit einzigartigen Blüten- und Kronblattformen und vielen anderen neuartigen Eigenschaften ein.

'Baby Darling'. Diese Miniaturrose wurde 1964 von Moore eingeführt. Die spitzen Knospen entwickeln sich zu halb gefüllten, apricotorangefarbenen Blüten. Sie duften schwach. Die Rose entstand aus einer Kreuzung der Floribunda-Rose 'Little Darling' mit der kletternden Miniaturrose 'Magic Wand'. Es gibt auch einen kletternden Sport.
● Die Pflanze wird 30 cm hoch. Winterhart bis –29 °C, Zone 5.

'Café Olé' (auch MORolé). Diese Miniaturrose wurde 1990 von Moore eingeführt. Ihre mittelgroßen bis großen, dicht gefüllten, schalenförmigen Blüten duften schwach und würzig. Die Rose ist ein Sport der Miniaturrose 'Winter Magic'.
● Die Pflanze kann über 60 cm hoch werden und remontiert gut. Winterhart bis –29 °C, Zone 5.

'Candy Cane'. Diese kletternde Miniaturrose wurde 1958 von Moore eingeführt. Die halb gefüllten, tiefrosa Blüten zeigen weiße Streifen, werden bis zu 3,5 cm groß und duften leicht. Die Rose entstand aus der Kreuzung eines unbenannten Sämlings mit der kletternden Miniaturrose 'Zee', die in Moores Zuchtlinien eine große Rolle spielt.
● Die Rose wird 1,2 m hoch und blüht mehrmals. Winterhart bis –23 °C, Zone 6.

'Crazy Quilt' (auch MORpari, MORtrip). Diese Miniaturrose wurde 1980 von Moore eingeführt. Aus den spitzen Knospen entwickeln sich gefüllte, rot und weiß gestreifte Blüten. Die Rose entstand aus der Kreuzung der Floribunda-Rose 'Little Darling' mit einem unbenannten Sämling.
● Die kompakte, buschige Pflanze wird etwa 60 cm hoch. Winterhart bis –29 °C, Zone 5.

'Dresden Doll'. Diese Miniaturrose wurde 1975 von Moore in Kalifornien eingeführt und gehört zu einer Serie von Miniatur-Moosrosen. Aus den bemoosten Knospen entwickeln sich kleine, schalenförmige, halb gefüllte Blüten in zartem Rosa, die schwach duften. Die Rose entstand aus der Kreuzung der Miniaturrose 'Fairy Moss' mit einem Moosrosen-Sämling.
● Die buschige, kompakte Pflanze wird 45–60 cm hoch. Winterhart bis –29 °C, Zone 5.

'Golden Angel'. Diese Miniaturrose wurde 1975 von Moore eingeführt. Ihre dicht gefüllten, tief orangegelben Blüten werden 2,5 cm groß und duften schwach. Sie entstand aus der Kreuzung der Kletterrose 'Golden Glow' mit einem Sämling aus der Floribunda-Rose 'Little Darling' und einem unbenannten Sämling.
● Die kompakte, buschige Rose wird etwa 60 cm hoch. Winterhart bis –29 °C, Zone 5.

'Green Ice'. Diese Miniaturrose wurde 1971 von Moore eingeführt. Ihre spitzen Knospen entwickeln sich zu kleinen, gefüllten Blüten in Weiß mit zarten Grüntönen und leichtem Duft. Sie entstand aus einer Kreuzung von *Rosa wichuraiana* (siehe Seite 19) mit der Floribunda-Rose 'Floradora'.
● Die buschige Rose wird etwa 60 cm hoch. Winterhart bis –23 °C, Zone 6.

'Hi Ho' im San José Heritage Garden in Kalifornien.

'Rise 'n' Shine'

'Hi Ho'. Diese kletternde Miniaturrose wurde 1964 von Moore einge-führt. Die kleinen, gefüllten, tief rosafarbenen Blüten erscheinen in Büscheln und duften leicht. Die Rose entstand aus einer Kreuzung der Floribunda-Rose 'Little Darling' mit der kletternden Miniaturrose 'Magic Wand'.
- Die wüchsige Kletterrose wird etwa 2 m hoch. Winterhart bis –23 °C, Zone 6.

'Magic Carousel' (auch MORcar, MORrousel). Dies ist eine der besten Miniaturrosen überhaupt. Sie wurde 1972 von Moore eingeführt und – neben vielen anderen Preisen – 1999 in die ARS Miniature Hall of Fame aufgenommen. Ihre kleinen, gefüllten Blüten sind weiß mit rotem Rand. Die Rose entstand aus einer Kreuzung der Floribunda-Rose 'Little Darling' mit der Miniaturrose 'Westmont'.
- Die wüchsige, buschige Rose wird 60 cm hoch. Winterhart bis –29 °C, Zone 5.

'Orange Honey'. Diese Miniaturrose wurde 1979 von Moore einge-führt. Ihre orangegelben, gefüllten Blüten duften schwach fruchtig. Die Rose entstand aus einer Kreuzung der Floribunda-Rose 'Rumba' mit der Miniaturrose 'Over the Rainbow'.

- Die buschige, ausladende Pflanze wird etwa 60 cm hoch und blüht mehrmals. Winterhart bis –23 °C, Zone 6.

'Pinstripe' (auch MORpints). Diese Miniaturrose wurde von Moore gezüchtet und 1985 von Armstrong eingeführt. Die dicht gefüllten, roten Blüten zeigen weiße Streifen und duften leicht. Die Rose ent-stand aus der Kreuzung der Floribunda-Rose 'Pinocchio' mit einem unbenannten Sämling.
- Die hügelig wachsende Pflanze wird etwa 45 cm hoch. Winterhart bis –29 °C, Zone 5.

'Rise 'n' Shine' (auch 'Golden Meillandina', 'Golden Sunblaze'). Diese Miniaturrose wurde 1977 von Moore eingeführt und erhielt zahlrei-che Preise. 1999 wurde sie in die ARS Miniature Hall of Fame aufge-nommen. Aus langen, spitzen Knospen entwickeln sich gefüllte, 4 cm große Blüten in kräftigem Mittelgelb, die schwach duften. Die Rose entstand aus einer Kreuzung der Floribunda-Rose 'Little Darling' mit der Miniaturrose 'Yellow Magic'.
- Die buschige Pflanze wird 75 cm hoch. Winterhart bis –29 °C, Zone 5.

'Magic Carousel'

'Dresden Doll'

'Green Ice'

'Golden Angel'

265

Miniaturrosen

'Baby Betsy McCall'

'Angela Rippon'

'Anna Ford'

'Hula Girl'

'Angela Rippon' (auch 'Ocarina', OCAru). Diese Miniatur- oder Zwergrose wurde von de Ruiter gezüchtet und 1978 von Fryer's eingeführt. Ihre kleinen, lachsrosafarbenen Blüten duften schwach. Die Rose entstand aus einer Kreuzung der Miniaturrose 'Rosy Jewel' mit der Floribunda-Rose 'Zorina'.
● Die kompakte Rose wird 60 cm hoch. Winterhart bis −29 °C, Zone 5.

'Anna Ford' (auch 'Anne Ford', HARpiccolo). Diese Miniatur- oder Zwergrose wurde 1980 von Harkness eingeführt und erhielt neben anderen Auszeichnung drei Goldmedaillen. Die halb gefüllten Blüten sind tief lachsorange mit gelbem Punkt in der Mitte und duften leicht. Die Rose entstand aus einer Kreuzung von 'Southampton' (siehe Seite 223) mit der Miniaturrose 'Darling Flame'.
● Die Rose wird etwa 75 cm hoch. Winterhart bis −29 °C, Zone 5.

'Baby Betsy McCall'. Diese Miniaturrose wurde von Dr. Dennison Morey gezüchtet und 1960 von Jackson & Perkins eingeführt. Ihre gefüllten, blass rosafarbenen Blüten werden 2,5 cm groß und duften schwach. Die Rose entstand aus einer Kreuzung von 'Cécile Brunner' (siehe Seite 223) und der Miniaturrose 'Rosy Jewel'.
● Die Rose remontiert gut und wird nur etwa 20 cm hoch. Winterhart bis −23 °C, Zone 6 oder darunter.

'Gentle Touch' (auch DIClulu). Diese Miniatur- oder Zwergrose wurde 1986 von Dickson eingeführt. Ihre locker gefüllten, hell rosafarbenen Blüten duften leicht. Sie stammt von einer Hybriden der Flo-

ribunda-Rose 'Liverpool Echo' und der Miniaturrose 'Woman's Own' ab, die mit der Floribunda-Rose 'Memento' gekreuzt wurde.
● Diese buschige Rose wird 75 cm hoch, blüht sehr reich und remontiert gut. Winterhart bis −29 °C, Zone 5.

'Glowing Amber' (auch MANglow). Diese Miniaturrose wurde von George Mander gezüchtet und 1996 von Select Roses eingeführt. Die gefüllten, scharlachroten Blüten zeigen einen tiefgelben Mittelpunkt und eine gelbe Rückseite. Sie duften leicht. Die Rose entstand aus der Kreuzung der Miniaturrosen 'June Layer' und 'Rubies 'n' Pearls'.
● Die buschige Pflanze wird etwa 45 cm hoch. Winterhart bis −29 °C, Zone 5 oder darunter.

'Gourmet Popcorn' (auch 'Summer Snow', WEOpop). Diese Miniaturrose wurde von Luis Desamiro gezüchtet und 1986 von Wee Ones Miniature Roses eingeführt. Ihre mittelgroßen, halb gefüllten Blüten sind reinweiß und duften angenehm nach Rosen. Die Rose ist ein Sport der Miniaturrose 'Popcorn'.
● Die aufrechte, buschige, leicht trauerförmig wachsende Pflanze wird 60 cm hoch und ist sehr krankheitsresistent. Seit ihrer Einführung hat diese wunderbare Rose ständig an Popularität gewonnen. Winterhart bis −29 °C, Zone 5.

'Hula Girl'. Diese Miniaturrose wurde von Ernest D. Williams gezüchtet und 1975 von Sequoia Nursery eingeführt. Sie hat lange, elegante Knospen, die sich zu gefüllten, leuchtend orangefarbenen Blüten mit etwa 2,5 cm Durchmesser entwickeln.

'Gentle Touch'

'Gourmet Popcorn'

'Jeanne Lajoie'

'Glowing Amber'

'Neon Cowboy'

'What a Peach'

Sie duften leicht und fruchtig. Die Rose entstand aus einer Kreuzung der Tee-Hybride 'Miss Hillcrest' mit der Miniaturrose 'Mabel Dot'.
● Die buschige Pflanze wird 60 cm hoch und remontiert gut. Winterhart bis −23 °C, Zone 6.

'Jeanne Lajoie'. Diese kletternde Miniaturrose wurde 1975 von Sima Mini-Roses eingeführt. Sie gilt als Miniaturrose, weil ihre rosafarbenen Blüten, die sich aus spitzen Knospen entwickeln, nur 2,5 cm groß werden. Sie stammt von einer Hybride der Kletterrose 'Casa Blanca' und der Floribunda-Rose 'Independence' ab, die mit der Miniaturrose 'Midget' gekreuzt wurde.
● Die remontierende Pflanze kann als großer Strauch oder niedrige Kletterrose kultiviert werden. Mit Stütze wird sie bis zu 2,5 m hoch. Winterhart bis −23 °C, Zone 6.

'Mandarin' (auch KORcelin). Diese Miniaturrose wurde 1987 von Kordes eingeführt. Ihre Blüten öffnen sich sehr flach, mit orangefarbenen Kronblätter im Zentrum und rosafarbenen am Rand. Die Abstammung ist nicht veröffentlicht.
● Diese nur 30 cm hohe Rose ist es wert, angepflanzt zu werden. Winterhart bis −29 °C, Zone 5.

'Neon Cowboy' (auch WEKemilcho). Diese Miniaturrose wurde von Tom Carruth gezüchtet und 2003 von Weeks Roses eingeführt. Ihre einfachen bis halb gefüllten Blüten sind scharlachrot mit gelbem Mittelpunkt. Sie entstand aus einer Kreuzung der Miniaturrose 'Emily Louise' mit einem Sämling der Floribunda-Rose 'Little Artist'.
● Die Pflanze wird 30–40 cm hoch und blüht in jedem Klima gut. Winterhart bis −23 °C, Zone 6.

'Space Odyssey' (auch WEKsnacare). Diese Miniaturrose wurde von Tom Carruth gezüchtet und 2001 von Weeks Roses eingeführt. Die halb gefüllten, samtig roten Blüten zeigen einen weißen Punkt in der Mitte. Die Rose entstand aus einer Kreuzung der Miniaturrose 'Santa Claus' mit der Strauchrose 'Times Square'.
● Die äußerst krankheitsresistente Rose wird 30–40 cm hoch. Winterhart bis −23 °C, Zone 6.

'What a Peach' (auch CHEwpeachdell). Diese Miniaturrose wurde 2001 von Warner gezüchtet. Die pfirsichgelben, gefüllten Blüten duften schwach fruchtig. Die Rose entstand aus einer Kreuzung der kletternden Miniaturrose 'Laura Ford' mit der Miniaturrose 'Sweet Magic'.
● Der aufrechte Busch wird 60 cm hoch, die jungen Blätter sind rot. Winterhart bis −23 °C, Zone 6.

'Space Odyssey'

'Mandarin'

Rosen im Garten

Die Floribunda-Rose 'Inner Wheel' mit Lavendel und silberblättrigem *Santolina chamaecyparissus* in einer formellen, aber lebendigen Pflanzung in Arley Hall, England.

DER KLASSISCHE ROSENGARTEN kann schön und wertvoll sein; der Erfolg des Europa-Rosariums Sangerhausen, das gerade sein 100-jähriges Bestehen feierte, ist ein Tribut an die Fähigkeiten und Sorgfalt von Generationen von Gärtnern und Kuratoren. Zahlreiche Rosen, die sonst nirgends mehr vorkommen, haben hier zwei Weltkriege und 50 Jahre Isolation im Sozialismus überlebt. Weitere Rosengärten finden sich bei Paris, in L'Haÿ-les-Roses und Bagatelle. Diese klassischen Rosensammlungen wurden Anfang des 20. Jahrhunderts angelegt und bis heute auf höchstem Niveau erhalten. In Italien baute Professor Fineschi einen herrlichen Rosengarten in Roseto di Cavriglia in Arezzo zwischen den Olivenhainen der Toskana auf. Die meisten Rosen gedeihen dort hervorragend, und die Pflanzen sind nach botanischen Gesichtspunkten und nach Züchtern gruppiert – eine interessante Art der Gestaltung.

Dennoch sind wir der Meinung, dass die alte Methode, Rosen in besonderen Beeten, oder gar in Beeten mit nur einer Sorte, zu kultivieren, zum Schwinden ihrer Beliebtheit beigetragen hat. In diesen Monokulturen fühlen sich Schädlinge und Krankheiten wohl, der Boden sammelt Pathogene an und wird „rosenmüde", sodass eine erfolgreiche Neupflanzung schwierig wird. Rosen wirken besser und fühlen sich wohler, wenn sie neben anderen Pflanzen und an geeigneten Standorten wachsen: Kletterrosen an Bäumen oder Wänden und Strauchrosen zwischen Stauden oder anderen Sträuchern mit ähnlichen Kulturansprüchen. Ein schönes Beispiel ist die Graham-Thomas-Sammlung Alter Rosen im Garten von Mottisfont Abbey in Hampshire. Hier sind die Rosen in einer dekorativen Anlage mit Stauden kombiniert, die für Kontraste in Form und Farbe sorgen. Die Mauern um diesen alten Küchengarten sind mit Kletterrosen bedeckt.

Gleich, wie viele Rosen in einem Garten kultiviert werden – es gibt keine Entschuldigung für eine langweilige Anlage. Die folgenden Seiten bieten Beispiele gemischter Pflanzungen, die wir während unseres Studiums der Rosen in aller Welt gesehen haben, und zeigen Rosen in verschiedenen Klimazonen und Gartendesigns.

Die Gallica-Hybride 'Complicata' (*links*) und Moschata-Hybriden im Garten von La Bonne Maison bei Lyon, Frankreich. Der Wall hinter einer Mauer bietet tiefgründigen, fruchtbaren Boden und gute Dränage. Diese Bodenverhältnisse sind besonders günstig für Moschusrosen, während Gallica-Rosen sich für schwerere, frische Böden eignen. Blaue Katzenminze ist ein idealer Bodendecker.

Ramblerrosen auf Hochstämmen bilden den Hintergrund zu einem Seerosenteich aus Beton im Dortmunder Westfalenpark.

Die hübsche 'Sally Holmes' wächst im langen Gras am Wilton Cottage in England.

Wildrosen kommen an vielen Standorten vor, die kletternden Formen aber meist in Hecken oder an Bäumen, die kleineren Sträucher an offenen Hängen zwischen Felsen und rauem Gras.

Immer mehr Rosenliebhaber versuchen, Rosen in eine natürlich wirkende Umgebung zu pflanzen. In der Regel entwickeln sich die Wildarten am besten, wenn sie sich in Konkurrenz mit anderen Pflanzen wie Gräsern oder Bäumen behaupten müssen; sie blühen auch ohne regelmäßige Düngung schön. Die größeren Gallica-Rosen wie 'Complicata', deren natürliche Umgebung raues Grasland ist, gedeihen besonders gut, wenn sie nicht veredelt wurden, sondern auf eigenen Wurzeln wachsen. Sie bilden dann Schösslinge unter der Grasdecke, bis ein ganzes Dickicht entsteht. Auch Alba- und Damaszenerrosen dürften ideal für die Kultur in Gras sein, in kühleren Regionen eignen sich auch Formen von *R. moyesii*. All diese Arten können sich zu luftigen Sträuchern entwickeln, die eventuell eine unauffällige Stütze brauchen. Die großen, einfachen oder locker gefüllten Rosen wirken gut in naturnaher Umgebung. Sie schaffen am Zaun oder als Hecke gepflanzt einen schönen Übergang zwischen dem Garten und der umliegenden Landschaft.

Die Qualität und Fruchtbarkeit des Bodens, in den die Rosen gepflanzt werden, hat großen Einfluss auf den Erfolg. Die meisten Rosen gedeihen in tiefgründigem, nährstoffreichem Tonboden, auf magerem, saurem Sandboden hingegen entwickeln sich nur wenige gut. Die Ausnahmen sind Rugosa-Rosen und Spinosissima-(Pimpinellifolia-)Rosen mit ihren Hybriden. Wenn es Ihnen nicht gelingt, Rosen im Gras anzusiedeln, entfernen Sie zuerst die alte Grasnarbe, wo die Rosen wachsen sollen. Wenn die Rosen angewachsen sind, darf auch das Gras wiederkommen. Es hilft, eine gewisse Fläche rund um die Wurzeln frei von Gras zu halten, denn dann können Sie besser düngen, wenn die Rosen Hilfe brauchen. Roger hat einige Englische

Rosen und andere moderne Rosen in seinen Obstgarten in England gepflanzt und viele gedeihen gut im hohen Gras. Rosen, die sich in einem kultivierten, fruchtbaren Beet als zu starkwüchsig erweisen, halten sich im Gras eher zurück. 'Sally Holmes' auf dem Bild oben ist ein gutes Beispiel für eine Rose, die auch bei Konkurrenz gut gedeiht; 'Scepter'd Isle' blüht unter diesen Bedingungen ebenso gut.

Ein Platz am Wasser ist günstig für Rosen. In einem informellen Garten wirkt es wunderbar, wenn sich Kletterrosen an den Ästen eines Baums bis an das Teichufer herunterranken. Dieser Ansatz passt jedoch nicht in jeden Garten und gefällt nicht jedem Gärtner. Formelle Pflanzungen gehen auf die Gärten der Moguln in Indien und Persien zurück und sind auch im restaurierten Garten der Alhambra in Spanien zu sehen. Wasser ist dort ein wichtiger Bestandteil, da es für Kühlung sorgt. In heißem, trockenem Klima ist Wasser lebenswichtig für die Pflanzen. Fließendes Wasser bringt Leben und Bewegung in den Garten und bleibt zudem rein. Es gibt kaum einen beruhigenderen Anblick als eine Reihe Rosen, die sich im stillen Wasser eines Gartenkanals oder eines kleinen Teiches spiegelt.

Als Trauerhochstamm erzogene Rosen passen gut in den formellen Rahmen. Ramblerrosen wie 'Dorothy Perkins' und 'Sander's White Rambler' eignen sich besonders für diese Erziehung. 'Félicité et Perpetue' ist ebenfalls hervorragend, sie bildet stärker aufrechte Triebe. Formelle Gärten mit in Form geschnittenen Rosen werden oft nur als zu alten Häusern und historischen Stilrichtungen passend angesehen, doch das trifft nicht immer zu. Im Dortmunder Westfalenpark finden sich Hochstammrosen an einem modernen Betonteich, wo aufrechtes Schilf mit den herabhängenden Rosen kontrastiert. Bäume bilden den dunklen Hintergrund. Bei randvollem Teich wäre die Wirkung noch beeindruckender.

Dieser sonnendurchflutete Rosengarten, den man auf einer Bank am Springbrunnen im Schatten von Kiefern genießen kann, findet sich im Westfalenpark in Dortmund, Deutschland.

Die Huntington Gardens in Pasadena bei Los Angeles, USA, bieten eine besonders große und interessante Sammlung der verschiedensten Rosen; die Anzahl der hiesigen Rosenbeete ist kaum zu überbieten.

271

An einer Ziegelmauer von Sissinghurst Castle in Südostengland klettert 'Galway Bay' hinauf. Die Farbe der Blüten wird von blass orangefarbenen Iris und einer dunkelroten Kordesii-Hybride wieder aufgenommen.

'Alchymist' rankt sich um einen Baum im Eccleston Square Garden in London, England.

Die meisten Wildrosen sind kletternde Pflanzen, und die Vorfahren der wichtigsten Gartenrosen waren großblütige Kletterrosen, die in Westchina wild wuchsen. Ihre Nachfahren, die heutigen Tee-Hybriden und Floribunda-Rosen neigen dazu, kletternde Sports und Sämlinge hervorzubringen – die großblütigen Kletterrosen, die allgemein kultiviert werden. Kleinblütige Kletter- und Ramblerrosen sind in der Regel einmal blühende Hybriden mit einer kleinblütigen, kletternden Art. Die großblütigen Kletterrosen bilden eher dauerhafte, holzige Triebe aus. Ramblerrosen hingegen treiben jährlich von der Basis neu aus, und diese flexiblen Triebe lassen sich gut um Rankhilfen winden.

Es gibt drei grundlegende Einsatzmöglichkeiten für Kletterrosen im Garten: als Fächer an einer Wand, an Pergolen oder an Pfosten. In jedem Fall müssen die Rosen jährlich neu aufgebunden werden, am besten im Herbst oder Winter. In sehr kalten Regionen, wo die langen Triebe am Boden vor Frost geschützt werden müssen, ist das Frühjahr der bessere Zeitpunkt. Im Europa-Rosarium Sangerhausen wachsen Hunderte verschiedene Ramblerrosen an über 4 m hohen Lärchen- oder Kiefernpfosten, was hervorragend aussieht und Höhe in die Pflanzungen bringt. Für eine solche Anlage sind keine teuren geglätteten Pfosten erforderlich, außerdem dienen Rinde und kurze Zweigstümpfe den Rosenranken als zusätzliche Stütze. Eine Variation über das Pfostenmotiv findet sich im Garten der Royal Horticultural Society in Wisley. Hier stehen quadratisch zugeschnittene Eichenpfosten in Reihen, verbunden mit kräftigen, durchhängenden Stricken, an denen die Rosen aufgebunden werden.

Auch Gitter sind eine beliebte Rankhilfe für Kletterrosen. Diese können einfach zweidimensional sein, wie ein Zaun, aber auch zu Torbögen, Laubengängen oder gar einem Pavillon ausgebaut werden, an dessen Außenseite sich Rosen und andere Kletterpflanzen emporranken. Sally Allison, eine große Rosengärtnerin und -sammlerin in Neuseeland, hat in ihrem Garten eine große Kuppel angelegt, an der sie Kletterrosen erzieht. Besonders aufwändige Gestaltungen mit Gittern sind in der Nähe von Paris, im Garten L'Haÿ-Les-Roses zu bewundern. Die Hybriden von Barbier, etwa 'Albéric Barbier', eignen sich besonders für diese Art der Kultur. 'Alexandre Girault' wird in den Huntington Gardens bei Los Angeles an einem weiß lackierten Gitter erzogen.

Die holzigen, großblütigen Kletterrosen eignen sich besser für Wände. Ein gutes Beispiel aus dem Garten von Sissinghurst Castle in

Eine rot blühende Kordesii-Hybride an einer bogenförmigen Pergola umrahmt Hochstammrosen im Westfalenpark in Dortmund, Deutschland.

England, wo die große Gartenschriftstellerin und Rosenliebhaberin Vita Sackville-West lebte, ist auf der gegenüberliegenden Seite zu sehen. Eine Hauswand dient zudem kälteempfindlichen Rosen im Winter als Schutz, und durch die zusätzliche Wärme reift das Holz auch in einem kühlen Sommer gut aus.

Klein- und großblütige Rosen lassen sich gut kombinieren. Roger und ich fanden ein gutes Beispiel hierfür in China: *R. banksiae* (siehe Seite 14) zusammen mit der großblütigen, gefüllten, rosafarbenen *R. gigantea* (siehe Seite 13).

Kletterrosen passen aber nicht nur in große Gärten. Sie sind ideal für kleine Gärten in der Stadt, denn sie markieren dekorativ die Grundstücksgrenze – ob Wand oder Zaun – oder ranken sich durch Sträucher, die zu einer anderen Zeit blühen, und verlängern so die Blütensaison im Garten. Wo die Grundfläche knapp bemessen ist, nutzen Kletterrosen die vertikale Dimension aus. Ein schönes Beispiel findet sich im Garden der Rosenliebhaberin Sharon van Enoo in Torrence in Kalifornien. Sie nutzt alle Möglichkeiten der Kletterrosen aus und pflanzt sie an Wände, zieht sie über das Garagendach und am Straßenzaun entlang.

Ramblerrosen an einer Pergola, deren klare Linien mit duftigen Stauden kontrastieren.

Im Garten von Sharon van Enoo in Kalifornien, USA, klettern Rosen an den verschiedensten Gerüsten hinauf.

Rosen im Garten

Im späten 19. und im 20. Jahrhundert war es allgemein üblich, Rosen in besondere Rosenbeete oder -gärten zu pflanzen, als eine Sammlung von Rosensträuchern in sonst leeren Beeten, eventuell mit einer Einfassung aus Buchsbaum. Hochstammrosen und Kletterrosen an Pergolen sollten für Höhe sorgen. Beispiele für diese Art von Rosengarten sind noch in vielen Ländern zu sehen, heute werden Rosen jedoch häufiger zwischen andere Blumen in gemischte Beete gepflanzt, oder zumindest werden andere Pflanzen ins Rosenbeet integriert. Auf den nächsten Seiten zeigen wir einige Pflanzen, zunächst Sträucher und Kletterpflanzen, die sich gut mit Rosen kombinieren lassen. Sie lockern die Monotonie im Rosenbeet etwas auf, vor allem dann, wenn die Rosen gerade nicht blühen.

Die Kombination von Rosen mit anderen Sträuchern sorgt für Kontraste und verlängert bei guter Planung die Blütensaison. Am besten geeignet sind Gattungen, die in der Natur mit Rosen zusammen vorkommen und die gleiche Art Boden brauchen. Dazu gehören Sträucher wie Flieder (*Syringa*), *Philadelphus*, *Deutzia*, *Indigofera* und viele Schneeball-Arten (*Viburnum*). Immergrüne sorgen auch im Winter noch für Farbe und Struktur, wenn die Rosen ruhen. Bei mildem Klima empfiehlt sich hier *Ceanothus*, in kälteren Regionen *Ilex*.

Kletterrosen lassen sich gut mit anderen Kletterpflanzen kombinieren. Am besten eignen sich nicht zu dicht belaubte Pflanzen. *Clematis*-Arten sind besonders günstig, da sie die Rosen, an denen sie sich hochranken, in der Regel nicht erdrücken. Großblütige Clematis und *C.-viticella*-Hybriden harmonieren hervorragend mit großblütigen Rosen. Die kleinblütigen, frühen *Clematis alpina* und *C. sibirica* passen zu *Rosa moyesii*, da sie dieses kühles, feuchtes Klima bevorzugen und blühen, wenn die Rose gerade Blätter ansetzt. Die blassgelbe *Rosa banksiae* 'Lutea' und die blaue *Wisteria sinensis* ergeben ein besonders schönes Bild, das häufig in den Mittelmeerländern zu sehen ist. Beide blühen früher als die meisten Rosen. Jasmin, etwa *Jasminum officinale,* und kletternde *Solanum*-Arten sind bei wärmerem Klima ebenfalls geeignet. Die dekorativen Blätter von Wein-Arten wie *Vitis tomentosa* oder *V. vinifera* 'Brant' sind ein schöner Hintergrund für Rosenblüten. Die orangefarbenen Blüten der kletternden 'Lady Hillingdon' kontrastieren perfekt mit *Vitis vinifera* 'Purpurea'.

In Mary Glassons Garten in Neusüdwales in Australien sorgen Eukalyptusbäume für Schatten, die Rosen brauchen aber reichlich Wasser und Schutz vor den Baumwurzeln, um gut zu blühen.

Morgendämmerung in Rose Acres in Diamond Springs in Kalifornien, USA. Eine herrliche Gruppe von Tee-Hybriden und Floribunda-Rosen fühlt sich in der rauen Landschaft offenbar zu Hause.

Während der langen Blütezeit der Teerose 'Général Schablikine' blüht auch *Camellia × williamsii* 'Donation' im Eccleston Square Garden.

Die klassische Kombination der Kletterrose 'Blairii No. 2' mit einer weißen Clematis, vermutlich 'Sylvia Denny', im Garten von La Bonne Maison bei Lyon, Frankreich.

Rosen mit silbrigen Sträuchern in einem Garten an der kalifornischen Küste.

Die spät blühende Noisetterose 'Aimee Vibert' zusammen mit *Solanum crispum*.

'Bella Rosa', auch 'Toynbee Hall' genannt, eine moderne deutsche Floribunda-Rose im Stil alter Rosen, mit der einjährigen Jungfer im Grünen (*Nigella damascena*).

Alte Strauchrosen, Tee-Hybriden und Englische Rosen von David Austin werden wegen der Schönheit und des Duftes der einzelnen Blüten ebenso geschätzt wie wegen ihrer Schönheit als Pflanze – im Gegensatz zu Floribunda-, Rambler- und Bodendeckerrosen, die vor allem wegen ihrer Wirkung in großen Gruppen kultiviert werden. Diese schönen, angenehm duftenden Blüten verdienen es, aus der Nähe bewundert zu werden und sollten daher in schmale Beete oder direkt an einen Weg gepflanzt werden, wo sie gut erreichbar sind.

An solchen Standorten wirken die Rosen besser, wenn sie mit Stauden kombiniert werden, die zwischen den Sträuchern für Form- und Farbkontraste sorgen oder als Bodendecker unter den Rosen wachsen. Wählen Sie in jedem Fall Pflanzen, die die kräftige Düngung vertragen, wie sie für Rosen nötig ist. Gut geeignet sind niedrige Stauden wie Veilchen, *Alchemilla mollis*, verschiedene Storchschnabel-Arten, Katzenminze (*Nepeta*), Päonien, *Heuchera* und Funkien. Nelken hingegen sehen zwischen Zwergrosen zwar hervorragend aus, brauchen aber besondere Pflege, damit sie nicht zu viel Grün entwickeln. Hohe,

aufrechte Stauden in Ährenform bieten einen eleganten Kontrast zu den rundlichen Rosensträuchern. Gute Beispiele sind hier Fingerhüte, Lupinen, Rittersporn, aufrechtes Leinkraut, weiße, wollige *Stachys*, graue *Lysimachia ephemerum*, Glockenblumen mit ihren hohen Blütentürmen und hohe, graue *Artemisia*. Die weiße Form des gewöhnlichen Fingerhuts *Digitalis purpurea* wird im Garten von Mottisfont Abbey häufig mit den Rosen kombiniert. *Anemone hupehensis* in Rosa und Weiß ist wegen ihrer späten Blütezeit besonders wertvoll. Sie verträgt schweren Boden, Sonne oder tiefen Schatten.

Auch Einjährige eignen sich gut für diesen Zweck, da sie sich leicht austauschen lassen und schnell dekorative Effekte schaffen. Die meisten gedeihen zudem in nährstoffreichem Boden. Mohn, Jungfer im Grünen (*Nigella*), Lerchensporn, *Reseda* und die kalifornische *Nemophila* sind alle gut geeignet und fügen sich leicht in verschiedene Farbkombinationen ein. Hohe Kosmeen und Ziertabak sind wegen ihrer späten Blütezeit besonders nützlich.

In dieser klassisch weißen Pflanzung, wie sie Vita Sackville-West populär machte, wird die Floribunda-Rose 'Iceberg' mit Rittersporn, *Lychnis coronaria* 'Alba', dem gestreiften Gras *Phalaris arundinacea* 'Picta' und den sternförmigen Blüten der weißen Form von *Viola cornuta* im Vordergrund kombiniert.

'Autumn Sunset', eine moderne Strauchrose, mit *Hosta sieboldiana* und *Salvia officinalis*.

Die Rugosa-Hybride 'Delicata' mit *Alchemilla mollis*, einer sehr robusten, winterharten Staude aus Ost-Europa und dem Kaukasus.

Die Damaszenerrose 'La Ville de Bruxelles' in einer dichten Staudenrabatte mit *Linaria* 'Canon Went' und silberner *Artemisia*.

277

'Rush', eine Strauchrose von Louis Lens aus Belgien, mit hohem Blut-Weiderich (*Lythrum salicaria*), einer Pflanze für flache Gewässer und sumpfige Wiesen; in Teilen Nordamerikas ist sie ein lästiges Unkraut, in ihrer Heimat Großbritannien bereitet sie keine Probleme.

Die attraktive moderne Hybride 'Bonica' mit einjährigem, in verschiedenen Farben blühendem Mohn, den Pfarrer William Wilkes aus dem wilden roten Klatsch-Mohn züchtete.

Auf dem dünnen Kalkboden von Mottisfont Abbey, Südengland, sind Nelken gute Bodendecker für die zwergige *Rosa chinensis* 'Sanguinea'.

Der hübsche, nostalgische Storchschnabel *Geranium pratense* 'Plenum Violaceum' harmoniert gut mit der Rose 'Queen of the Musks'.

'Pierre de Ronsard' zusammen mit *Yucca recurvifolia* und *Campanula lactiflora* im Dortmunder Westfalenpark.

Diese Anlage in Monets Garten in Giverny in Frankreich wirkt vor allem überschwänglich. Weite Rosenbögen umrahmen die Wege zwischen dicht mit Päonien, Schlaf-Mohn und anderen Einjährigen und Stauden bepflanzten Beeten.

Zwischen Rittersporn im Hintergrund und Lavendel im Vordergrund sitzt eine Gruppe Englischer Rosen im neuen Garten der Herzogin von Northumberland in Alnwick Castle, Nordengland.

279

Glossar

(kursiv gesetzte Begriffe verweisen auf einen weiteren hier erläuterten Fachbegriff)

AARS All-American Rose Selections; eine gemeinnützige Organisation von Rosenzüchtern und -schulen. Nach einer zweijährigen Prüfung wählen sie neue Rosen-Sorten aus, die sie als hervorragend einstufen.

ADR Anerkannte Deutsche Rose; dieses Prädikat wird nach drei- bis vierjähriger Prüfung vom Bund deutscher Baumschulen vergeben. Das Hauptkriterium ist die Gesundheit der Rose.

allotetraploid Bei hybriden Pflanze mit (im Vergleich zu normalen Pflanzen) doppelter *Chromosomenzahl*, je zur Hälfte von jedem Elternteil, als Ergebnis einer *Chromosomenverdopplung* nach der Hybridisierung. Allotetraploide verhalten sich meist wie eine neue, fertile Art.

Apomixis Ein Prozess, durch den manche Pflanzen ohne Befruchtung keimfähige Samen bilden. Er tritt besonders bei der Hunds-Rose, aber auch bei vielen anderen Pflanzen auf.

ARS American Rose Society; eine gemeinnützige Organisation, die Weiterbildungsveranstaltungen und Rosenschauen organisiert, Standards und Richtlinien für Wettbewerbe herausgibt.

bipinnat Ein *gefiedertes* Blatt, dessen Fiedern (Fiederblättchen) wiederum gefiedert sind.

Chromosom Teil des Zellkerns jeder lebenden Zelle, der die DNS enthält. Die Chromosomenzahl variiert je nach Lebewesen.

Chromosomenverdopplung Diese kommt vor, wenn bei der normalen Zellteilung beim Wachstum der Pflanze ein Fehler auftritt. So entsteht ein Zweig oder gar eine ganze Pflanze mit doppelt so vielen *Chromosomen* wie die Elternpflanze. In der Natur tritt dies sehr selten auf, kann aber durch die Behandlung der Zellen mit Chemikalien wie Colchicin künstlich herbeigeführt werden.

Chromosomenzahl Die normale Anzahl von Chromosomen in den Zellen einer Pflanzen- oder Tierart; meist aus zwei Chromosomensätzen bestehend.

Codenamen Diese werden zur Eintragung der „Pflanzenzüchterrechte", einer Art Copyright an der Pflanze, verwendet. Die ersten drei Buchstaben, in der Regel groß geschrieben, weisen auf die Rosenschule hin, z.B. MEI für Meilland, AUS für Austin, WEK für Weeks. Oft sind es unaussprechliche, sinnlose Wörter, sie bleiben jedoch weltweit gleich und helfen, Rosen sicher zu bestimmen, wenn zwei Sorten denselben eingängigen Handelsnamen tragen, der zudem von Land zu Land unterschiedlich sein kann.

Cyme Trugdolde; ein Blütenstand mit eher flacher Oberfläche, dessen mittlere Blüte sich zuerst öffnet.

diploid Die normale Anzahl von *Chromosomen* in einer Zelle, nämlich zwei Chromosomensätze enthaltend; (die Anzahl der Chromosomen ist bei diploiden Organismen durch zwei teilbar).

DNS Desoxyribonukleinsäure; dieses Molekül trägt die Gene, die die Eigenschaften eines Organismus bestimmen. Wenn Zellen sich teilen oder miteinander verschmelzen, formiert sich die DNS zu wurstförmigen *Chromosomen*, die unter dem Mikroskop sichtbar sind.

Drüsen Genau genommen jede Zelle, die Stoffe absondert, etwa die Duftdrüsen der Rosenblätter. Bei Rosen treten gelegentlich sichtbare Drüsen auf, die eine duftende, harzähnliche Substanz absondern – z.B. beim „Moos" der Moosrosen.

eiförmig Bei einem Blatt ein Oval, dessen zum Stängel hin zeigendes Ende breiter ist als das zur Spitze hin zeigende; diese Form wird auch ovat genannt.

elliptisch Eine symmetrische, rundliche Form, die länger ist als breit und in der Mitte am breitesten. Siehe auch *lanzettlich*.

fiederspaltig (pinnatifid) Ein in Fiederform eingeschnittenes bzw. eingekerbtes, aber nicht *gefiedertes* Blatt, d.h. die Einschnitte gehen nicht bis zur Mittelrippe.

gefiedert (pinnat) Ein Blatt, das aus zwei Reihen von Fiedern (Fiederblättchen) besteht, die entlang einer Mittelachse angeordnet sind. Fast alle Rosenblätter sind gefiedert.

Hybride Eine Pflanze, die aus der Kreuzung zweier genetisch verschiedener Elternpflanzen entstand. Je entfernter die Eltern miteinander verwandt sind, desto größer ist die Wahrscheinlichkeit, dass die Nachkommen steril werden.

imbrikat Dachziegelartig überlappend angeordnet, z.B. die Kronblätter bei Blüten.

Klon Eine mit der Elternpflanze genetisch identische Pflanze, meist aus einer Knospe oder einem Steckling gezogen. Siehe auch *Apomixis*.

Konnektiv Der Teil des Staubblattes, der die beiden Staubbeutelhälften (Antherenhälften) miteinander verbindet.

lanzettlich oder lanceolat Diese Form ist länger als breit, die breiteste Stelle liegt unterhalb der Mitte, die Form läuft spitz zu. Siehe auch *elliptisch*.

Nebenblatt Blattartiger Auswuchs des Blattgrundes an der Ansatzstelle des Blattstiels am Trieb.

Mikrospezies Durch *Apomixis* entstandene Populationen, die kaum voneinander zu unterscheiden sind, sich aber selten kreuzen.

Mutation Eine erbliche Veränderung der DNS; sie hat neue Eigenschaften der aus der mutierten Zelle hervorgehenden Gewebe oder der Nachkommen des Organismus zur Folge.

Petalen Kronblätter; meist in Farbe und Form auffällige Blätter als innerer Kreis der Blütenhülle.

Reis siehe *veredeln*.

RNRS Royal National Rose Society; organisiert in England Vorträge und Rosenschauen, Forschung und zwei- bis dreijährige Rosenprüfungen, an deren Ende Auszeichnungen vergeben werden. Betreibt seit Jahren die Gardens of the Rose in St. Albans (England).

Rosenöl Ein aus den Kronblättern der Rose gewonnenes ätherisches Öl.

Sektion Gruppe von Arten innerhalb einer Gattung, die genügend gemeinsame Merkmale aufweisen, um sich von anderen Sektionen zu unterscheiden, aber nicht so deutlich, dass sie eine eigene *Untergattung* oder Gattung bildeten.

Sepalen Kelchblätter; meist grüne Blätter als äußerer Kreis der Blütenhülle.

Stylus Griffel; Verbindungsteil zwischen Narbe und Fruchtknoten beim Fruchtblatt.

Untergattung Eine Gruppe von Arten innerhalb einer Gattung, die genügend gemeinsame Merkmale aufweisen, um sich von anderen Untergattungen zu unterscheiden, aber keine eigene Gattung bilden. Diese Unterschiede sind größer als zwischen *Sektionen*.

tetraploid Mit vier Chromosomensätzen statt der üblichen zwei (siehe *diploid*) ausgestattet; dies kann infolge von *Chromosomenverdopplung* auftreten. Siehe auch *allotetraploid*, *triploid*.

triploid Mit drei Chromosomensätzen statt der üblichen zwei (siehe *diploid*) ausgestattet. Dies führt üblicherweise zu einer sterilen oder weniger fruchtbaren Pflanze, die dafür aber wüchsiger sein kann. Siehe auch *tetraploid*.

Veredeln Das Verbinden von zwei verschiedenen Pflanzen, die dann zusammenwachsen; in der Regel wird ein Reis (Trieb oder Zweig) von einer Pflanze auf die Wurzeln einer anderen (der Unterlage) veredelt. Rosen werden durch Okulieren veredelt. Mit dieser Methode werden sterile Rosen vermehrt, durch die Auswahl einer mehr oder weniger wüchsigen Unterlage lässt sich die Größe einer Pflanze kontrollieren, die Ausbreitung von Sorten, die zur Bildung von Schösslingen neigen, wird verhindert, und für den Handel können große Mengen von Rosenpflanzen produziert werden.

verkehrt eiförmig Beim Blatt ein Oval, dessen Spitze breiter ist als die (zum Stängel hin zeigende) Basis; auch obovat genannt.

Verkleben Die Blüten öffnen sich bei schlechtem Wetter nicht und faulen.

Zone Region, für die die Winterhärte nach der Vorlage des US-Landwirtschaftsministeriums angegeben wird. Siehe Rosen im Internet auf der gegenüberliegenden Seite.

Mehltau an den Blättern

Mosaikvirus

Sternrußtau an 'Zéphirine Drouhin'

Raupenfraß

Rosenpflege

Pflanzung

Wurzelnackte Rosen sollten während der Ruhezeit im Winter gepflanzt werden. Bestellen Sie sie im Sommer bei der Rosenschule, dann erhalten Sie die Pflanzen zum örtlich passenden Zeitpunkt ausgeliefert. Packen Sie die Pflanzen sofort aus, wenn sie ankommen, und lagern Sie sie kühl bis zur Pflanzung, die möglichst bald erfolgen sollte. Kürzen Sie bei der Pflanzung die Wurzeln mit einem sauberen Schnitt auf etwa 30 cm und achten Sie darauf, dass der Boden geeignet und gut dräniert ist. Ist der Boden zu mager oder zu schwer, arbeiten Sie Kompost oder Sand ein, um das Wachstum der Wurzeln zu fördern.

Eine blühende Rose im Container kann im Topf sitzen bleiben bis zum Winter; Sie können sie aber auch sofort pflanzen, ohne die Wurzeln zu stören. Halten Sie sie gut feucht und düngen Sie. Liegen viele Wurzeln dicht an der Topfwand an, ist es besser, die Rose im Winter aus dem Topf zu nehmen und bei der Pflanzung die Wurzeln zu glätten und zu kürzen. Ich habe allerdings auch schon große, gesunde Rosenpflanzen gesehen, deren Wurzeln ihren kleinen Topf gesprengt hatten.

Schnitt

Um den richtigen Schnitt für Rosen wird unnötig viel Aufhebens gemacht. Einfach ausgedrückt führt ein kräftiger Schnitt zu weniger, aber größeren Blüten. Remontierende Rosen blühen gut, wenn sie im Frühjahr kräftig geschnitten und dann die welken Blüten mit den beiden oberen Blättern entfernt werden. Einmal blühende Rosen können nach der Blüte im Herbst, aber auch im Frühjahr geschnitten werden. Hierbei werden die abgetragenen Triebe entfernt, sodass sich neue bilden können, die in der nächsten Saison blühen.

Krankheiten

Die meisten Rosenkrankheiten schwächen die Pflanze, lassen sie aber am Leben. Manche lassen sich durch Spritzen bekämpfen; am besten informieren Sie sich im nächsten Gartencenter, was gegen örtlich auftretende Schädlinge und Krankheiten angewendet werden kann. Je besser die Rose ernährt ist, desto weniger leidet sie unter Krankheiten. Sorgen Sie also für ausreichend Wasser, Dünger und Mulch. Es gibt drei häufige Blattkrankheiten. Sternrußtau befällt vor allem ältere Blätter, insbesondere bei gelben Rosen mit *Rosa foetida* in der Ahnenreihe. Er tritt besonders in feuchtem Klima auf, sodass sich die Kultur mancher Rosen dort gar nicht lohnt. Entfernen Sie befallene Blätter, geben Sie sie aber nicht zum Kompost. Mehltau ist unansehnlich, aber nicht sehr gefährlich. Am häufigsten tritt er bei kühler, feuchter Luft und gleichzeitig trockenem Boden auf. Sorgen Sie daher für ausreichend Wasser und gute Belüftung. Rost tritt in der Regel gegen Ende der Saison auf, kommt aber im Frühjahr nicht wieder. Virenkrankheiten sind bei Rosen selten.

Schädlinge

Häufige Schädlinge wie Blattläuse und kleine Raupen lassen sich mit Seifenlauge und anderen zugelassenen Spritzmitteln bekämpfen. Käfer können ebenfalls Blüten und Blätter schädigen. Lesen Sie die erwachsenen Tiere ab oder stellen Sie Pheromonfallen auf. Die meisten anderen Pestizide töten auch erwünschte Insekten.

Rosen im Internet

www.welt-der-rosen.de

www.helpmefind.com
Eine große Datenbank der in Kultur befindlichen Rosen-Sorten.

www.usna.usda.gov/Hardzone
Informationen über Winterhärte-Zonen (englisch)

Rost an *Rosa* × *alba*

Nektarskarabäus in Australien

Dank

Die meisten Exemplare stammten aus folgenden Gärten und wir möchten uns für die großzügige Unterstützung durch die Mitarbeiter bedanken:

In England: Alnwick Castle Rose Garden; The David Austin Rose Garden; The Garden of the Rose; Hidcote Manor; Kiftsgate Court; Longleat House; Mattocks Roses; Mottisfont Abbey; Queen Mary's Gardens, Regent's Park; The Royal Botanic Gardens, Kew; The Royal Horticultural Society Garden Wisley; The Sir Harold Hillier Gardens; Sissinghurst Castle; Symnel Cottage garden, Kent; West Dean Gardens.

Im übrigen Europa: Jardin Botanique Exotique Val Rahmeh, Frankreich; Kasteel Hex, Belgien; W. Kordes Söhne, Deutschland; La Bonne Maison, Frankreich; Meilland Roses, Frankreich; Monets Garten in Giverny, Frankreich; Parc de Bagatelle, Paris; Parc de Ia Tête d'Or, Lyon, Frankreich; Europa-Rosarium Sangerhausen, Deutschland; Roseraie de l'Haÿ-les-Roses, Paris; Roseto di Cavriglia, Italien; Westfalenpark Dortmund, Deutschland.

In Nordamerika: Descanso Gardens, Kalifornien; The Huntington Botanical Gardens, Kalifornien; Kleine Lettunichs Garten in Corralitos, Kalifornien; Rose Acres, Kalifornien; The Royal Botanical Gardens, Burlington, Ontario; The San Jose Heritage Rose Garden, Kalifornien; The University of California Botanical Garden.

In Australien und Neuseeland: Gowan Brae, Neusüdwales, Australia; The Auckland Regional Botanic Gardens, Neuseeland.

Außerdem möchten wir folgenden Einzelpersonen, Gärten und Organisationen für ihre Hilfe und Ermutigung sowie für die Bereitstellung von Rosen danken:

Sally Allison; Arley Hall; David Austin; Peter Beales; Fred Boutin; Helga Brichet und The World Federation of Rose Societies; Tom Carruth bei Weeks Roses; John und Louise Clements bei Heirloom Roses; Alex Cocker; Ghislain und Stephanie d'Ursel in Kasteel Hex in Belgien; Gianfranco Fineschi; Ethel Freeman; Mary Glasson; Anne Graber; Jean-Pierre und Jean-Marc Guillot; Phillip und Robert Harkness; Kevin Hughes; Francois Joyaux; Ruth Knopf; W. Kordes' Söhne; Kleine Lettunich; Gregg Lowery bei Vintage Roses; Clair Martin; Michael Marriot bei David Austin Roses; Kathryn Maule, Eccleston Square Garden; Odile Masquelier; Alain Meilland und Jacques Mouchotte bei Meilland Roses; Laura Mercer; Kathie Mills; Laurie Newman; Trevor Nottle; Sam Phillips bei Glide Technologies; Helene Pizzi; Richard Rix; Mike Shoup bei The Antique Rose Emporium; Sharon van Enoo; David Vanrip; Rudy und Ann Velle bei Lens Roses; Lilia Weatherly; Miriam Wilkins von der Heritage Rose Group; Paul F. Zimmerman.

Bildnachweis

Wir danken den folgenden Personen und Organisationen für die Genehmigung, ihre Fotos abzudrucken:

David Austin Roses: 'Mistress Quickly' S. 250, 'Falstaff' und 'Noble Antony' S. 256. **Louise Clements:** 'Stars and Stripes Forever' S. 196. **Roseraie Guillot:** 'Jardin de Viels Maisons', 'Marquise Spinola', 'Sonia Rykiel' und 'William Christie' S. 260, 'Versigny' S. 261. **Bill Grant:** 'Alba Foliacea' S. 52, 'Royal Blush', 'Summer Blush' und 'Tender Blush' S. 56, 'Lord Scarman' S. 37, 'Mousseaux du Japon' S. 70, 'Crimson Globe' S. 75, 'Souvenir de Thérèse Levet' S. 101, *Rosa multiflora* 'Platyphylla' S. 159, 'Nur Mahal' und 'Nymphenburg' S. 174, 'Lyda Rose' S. 173, 'Rosy Purple' S. 178, 'David Thompson' S. 186, 'Starry Night' S. 190, 'Kaleidoscope' S. 194, 'Pascali' S. 201, 'Jean Giono' S. 206, 'Julia's Rose' S. 209, 'Blue Skies' S. 211 'Tropicana' S. 214, 'Candelabra' S. 215, 'Artistry' S. 216, 'Claude Monet' S. 220, 'Cajun Sunrise' und 'Love and Peace' S. 221, 'La Marne' S. 225, 'Lafayette' S. 240, 'Michelangelo' S. 259. **Heirloom Roses:** 'Snow Ruby' S. 263. **Richard Rix:** 'Lemon Blush' und 'Princesse Lamballe' S. 56. **Meilland Roses:** 'Eric Tabarly' S. 140, 'Philippe Noiret' S. 205, 'Elle' S. 206, 'Botero' S. 216, 'Jubilé du Prince de Monaco' S. 221, 'André Le Nôtre' S. 259. **Ralph Moore:** 'Halo Rainbow' S. 263, 'Pinstripe' S. 264. **Lilia Weatherly:** 'Pink Iceberg' S. 235, 'Brilliant Pink Iceberg' S. 237. **Weeks Roses:** 'Marilyn Monroe' S. 202, 'Neon Cowboy', 'Space Odyssey' und 'What a Peach' S. 267.

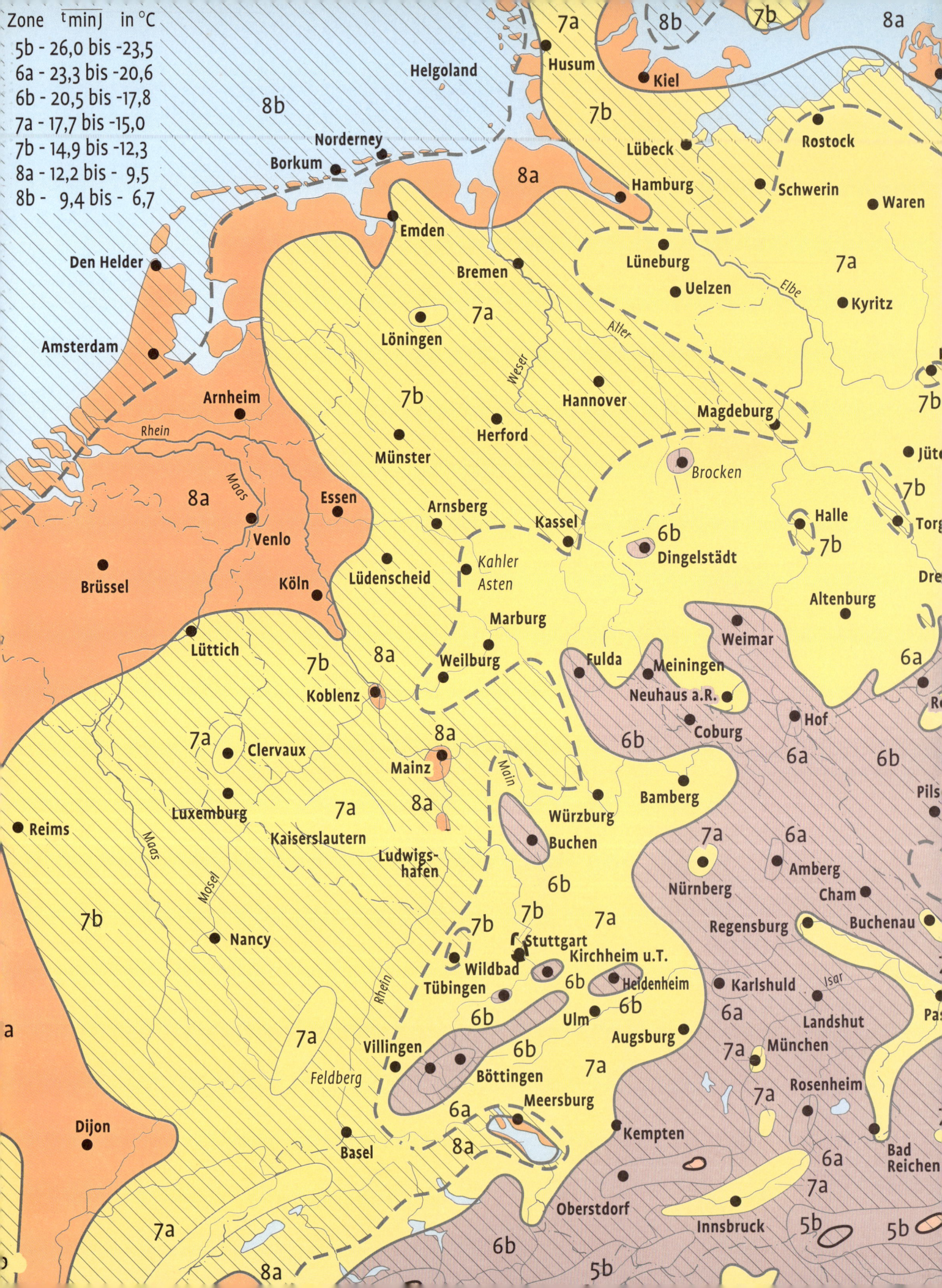

Zone	[tmin] in °C
5b	− 26,0 bis −23,5
6a	− 23,3 bis −20,6
6b	− 20,5 bis −17,8
7a	− 17,7 bis −15,0
7b	− 14,9 bis −12,3
8a	− 12,2 bis − 9,5
8b	− 9,4 bis − 6,7

Helgoland

Husum 7a 8b 7b 8a

Kiel

Norderney 7b Lübeck Rostock

Borkum 8a Hamburg Schwerin Waren

Den Helder Emden Lüneburg 7a

Amsterdam Bremen Uelzen Elbe Kyritz

Löningen 7a Aller Hannover Magdeburg 7b

Arnheim Rhein 7b Weser Herford Brocken Jüt

Münster Kassel Halle 7b Torg

8a Maas Essen Arnsberg 6b Dingelstädt 7b Dre

Venlo Kahler Asten Altenburg

Brüssel Köln Lüdenscheid Marburg Weimar 6a

Lüttich 7b 8a Weilburg Fulda Meiningen 6a

Koblenz Neuhaus a.R. R

7a Clervaux 8a 6b Coburg Hof 6a 6b

Mainz Main Bamberg Pils

Reims Luxemburg 7a 8a Würzburg 7a 6a Cham

Kaiserslautern Buchen Nürnberg Amberg

Ludwigs- 6b Regensburg Buchenau

hafen 7b 7b 7a

7b Nancy Mosel Stuttgart Kirchheim u.T. Karlshuld Isar

Wildbad Heidenheim 6a Landshut Pas

Maas Tübingen 6b 6b München

Rhein 6b Ulm Augsburg 7a Rosenheim

7a Villingen 6b 7a 7a

Feldberg Böttingen

6a Meersburg Kempten 6a

Dijon 8a Bad Reichen

Basel 7a

Oberstdorf Innsbruck 5b 5b

7a 8a 6b 5b